有向几何学

有向面积及其应用

（下）

喻德生 著

南昌航空大学科学文库

科学出版社

北京

内 容 简 介

本书是《有向几何学》系列研究成果之三. 在《平面有向几何学》等研究成果的基础上, 创造性地、广泛地运用有向面积和有向面积定值法, 对平面有关问题进行研究, 得到了一系列的有关三角形内、外侧多角形, 多角形左、右侧多角形, 垂足多边形, 圆锥曲线内、外切多角形, 线型三角形等有向面积的定值定理, 揭示了这些定理与经典数学问题、数学定理和一大批数学竞赛题之间的联系, 使这些经典数学问题、数学定理和数学竞赛题得到了推广、证明或加强, 较为系统、深入地阐述了有向面积的基本理论、基本思想和基本方法, 以及有向面积在几何不等式证明中的思想方法. 它对开拓数学的研究领域, 揭示事物之间本质的联系, 探索数学研究的新思想、新方法具有重要的理论意义; 对丰富几何学各学科, 以及相关数学学科的教学内容, 促进大学和中学数学教学内容改革的发展具有重要的现实意义; 此外, 有向几何学的研究成果和研究方法, 对数学定理的机械化证明也具有重要的应用和参考价值.

本书可供数学研究工作者、大学和中学数学教师、数学专业本科生和研究生阅读, 可以作为大学数学专业本科生、研究生和中学数学竞赛的教材, 也可供相关学科专业的师生、科技工作者参考.

图书在版编目(CIP)数据

有向几何学：有向面积及其应用.下/喻德生著. —北京: 科学出版社, 2018.3
ISBN 978-7-03-056838-0

I. ①有… II. ①喻… III. ①有向图 IV. ①O157.5

中国版本图书馆 CIP 数据核字 (2018) 第 048834 号

责任编辑: 陈玉琢 /责任校对: 邹慧卿
责任印制: 张 伟 /封面设计: 陈 敬

科学出版社 出版
北京东黄城根北街 16 号
邮政编码: 100717
http://www.sciencep.com

北京京华虎彩印刷有限公司印刷
科学出版社发行 各地新华书店经销

*

2018 年 3 月第 一 版 开本: 720×1000 B5
2018 年 3 月第一次印刷 印张: 22
字数: 437 000

定价: 149.00 元
(如有印装质量问题, 我社负责调换)

作者简介

喻德生，江西高安人. 1980 年步入教坛，1990 年江西师范大学数学系硕士研究生毕业，获理学硕士学位. 现任南昌航空大学数学与信息科学学院教授，硕士研究生导师，江西省第六批中青年骨干教师，中国教育数学学会常务理事，《数学研究期刊》编委，南昌航空大学省精品课程《高等数学》负责人，教育部学位与研究生教育发展中心学位论文评审专家，江西省第二届青年教师讲课比赛评委，研究生数学建模竞赛论文评审专家. 历任大学数学教研部主任等职. 指导硕士研究生 12 人. 主要从事几何学、计算机辅助几何设计和数学教育等方面的研究. 参与国家自然科学基金课题 3 项，主持或参与省部级教学科研课题 11 项、厅局级教学科研课题 13 项. 在国内外学术刊物发表论文 60 余篇，撰写专著 4 部，主编出版教材 12 种 18 个版本. 作为主持人获江西省优秀教学成果奖 2 项，指导学生参加全国数学建模竞赛获省级一等奖及以上奖励 5 项并获江西省优秀教学成果荣誉 2 项，南昌航空工业学院优秀教学成果奖 4 项，获校级优秀教师 2 次. Email：yuds17@163.com

前　言

"有向"是自然科学中的一个十分重要而又应用非常广泛的概念. 我们经常遇到的有向数学模型无外乎如下两类:

一是"泛物"的有向性. 如微积分学中的左右极限、左右连续、左右导数等用到的量的有向性, 定积分中用到的线段 (即区间) 的有向性, 对坐标的曲线积分用到的曲线的有向性, 对坐标的曲面积分用到的曲面的有向性等, 这些都是有向性的例子. 尽管这里的问题很不相同, 但是它们都只有正、负两个方向, 因此称为"泛物"的有向性. 然而, 这里的有向性没有可加性, 不便运算.

二是"泛向"的有向量, 亦即我们在数学与物理中广泛使用的向量. 我们知道, 这里的向量有无穷多个方向, 而且两个方向不同的向量相加通常得到一个方向不同的向量. 因此, 我们称为"泛向"的有向量. 这种"泛向"的有向数学模型, 对于我们来说方向太多, 不便应用.

然而, 正是由于"泛向"有向量的可加性与"泛物"有向性的二值性, 启示我们研究一种既有二值有向性, 又有可加性的几何量. 一维空间的有向距离、二维空间的有向面积、三维空间乃至一般的 N 维空间的有向体积等都是这种几何量的例子. 一般地, 我们把带有方向的度量称为有向度量.

"有向度量"并不是数学中一个全新的概念, 各种有向度量的概念散见于一些数学文献中. 但是, 有向度量的概念并未发展成为数学中的一个重要概念. 有向度量的应用仅仅局限于其"有向性", 而极少触及其"可加性". 要使有向度量的概念变得更加有用, 要发现各种有向度量的规律性, 使有向度量的知识系统化, 就必须对有向度量进行深入的研究, 创立一门独立的几何学——有向几何学. 为此, 必须明确有向几何学的研究对象, 确立有向几何学的研究方法, 构建有向几何学的知识体系. 这对开拓数学研究的领域, 揭示事物之间本质的联系, 探索数学研究的新思想、新方法具有重要的理论意义; 对丰富几何学各学科以及相关数学学科, 特别是数学分析、高等数学等学科的教学内容, 促进高等学校数学教学内容改革的发展具有重要的现实意义; 此外, 有向几何学的研究成果和研究方法, 对数学定理的机械化证明也具有重要的应用和参考价值.

就我们所知, 著名数学家希尔伯特在他的数学名著《直观几何》中, 利用三角形的有向面积证明了一个简单的几何问题, 这是历史上较早的使用有向面积证题的例子. 20 世纪五六十年代, 著名数学家 Wilhelm Blaschke 在他的《圆与球》中, 利用有向面积深入地讨论了圆的极小性问题, 这是历史上比较系统地使用有向面积方法解决问题的例子. 但是, 有向面积法并未发展成一种普遍使用、而又十分有效的方法.

　　20 世纪八九十年代, 我国著名数学家吴文俊、张景中院士, 开创了数学机械化的研究, 而计算机中使用的距离和面积都是有向的, 因此数学机械化的研究拓宽了有向距离和有向面积应用的范围. 特别是张景中院士十分注重面积关系在数学机器证明中的作用, 指出面积关系是 "数学中的一个重要关系", 并利用面积关系创立了一种可读的数学机器证明方法——即所谓的消点法, 也称为面积法.

　　近年来, 我们在分析与借鉴上述两种思想方法的基础上, 发展了一种研究有向几何问题的方法, 即所谓的有向度量定值法. 除上述提到的两个原因外, 我们也受到如下两种数学思想方法的影响.

　　一是数学建模的思想方法. 我们知道, 一个数学模型通常不是一个简单的数学结论. 它往往包含一个或多个参数, 只要给定参数的一个值, 就可以得出一个相应的结论. 这与经典几何学中一个一个的、较少体现知识之间联系的结论形成了鲜明的对照. 因此, 我们自然会问, 几何学中能建立涵盖面如此广泛的结论吗? 这样, 寻找几何学中联系不同结论的参数, 进行几何学中的数学建模, 就成为我们研究有向几何问题的一个重点.

　　二是函数论中的连续与不动点的思想方法. 我们知道, 经典几何学中的结论通常是离散的, 一个结论就要给出一个证明, 比较麻烦. 我们能否引进一个连续变化的量, 使得对于变量的每一个值, 某个几何量或某几个几何量之间的关系始终是不变的? 这样, 构造几何量之间的定值模型就成为研究有向几何问题的一个突破口.

　　尽管几何定值问题的研究较早, 一些方面的研究也比较深入, 但有向度量定值问题的研究尚处于起步阶段. 近年来, 我们研究了有向距离、有向面积定值的一些问题, 得到了一些比较好的结果, 并揭示了这些结果与一些著名的几何结论之间的联系. 不仅使很多著名的几何定理 ——Euler 定理、Pappus 定理、Pappus 公式、蝴蝶定理、Servois 定理、中线定理、Harcourt 定理、Carnot 定理、Brahmagupta 定理、切线与辅助圆定理、Anthemius 定理、焦点和切线的 Apollonius 定理、Zerr 定理、配极定理、Salmon 定理、二次曲线的 Pappus 定理、两直线上的 Pappus 定理、Desarques 定理、Ceva 定理、等截共轭点定理、共轭直径的 Apollonius 定理、正弦及余弦差角公式、Weitzentock 不等式、Möbius 定理、Monge 公式、Gauss 五边形公式、Erdös-Mordell 不等式、Gauss 定理、Gergonne 定理、梯形的施泰纳定理、拿破仑三角形定理、Cesaro 定理、三角形的中垂线定理、Simson 定理、三角形的共点线定理、完全四边形的 Simson 线定理、高线定理、Neuberg 定理、共点线的施泰纳定理、Zvonko Cerin 定理、双重透视定理、三重透视定理、Pappus 重心定理、角平分线定理、Menelans 定理、Newton 定理、Brianchon 定理等结论和一大批数学竞赛题在有向度量的思想方法下得到了推广或证明, 而且揭示了这些经典结论之间、有向度量与这些经典结论之间的内在联系. 显示出有向面积定值法的新颖性、综合性、有效性和简洁性. 特别是在三角形、四边形和二次曲线外切多边形中有向面积定值问题的研究, 涵盖面广、内容丰富、结论优美, 并引起了国内外数学界的关注.

打个比方说, 如果我们把经典的几何定理看成是一颗颗的珍珠, 那么几何有向度量的定值定理就像一条条的项链, 把一些看似没有联系的若干几何定理串联起来, 形成一个完美的整体. 因此, 几何有向度量的定值定理更能体现事物之间的联系, 揭示事物的本质.

本书是《有向几何学》系列研究成果之三. 在《平面有向几何学》(喻德生著, 科学出版社, 2014 年 3 月) 等有关研究成果的基础上, 创造性地、广泛地运用有向面积和有向面积定值法, 对平面有关问题进行研究, 得到了一系列的有关三角形内、外侧多角形, 多角形左、右侧多角形, 垂足多边形, 圆锥曲线内、外切多角形, 线型三角形等有向面积的定值定理, 揭示了这些定理与经典数学问题、数学定理和一大批数学竞赛题之间的联系, 使这些经典数学问题、数学定理和数学竞赛题得到了推广、证明或加强, 较为系统、深入地阐述了有向面积的基本理论、基本思想和基本方法, 以及有向面积在几何不等式证明中的思想方法.

本书得到南昌航空大学科研成果专项资助基金和江西省自然科学基金 (CA201607138) 的资助, 得到科技处和数学与信息科学学院领导以及南昌航空大学教师毕艳会博士的大力支持, 在此表示衷心感谢! 同时, 也感谢科学出版社陈玉琢编辑的关心与帮助.

由于作者阅历、水平有限, 书中疏漏与不足之处在所难免, 敬请国内外同仁和读者批评指正.

作　者

2017 年 9 月

目　　录

第 1 章 三角形外 (内) 侧多角形中有向面积的定值定理与应用

1.1 三角形外 (内) 侧 (λ, μ) 三角形有向面积的定值定理与应用

以三角形的三边为边分别向三角形的外 (内) 侧作正三角形, 这三个正三角形的中心所构成的三角形称为三角形的外 (内) 拿破仑三角形. 在几何学中, 关于三角形、拿破仑三角形的一些结论是非常著名的, 但这些结论之间的联系却少为人知. 为此, 本节利用有向面积的方法研究此类问题. 首先, 给出三角形外 (内) 侧 (λ, μ) 三角形的概念; 其次, 给出外 (内) 侧三角形有向面积公式及其若干推论, 包括著名的 "外、内侧拿破仑三角形面积之差等于三角形面积" 等结论; 最后, 给出外 (内) 侧三角形中有向面积的几个定值定理及其应用, 从而推出一些与拿破仑三角形有关的等积定理、三线共点定理等结论, 揭示这些公式、定理与三角形、拿破仑三角形的一些已知结果之间的联系.

1.1.1 三角形外 (内) 侧 (λ, μ) 三角形的概念

定义 1.1.1 三角形 $P_1P_2P_3$ 各边 $P_iP_{i+1}(i=1,2,3; P_{3+i}=P_i,$ 以下类同) 所在直线把平面分成两部分, 三角形所在的部分称为直线 P_iP_{i+1} 的内侧, 另一部分称为直线 P_iP_{i+1} 的外侧.

定义 1.1.2 在三角形 $P_1P_2P_3$ 各边 P_iP_{i+1} 所在直线的外 (内) 侧各取一点 $M_i(N_i)$, 作 $M_iQ_i \perp P_iP_{i+1}(N_iQ_i \perp P_iP_{i+1})$, 垂足为 $Q_i(i=1,2,3)$. 如果 $\mathrm{D}_{P_iQ_i}/\mathrm{D}_{Q_iP_{i+1}} = \lambda$, $\mathrm{d}_{M_iQ_i} = \mu\mathrm{d}_{P_iP_{i+1}}(\mathrm{d}_{N_iQ_i} = \mu\mathrm{d}_{P_iP_{i+1}})(\mu \geqslant 0)$, 则称 $M_i(N_i)$ 为边 $P_iP_{i+1}(i=1,2,3)$ 的外 (内) 侧 (λ, μ) 点; 称以 $M_1, M_2, M_3(N_1, N_2, N_3)$ 为顶点的三角形 $M_1M_2M_3(N_1N_2N_3)$ 为三角形 $P_1P_2P_3$ 的外 (内) 侧 (λ, μ) 三角形 (图 1.1.1 和图 1.1.2).

特别地, 三角形的 $(1, \sqrt{3}/6)$ 外 (内) 侧三角形, 即三角形的外 (内) 侧拿破仑三角形; 三角形的 $(1,0)$ 外 (内) 侧三角形即三角形的中位三角形. 为方便起见, 当 N_1, N_2, N_3 中有两点或全部重合时, 我们把 N_1, N_2, N_3 所构成的线段或点可看成是内侧 (λ, μ) 三角形的特殊情形.

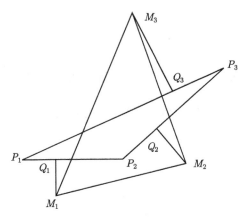

图 1.1.1

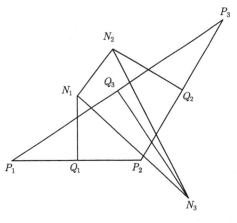

图 1.1.2

1.1.2　三角形外 (内) 侧 (λ, μ) 三角形有向面积公式与应用

引理 1.1.1 (喻德生, 2004, 2014)　　设线段 $P_i P_{i+1}$ 端点的坐标分别为 $P_i(x_i, y_i)$, $P_{i+1}(x_{i+1}, y_{i+1})$, 则其右 (左) 侧 (λ, μ) 点 $M_i(N_i)$ 的坐标为

$$
\begin{cases}
x_{M_i} = (x_i + \lambda x_{i+1})/(1+\lambda) + \mu(y_{i+1} - y_i), \\
y_{M_i} = (y_i + \lambda y_{i+1})/(1+\lambda) - \mu(x_{i+1} - x_i);
\end{cases}
\tag{1.1.1}
$$

$$
\begin{cases}
x_{N_i} = (x_i + \lambda x_{i+1})/(1+\lambda) - \mu(y_{i+1} - y_i), \\
y_{N_i} = (y_i + \lambda y_{i+1})/(1+\lambda) + \mu(x_{i+1} - x_i).
\end{cases}
\tag{1.1.2}
$$

定理 1.1.1 (喻德生, 2004)　　设三角形 $M_1 M_2 M_3 (N_1 N_2 N_3)$ 为三角形 $P_1 P_2 P_3$

的外 (内) 侧 (λ, μ) 三角形, 则

$$D_{M_1M_2M_3} = \left[\frac{1-\lambda+\lambda^2}{(1+\lambda)^2} + 3\mu^2\right]D_{P_1P_2P_3} \pm \frac{\mu}{4}\sum_{i=1}^{3}d_{P_iP_{i+1}}^2; \qquad (1.1.3)$$

$$D_{N_1N_2N_3} = \left[\frac{1-\lambda+\lambda^2}{(1+\lambda)^2} + 3\mu^2\right]D_{P_1P_2P_3} \mp \frac{\mu}{4}\sum_{i=1}^{3}d_{P_iP_{i+1}}^2, \qquad (1.1.4)$$

其中当 $P_1P_2P_3$ 为正向三角形时, 式 (1.1.3) 取 "+" 号, 式 (1.1.4) 取 "−" 号; 为反向三角形时, 式 (1.1.3) 取 "−" 号, 式 (1.1.4) 取 "+" 号.

证明 如图 1.1.3 所示. 设三角形 $P_1P_2P_3$ 顶点的坐标为 $P_i(x_i, y_i), (i = 1, 2, 3)$. 若三角形 $P_1P_2P_3$ 为正向三角形, 则由三角形有向面积公式和式 (1.1.1), 可得

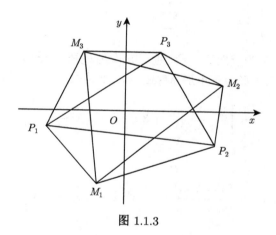

图 1.1.3

$$D_{M_1M_2M_3}$$

$$=\frac{1}{2}\sum_{i=1}^{3}\left\{\left[\frac{x_i+\lambda x_{i+1}}{1+\lambda} + \mu(y_{i+1}-y_i)\right] \times \left[\frac{y_{i+1}+\lambda y_{i+2}}{1+\lambda} - \mu(x_{i+2}-x_{i+1})\right]\right.$$

$$\left. - \left[\frac{x_{i+1}+\lambda x_{i+2}}{1+\lambda} + \mu(y_{i+2}-y_{i+1})\right] \times \left[\frac{y_i+\lambda y_{i+1}}{1+\lambda} - \mu(x_{i+1}-x_i)\right]\right\}$$

$$=\frac{1}{2(1+\lambda)^2}\sum_{i=1}^{3}\left[(x_iy_{i+1}-x_{i+1}y_i) + \lambda(x_iy_{i+2}-x_{i+2}y_i) + \lambda^2(x_{i+1}y_{i+2}-x_{i+2}y_{i+1})\right]$$

$$-\frac{\mu}{2}\sum_{i=1}^{3}(x_ix_{i+2}-x_{i+1}^2+y_iy_{i+2}-y_{i+1}^2) - \frac{\mu^2}{2}\sum_{i=1}^{3}\left[(x_{i+2}y_{i+1}-x_{i+1}y_{i+2})\right.$$

$$\left. + (x_{i+1}y_i-x_iy_{i+1}) + (x_iy_{i+2}-x_{i+2}y_i)\right]$$

$$= \frac{1-\lambda+\lambda^2}{2(1+\lambda)^2} \sum_{i=1}^{3} (x_i y_{i+1} - x_{i+1} y_i) - \frac{3\mu^2}{2} \sum_{i=1}^{3} (x_{i+1} y_i - x_i y_{i+1})$$

$$- \frac{\mu}{2} \sum_{i=1}^{3} \left[(x_i x_{i+2} - x_{i+1}^2) + (y_i y_{i+2} - y_{i+1}^2) \right]$$

$$= \left[\frac{1-\lambda+\lambda^2}{(1+\lambda)^2} + 3\mu^2 \right] \mathrm{D}_{P_1 P_2 P_3} - \frac{\mu}{2} \sum_{i=1}^{3} \left[(x_i x_{i+1} - x_{i+2}^2) + (y_i y_{i+1} - y_{i+2}^2) \right]$$

$$= \left[\frac{1-\lambda+\lambda^2}{(1+\lambda)^2} + 3\mu^2 \right] \mathrm{D}_{P_1 P_2 P_3}$$

$$+ \frac{\mu}{4} \sum_{i=1}^{3} \left[(x_i^2 + x_{i+1}^2 - 2x_i x_{i+1}) + (y_i^2 + y_{i+1}^2 - 2y_i y_{i+1}) \right]$$

$$= \left[\frac{1-\lambda+\lambda^2}{(1+\lambda)^2} + 3\mu^2 \right] \mathrm{D}_{P_1 P_2 P_3} + \frac{\mu}{4} \sum_{i=1}^{3} \mathrm{d}_{P_i P_{i+1}}^2 .$$

若三角形 $P_1 P_2 P_3$ 为反向三角形, 则三角形 $P_3 P_2 P_1$ 是正向的, 且三角形 $P_3 P_2 P_1$ 对应的外侧 (λ, μ) 三角形为三角形 $M_3 M_2 M_1$. 于是由上述证明得

$$\mathrm{D}_{M_3 M_2 M_1} = \left[\frac{1-\lambda+\lambda^2}{(1+\lambda)^2} + 3\mu^2 \right] \mathrm{D}_{P_3 P_2 P_1} + \frac{\mu}{4} \sum_{i=1}^{3} \mathrm{d}_{P_i P_{i+1}}^2 ,$$

等式两边乘以 -1, 得

$$\mathrm{D}_{M_1 M_2 M_3} = \left[\frac{1-\lambda+\lambda^2}{(1+\lambda)^2} + 3\mu^2 \right] \mathrm{D}_{P_1 P_2 P_3} - \frac{\mu}{4} \sum_{i=1}^{3} \mathrm{d}_{P_i P_{i+1}}^2 .$$

因此式 (1.1.3) 成立.

同理, 由三角形有向面积公式和式 (1.1.2), 可以证明式 (1.1.4) 成立.

定理 1.1.2　设三角形 $M_1 M_2 M_3 (N_1 N_2 N_3)$ 为三角形 $P_1 P_2 P_3$ 的外 (内) 侧 (λ, μ) 三角形, 则

$$\mathrm{D}_{M_1 M_2 M_3} + \mathrm{D}_{N_1 N_2 N_3} = 2 \left[\frac{1-\lambda+\lambda^2}{(1+\lambda)^2} + 3\mu^2 \right] \mathrm{D}_{P_1 P_2 P_3} . \tag{1.1.5}$$

证明　式 (1.1.3)+(1.1.4), 即得式 (1.1.5).

推论 1.1.1　设三角形 $M_1 M_2 M_3 (N_1 N_2 N_3)$ 为三角形 $P_1 P_2 P_3$ 的外 (内) 侧 (λ, μ) 三角形, 且 $\mu^2 = \lambda / (1+\lambda)^2$ $(\lambda \geqslant 0)$, 则这两个外 (内) 侧三角形的有向面积的和为定值, 即

$$\mathrm{D}_{M_1 M_2 M_3} + \mathrm{D}_{N_1 N_2 N_3} = 2 \mathrm{D}_{P_1 P_2 P_3} .$$

证明　将 $\mu^2 = \lambda / (1+\lambda)^2$ $(\lambda \geqslant 0)$ 代入式 (1.1.5) 即得.

推论 1.1.2 三角形的外侧拿破仑三角形与内侧拿破仑三角形的面积之差等于三角形的面积.

证明 如图 1.1.4 所示. 在式 (1.1.5) 中取 $\lambda = 1, \mu = \sqrt{3}/6$, 得

$$D_{M_1 M_2 M_3} + D_{N_1 N_2 N_3} = D_{P_1 P_2 P_3}.$$

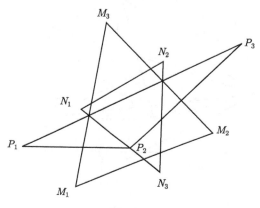

图 1.1.4

因为外 (内) 侧拿破仑三角形 $M_1 M_2 M_3 (N_1 N_2 N_3)$ 与三角形 $P_1 P_2 P_3$ 是同向 (反向) 的, 故有 $a_{M_1 M_2 M_3} - a_{N_1 N_2 N_3} = a_{P_1 P_2 P_3}$.

推论 1.1.3 以三角形的三边为边分别向三角形的外 (内) 侧作正方形, 则这三个正方形的中心所构成的外 (内) 侧三角形的面积的差等于三角形的面积的 2 倍.

证明 在式 (1.1.5) 中取 $\lambda = 1, \mu = 1/2$, 则三角形 $M_1 M_2 M_3 (N_1 N_2 N_3)$ 即是以三角形的三边分别向三角形外 (内) 侧所作正方形的中心所构成的外 (内) 侧三角形. 故由式 (1.1.5) 得

$$D_{M_1 M_2 M_3} + D_{N_1 N_2 N_3} = 2D_{P_1 P_2 P_3},$$

由于三角形 $M_1 M_2 M_3 (N_1 N_2 N_3)$ 与三角形 $P_1 P_2 P_3$ 是同向 (反向) 的, 故有

$$a_{M_1 M_2 M_3} - a_{N_1 N_2 N_3} = 2a_{P_1 P_2 P_3}.$$

1.1.3 三角形外 (内) 侧 (λ, μ) 三角形中有向面积的定值定理与应用

定理 1.1.3 (喻德生, 2004) 设 $M_1 M_2 M_3 (N_1 N_2 N_3)$ 为三角形 $P_1 P_2 P_3$ 的外 (内) 侧 (λ, μ) 三角形, P 是三角形 $P_1 P_2 P_3$ 所在平面上任意一点, 则对固定的 $\lambda (\mu \geqslant 0$ 任意), 有

$$\sum_{i=1}^{3} D_{P P_i M_{i+1}} = \sum_{i=1}^{3} D_{P P_i N_{i+1}} = \frac{1-\lambda}{1+\lambda} D_{P_1 P_2 P_3} \quad \text{(为定值)}. \tag{1.1.6}$$

证明　如图 1.1.5 所示. 仅证三角形 $P_1P_2P_3$ 为正向三角形的情形. 设三角形 $P_1P_2P_3$ 的顶点坐标为 $P_i(x_i,y_i)(i=1,2,3)$, 三角形所在平面上任意点的坐标为 $P(x,y)$, 则由三角形有向面积公式和式 (1.1.1), 可得

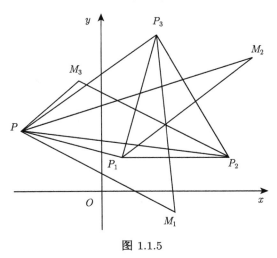

图 1.1.5

$$\sum_{i=1}^{3}\mathrm{D}_{PP_iM_{i+1}}$$

$$=\frac{1}{2}\sum_{i=1}^{3}\left\{(xy_i-x_iy)+x_i\left[\frac{y_{i+1}+\lambda y_{i+2}}{1+\lambda}-\mu(x_{i+2}-x_{i+1})\right]\right.$$

$$\left.-\left[\frac{x_{i+1}+\lambda x_{i+2}}{1+\lambda}+\mu(y_{i+2}-y_{i+1})\right]y_i+\left[\frac{x_{i+1}+\lambda x_{i+2}}{1+\lambda}+\mu(y_{i+2}-y_{i+1})\right]y\right.$$

$$\left.-x\left[\frac{y_{i+1}+\lambda y_{i+2}}{1+\lambda}-\mu(x_{i+2}-x_{i+1})\right]\right\}$$

$$=\frac{1}{2(1+\lambda)}\sum_{i=1}^{3}(x_iy_{i+1}-x_{i+1}y_i)+\frac{\lambda}{2(1+\lambda)}\sum_{i=1}^{3}(x_iy_{i+2}-x_{i+2}y_i)$$

$$=\frac{1-\lambda}{1+\lambda}\mathrm{D}_{P_1P_2P_3};$$

同理

$$\sum_{i=1}^{3}\mathrm{D}_{PP_iN_{i+1}}=\frac{1-\lambda}{1+\lambda}\mathrm{D}_{P_1P_2P_3},$$

故对固定的 $\lambda(\mu\geqslant 0$ 任意), 式 (1.1.6) 成立.

推论 1.1.4　设三角形 $M_1M_2M_3(N_1N_2N_3)$ 为三角形 $P_1P_2P_3$ 的外 (内) 侧 (λ,μ) 三角形, P 是 $P_jM_{j+1}(P_jN_{j+1})$　$(j=1,2,3)$ 所在直线上的任意一点, 则对固

定的 $\lambda(\mu \geqslant 0$ 任意$)$, 有

$$\sum_{i=1,i\neq j}^{3} \mathrm{D}_{PP_iM_{i+1}} = \sum_{i=1,i\neq j}^{3} \mathrm{D}_{PP_iN_{i+1}} = \frac{1-\lambda}{1+\lambda}\mathrm{D}_{P_1P_2P_3} \quad (\text{为定值}).$$

证明 在式 (1.1.6) 中, 令 $\mathrm{D}_{PP_jM_{j+1}} = \mathrm{D}_{PP_jN_{j+1}} = 0$ 即得.

推论 1.1.5 设三角形 $M_1M_2M_3(N_1N_2N_3)$ 为三角形 $P_1P_2P_3$ 的外 (内) 侧 (λ, μ) 三角形, F_i, G_i 分别为 P_iM_{i+1} 和 $P_{i+1}M_{i+2}$, P_iN_{i+1} 和 $P_{i+1}N_{i+2}(i=1,2,3)$ 所在直线上的交点, 则

$$\mathrm{a}_{F_iP_{i+1}M_i} = \mathrm{a}_{G_iP_{i+1}N_i} = \left|\frac{1-\lambda}{1+\lambda}\right|\mathrm{a}_{P_1P_2P_3} \quad (i=1,2,3).$$

证明 在式 (1.1.5) 中, 分别取 P 为 $F_i(G_i)$, 再等式两边取绝对值即得.

推论 1.1.6 设三角形 $M_1M_2M_3(N_1N_2N_3)$ 为三角形 $P_1P_2P_3$ 的外 (内) 侧 $(1,\mu)$ 三角形, P 是三角形 $P_1P_2P_3$ 所在平面上任意一点, 则在三角形 PP_1M_2, PP_2M_3, PP_3M_1 $(PP_1N_2, PP_2N_3, PP_3N_1)$ 中, 其中较大的三角形的面积等于另两个较小的三角形的面积的和.

证明 在式 (1.1.6) 中, 取 $\lambda = 1$ 得

$$\sum_{i=1}^{3} \mathrm{D}_{PP_iM_{i+1}} = \sum_{i=1}^{3} \mathrm{D}_{PP_iN_{i+1}} = 0,$$

因此推论 1.1.6 结论成立.

推论 1.1.7 (第 26 届莫斯科数学奥林匹克竞赛题的推广) 设 PP_1M_2, PP_2M_3, PP_3M_1 是三角形 $P_1P_2P_3$ 的三个中线三角形, P 是三角形 $P_1P_2P_3$ 所在平面上任意一点, 则在三角形 $PP_1M_2, PP_2M_3, PP_3M_1$ 中, 其中一个较大的三角形的面积等于另两个较小的三角形的面积的和.

证明 在推论 1.1.6 中, 取三角形 $M_1M_2M_3$ 为三角形 $P_1P_2P_3$ 的外侧 $(1,0)$ 三角形即得.

推论 1.1.8 设三角形 $M_1M_2M_3(N_1N_2N_3)$ 为三角形 $P_1P_2P_3$ 的外 (内) 侧 $(1,\mu)$ 三角形, P 是 $P_jM_{j+1}(P_jN_{j+1})(j=1,2,3)$ 所在直线上任意一点, 则 P 与其余两线段 $P_iM_{i+1}(P_iN_{i+1})(i=1,2,3; i\neq j)$ 所组成的两个三角形的面积相等.

证明 不妨设 P 是 P_1M_2 所在直线上任意一点, 则由推论 1.1.6 得 $\mathrm{D}_{PP_2M_3} + \mathrm{D}_{PP_3M_1} = 0$. 因此三角形 PP_2M_3 和三角形 PP_3M_1 的面积相等.

推论 1.1.9 设 P 是三角形 $P_1P_2P_3$ 某中线所在直线上任意一点, 则 P 与其他两条中线所组成的两个三角形的面积相等.

证明 在推论 1.1.8 中, 取三角形 $M_1M_2M_3$ 为三角形 $P_1P_2P_3$ 的外侧 $(1,0)$ 三角形即得.

推论 1.1.10 设三角形 $M_1M_2M_3(N_1N_2N_3)$ 为三角形 $P_1P_2P_3$ 的外 (内) 侧 $(1,\mu)$ 三角形, 则 $P_1M_2, P_2M_3, P_3M_1(P_1N_2, P_2N_3, P_3N_1)$ 所在的三条直线相交于一点.

证明 如图 1.1.6 和图 1.1.7 所示. 在推论 1.1.6 中, 取 P 为 $P_1M_2, P_2M_3(P_1N_2, P_2N_3)$ 所在直线的交点 $G(G')$, 则 $\mathrm{D}_{GP_3M_1} = 0(\mathrm{D}_{G'P_3N_1} = 0)$, 从而 $G(G')$ 在 $P_3M_1(P_3N_1)$ 所在直线上, 故 $P_1M_2, P_2M_3, P_3M_1(P_1N_2, P_2N_3, P_3N_1)$ 所在的三条直线相交于一点.

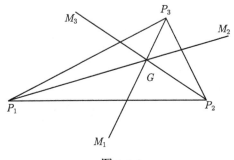

图 1.1.6

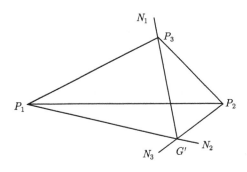

图 1.1.7

推论 1.1.11 (三角形中线定理) 三角形的三条中线相交于一点.

证明 在推论 1.1.10 中, 取三角形 $M_1M_2M_3$ 为三角形 $P_1P_2P_3$ 的外侧 $(1,0)$ 三角形即得.

推论 1.1.12 设三角形 $M_1M_2M_3(N_1N_2N_3)$ 为三角形 $P_1P_2P_3$ 的外 (内) 侧拿破仑三角形, 则 $P_1M_2, P_2M_3, P_3M_1(P_1N_2, P_2N_3, P_3N_1)$ 所在的三条直线相交于一点.

证明 在推论 1.1.10 中取 $\mu = \sqrt{3}/6$ 即得.

引理 1.1.2 (喻德生, 2017) 设 $Q_1Q_2\cdots Q_6$ 是六角形 $P_1P_2\cdots P_6$ 的中点六角形, P 是 $P_1P_2\cdots P_6$ 所在平面上任意一点, 则

$$\mathrm{D}_{PQ_1Q_4} - \mathrm{D}_{PQ_2Q_5} + \mathrm{D}_{PQ_3Q_6} = \frac{1}{4}\left(\mathrm{D}_{P_2P_4P_6} - \mathrm{D}_{P_1P_3P_5}\right).$$

定理 1.1.4 设 $M_1M_2M_3(N_1N_2N_3)$ 为三角形 $P_1P_2P_3$ 的外 (内) 侧 (λ,μ) 三角形, $Q_1, R_1, Q_2, R_2, Q_3, R_3(Q_1', R_1', Q_2', R_2', Q_3', R_3')$ 依次是 $P_1M_1, M_1P_2, P_2M_2, M_2P_3,$ $P_3M_3, M_3P_1(P_1N_1, N_1P_2, P_2N_2, N_2P_3, P_3N_3, N_3P_1)$ 的中点, P 是三角形 $P_1P_2P_3$ 所在平面上任意一点, 则

$$\sum_{i=1}^{3}\mathrm{D}_{PQ_iR_{i+1}} = \frac{3}{4}\left[\mu^2 - \frac{\lambda}{(1+\lambda)^2}\right]\mathrm{D}_{P_1P_2P_3} \pm \frac{\mu}{4}\sum_{i=1}^{3}\mathrm{d}_{P_iP_{i+1}}^2 \tag{1.1.7}$$

$$\sum_{i=1}^{3}\mathrm{D}_{PQ_i'R_{i+1}'} = \frac{3}{4}\left[\mu^2 - \frac{\lambda}{(1+\lambda)^2}\right]\mathrm{D}_{P_1P_2P_3} \mp \frac{\mu}{4}\sum_{i=1}^{3}\mathrm{d}_{P_iP_{i+1}}^2, \tag{1.1.8}$$

其中当 $P_1P_2P_3$ 为正向三角形时, 式 (1.1.7) 取 "+" 号, 式 (1.1.8) 取 "−" 号; 为反向三角形时, 式 (1.1.7) 式取 "−" 号, 式 (1.1.8) 取 "+" 号.

证明 如图 1.1.8 所示. 依题设, $Q_1R_1Q_2R_2Q_3R_3$ 是六边形 $P_1M_1P_2M_2P_3M_3$ 的中点六边形, 故由引理 1.1.2 和式 (1.1.3), 可得

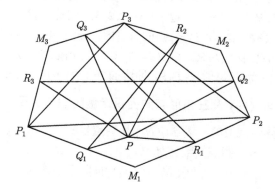

图 1.1.8

$$\mathrm{D}_{PQ_1R_2} - \mathrm{D}_{PR_1Q_3} + \mathrm{D}_{PQ_2R_3}$$
$$= \frac{1}{4}\left(\mathrm{D}_{M_1M_2M_3} - \mathrm{D}_{P_1P_2P_3}\right)$$
$$= \left[\frac{1-\lambda+\lambda^2}{(1+\lambda)^2} - 1 + 3\mu^2\right]\mathrm{D}_{P_1P_2P_3} + \frac{\mu}{4}\sum_{i=1}^{3}\mathrm{d}_{P_iP_{i+1}}^2$$
$$= \frac{3}{4}\left[\mu^2 - \frac{\lambda}{(1+\lambda)^2}\right]\mathrm{D}_{P_1P_2P_3} \pm \frac{\mu}{4}\sum_{i=1}^{3}\mathrm{d}_{P_iP_{i+1}}^2,$$

从而式 (1.1.7) 成立.

类似地, 由引理 1.1.2 和式 (1.1.4), 可以证明式 (1.1.8) 成立.

1.2　三角形各边外 (内) 侧三角形有向面积的定值定理与应用

在三角形 ABC 的各边上分别作相似的等腰三角形 BCA', CAB', ABC', 则 AA', BB', CC' 相交于一点. 这就是著名的 Kiepert 定理, 相应的交点也称为 Kiepert 点, 它是 Kiepert 于 1869 年发现的. 1941 年, 清宫俊雄又将它推广为 "在三角形 ABC 各边上分别作顺相似三角形 $BCA', B'CA, BC'A$, 则直线 AA', BB', CC' 相交于一点". 本节利用有向面积定值法, 研究与三角形各边外 (内) 侧三角形有关的问题. 首先, 给出三角形各边外 (内) 侧三角形的概念; 其次, 给出三角形各边外 (内) 侧三角形有向面积定值定理与应用, 从而得出两道数学奥林匹克题的结论; 最后, 给出三角形各边外 (内) 侧相似三角形有向面积公式与应用, 从而推出 Kiepert 定理等结论.

1.2.1　三角形各边外 (内) 侧三角形的概念

定义 1.2.1　在三角形 $P_1P_2P_3$ 各边 P_iP_{i+1} 所在直线的外 (内) 侧取一点 $Q_i(Q_i')$, 作三角形 $P_iP_{i+1}Q_i(P_iP_{i+1}Q_i')(i = 1, 2, 3)$, 则称 $P_iP_{i+1}Q_i(P_iP_{i+1}Q_i')(i = 1, 2, 3)$ 为三角形 $P_1P_2P_3$ 的边 P_iP_{i+1} 的外 (内) 侧三角形, 简称边 P_iP_{i+1} 的外 (内) 侧三角形; 若 $P_iP_{i+1}Q_i(P_iP_{i+1}Q_i')(i = 1, 2, 3)$ 为相似的三角形, 则称 $P_iP_{i+1}Q_i$ $(P_iP_{i+1}Q_i')(i = 1, 2, 3)$ 为三角形 $P_1P_2P_3$ 各边的外 (内) 侧相似三角形.

1.2.2　三角形各边外 (内) 侧三角形有向面积定值定理与应用

引理 1.2.1 (喻德生, 2016)　若 $M_i(N_i)$ 是端点坐标为 $P_i(x_i, y_i), P_{i+1}(x_{i+1}, y_{i+1})$ 的线段 P_iP_{i+1} 的右 (左) 侧点, 且 $\angle M_iP_iP_{i+1} = \alpha, \angle M_iP_{i+1}P_i = \beta(\angle N_iP_iP_{i+1} = \alpha, \angle N_iP_{i+1}P_i = \beta)(0 \leqslant \alpha, \beta < \pi/2)$, 则 $M_i(N_i)$ 的坐标公式为

$$\begin{cases} x_{M_i} = \dfrac{x_i \tan\alpha + x_{i+1} \tan\beta + (y_{i+1} - y_i)\tan\alpha\tan\beta}{\tan\alpha + \tan\beta}, \\ y_{M_i} = \dfrac{y_i \tan\alpha + y_{i+1} \tan\beta - (x_{i+1} - x_i)\tan\alpha\tan\beta}{\tan\alpha + \tan\beta}; \end{cases} \tag{1.2.1}$$

$$\begin{cases} x_{N_i} = \dfrac{x_i \tan\alpha + x_{i+1} \tan\beta - (y_{i+1} - y_i)\tan\alpha\tan\beta}{\tan\alpha + \tan\beta}, \\ y_{N_i} = \dfrac{y_i \tan\alpha + y_{i+1} \tan\beta + (x_{i+1} - x_i)\tan\alpha\tan\beta}{\tan\alpha + \tan\beta}. \end{cases} \tag{1.2.2}$$

定理 1.2.1 (喻德生, 2017)　设 $P_1P_2Q_1, P_2P_3Q_2, P_3P_1Q_3(P_1P_2Q_1', P_2P_3Q_2', P_3P_1Q_3')$ 分别是三角形 $P_1P_2P_3$ 各边的外 (内) 侧三角形, 且 $\angle P_{i+1}P_iQ_i = \angle P_{i+2}P_iQ_{i+2} = \alpha_i(\angle P_{i+1}P_iQ_i' = \angle P_{i+2}P_iQ_{i+2}' = \alpha_i')(i = 1, 2, 3)$, P 是三角形 $P_1P_2P_3$ 所在平面上任意一点, 则

$$\sum_{i=1}^{3} \tan\alpha_i(\tan\alpha_{i+1} + \tan\alpha_{i+2})\mathrm{D}_{PP_iQ_{i+1}} = 0, \tag{1.2.3}$$

$$\sum_{i=1}^{3} \tan\alpha_i'(\tan\alpha_{i+1}' + \tan\alpha_{i+2}')\mathrm{D}_{PP_iQ_{i+1}'} = 0. \tag{1.2.4}$$

证明　(1) 如图 1.2.1 所示. 设三角形 $P_1P_2P_3$ 顶点的坐标为 $P_i(x_i, y_i)(i = 1, 2, 3)$, 三角形所在平面的任意点的坐标为 $P(x, y)$, 则由三角形有向面积公式, 得

$$\begin{aligned}
\mathrm{D}_{PP_iQ_{i+1}} &= \frac{1}{2}\left[(xy_i - x_iy) + (x_iy_{Q_{i+1}} - x_{Q_{i+1}}y_i) + (x_{Q_{i+1}}y - xy_{Q_{i+1}})\right] \\
&= \frac{1}{2}x(y_i - y_{Q_{i+1}}) + \frac{1}{2}y(x_{Q_{i+1}} - x_i) + \frac{1}{2}(x_iy_{Q_{i+1}} - x_{Q_{i+1}}y_i).
\end{aligned}$$

于是由式 (1.2.1), 得

$$\begin{aligned}
&\sum_{i=1}^{3} \tan\alpha_i(\tan\alpha_{i+1} + \tan\alpha_{i+2})\mathrm{D}_{PP_iQ_{i+1}} \\
={}&\frac{1}{2}x\sum_{i=1}^{3} \tan\alpha_i(\tan\alpha_{i+1} + \tan\alpha_{i+2})(y_i - y_{Q_{i+1}}) \\
&+ \frac{1}{2}y\sum_{i=1}^{3} \tan\alpha_i(\tan\alpha_{i+1} + \tan\alpha_{i+2})(x_{Q_{i+1}} - x_i) \\
&+ \frac{1}{2}\sum_{i=1}^{3} \tan\alpha_i(\tan\alpha_{i+1} + \tan\alpha_{i+2})(x_iy_{Q_{i+1}} - x_{Q_{i+1}}y_i).
\end{aligned}$$

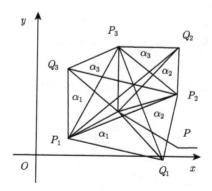

图 1.2.1

因为

$$\sum_{i=1}^{3} \tan\alpha_i(\tan\alpha_{i+1} + \tan\alpha_{i+2})(y_i - y_{Q_{i+1}})$$

$$= \sum_{i=1}^{3} \tan\alpha_i \left[y_i(\tan\alpha_{i+1} + \tan\alpha_{i+2}) - (y_{i+1}\tan\alpha_{i+1} + y_{i+2}\tan\alpha_{i+2}) \right]$$

$$+ \sum_{i=1}^{3} (x_{i+2} - x_{i+1})\tan\alpha_i \tan\alpha_{i+1} \tan\alpha_{i+2}$$

$$= \sum_{i=1}^{3} (y_i - y_{i+1})\tan\alpha_i\tan\alpha_{i+1} + \sum_{i=1}^{3} (y_i - y_{i+2})\tan\alpha_i\tan\alpha_{i+2}$$

$$+ \tan\alpha_1 \tan\alpha_2 \tan\alpha_3 \sum_{i=1}^{3} (x_{i+2} - x_{i+1})$$

$$= \sum_{i=1}^{3} (y_i - y_{i+1})\tan\alpha_i\tan\alpha_{i+1} + \sum_{i=1}^{3} (y_{i+1} - y_i)\tan\alpha_{i+1}\tan\alpha_i = 0,$$

类似地, 可得

$$\sum_{i=1}^{3} \tan\alpha_i(\tan\alpha_{i+1} + \tan\alpha_{i+2})(x_{Q_{i+1}} - x_i) = 0.$$

而

$$\sum_{i=1}^{3} \tan\alpha_i(\tan\alpha_{i+1} + \tan\alpha_{i+2})(x_i y_{Q_{i+1}} - x_{Q_{i+1}} y_i)$$

$$= \sum_{i=1}^{3} \tan\alpha_i \left\{ x_i \left[y_{i+1}\tan\alpha_{i+1} + y_{i+2}\tan\alpha_{i+2} - (x_{i+2} - x_{i+1})\tan\alpha_{i+1}\tan\alpha_{i+2} \right] \right.$$

$$\left. - \left[x_{i+1}\tan\alpha_{i+1} + x_{i+2}\tan\alpha_{i+2} + (y_{i+2} - y_{i+1})\tan\alpha_{i+1}\tan\alpha_{i+2} \right] y_i \right\}$$

$$= \sum_{i=1}^{3} (x_i y_{i+1} - x_{i+1} y_i)\tan\alpha_i \tan\alpha_{i+1} + \sum_{i=1}^{3} (x_i y_{i+2} - x_{i+2} y_i)\tan\alpha_i \tan\alpha_{i+2}$$

$$- \sum_{i=1}^{3} \left[(x_i x_{i+2} - x_i x_{i+1}) + (y_i y_{i+2} - y_i y_{i+1}) \right] \tan\alpha_i \tan\alpha_{i+1} \tan\alpha_{i+2}$$

$$= \sum_{i=1}^{3} (x_i y_{i+1} - x_{i+1} y_i)\tan\alpha_i \tan\alpha_{i+1} + \sum_{i=1}^{3} (x_{i+1} y_i - x_i y_{i+1})\tan\alpha_{i+1} \tan\alpha_i$$

$$- \tan\alpha_1 \tan\alpha_2 \tan\alpha_3 \sum_{i=1}^{3} \left[(x_{i+1} x_i - x_i x_{i+1}) + (y_{i+1} y_i - y_i y_{i+1}) \right]$$

$$= 0,$$

因此, 式 (1.2.3) 成立.

(2) 类似地, 当 Q_1', Q_2', Q_3' 不重合和不共线时, 由三角形有向面积公式和式 (1.2.2) 可以证明式 (1.2.4) 成立; 而当 Q_1', Q_2', Q_3' 重合或共线时, 式 (1.2.4) 显然成立.

推论 1.2.1 设 $P_1P_2Q_1, P_2P_3Q_2, P_3P_1Q_3(P_1P_2Q_1', P_2P_3Q_2', P_3P_1Q_3')$ 分别是三角形 $P_1P_2P_3$ 各边的外 (内) 侧三角形, 且 $\angle P_{i+1}P_iQ_i = \angle P_{i+2}P_iQ_{i+2} = \alpha_i(\angle P_{i+1}P_i Q_i' = \angle P_{i+2}P_iQ_{i+2}' = \alpha_i')(i = 1, 2, 3)$, 则

(1) P 是 $P_{i+2}Q_i$ 所在直线上任意一点的充分必要条件是

$$\tan\alpha_i(\tan\alpha_{i+1} + \tan\alpha_{i+2})\mathrm{D}_{PP_iQ_{i+1}} + \tan\alpha_{i+1}(\tan\alpha_{i+2} + \tan\alpha_i)\mathrm{D}_{PP_{i+1}Q_{i+2}} = 0;$$

$$(1.2.5)$$

(2) P 是 $P_{i+2}Q_i'$ 所在直线上任意一点的充分必要条件是

$$\tan\alpha_i'(\tan\alpha_{i+1}' + \tan\alpha_{i+2}')\mathrm{D}_{PP_iQ_{i+1}'} + \tan\alpha_{i+1}'(\tan\alpha_{i+2}' + \tan\alpha_i')\mathrm{D}_{PP_{i+1}Q_{i+2}'} = 0,$$

$$(1.2.6)$$

其中 $i = 1, 2, 3$.

证明 (1) 由题设和式 (1.2.3), 可得

P 是 $P_{i+2}Q_i$ 所在直线上任意一点 $\Leftrightarrow \mathrm{D}_{PP_{i+2}Q_i} = 0 \Leftrightarrow$ 式 (1.2.5) 成立.

(2) 类似地, 由式 (1.2.4), 可证得式 (1.2.6) 成立.

推论 1.2.2 设 $P_1P_2Q_1, P_2P_3Q_2, P_3P_1Q_3(P_1P_2Q_1', P_2P_3Q_2', P_3P_1Q_3')$ 分别是三角形 $P_1P_2P_3$ 各边的外 (内) 侧三角形, 且 $\angle P_{i+1}P_iQ_i = \angle P_{i+2}P_iQ_{i+2} = \alpha_i(\angle P_{i+1} P_iQ_i' = \angle P_{i+2}P_iQ_{i+2}' = \alpha_i')(i = 1, 2, 3)$, 则 $P_1Q_2, P_2Q_3, P_3Q_1(P_1Q_2', P_2Q_3', P_3Q_1')$ 所在的三条直线均共点.

证明 (i) 如图 1.2.2 所示. 设 P_1Q_2, P_2Q_3 所在直线的交点为 G, 则 $\mathrm{D}_{GP_1Q_2} = \mathrm{D}_{GP_2Q_3} = 0$, 代入式 (1.2.3), 得

$$\tan\alpha_3(\tan\alpha_1 + \tan\alpha_2)\mathrm{D}_{GP_3Q_1} = 0.$$

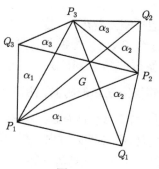

图 1.2.2

因为 $0 < \alpha_3 < \pi, 0 < \alpha_1 + \alpha_2 < \pi$, 所以 $\tan\alpha_3(\tan\alpha_1 + \tan\alpha_2) \neq 0$. 于是由上式可得 $\mathrm{D}_{GP_3Q_1} = 0$, 因此 G 在直线 P_3Q_1 上. 故 P_1Q_2, P_2Q_3, P_3Q_1 所在的三条直线相交于点 G.

(ii) 类似地, 当 Q_1', Q_2', Q_3' 不重合和不共线时, 可以证明 $P_1Q_2', P_2Q_3', P_3Q_1'$ 所在的三条直线均共点; 而当 Q_1', Q_2', Q_3' 重合或共线时, 结论显然成立.

推论 1.2.3　设 $P_1P_2Q_1, P_2P_3Q_2, P_3P_1Q_3(P_1P_2Q_1', P_2P_3Q_2', P_3P_1Q_3')$ 分别是三角形 $P_1P_2P_3$ 各边的外 (内) 侧三角形, 且 $\angle P_2P_1Q_1 = \angle P_3P_1Q_3 = \angle P_2Q_2P_3$, $\angle P_1P_2Q_1 = \angle P_3P_2Q_2 = \angle P_1Q_3P_3(\angle P_2P_1Q_1' = \angle P_3P_1Q_3' = \angle P_2Q_2'P_3, \angle P_1P_2Q_1' = \angle P_3P_2Q_2' = \angle P_1Q_3'P_3)$, 则 $P_1Q_2, P_2Q_3, P_3Q_1(P_1Q_2', P_2Q_3', P_3Q_1')$ 所在的三条直线均共点.

证明　如图 1.2.3 所示. 设 $\angle P_2P_1Q_1 = \angle P_3P_1Q_3 = \angle P_2Q_2P_3 = \alpha, \angle P_1P_2Q_1 = \angle P_3P_2Q_2 = \angle P_1Q_3P_3 = \beta(\angle P_2P_1Q_1' = \angle P_3P_1Q_3' = \angle P_2Q_2'P_3 = \alpha', \angle P_1P_2Q_1' = \angle P_3P_2Q_2' = \angle P_1Q_3'P_3 = \beta')$, 在推论 1 中, 令 $\alpha_1 = \alpha, \alpha_2 = \beta, \alpha_3 = \pi - \alpha - \beta(\alpha_1' = \alpha', \alpha_2' = \beta', \alpha_3' = \pi - \alpha' - \beta')$ 即得.

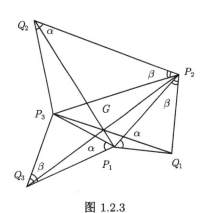

图 1.2.3

注 1.2.1　取三角形各边外侧三角形时, 推论 1.2.2 即为 1985 年第 26 届国际数学奥林匹克竞赛候选题; 而当 $P_1P_2P_3$ 为锐角三角形时, 推论 1.2.3 即为 1973 年第 7 届苏联数学奥林匹克竞赛题的第 (2) 部分.

1.2.3　三角形各边外 (内) 侧相似三角形有向面积的定值定理与应用

定理 1.2.2 (喻德生, 2017)　设 $P_1P_2Q_1, P_2P_3Q_2, P_3P_1Q_3(P_1P_2Q_1', P_2P_3Q_2', P_3P_1Q_3')$ 分别是三角形 $P_1P_2P_3$ 各边的外 (内) 侧相似三角形, 且 $\angle P_{i+1}P_iQ_i = \alpha, \angle P_iP_{i+1}Q_i = \beta$ $(\angle P_{i+1}P_iQ_i = \alpha', \angle P_iP_{i+1}Q_i = \beta')$ $(i = 1, 2, 3), P$ 是三角形 $P_1P_2P_3$ 所在平面上任意一点, 则

$$\mathrm{D}_{PP_1Q_2} + \mathrm{D}_{PP_2Q_3} + \mathrm{D}_{PP_3Q_1} = \mu \mathrm{D}_{P_1P_2P_3}, \tag{1.2.7}$$

$$\mathrm{D}_{PP_1Q_2'} + \mathrm{D}_{PP_2Q_3'} + \mathrm{D}_{PP_3Q_1'} = \mu' \mathrm{D}_{P_1P_2P_3}, \tag{1.2.8}$$

其中 $\mu = (\tan\alpha - \tan\beta)/(\tan\alpha + \tan\beta), \mu' = (\tan\alpha' - \tan\beta')/(\tan\alpha' + \tan\beta')$.

证明　(1) 如图 1.2.4 所示. 设三角形 $P_1P_2P_3$ 顶点的坐标为 $P_i(x_i, y_i)(i = 1, 2, 3)$, 三角形 $P_1P_2P_3$ 所在平面上任意点的坐标为 $P(x, y)$, 则由三角形有向面积公式和式 (1.2.1), 可得

$$\begin{aligned}
D_{PP_iQ_{i+1}} &= \frac{1}{2}\left[(xy_i - x_iy) + (x_iy_{Q_{i+1}} - x_{Q_{i+1}}y_i) + (x_{Q_{i+1}}y - xy_{Q_{i+1}})\right] \\
&= \frac{1}{2}x(y_i - y_{Q_{i+1}}) + \frac{1}{2}y(x_{Q_{i+1}} - x_i) + \frac{1}{2}(x_iy_{Q_{i+1}} - x_{Q_{i+1}}y_i).
\end{aligned}$$

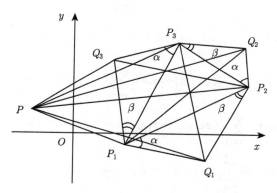

图 1.2.4

因为

$$(\tan\alpha + \tan\beta)\sum_{i=1}^{3}(y_i - y_{Q_{i+1}})$$

$$= \sum_{i=1}^{3}\left[y_i(\tan\alpha + \tan\beta) - (y_{i+1}\tan\alpha + y_{i+2}\tan\beta)\right]$$

$$+ \sum_{i=1}^{3}(x_{i+2} - x_{i+1})\tan\alpha\tan\beta$$

$$= \tan\alpha\sum_{i=1}^{3}(y_i - y_{i+1}) + \tan\beta\sum_{i=1}^{3}(y_i - y_{i+2})$$

$$+ \tan\alpha\tan\beta\sum_{i=1}^{3}(x_{i+2} - x_{i+1}) = 0.$$

类似地, 可得

$$(\tan\alpha + \tan\beta)\sum_{i=1}^{3}(x_{Q_{i+1}} - x_i) = 0.$$

又因为

$$(\tan\alpha + \tan\beta)\sum_{i=1}^{3}(x_i y_{Q_{i+1}} - x_{Q_{i+1}} y_i)$$

$$=\sum_{i=1}^{3}\{x_i[y_{i+1}\tan\alpha + y_{i+2}\tan\beta - (x_{i+2}-x_{i+1})\tan\alpha\tan\beta]$$

$$- [x_{i+1}\tan\alpha + x_{i+2}\tan\beta + (y_{i+2}-y_{i+1})\tan\alpha\tan\beta]y_i\}$$

$$=\tan\alpha\sum_{i=1}^{3}(x_i y_{i+1} - x_{i+1} y_i) + \tan\beta\sum_{i=1}^{3}(x_i y_{i+2} - x_{i+2} y_i)$$

$$- \tan\alpha\tan\beta\sum_{i=1}^{3}[(x_i x_{i+2} - x_i x_{i+1}) + (y_i y_{i+2} - y_i y_{i+1})]$$

$$=\tan\alpha\sum_{i=1}^{3}(x_i y_{i+1} - x_{i+1} y_i) + \tan\beta\sum_{i=1}^{3}(x_{i+1} y_i - x_i y_{i+1})$$

$$- \tan\alpha\tan\beta\sum_{i=1}^{3}[(x_{i+1} x_i - x_i x_{i+1}) + (y_{i+1} y_i - y_i y_{i+1})]$$

$$=(\tan\alpha - \tan\beta)\sum_{i=1}^{3}(x_i y_{i+1} - x_{i+1} y_i) = 2(\tan\alpha - \tan\beta)\mathrm{D}_{PP_i Q_{i+1}},$$

所以

$$(\tan\alpha + \tan\beta)\sum_{i=1}^{3}\mathrm{D}_{PP_i Q_{i+1}}$$

$$=\frac{1}{2}x\sum_{i=1}^{3}(y_i - y_{Q_{i+1}}) + \frac{1}{2}y\sum_{i=1}^{3}(x_{Q_{i+1}} - x_i) + \frac{1}{2}\sum_{i=1}^{3}(x_i y_{Q_{i+1}} - x_{Q_{i+1}} y_i)$$

$$= (\tan\alpha - \tan\beta)\mathrm{D}_{PP_i Q_{i+1}},$$

注意到 $0 < \alpha, \beta, \alpha + \beta < \pi$, 所以 $\tan\alpha + \tan\beta \neq 0$. 因此, 式 (1.2.7) 成立.

(2) 类似地, 由三角形有向面积公式和式 (1.2.2), 可以证明式 (1.2.8) 成立.

定理 1.2.3 (喻德生, 2004)　　设 $P_1 P_2 Q_1, P_2 P_3 Q_2, P_3 P_1 Q_3 (P_1 P_2 Q_1', P_2 P_3 Q_2', P_3 P_1 Q_3')$ 分别是三角形 $P_1 P_2 P_3$ 各边的外 (内) 侧相似三角形, P 是三角形 $P_1 P_2 P_3$ 所在平面上任意一点, 则 $P_1 P_2 Q_1, P_2 P_3 Q_2, P_3 P_1 Q_3 (P_1 P_2 Q_1', P_2 P_3 Q_2', P_3 P_1 Q_3')$ 是 $P_1 P_2 P_3$ 各边的相似等腰三角形的充分必要条件是

$$\mathrm{D}_{PP_1 Q_2} + \mathrm{D}_{PP_2 Q_3} + \mathrm{D}_{PP_3 Q_1} = 0; \tag{1.2.9}$$

$$\mathrm{D}_{PP_1 Q_2'} + \mathrm{D}_{PP_2 Q_3'} + \mathrm{D}_{PP_3 Q_1'} = 0. \tag{1.2.10}$$

证明 不妨设 $\angle P_{i+1}P_iQ_i = \alpha, \angle P_iP_{i+1}Q_i = \beta(i = 1, 2, 3)$, 则由式 (1.2.7) 可知 $P_1P_2Q_1, P_2P_3Q_2, P_3P_1Q_3$ 是 $P_1P_2P_3$ 各边的相似等腰三角形 $\Leftrightarrow \alpha = \beta \Leftrightarrow \mu = 0 \Leftrightarrow$ 式 (1.2.9) 成立.

类似地, 由式 (1.2.8), 可以证明 $P_1P_2Q_1', P_2P_3Q_2', P_3P_1Q_3'$ 是 $P_1P_2P_3$ 各边的相似等腰三角形 $\Leftrightarrow$ 式 (1.2.10) 成立.

推论 1.2.4 设 $P_1P_2Q_1, P_2P_3Q_2, P_3P_1Q_3(P_1P_2Q_1', P_2P_3Q_2', P_3P_1Q_3')$ 分别是三角形 $P_1P_2P_3$ 各边的外 (内) 侧相似等腰三角形, P 是三角形 $P_1P_2P_3$ 所在平面上任意一点, 则在如下的三角形

$$PP_1Q_2, \ PP_2Q_3, \ PP_3Q_1 \quad (PP_1Q_2', \ PP_2Q_3', \ PP_3Q_1')$$

中, 其中一个较大的三角形的面积等于另两个较小的三角形的面积的和.

证明 在式 (1.2.9)(式 (1.2.10)) 中, 注意到三个三角形的有向面积 $D_{PP_1Q_2}$, $D_{PP_2Q_3}, D_{PP_3Q_1}(D_{PP_1Q_2}', D_{PP_2Q_3}', D_{PP_3Q_1}')$, 其中一个有向面积的符号与另两个有向面积的符号相反即得.

推论 1.2.5 设 $P_1P_2Q_1, P_2P_3Q_2, P_3P_1Q_3(P_1P_2Q_1', P_2P_3Q_2', P_3P_1Q_3')$ 分别是三角形 $P_1P_2P_3$ 各边的外 (内) 侧相似等腰三角形, 则 P 是 $P_{i+2}Q_i(P_{i+2}Q_i')$ 所在直线上任意一点的充分必要条件是

$$D_{PP_iQ_{i+1}} + D_{PP_{i+1}Q_{i+2}} = 0 \quad (D_{PP_iQ_{i+1}'} + D_{PP_{i+1}Q_{i+2}'} = 0) \quad (i = 1, 2, 3). \quad (1.2.11)$$

证明 由式 (1.2.9) 和 (1.2.10) 得
P 是 $P_{i+2}Q_i(P_{i+2}Q_i')$ 所在直线上任意一点 $\Leftrightarrow D_{PP_{i+2}Q_i} = 0(D_{PP_{i+2}Q_i'} = 0) \Leftrightarrow$ 式 (1.2.11) 成立.

推论 1.2.6 设 $P_1P_2Q_1, P_2P_3Q_2, P_3P_1Q_3(P_1P_2Q_1', P_2P_3Q_2', P_3P_1Q_3')$ 分别是三角形 $P_1P_2P_3$ 各边的外 (内) 侧相似等腰三角形, P 是 $P_{i+2}Q_i(P_{i+2}Q_i')(i = 1, 2, 3)$ 所在直线上任意一点, 则

$$a_{PP_iQ_{i+1}} = a_{PP_{i+1}Q_{i+2}} \quad (a_{PP_iQ_{i+1}'} = a_{PP_{i+1}Q_{i+2}'}) \quad (i = 1, 2, 3).$$

证明 在式 (1.2.11) 中, 两式分别移项后, 等式两边取绝对值即得.

推论 1.2.7 设 $P_1P_2Q_1, P_2P_3Q_2, P_3P_1Q_3(P_1P_2Q_1', P_2P_3Q_2', P_3P_1Q_3')$ 分别是三角形 $P_1P_2P_3$ 各边的外 (内) 侧相似等腰三角形, 则 $P_1Q_2, P_2Q_3, P_3Q_1(P_1Q_2', P_2Q_3', P_3Q_1')$ 所在的三条直线均共点.

证明 (1) 如图 1.2.5 所示. 设 P_1Q_2, P_2Q_3 所在直线的交点为 G, 则 $D_{GP_1Q_2} = D_{GP_2Q_3} = 0$. 代入式 (1.2.9), 得 $D_{GP_3Q_1} = 0$, 因此 G 在直线 P_3Q_1 上. 故 P_1Q_2, P_2Q_3, P_3Q_1 所在的三条直线相交于点 G.

(2) 类似地, 利用式 (1.2.10), 可以证明 $P_1Q_2', P_2Q_3', P_3Q_1'$ 所在的三条直线共点.

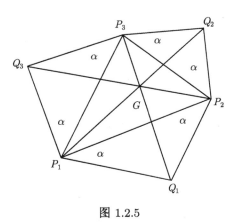

图 1.2.5

注 1.2.2　当三角形各边外侧相似三角形为相似等腰三角形时, 推论 1.2.7 即为著名的 Kiepert 定理和 Kiepert 点.

综上所述, 可以看出, 本节关于三角形外 (内) 侧三角形中有向面积的几个定值定理不仅涵盖面广泛, 而且结论优美, 证明简洁, 不乏几何对称性与代数对称性之美, 在一定意义上诠析了几何与代数的完美结合. 这种一般性的结论, 用传统方法是不易证明的.

1.3　三角形外 (内) 侧多边 (角) 形有向面积的定值定理与应用

本节主要研究三角形外 (内) 侧多边 (角) 形有向面积的定值问题. 首先, 给出三角形外 (内) 侧多边形的概念; 其次, 给出三角形外 (内) 侧正方形中有向面积的定值定理, 并据此推出三角形外 (内) 侧正方形中的一个三线共点的结论; 其次, 给出三角形外 (内) 侧相似长方形中有向面积的定值定理与应用, 从而得出三角形相似长方形中三线共点的一个结论; 最后, 给出三角形外 (内) 侧平行四边形中有向面积的定值定理与应用, 并据此推出著名的三角形 Pappus 定理.

1.3.1　三角形各边外 (内) 侧多边 (角) 形的概念

定义 1.3.1　在三角形 $P_1P_2P_3$ 各边 P_iP_{i+1} 所在直线的外 (内) 侧取两点 $Q_i, R_i(Q_i', R_i')$, 作四角形 $P_iP_{i+1}Q_iR_i(P_iP_{i+1}Q_i'R_i')(i = 1, 2, 3)$, 则称 $P_iP_{i+1}Q_iR_i(P_iP_{i+1}Q_i'R_i')(i = 1, 2, 3, 4)$ 为三角形 $P_1P_2P_3$ 的边 P_iP_{i+1} 的外 (内) 侧四角形, 简称边 P_iP_{i+1} 的外 (内) 侧四角形.

类似地, 可以定义三角形 $P_1P_2P_3$ 各边外的 (内) 侧五角形、六角形等.

定义 1.3.2 若三角形 $P_1P_2P_3$ 的边 P_iP_{i+1} 的外 (内) 侧四角形 $P_iP_{i+1}Q_iR_i(P_i$ $P_{i+1}Q_i'R_i')(i=1,2,3)$ 为四边形, 则称 $P_iP_{i+1}Q_iR_i(P_iP_{i+1}Q_i'R_i')(i=1,2,3)$ 为三角形 $P_1P_2P_3$ 各边的外 (内) 侧四边形.

特别地, 若 $P_iP_{i+1}Q_iR_i(P_iP_{i+1}Q_i'R_i')(i=1,2,3)$ 为相似的四边形, 则称 P_iP_{i+1} $Q_iR_i(P_iP_{i+1}Q_i'R_i')(i=1,2,3)$ 为三角形 $P_1P_2P_3$ 各边的外 (内) 侧相似四边形.

类似地, 可以定义三角形 $P_1P_2P_3$ 各边的外 (内) 侧五角边形、六角边形; 三角形 $P_1P_2P_3$ 各边的外 (内) 侧相似五边形、六边形; 等等.

1.3.2 三角形外 (内) 侧正方形中有向面积的定值定理与应用

定理 1.3.1 (喻德生, 2014) 以三角形 $P_1P_2P_3$ 的三边向其外 (内) 侧作正方形 $P_iQ_iR_{i+1}P_{i+1}(P_iQ_i'R_{i+1}'P_{i+1})$, $P_{i+2}N_i \perp P_iP_{i+1}$ 于 N_i, P 是 $P_{i+2}N_i$ 所在直线上任意一点 $(i=1,2,3)$, 则

(1) 直线 $P_{i+2}N_i$ 经过 $R_{i+2}Q_{i+2}(R_{i+2}'Q_{i+2}')$ 的中点;

(2) 线段 $Q_{i+1}R_{i+1}(Q_{i+1}'R_{i+1}')$ 的中点到 P_iP_{i+1} 的距离等于 P_iP_{i+1} 长度的一半;

(3)

$$D_{PP_iQ_{i+1}} = D_{PP_{i+1}R_i}(a_{PP_iQ_{i+1}} = a_{PP_{i+1}R_i}) \quad (i=1,2,3), \tag{1.3.1}$$

$$D_{PP_iQ_{i+1}'} = D_{PP_{i+1}R_i'}(a_{PP_iQ_{i+1}'} = a_{PP_{i+1}R_i'}) \quad (i=1,2,3); \tag{1.3.2}$$

(4)

$$D_{Q_1Q_2Q_3} = D_{R_1R_2R_3}(a_{Q_1Q_2Q_3} = a_{R_1R_2R_3}), \tag{1.3.3}$$

$$D_{Q_1'Q_2'Q_3'} = D_{R_1'R_2'R_3'}(a_{Q_1'Q_2'Q_3'} = a_{R_1'R_2'R_3'}); \tag{1.3.4}$$

(5)

$$D_{P_1R_1Q_1} = D_{P_2R_2Q_2} = D_{P_3R_3Q_3}(a_{P_1R_1Q_1} = a_{P_2R_2Q_2} = a_{P_3R_3Q_3}), \tag{1.3.5}$$

$$D_{P_1R_1'Q_1'} = D_{P_2R_2'Q_2'} = D_{P_3R_3'Q_3'}(a_{P_1R_1'Q_1'} = a_{P_2R_2'Q_2'} = a_{P_3R_3'Q_3'}). \tag{1.3.6}$$

证明 仅证明三角形外侧正方形的情形, 内侧正方形的情形可以类似地证明. 如图 1.3.1 所示. 对固定的 i, 以 P_iP_{i+1} 所在直线为 x 轴建立平面直角坐标系. 不妨设三角形顶点的坐标为 $P_i(0,0)$, $P_{i+1}(a,0)$, $P_{i+2}(b,c)$, 则由式 (1.1.1), 可以求得各长方形其余顶点的坐标分别为

$$Q_i(0,-a), \ R_{i+1}(a,-a); \quad Q_{i+1}(a+c,a-b), \ R_{i+2}(b+c,a-b+c);$$
$$Q_{i+2}(b-c,b+c), \ R_i(-c,b),$$

垂足的坐标为 $N_i(b,0)$, $P_{i+2}N_i$ 所在直线上任意点的坐标为 $P(b,y)$. 于是

(1) 线段 $R_{i+2}Q_{i+2}$ 中点的横坐标为 b, 从而直线 $P_{i+2}N_i : x = b$ 经过 $R_{i+2}Q_{i+2}$ 的中点;

(2) 线段 $Q_{i+1}R_{i+1}$ 的中点的纵坐标为 $-b/2$, 从而线段 $Q_{i+1}R_{i+1}$ 的中点到 P_iP_{i+1} 的距离等于 P_iP_{i+1} 长度的一半;

(3) 因为

$$2\mathrm{D}_{PP_iQ_{i+1}} = b(a-b) - (a+c)y, \quad 2\mathrm{D}_{PP_{i+1}R_i} = -ay + ab - cy - b^2,$$

因此, 式 (1.3.1) 成立;

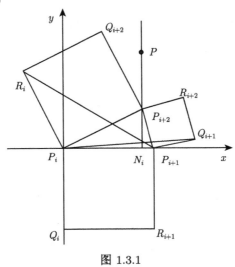

图 1.3.1

(4) 因为

$$
\begin{aligned}
&2\mathrm{D}_{Q_1Q_2Q_3} \\
=&a(a+c) + (a+c)(b+c) - (a-b)(b-c) - a(b-c) \\
=&a^2 + b^2 + c^2 - ab + 4ac,
\end{aligned}
$$

$$
\begin{aligned}
&2\mathrm{D}_{R_1R_2R_3} \\
=&ac - ab + a(a-b+c) + a(b+c) + (b+c)b + (a-b+c)c \\
=&a^2 + b^2 + c^2 - ab + 4ac,
\end{aligned}
$$

所以式 (1.3.3) 成立;

(5) 因为

$$\mathrm{D}_{P_1R_1Q_1} = \frac{1}{2}ac,$$

$$\mathrm{D}_{P_2R_2Q_2} = \frac{1}{2}[-a^2 + a(a-b) + a(a+c) - a(a-b)] = \frac{1}{2}ac,$$

$$\begin{aligned}
D_{P_3R_3Q_3} &= \frac{1}{2}[b(a-b+c)-(b+c)c+(b+c)^2 \\
&\quad -(b-c)(a-b+c)+(b+c)c-b(b+c)] \\
&= \frac{1}{2}ac,
\end{aligned}$$

所以式 (1.3.5) 成立.

注 1.3.1   定理 1.3.1(1) 的结论为 1964 年基辅数学奥林匹克竞赛题; (2) 中的结论为 1996 年山东省数学奥林匹克竞赛题.

推论 1.3.1   以三角形 $P_1P_2P_3$ 的三边向其外 (内) 侧作正方形 $P_iQ_iR_{i+1}P_{i+1}$ $(P_iQ_i'R_{i+1}'P_{i+1})(i=1,2,3)$, 则

$$\mathrm{a}_{P_{i+2}P_iQ_{i+1}} = \mathrm{a}_{P_{i+2}P_{i+1}R_i} \quad (\mathrm{a}_{P_{i+2}P_iQ_{i+1}'} = \mathrm{a}_{P_{i+2}P_{i+1}R_i'}) \quad (i=1,2,3).$$

证明   仅证明三角形外侧正方形的情形, 内侧正方形的情形可以类似地证明. 如图 1.3.2 所示. 在式 (1.3.1) 和式 (1.3.3) 中分别取 P 为 P_{i+2} 即得.

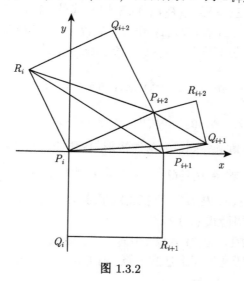

图 1.3.2

推论 1.3.2   以三角形 $P_1P_2P_3$ 的三边向其外 (内) 侧作正方形 $P_iQ_iR_{i+1}P_{i+1}$ $(P_iQ_i'R_{i+1}'P_{i+1})$, $P_{i+2}N_i \perp P_iP_{i+1}$ 于 N_i, 则 $P_iQ_{i+1}, P_{i+1}R_i$ 和 $P_{i+2}N_i(P_iQ_{i+1}', P_{i+1}R_i'$ 和 $P_{i+2}N_i)$ 所在直线相交于一点 $G_i(G_i')(i=1,2,3)$.

证明   仅证明三角形外侧正方形的情形, 内侧正方形的情形可以类似地证明. 如图 1.3.3 所示. 在式 (1.3.1) 中取 P 为 P_iQ_{i+1} 与 $P_{i+2}N_i$ 所在直线的交点 G_i, 即得 $D_{G_iP_{i+1}R_i}=0$, 因此 G_i 在 $P_{i+1}R_i$ 上, 于是 $P_iQ_{i+1}, P_{i+1}R_i$ 和 $P_{i+2}N_i$ 所在直线相交于点 $G_i(i=1,2,3)$.

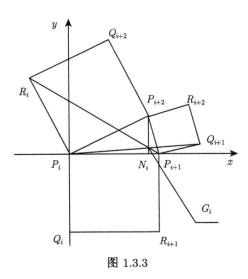

图 1.3.3

推论 1.3.3 以三角形 $P_1P_2P_3$ 的三边向其外 (内) 侧作正方形 $P_iQ_iR_{i+1}$ $P_{i+1}(P_iQ_i'R_{i+1}'P_{i+1})$, $P_{i+2}N_i \perp P_iP_{i+1}$ 于 N_i, $T_i(T_i')$ 是 $R_iQ_i(R_i'Q_i')(i = 1, 2, 3)$ 的中点, 则 $P_{i+2}N_i$ 所在直线平分 $R_{i+2}Q_{i+2}(R_{i+2}'Q_{i+2}')$, 且

$$\mathrm{a}_{T_{i+2}P_iQ_{i+1}} = \mathrm{a}_{T_{i+2}P_{i+1}R_i}, \quad \mathrm{a}_{N_iP_iQ_{i+1}} = \mathrm{a}_{N_iP_{i+1}R_i} \quad (i = 1, 2, 3), \tag{1.3.7}$$

$$\mathrm{a}_{T_{i+2}'P_iQ_{i+1}'} = \mathrm{a}_{T_{i+2}'P_{i+1}R_i'}, \quad \mathrm{a}_{N_i'P_iQ_{i+1}'} = \mathrm{a}_{N_i'P_{i+1}R_i'} \quad (i = 1, 2, 3). \tag{1.3.8}$$

证明 仅证明三角形外侧正方形的情形, 内侧正方形的情形可以类似地证明. 由定理 1.3.1 的证明, 求得 $R_{i+2}Q_{i+2}$ 中点的坐标为 $T_{i+2}\left(b, \dfrac{a}{2} + c\right)$, 因此 T_{i+2} 在 $P_{i+2}N_i$ 所在直线上, 从而 $P_{i+2}N_i$ 所在直线平分 $R_{i+2}Q_{i+2}$. 又在式 (1.3.1) 中分别取 P 为 T_{i+2} 和 N_i, 即得式 (1.3.7).

引理 1.3.1 (喻德生, 2017) 设 $Q_1Q_2\cdots Q_6$ 是六角形 $P_1P_2\cdots P_6$ 的中点六角形, P 是 $P_1P_2\cdots P_6$ 所在平面上任意一点, 则 $\mathrm{D}_{PQ_1Q_4} - \mathrm{D}_{PQ_2Q_5} + \mathrm{D}_{PQ_3Q_6} = 0$ 的充分必要条件是 $\mathrm{D}_{P_1P_3P_5} = \mathrm{D}_{P_2P_4P_6}$.

定理 1.3.2 (喻德生, 2017) 以三角形 $P_1P_2P_3$ 的三边向其外 (内) 侧作正方形 $P_1Q_1R_2P_2$, $P_2Q_2R_3P_3$, $P_3Q_3R_1P_1(P_1Q_1'R_2'P_2, P_2Q_2'R_3'P_3, P_3Q_3'R_1'P_1)$; S_1, T_2, S_2, T_3, $S_3, T_1(S_1', T_2', S_2', T_3', S_3', T_1')$ 依次是 $Q_1R_2, R_2Q_2, Q_2R_3, R_3Q_3, Q_3R_1, R_1Q_1(Q_1'R_2', R_2'$ $Q_2', Q_2'R_3', R_3'Q_3', Q_3'R_1', R_1'Q_1')$ 的中点, P 是三角形所在平面上任意一点, 则

$$\mathrm{D}_{PS_1T_3} + \mathrm{D}_{PS_2T_1} + \mathrm{D}_{PS_3T_2} = 0, \tag{1.3.9}$$

$$\mathrm{D}_{PS_1'T_3'} + \mathrm{D}_{PS_2'T_1'} + \mathrm{D}_{PS_3'T_2'} = 0. \tag{1.3.10}$$

证明　仅证明三角形外侧正方形的情形, 内侧正方形的情形可以类似地证明. 如图 1.3.4 所示. 依题设, 六边形 $Q_1R_2Q_2R_3Q_3R_1$ 各边 $Q_1R_2, R_2Q_2, Q_2R_3, R_3Q_3,$ Q_3R_1, R_1Q_1 的中点依次为 $S_1, T_2, S_2, T_3, S_3, T_1.$ 于是由定理 1.3.1 中的 (4) 和引理 1.3.1, 得

$$\mathrm{D}_{PS_1T_3} - \mathrm{D}_{PT_2S_3} + \mathrm{D}_{PS_2T_1} = 0,$$

从而式 (1.3.9) 成立.

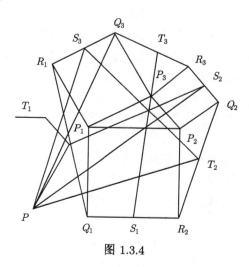

图 1.3.4

推论 1.3.4　以三角形 $P_1P_2P_3$ 的三边向其外 (内) 侧作正方形 $P_1Q_1R_2P_2, P_2Q_2$ $R_3P_3, P_3Q_3R_1P_1(P_1Q_1'R_2'P_2, P_2Q_2'R_3'P_3, P_3Q_3'R_1'P_1); S_1, T_2, S_2, T_3, S_3, T_1(S_1', T_2', S_2',$ $T_3', S_3', T_1')$ 依次是 $Q_1R_2, R_2Q_2, Q_2R_3, R_3Q_3, Q_3R_1, R_1Q_1 (Q_1'R_2', R_2'Q_2', Q_2'R_3', R_3'Q_3',$ $Q_3'R_1', R_1'Q_1')$ 的中点, P 是三角形所在平面上任意一点, 则在三角形 $PS_1T_3, PS_2T_1,$ $PS_3T_2(PS_1'T_3', PS_2'T_1', PS_3'T_2')$ 中, 其中一个较大的三角形的面积等于另两个较小的三角形的面积的和.

证明　由式 (1.3.9) 和 (1.3.10) 即得.

推论 1.3.5　以三角形 $P_1P_2P_3$ 的三边向其外 (内) 侧作正方形 $P_1Q_1R_2P_2, P_2Q_2$ $R_3P_3, P_3Q_3R_1P_1(P_1Q_1'R_2'P_2, P_2Q_2'R_3'P_3, P_3Q_3'R_1'P_1); S_1, T_2, S_2, T_3, S_3, T_1(S_1', T_2', S_2',$ $T_3', S_3', T_1')$ 依次是 $Q_1R_2, R_2Q_2, Q_2R_3, R_3Q_3, Q_3R_1, R_1Q_1 (Q_1'R_2', R_2'Q_2', Q_2'R_3', R_3'Q_3',$ $Q_3'R_1', R_1'Q_1')$ 的中点, 则 P 是 $S_{i+2}T_{i+1}(S_{i+2}'T_{i+1}')$ 所在直线上任意一点的充分必要条件是

$$\mathrm{D}_{PS_iT_{i+2}} + \mathrm{D}_{PS_{i+1}T_i} = 0 \quad (\mathrm{D}_{PS_i'T_{i+2}'} + \mathrm{D}_{PS_{i+1}'T_i'} = 0) \quad (i = 1, 2, 3). \quad (1.3.11)$$

证明　由式 (1.3.9) 和 (1.3.10) 可知

P 是 $S_{i+2}T_{i+1}(S'_{i+2}T'_{i+1})$ 所在直线上任意一点 $\Leftrightarrow \mathrm{D}_{PS_{i+2}T_{i+1}} = 0 (\mathrm{D}_{PS'_{i+2}T'_{i+1}} = 0) \Leftrightarrow$ 式 (1.3.11) 成立.

推论 1.3.6　以三角形 $P_1P_2P_3$ 的三边向其外 (内) 侧作正方形 $P_1Q_1R_2P_2, P_2Q_2$ $R_3P_3, P_3Q_3R_1P_1(P_1Q'_1R'_2P_2, P_2Q'_2R'_3P_3, P_3Q'_3R'_1P_1)$; $S_1, T_2, S_2, T_3, S_3, T_1(S'_1, T'_2, S'_2, T'_3, S'_3, T'_1)$ 依次是 $Q_1R_2, R_2Q_2, Q_2R_3, R_3Q_3, Q_3R_1, R_1Q_1(Q'_1R'_2, R'_2Q'_2, Q'_2R'_3, R'_3Q'_3, Q'_3R'_1, R'_1Q'_1)$ 的中点. 若 P 是 $S_{i+2}T_{i+1}(S'_{i+2}T'_{i+1})$ 所在直线上任意一点, 则 $\mathrm{a}_{PS_iT_{i+2}} = \mathrm{a}_{PS_{i+1}T_i}(\mathrm{a}_{PS'_iT'_{i+2}} = \mathrm{a}_{PS'_{i+1}T'_i})(i = 1, 2, 3)$.

证明　在式 (1.3.11) 中, 移项后等式两边取绝对值即得.

定理 1.3.3 (喻德生, 2017)　以三角形 $P_1P_2P_3$ 的三边向其外 (内) 侧作正方形 $P_1Q_1R_2P_2, P_2Q_2R_3P_3, P_3Q_3R_1P_1(P_1Q'_1R'_2P_2, P_2Q'_2R'_3P_3, P_3Q'_3R'_1P_1)$; $S_1, T_2, S_2, T_3, S_3, T_1(S'_1, T'_2, S'_2, T'_3, S'_3, T'_1)$ 依次是 $Q_1R_2, R_2Q_2, Q_2R_3, R_3Q_3, Q_3R_1, R_1Q_1(Q'_1R'_2, R'_2Q'_2, Q'_2R'_3, R'_3Q'_3, Q'_3R'_1, R'_1Q'_1)$ 的中点, 则 $S_1T_3, S_2T_1, S_3T_2(S'_1T'_3, S'_2T'_1, S'_3T'_2)$ 所在直线相交于一点.

证明　仅证明三角形外侧正方形的情形, 内侧正方形的情形可以类似地证明. 如图 1.3.5 所示. 若 S_1T_3, S_2T_1 相交于点 G, 则 $\mathrm{D}_{GS_1T_3} = \mathrm{D}_{GS_2T_1} = 0$. 代入式 (1.3.5), 得 $\mathrm{D}_{GS_3T_2} = 0$, 故点 G 在 S_3T_2 所在直线上, 从而 S_1T_3, S_2T_1, S_3T_2 所在直线相交于一点.

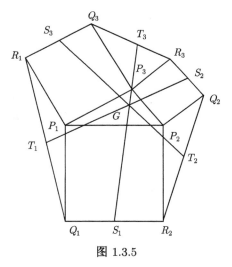

图 1.3.5

例 1.3.1 (1962 年基辅数学奥林匹克竞赛题)　以直角三角形 ABC 的斜边和两直角边为边向外各作一个正方形, 如果已知三角形的斜边的长和两直角边长之和, 求除三角形 ABC 顶点以外的正方形顶点所组成的六边形的面积.

解　如图 1.3.6 所示. 不妨设 $\angle C = 90°$, 所作正方形为 $AEFB, BGHC, CMNA$.

以 C 为坐标原点, CA 为 x 轴建立平面直角坐标系. 设三角形顶点的坐标为 $A(b,0)$, $B(0,a), C(0,0)$, 于是正方形其余顶点的坐标为

$$E(a+b,b), \ F(a,a+b); \quad G(-a,a), \ H(-a,0); \quad M(-b,0), \ N(b,-b).$$

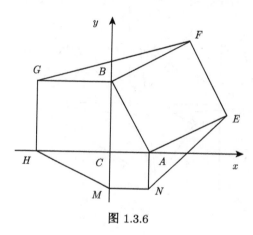

图 1.3.6

根据多边形有向面积公式得

$$
\begin{aligned}
&D_{EFGHMN}\\
&=\frac{1}{2}\left[(a+b)^2-ab+a^2+a(a+b)+0+a^2+ab-0+0+b^2+b^2+(a+b)b\right]\\
&=\frac{1}{2}[3a^2+2ab+3b^2+(a+b)^2]=\frac{1}{2}[2(a^2+b^2)+2(a+b)^2]=(a+b)^2+c^2,
\end{aligned}
$$

所以 $a_{MNEFGH}=(a+b)^2+c^2$.

1.3.3 三角形外 (内) 侧相似长方形中有向面积的定值定理与应用

定理 1.3.4 (喻德生, 2014) 以三角形 $P_1P_2P_3$ 的三边 P_iP_{i+1} 向其外 (内) 侧作相似的长方形 $P_iQ_iR_{i+1}P_{i+1}(P_iQ_i'R_{i+1}'P_{i+1})$ 且 $d_{P_iQ_i}/d_{P_iP_{i+1}}=\mu(d_{P_iQ_i'}/d_{P_iP_{i+1}}=\nu)(i=1,2,3)$, P 是三角形 $P_1P_2P_3$ 所在平面上任意一点, 则

$$\sum_{i=1}^{3}D_{PQ_iR_{i+2}}=(3\mu^2-1)D_{P_1P_2P_3}\left(\sum_{i=1}^{3}D_{PQ_i'R_{i+2}'}=(3\nu^2-1)D_{P_1P_2P_3}\right). \quad (1.3.12)$$

证明 如图 1.3.7 所示. 设三角形 $P_1P_2P_3$ 的顶点坐标为 $P_i(x_i,y_i)(i=1,2,3)$, 则由式 (1.1.1) 可以求得各长方形 $P_iQ_iR_{i+1}P_{i+1}$ 另外两个顶点的坐标

$$Q_i(x_i+\mu(y_{i+1}-y_i),y_i+\mu(x_{i+1}-x_i)) \quad (i=1,2,3),$$
$$R_{i+1}(x_{i+1}+\mu(y_{i+1}-y_i),y_{i+1}+\mu(x_{i+1}-x_i)) \quad (i=1,2,3).$$

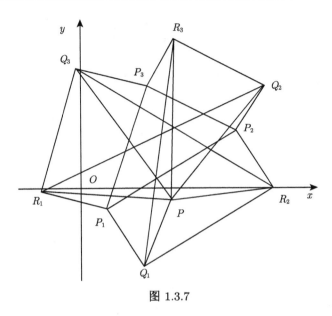

图 1.3.7

于是

$$2\sum_{i=1}^{3}\mathrm{D}_{PQ_iR_{i+2}}$$

$$=\sum_{i=1}^{3}\{x[y_i-\mu(x_{i+1}-x_i)]-[x_i+\mu(y_{i+1}-y_i)]y\}$$

$$\quad+\sum_{i=1}^{3}\{[x_{i+2}+\mu(y_{i+2}-y_{i+1})]y-x[y_{i+2}-\mu(x_{i+2}-x_{i+1})]\}$$

$$\quad+\sum_{i=1}^{3}\{[x_i+\mu(y_{i+1}-y_i)][y_{i+2}-\mu(x_{i+2}-x_{i+1})]$$

$$\quad\quad-[x_{i+2}+\mu(y_{i+2}-y_{i+1})][y_i-\mu(x_{i+1}-x_i)]\}$$

$$=x\sum_{i=1}^{3}[(y_i-y_{i+2})+\mu(x_i+x_{i+2}-2x_{i+1})]$$

$$\quad+y\sum_{i=1}^{3}[(x_{i+2}-x_i)+\mu(y_i+y_{i+2}-2y_{i+1})]$$

$$\quad+\sum_{i=1}^{3}(x_iy_{i+2}-x_{i+2}y_i)+\mu\sum_{i=1}^{3}[(x_ix_{i+1}+x_{i+1}x_{i+2}-2x_ix_{i+2})$$

$$\quad+(y_iy_{i+1}+y_{i+1}y_{i+2}-2y_iy_{i+2})]$$

$$+ \mu^2 \sum_{i=1}^{3} [(x_i y_{i+1} - x_{i+1} y_i) + (x_{i+1} y_{i+2} - x_{i+2} y_{i+1}) + (x_{i+2} y_i - x_i y_{i+2})]$$

$$= \sum_{i=1}^{3} (x_{i+1} y_i - x_i y_{i+1}) + \mu \sum_{i=1}^{3} [(x_i x_{i+1} + x_i x_{i+1} - 2x_{i+1} x_i)$$

$$+ (y_i y_{i+1} + y_i y_{i+1} - 2y_{i+1} y_i)]$$

$$+ \mu^2 \sum_{i=1}^{3} [(x_i y_{i+1} - x_{i+1} y_i) + (x_i y_{i+1} - x_{i+1} y_i) + (x_i y_{i+1} - x_{i+1} y_i)]$$

$$= (3\mu^2 - 1) \sum_{i=1}^{3} (x_i y_{i+1} - x_{i+1} y_i) = 2(3\mu^2 - 1) D_{P_1 P_2 P_3},$$

从而 $\sum_{i=1}^{3} D_{P Q_i R_{i+2}} = (3\mu^2 - 1) D_{P_1 P_2 P_3}$.

类似地, 利用式 (1.1.2) 和三角形有向面积公式, 可以证明

$$\sum_{i=1}^{3} D_{P Q_i' R_{i+2}'} = (3\nu^2 - 1) D_{P_1 P_2 P_3}.$$

因此式 (1.3.12) 成立.

推论 1.3.7 以三角形 $P_1 P_2 P_3$ 的三边 $P_i P_{i+1}$ 向其外 (内) 侧作相似的长方形 $P_i Q_i R_{i+1} P_{i+1} (P_i Q_i' R_{i+1}' P_{i+1})$ 且 $d_{P_i Q_i} / d_{P_i P_{i+1}} = 1/\sqrt{3} (d_{P_i Q_i'} / d_{P_i P_{i+1}} = 1/\sqrt{3})(i = 1, 2, 3)$, P 是三角形 $P_1 P_2 P_3$ 所在平面上任意一点, 则三角形 $P Q_1 R_3, P Q_2 R_1, P Q_3 R_2$ $(P Q_1' R_3', P Q_2' R_1', P Q_3' R_2')$ 中, 其中一个较大的三角形的面积等于其余两个较小的三角形的面积的和.

证明 在式 (1.3.12) 中, 令 $\mu = 1/\sqrt{3} (\nu = 1/\sqrt{3})$, 得

$$\sum_{i=1}^{3} D_{P Q_i R_{i+2}} = 0 \left(\sum_{i=1}^{3} D_{P Q_i' R_{i+2}'} = 0 \right), \tag{1.3.13}$$

因此推论 1.3.7 结论成立.

定理 1.3.5 以三角形 $P_1 P_2 P_3$ 的三边 $P_i P_{i+1}$ 向其外 (内) 侧作相似的长方形 $P_i Q_i R_{i+1} P_{i+1} (P_i Q_i' R_{i+1}' P_{i+1})$ 且 $d_{P_i Q_i} / d_{P_i P_{i+1}} = 1/\sqrt{3} (d_{P_i Q_i'} / d_{P_i P_{i+1}} = 1/\sqrt{3})(i = 1, 2, 3)$, 则直线 $Q_1 R_3, Q_2 R_1, Q_3 R_2 (Q_1' R_3', Q_2' R_1', Q_3' R_2')$ 相交于一点.

证明 如图 1.3.8 所示. 设 $G(a')$ 为直线 $Q_1 R_3, Q_2 R_1 (Q_1' R_3', Q_2' R_1')$ 的交点, 则由式 (1.3.12) 得 $D_{G Q_3 R_2} = 0 (D_{a' Q_3' R_2'} = 0)$, 此 $G(a')$ 在直线 $Q_3 R_2 (Q_3' R_2')$ 上. 故直线 $Q_1 R_3, Q_2 R_1, Q_3 R_2 (Q_1' R_3', Q_2' R_1', Q_3' R_2')$ 交于一点.

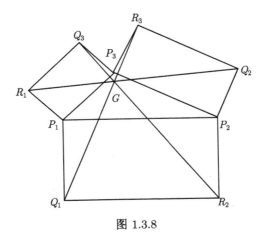

图 1.3.8

1.3.4 三角形外 (内) 侧平行四边形中有向面积的定值定理与应用

定理 1.3.6 (喻德生, 2017)　以三角形 $P_1P_2P_3$ 的一边 P_iP_{i+1} 为边作平行四边形 $P_iP_{i+1}P'_{i+1}P'_i$, 再分别以 P_iP_{i+2}, $P_{i+1}P_{i+2}$ 为边, 经 P'_i, P'_{i+1} 作平行四边形 $P_iP_{i+2}Q_iR_i$, $P_{i+1}P_{i+2}S_iT_i$, 则

$$\mathrm{D}_{P_iP_{i+1}P'_{i+1}P'_i} - \mathrm{D}_{P_iP_{i+2}Q_iR_i} + \mathrm{D}_{P_{i+1}P_{i+2}S_iT_i} = 0 \quad (i = 1, 2, 3). \tag{1.3.14}$$

证明　如图 1.3.9 所示. 以 P_1 为坐标原点, P_1P_2 为 x 轴建立平面直角坐标系. 设平行四边形 $P_1P_2P'_2P'_1$ 顶点的坐标为 $P_1(0,0), P_2(a,0), P'_2(a+d,e), P'_1(d,e)$, 于是三角形 $P_1P_2P_3$ 如下两边的直线方程分别为

$$P_1P_3 : -cx + by = 0 \quad \text{和} \quad P_2P_3 : -cx + (b-a)y + ac = 0.$$

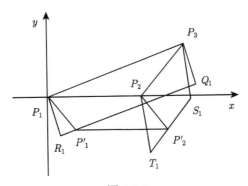

图 1.3.9

设 Q_1R_1, S_1T_1 的直线方程分别为

$$-cx + by = k_1 \quad \text{和} \quad -cx + (b-a)y + ac = k_2,$$

分别将 $P_1'(d, e), P_2'(a+d, e)$ 代入, 求得

$$k_1 = be - cd, \quad k_2 = (b-a)e - c(a+d),$$

于是

$$Q_1R_1 : -cx + by = be - cd,$$

$$S_1T_1 : -cx + (b-a)y + ac = (b-a)e - c(a+d).$$

设 $x_{Q_1} = f, x_{S_1} = g$, 则 $x_{R_1} = f - b, x_{T_1} = a - b + g$, 分别代入 Q_1R_1, S_1T_1 的方程, 求得

$$y_{Q_1} = \frac{be + cf - cd}{b}, \quad y_{R_1} = \frac{be + cf - bc - cd}{b};$$

$$y_{S_1} = \frac{be + cg - ac - ae - cd}{b}, \quad y_{T_1} = \frac{be + cg - ae - bc - cd}{b}.$$

故由四边形有向面积公式, 得

$$2\mathrm{D}_{P_1P_2P_2'P_1'} = ae + (a+d)e - de = 2ae,$$

$$2\mathrm{D}_{P_1P_3Q_1R_1} = (be + cf - cd) - cf + \frac{f(be + cf - bc - cd) - (f - b)(be + cf - cd)}{b}$$

$$= 2be - 2cd,$$

$$2\mathrm{D}_{P_2P_3S_1T_1} = ac + \frac{b(be + cg - ac - ae - cd)}{b - a} - cg + \frac{g(be + cg - ae - bc - cd)}{b - a}$$

$$- \frac{(a - b + g)(be + cg - ac - ae - cd)}{b - a} - \frac{a(be + cg - ae - bc - cd)}{b - a}$$

$$= 2be - 2ae - 2cd,$$

所以

$$2\mathrm{D}_{P_1P_2P_2'P_1'} - 2\mathrm{D}_{P_1P_3Q_1R_1} + 2\mathrm{D}_{P_2P_3S_1T_1} = 0,$$

从而, 当 $i = 1$ 时式 (1.3.14) 成立.

类似地, 可以证明当 $i = 2, 3$ 时, 式 (1.3.14) 成立.

推论 1.3.8 以三角形 $P_1P_2P_3$ 的一边 P_iP_{i+1} 为边作平行四边形 $P_iP_{i+1}P_{i+1}'P_i'$, 再分别以 $P_iP_{i+2}, P_{i+1}P_{i+2}$ 为边, 经 P_i', P_{i+1}' 作平行四边形 $P_iP_{i+2}Q_iR_i, P_{i+1}P_{i+2}S_i$ T_i, 则在三平行四边形的面积 $a_{P_iP_{i+1}P_{i+1}'P_i'}, a_{P_iP_{i+2}Q_iR_i}, a_{P_{i+1}P_{i+2}S_iT_i}(i = 1, 2, 3)$ 中, 其中大大者等于其余两个较小者的和. 即

(1) 若 $P_iP_{i+2}Q_iR_i$ 与 $P_iP_{i+1}P'_{i+1}P'_i$ 和 $P_{i+1}P_{i+2}S_iT_i$ 均为同向平行四边形, 则

$$a_{P_iP_{i+2}Q_iR_i} = a_{P_iP_{i+1}P'_{i+1}P'_i} + a_{P_{i+1}P_{i+2}S_iT_i} \quad (i=1,2,3); \tag{1.3.15}$$

(2) 若 $P_iP_{i+2}Q_iR_i$ 与 $P_iP_{i+1}P'_{i+1}P'_i$ 为同向平行四边形, 而与 $P_{i+1}P_{i+2}S_iT_i$ 为异向平行四边形, 则

$$a_{P_iP_{i+1}P'_{i+1}P'_i} = a_{P_iP_{i+2}Q_iR_i} + a_{P_{i+1}P_{i+2}S_iT_i} \quad (i=1,2,3); \tag{1.3.16}$$

(3) 若 $P_iP_{i+2}Q_iR_i$ 与 $P_{i+1}P_{i+2}S_iT_i$ 为同向平行四边形, 而与 $P_iP_{i+1}P'_{i+1}P'_i$ 为异向平行四边形, 则

$$a_{P_{i+1}P_{i+2}S_iT_i} = a_{P_iP_{i+2}Q_iR_i} + a_{P_iP_{i+1}P'_{i+1}P'_i} \quad (i=1,2,3). \tag{1.3.17}$$

证明　(1) 如图 1.3.10 所示. 不妨设三平行四边形 $P_1P_2P'_2P'_1$, $P_1P_3Q_1R_1$, P_2P_3 S_1T_1 均为正向平行四边形, 则由式 (1.3.14), 可得

$$a_{P_1P_2P'_2P'_1} - a_{P_1P_3Q_1R_1} + a_{P_2P_3S_1T_1} = 0,$$

所以

$$a_{P_1P_3Q_1R_1} = a_{P_1P_2P'_2P'_1} + a_{P_2P_3S_1T_1},$$

从而, 当 $i=1$ 时, 式 (1.3.15) 成立.

类似地, 可以证明当 $i=2,3$ 时, 式 (1.3.15) 成立.

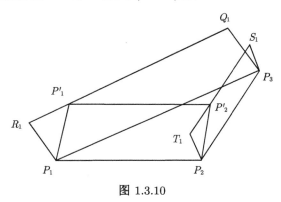

图 1.3.10

(2) 如图 1.3.11 所示. 不妨设 $P_1P_2P'_2P'_1$, $P_1P_3Q_1R_1$ 为正向四边形, $P_2P_3S_1T_1$ 为反向平行四边形, 则由式 (1.3.14), 可得

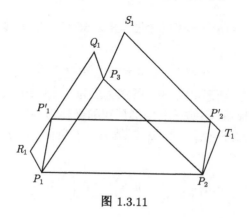

图 1.3.11

$$a_{P_1 P_2 P_2' P_1'} - a_{P_1 P_3 Q_1 R_1} - a_{P_2 P_3 S_1 T_1} = 0,$$

所以

$$a_{P_1 P_2 P_2' P_1'} = a_{P_1 P_3 Q_1 R_1} + a_{P_2 P_3 S_1 T_1},$$

从而, 当 $i = 1$ 时, 式 (1.3.16) 成立.

类似地, 可以证明, 当 $i = 2, 3$ 时式 (1.3.16) 成立.

(3) 如图 1.3.12 所示. 仿情形 (2), 可以证明式 (1.3.17) 成立.

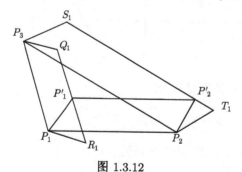

图 1.3.12

注 1.3.2 推论 1.3.8(2) 即所谓的三角形 Pappus 定理: "以三角形 $P_1 P_2 P_3$ 的一边 $P_i P_{i+1}$ 为边在三角形的内侧作平行四边形 $P_i P_{i+1} P_{i+1}' P_i'$, 且使 P_1', P_2' 落在三角形之外, 则式 (1.3.16) 成立." 可见, 利用有向面积得出的推论 1.3.8, 比三角形 Pappus 定理的意涵要广泛得多.

其次, 还应注意, 定理 1.3.6 只要求 P_i', P_{i+1}' 分别在平行四边形 $P_i P_{i+2} Q_i R_i$, $P_{i+1} P_{i+2} S_i T_i$ 的边 $Q_i R_i, S_i T_i$ 所在直线上, 而未必分别在这两边上.

例 1.3.2 (1988 年第 14 届全苏联数学奥林匹克竞赛题) 在三角形 ABC 的边 AB 和 BC 的外侧作平行四边形 $ABDE$ 和 $BCFG$, 直线 ED 和 FG 相交于点

M, 再在边 AC 上向三角形之外作平行四边形 $ACKL$, 它的边 CK 和 AL 等于且平行于线段 MB, 则

$$a_{ACKL} = a_{ABDE} + a_{BCFG}. \tag{1.3.18}$$

证明　如图 1.3.13 所示. 以 BC 所在直线为 x 轴, BC 边上的高所在直线为 y 轴建立平面直角坐标系. 不妨设三角形顶点的坐标为 $A(0, a), B(b, 0), C(c, 0)(a > 0, b < c)$, D 是 BA 左侧的 (λ_1, μ_1) 点; F 是 BC 右侧的 (λ_2, μ_2) 点, 于是这两点的坐标分别为

$$D\left(\frac{b}{1+\lambda_1} - \mu_1 a, \frac{\lambda_1 a}{1+\lambda_1} - \mu_1 b\right), \quad F\left(\frac{b + \lambda_2 c}{1 + \lambda_2}, \mu_2(b - c)\right).$$

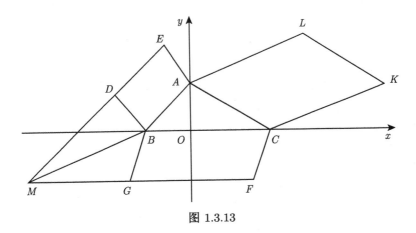

图 1.3.13

直线 ED 和 FG 的方程分别为

$$x/b + y/a = 1 - \mu_1(a/b + b/a) \quad \text{和} \quad y = \mu_2(b - c),$$

两方程联立, 求得直线 ED 和 FG 交点的坐标

$$M(x_M, y_M) = M\left(b\left(\frac{1}{1+\lambda_2} - \mu_1\left(\frac{a}{b} + \frac{b}{a}\right) - \mu_2\frac{c}{a}\right), \mu_2(b - c)\right).$$

依题设, 平行四边形 $ACKL$ 另两个顶点的坐标为

$$K(c + b - x_M, -y_M), \quad L(b - x_M, a - y_M),$$

于是由多边形有向面积公式, 可得

$$2a_{ACKL} = 2D_{ACKL}$$
$$= -ac - cy_M + (c + b - x_M)(a - y_M) + (b - x_M)y_M + a(b - x_M)$$

$$= -ac - cy_M + ac - cy_M + ab - by_M - ax_M + x_M y_M + by_M - x_M y_M + ab - ax_M$$
$$= 2ab - 2ax_M - 2cy_M,$$

所以

$$\mathbf{a}_{ACKL} = ab - ax_M - cy_M$$

$$= ab - ab \left[\frac{1}{1 + \lambda_2} - \mu_1 \left(\frac{a}{b} + \frac{b}{a} \right) - \mu_2 \frac{c}{a} \right] - \mu_2 (b - c)$$

$$= \mu_1 (a^2 + b^2) + \mu_2 (b - c)^2 = \mathbf{a}_{ABDE} + \mathbf{a}_{BCFG},$$

因此, 式 (1.3.18) 成立.

1.4 三平行四边形中有向面积的定值定理及其应用

本节主要研究三角形三平行四边形中有向面积的定值定理及其应用. 首先, 给出三角形三平行四边形的概念; 其次, 给出三角形三平行四边形有向面积的定值定理及其应用, 从而得出三角形三平行四边形中三线共点等结论.

1.4.1 三角形三平行四边形的概念

定义 1.4.1 设 $P_1 P_2 P_3$ 是三角形, 以 $P_i P_{i+1} (i = 1, 2, 3)$ 为一对角线作三个平行四边形, 且使每个平行四边形对应的顶点位于三角形 $P_1 P_2 P_3$ 的内、外同侧, 则称这三个平行四边形为三角形 $P_1 P_2 P_3$ 的三平行四边形, 简称三平行四边形.

1.4.2 三角形三平行四边形有向面积的定值定理与应用

定理 1.4.1 (喻德生, 2014) 设 $AMBN, BQCT$ 和 $ASCR$ 是三角形 ABC 如图 1.4.1 所示的三平行四边形, P 是三角形 ABC 所在平面上任意一点, 则

$$\mathrm{D}_{PMN} - \mathrm{D}_{PSR} + \mathrm{D}_{PQT} = 0 \quad (为定值). \tag{1.4.1}$$

证明 以 A 为坐标原点, AM 所在直线为 x 轴建立平面直角坐标系. 不妨设三角形 ABC 所在平面上任意点的坐标为 $P(x, y)$, 三角形和平行四边形顶点的坐标分别为 $A(0, 0), B(a + c, d), C(a + b + e, f), M(a, 0), S(a + b, 0), N(c, d), Q(a + b + c, d), R(e, f), T(a + e, f)$. 根据三角形有向面积公式, 得

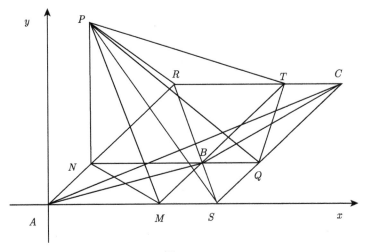

图 1.4.1

$$D_{PMN} = \frac{1}{2}[(c-a)y - dx + ad], \tag{1.4.2}$$

$$D_{PSR} = \frac{1}{2}[(e-a-b)y - fx + (a+b)f], \tag{1.4.3}$$

$$D_{PQT} = \frac{1}{2}[(e-b-c)y + (d-f)x + (a+b+c)f - (a+e)d]. \tag{1.4.4}$$

式 (1.4.2)−(1.4.3)+(1.4.3) 并注意到 $ed - fc = 0$, 即得式 (1.4.1).

推论 1.4.1　设 $AMBN, BQCT$ 和 $ASCR$ 是三角形 ABC 如图 1.4.1 所示的三平行四边形, P 是三角形 ABC 所在平面上任意一点, 则在三个三角形 $PMN, PSR,$ PQT 中, 其中一个较大的三角形的面积等于另两个较小的三角形的面积的和.

证明　由式 (1.4.1) 即得.

推论 1.4.2　设 $AMBN, BQCT$ 和 $ASCR$ 是三角形 ABC 如图 1.4.1 所示的三平行四边形.

(1) 若 P 是直线 MN 上任意一点, 则 $a_{PSR} = a_{PTQ}$;

(2) 若 P 是直线 ST 上任意一点, 则 $a_{PMN} = a_{PTQ}$;

(3) 若 P 是直线 TQ 上任意一点, 则 $a_{PMN} = a_{PSR}$.

证明　(1) 将 $D_{PMN} = 0$ 代入式 (1.4.1), 得 $D_{PSR} = D_{PTQ}$. 等式两边取绝对值即得 $a_{PSR} = a_{PTQ}$.

类似地, 可以证明 (2) 和 (3) 的结论成立.

推论 1.4.3　如图 1.4.2 所示, 设 $AMBN, BQCT$ 和 $ASCR$ 是三角形 ABC 的三平行四边形, 则这三个平行四边形的对角线 MN, SR, TQ 所在直线共点.

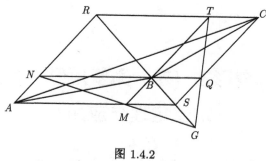

图 1.4.2

证明   设 G 为平行四边形 $AMBN, BQCT$ 对角线 MN, QT 所在直线的交点, 将 G 代入式 (1.4.1), 得 $\mathrm{D}_{GSR} = 0$. 于是 G, S, R 三点共线, 从而对角线 MN, SR, TQ 所在直线共点.

第 2 章 多角形右 (左) 侧多角形中有向面积的定值定理与应用

2.1 多角 (边) 形右 (左) 侧 (λ, μ) 多角 (边) 形中有向面积的定值定理与应用

在 1.1 节中, 论述了三角形外 (内) 侧 (λ, μ) 三角形中有向面积的定值定理与应用, 本节主要研究多角形中有关的问题. 第一, 介绍多角 (边) 形各边右 (左) 侧多边形和多角形右 (左) 侧 (λ, μ) 多角形的概念; 第二, 给出多边形右 (左) 侧 (λ, μ) 多边形有向面积的性质; 第三, 给出多角形右 (左) 侧 (λ, μ) 多角形重心的性质与应用, 从而推出著名的 Cesaro 定理; 第四, 给出一顶点重合的两相似长方形中有向面积的定值定理, 从而得到一道三线共点数学竞赛题的推广; 第五, 给出四边形右 (左) 侧 $(1, \mu)$ 四角形中有向面积的定值定理.

2.1.1 多角 (边) 形右 (左) 侧 (λ, μ) 多角 (边) 形的概念

定义 2.1.1 在多角形 $P_1 P_2 \cdots P_n$ 各边 $P_i P_{i+1}$ 所在直线的右 (左) 侧各取一点 $M_i(N_i)$, 作三角形 $P_i P_{i+1} M_i (P_i P_{i+1} N_i)(i = 1, 2, \cdots, n)$, 则称 $P_i P_{i+1} M_i(P_i P_{i+1} N_i)$ $(i = 1, 2, \cdots, n)$ 为多角形 $P_1 P_2 \cdots P_n$ 各边 $P_i P_{i+1}$ 的右 (左) 侧三角形, 简称为多角形的右 (左) 侧三角形.

显然, 三角形右 (左) 侧三角形, 即三角形外 (内) 侧三角形.

类似地, 可以给出多角形 $P_1 P_2 \cdots P_n$ 各边 $P_i P_{i+1}$ 右 (左) 侧正方形、长方形和平行四边形的定义.

定义 2.1.2 在多角形 $P_1 P_2 \cdots P_n$ 各边 $P_i P_{i+1}$ 所在直线的右 (左) 侧各取一点 $M_i(N_i)$, 若 $M_i Q_i \perp P_i P_{i+1}(N_i Q_i \perp P_i P_{i+1})$, 垂足为 Q_i, 且 $\mathrm{D}_{P_i Q_i} / \mathrm{D}_{Q_i P_{i+1}} = \lambda, \mathrm{d}_{M_i Q_i} = \mu \mathrm{d}_{P_i P_{i+1}}(\mathrm{d}_{N_i Q_i} = \mu \mathrm{d}_{P_i P_{i+1}})(i = 1, 2, \cdots, n; \mu \geqslant 0)$, 则称以 $M_1, M_2, \cdots, M_n(N_1, N_2, \cdots, N_n)$ 为顶点的多角形 $M_1 M_2 \cdots M_n(N_1 N_2 \cdots N_n)$ 为多角形 $P_1 P_2 \cdots P_n$ 的右 (左) 侧 (λ, μ) 多角形.

若 $M_1 M_2 \cdots M_n(N_1 N_2 \cdots N_n)$ 为多边形, 则称 $M_1 M_2 \cdots M_n(N_1 N_2 \cdots N_n)$ 为多角 (边) 形 $P_1 P_2 \cdots P_n$ 的右 (左) 侧 (λ, μ) 多边形.

特别地, 当 $M_1, M_2, \cdots, M_n(N_1, N_2, \cdots, N_n)$ 中有连续三点或三点以上共线时,

我们把由 $M_1, M_2, \cdots, M_n(N_1, N_2, \cdots, N_n)$ 所构成的多角 (边) 形或线段或点看成是多角 (边) 形右 (左) 侧 (λ, μ) 多角 (边) 形的特殊情形.

当 $n = 3$ 时, 三角形 $P_1P_2P_3$ 的右 (左) 侧三角形 $M_1M_2M_3(N_1N_2N_3)$, 即三角形 $P_1P_2P_3$ 的外 (内) 侧三角形.

显然, 多角形 $P_1P_2\cdots P_n$ 的右 (左) 侧多角形就是多角形 $P_nP_{n-1}\cdots P_1$ 的左 (右) 侧多角形; 一般的多角 (边) 形未必有右 (左) 侧多边形, 凸多边形也未必有左侧多边形, 但凸多边形的右侧多边形总是存在的.

2.1.2　多边形右 (左) 侧 (λ, μ) 多边形有向面积的性质

定理 2.1.1　设 $M_1M_2\cdots M_n(N_1N_2\cdots N_n)$ 为多边形 $P_1P_2\cdots P_n$ 的右 (左) 侧 (λ, μ) 多边形, 则

$$\mathrm{D}_{M_1M_2\cdots M_n} - \mathrm{D}_{N_1N_2\cdots N_n} = \pm\frac{\mu}{2}\sum_{i=1}^{n}\mathrm{d}_{P_iP_{i+2}}^2, \tag{2.1.1}$$

其中当 $P_1P_2\cdots P_n$ 为正向多边形时, 式 (2.1.1) 取 "$+$" 号; 为反向多边形时取 "$-$" 号.

证明　不妨设 $P_1P_2\cdots P_n$ 为正向多边形, 于是由多边形有向面积公式和引理 1.1.1, 得

$$\mathrm{D}_{M_1M_2\cdots M_n}$$
$$=\frac{1}{2}\sum_{i=1}^{n}\left\{\left[\frac{x_i + \lambda x_{i+1}}{1+\lambda} + \mu(y_{i+1} - y_i)\right] \times \left[\frac{y_{i+1} + \lambda y_{i+2}}{1+\lambda} - \mu(x_{i+2} - x_{i+1})\right]\right.$$
$$\left.- \left[\frac{x_{i+1} + \lambda x_{i+2}}{1+\lambda} + \mu(y_{i+2} - y_{i+1})\right] \times \left[\frac{y_i + \lambda y_{i+1}}{1+\lambda} - \mu(x_{i+1} - x_i)\right]\right\}$$
$$=\frac{1}{2(1+\lambda)^2}\sum_{i=1}^{n}\left[(1+\lambda^2)(x_iy_{i+1} - x_{i+1}y_i) + \lambda(x_iy_{i+2} - x_{i+2}y_i)\right]$$
$$- \frac{\mu}{2}\sum_{i=1}^{n}(x_ix_{i+2} - x_{i+1}^2 + y_iy_{i+2} - y_{i+1}^2) - \frac{\mu^2}{2}\sum_{i=1}^{n}\left[(x_{i+2}y_{i+1} - x_{i+1}y_{i+2})\right.$$
$$\left.+ (x_{i+1}y_i - x_iy_{i+1}) + (x_iy_{i+2} - x_{i+2}y_i)\right]. \tag{2.1.2}$$

类似地,

$$\mathrm{D}_{N_1N_2\cdots N_n}$$
$$=\frac{1}{2(1+\lambda)^2}\sum_{i=1}^{n}\left[(1+\lambda^2)(x_iy_{i+1} - x_{i+1}y_i) + \lambda(x_iy_{i+2} - x_{i+2}y_i)\right]$$

$$+ \frac{\mu}{2} \sum_{i=1}^{n} (x_i x_{i+2} - x_{i+1}^2 + y_i y_{i+2} - y_{i+1}^2) - \frac{\mu^2}{2} \sum_{i=1}^{n} [(x_{i+2} y_{i+1} - x_{i+1} y_{i+2})$$

$$+ (x_{i+1} y_i - x_i y_{i+1}) + (x_i y_{i+2} - x_{i+2} y_i)]. \tag{2.1.3}$$

由式 (2.1.2)–(2.1.3), 得

$$D_{M_1 M_2 \cdots M_n} - D_{N_1 N_2 \cdots N_n}$$

$$= -\mu \sum_{i=1}^{n} (x_i x_{i+2} - x_{i+1}^2 + y_i y_{i+2} - y_{i+1}^2)$$

$$= \frac{\mu}{2} \sum_{i=1}^{n} [(x_i^2 - 2 x_i x_{i+2} + x_{i+2}^2) + (y_i^2 - 2 y_i y_{i+2} + y_{i+2}^2)]$$

$$= \frac{\mu}{2} \sum_{i=1}^{n} d_{P_i P_{i+2}}^2,$$

从而式 (2.1.1) 成立.

定理 2.1.2　设 $M_1 M_2 M_3 M_4 (N_1 N_2 N_3 N_4)$ 为四边形 $P_1 P_2 P_3 P_4$ 的右 (左) 侧 (λ, μ) 四边形, 则

$$D_{M_1 M_2 M_3 M_4} = \left[\frac{1 + \lambda^2}{(1 + \lambda)^2} + \mu^2 \right] D_{P_1 P_2 P_3 P_4} \pm \frac{\mu}{2} \sum_{i=1}^{2} d_{P_i P_{i+2}}^2, \tag{2.1.4}$$

$$D_{N_1 N_2 N_3 N_4} = \left[\frac{1 + \lambda^2}{(1 + \lambda)^2} + \mu^2 \right] D_{P_1 P_2 P_3 P_4} \mp \frac{\mu}{2} \sum_{i=1}^{2} d_{P_i P_{i+2}}^2, \tag{2.1.5}$$

其中当 $P_1 P_2 P_3 P_4$ 为正向四边形时, 式 (2.1.4) 取 "+" 号, 式 (2.1.5) 取 "–" 号; 为反向四边形时, 式 (2.1.4) 取 "–" 号, 式 (2.1.5) 取 "+" 号.

证明　如图 2.1.1 所示. 若 $P_1 P_2 P_3 P_4$ 为正向四边形, 在定理 2.1.1 的证明中令 $n = 4$, 并注意到

$$\sum_{i=1}^{4} (x_i y_{i+2} - x_{i+2} y_i) = 0, \quad D_{P_1 P_2 P_3 P_4} = \frac{1}{2} \sum_{i=1}^{4} (x_i y_{i+1} - x_{i+1} y_i),$$

由式 (2.1.2) 和 (2.1.3) 分别得

$$D_{M_1 M_2 M_3 M_4}$$

$$= \left[\frac{1 + \lambda^2}{(1 + \lambda)^2} + \mu^2 \right] D_{P_1 P_2 P_3 P_4} - \frac{\mu}{2} \sum_{i=1}^{4} (x_i x_{i+2} - x_{i+1}^2 + y_i y_{i+2} - y_{i+1}^2)$$

$$= \left[\frac{1 + \lambda^2}{(1 + \lambda)^2} + \mu^2 \right] D_{P_1 P_2 P_3 P_4} + \frac{\mu}{2} \sum_{i=1}^{2} d_{P_i P_{i+2}}^2,$$

$$D_{N_1N_2N_3N_4}$$

$$= \left[\frac{1+\lambda^2}{(1+\lambda)^2}+\mu^2\right]D_{P_1P_2P_3P_4} + \frac{\mu}{2}\sum_{i=1}^{4}(x_ix_{i+2}-x_{i+1}^2+y_iy_{i+2}-y_{i+1}^2)$$

$$= \left[\frac{1+\lambda^2}{(1+\lambda)^2}+\mu^2\right]D_{P_1P_2P_3P_4} - \frac{\mu}{2}\sum_{i=1}^{2}d_{P_iP_{i+2}}^2.$$

类似地, 可以证明 $P_1P_2P_3P_4$ 为反向四边形的情形.
从而式 (2.1.4) 和 (2.1.5) 成立.

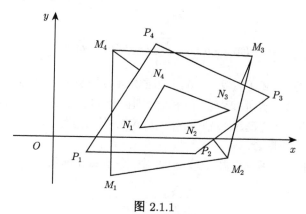

图 2.1.1

推论 2.1.1 设 $M_1M_2M_3M_4(N_1N_2N_3N_4)$ 为四边形 $P_1P_2P_3P_4$ 的右 (左) 侧 (λ,μ) 四边形, 则

$$D_{M_1M_2M_3M_4} + D_{N_1N_2N_3N_4} = 2\left[\frac{1+\lambda^2}{(1+\lambda)^2}+\mu^2\right]D_{P_1P_2P_3P_4}. \tag{2.1.6}$$

证明 式 (2.1.4)+(2.1.5), 即得式 (2.1.6).

2.1.3 多角形右 (左) 侧 (λ,μ) 多角形重心的性质与应用

定理 2.1.3 设 $M_1M_2\cdots M_n(N_1N_2\cdots N_n)$ 为多角形 $P_1P_2\cdots P_n$ 的右 (左) 侧 (λ,μ) 多角形, 则 $M_1M_2\cdots M_n(N_1N_2\cdots N_n)$ 的重心和 $P_1P_2\cdots P_n$ 的重心重合.

证明 不妨设 $P_1P_2\cdots P_n$ 为正向多边形, $P_1P_2\cdots P_n, M_1M_2\cdots M_n$ 和 $N_1N_2\cdots N_n$ 顶点的坐标分别为 $P(x_i,y_i), M_i(X_i,Y_i)$ 和 $N_i(X_i',Y_i')(i=1,2,\cdots,n)$, 重心分别为 $G(x_0,y_0), G'(x_0',y_0')$ 和 $G''(x_0'',y_0'')$, 则

$$x_0' = \frac{1}{n}(X_1+X_2+\cdots+X_n), \quad y_0' = \frac{1}{n}(Y_1+Y_2+\cdots+Y_n);$$

$$x_0'' = \frac{1}{n}(X_1'+X_2'+\cdots+X_n'), \quad y_0'' = \frac{1}{n}(Y_1'+Y_2'+\cdots+Y_n').$$

于是由引理 1.1.1, 得

$$x'_0 = \frac{1}{n} \sum_{i=1}^{n} \left[\frac{x_i + \lambda x_{i+1}}{1+\lambda} + \mu(y_{i+1} - y_i) \right]$$

$$= \frac{1}{n(1+\lambda)} \sum_{i=1}^{n} (x_i + \lambda x_{i+1}) + \frac{\mu}{n} \sum_{i=1}^{n} (y_{i+1} - y_i)$$

$$= \frac{1}{n(1+\lambda)} \left(\sum_{i=1}^{n} x_i + \lambda \sum_{i=1}^{n} x_{i+1} \right) = \frac{1}{n} \sum_{i=1}^{n} x_i = x_0.$$

同理

$$y'_0 = \frac{1}{n} \sum_{i=1}^{3} y_i = y_0, \quad x''_0 = \frac{1}{n} \sum_{i=1}^{3} x_i = x_0, \quad y''_0 = \frac{1}{n} \sum_{i=1}^{3} y_i = y_0.$$

所以多角形 $M_1 M_2 \cdots M_n (N_1 N_2 \cdots N_n)$ 和多角形 $P_1 P_2 \cdots P_n$ 的重心重合.

推论 2.1.2　以三角形 $P_1 P_2 P_3$ 各边分别向外 (内) 作三个相似的三角形 $P_1 P_2 M_1, P_2 P_3 M_2, P_3 P_1 M_3 (P_1 P_2 N_1, P_2 P_3 N_2, P_3 P_1 N_3)$, 则三角形 $P_1 P_2 P_3$ 和三角形 $M_1 M_2 M_3 (N_1 N_2 N_3)$ 的重心重合.

证明　如图 2.1.2 所示. 在定理 2.1.3 中, 令 $n = 3$ 即得.

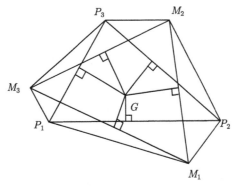

图 2.1.2

注 2.1.1　在推论 2.1.2 中, 以三角形 $P_1 P_2 P_3$ 各边分别向外作三个相似的三角形的情形, 即所谓的 Cesaro 定理.

2.1.4　一顶点重合的两相似长方形中有向面积的定值定理与应用

定理 2.1.4 (喻德生, 2014)　设长方形 $ABCD$ 与 $AB_1 C_1 D_1$ 同向相似, B 与 B_1 不重合, P 是长方形所在平面上任意一点, 则

$$D_{PBB_1} - D_{PCC_1} + D_{PDD_1} = 0. \tag{2.1.7}$$

证明　如图 2.1.3 所示. 设长方形 $ABCD$ 顶点的坐标为 $A(0,0), B(a,0), C(a,b)$, $D(0,b)$, 长方形所在平面上任意点及 B_1 的坐标分别为 $P(x,y), B_1(c,d)$, 于是由两长方形相似求得 $AB_1C_1D_1$ 其余两个顶点的坐标 $C_1\left(c - \dfrac{bd}{a}, d + \dfrac{bc}{a}\right), D_1\left(-\dfrac{bd}{a}, \dfrac{bc}{a}\right)$.

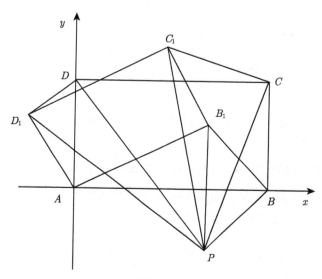

图 2.1.3

根据三角形有向面积公式得

$$2\mathrm{D}_{PBB_1} = (0 - ay) + (ad - 0) + (cy - dx) = -dx + (c - a)y + ad, \quad (2.1.8)$$

$$2a\mathrm{D}_{PCC_1} = (ab - ad - bc)x + (ac - bd - a^2)y + (a^2 + b^2)d, \quad (2.1.9)$$

$$2a\mathrm{D}_{PDD_1} = (ab - bc)x - bdy + b^2 d. \quad (2.1.10)$$

式 $(2.1.8) \times a - (2.1.7) + (2.1.10)$, 并化简即得式 $(2.1.7)$.

推论 2.1.3　设长方形 $ABCD$ 与 $AB_1C_1D_1$ 同向相似, B 与 B_1 不重合, P 是长方形所在平面上任意一点, 则在 PBB_1, PCC_1, PDD_1 中, 其中一个较大的三角形的面积等于另两个较小的三角形面积的和.

证明　由式 $(2.1.7)$ 即得.

推论 2.1.4　设长方形 $ABCD$ 与 $AB_1C_1D_1$ 同向相似, B 与 B_1 不重合, 则直线 BB_1, CC_1, DD_1 三线共点.

证明　如图 2.1.4 所示. 设直线 BB_1, CC_1 的交点为 G, 将 G 代入式 $(2.1.7)$ 得 $\mathrm{D}_{GDD_1} = 0$, 因此 G 在直线 DD_1 上, 所以直线 BB_1, CC_1, DD_1 三线共点.

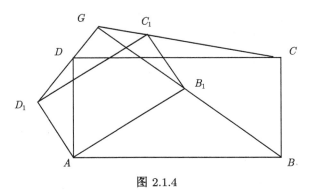

图 2.1.4

注 2.1.2　当 $ABCD$ 与 $AB_1C_1D_1$ 为同向正方形时, 即得第 26 届国际数学奥林匹克候选题结论.

2.1.5　四边形左、右侧 (λ, μ) 四角形中有向面积的定值定理

定理 2.1.5　设 $M_1M_2M_3M_4(N_1N_2N_3N_4)$ 为四边形 $P_1P_2P_3P_4$ 右 (左) 侧 (λ, μ) 四角形, P 是 $P_1P_2P_3P_4$ 所在平面上任意一点, 则

$$\sum_{i=1}^{4} \mathrm{D}_{PP_iM_{i+1}} + \sum_{i=1}^{4} \mathrm{D}_{PP_iN_{i+1}} = \mathrm{D}_{P_1P_2P_3P_4}. \tag{2.1.11}$$

证明　如图 2.1.5 所示. 设 $P_1P_2P_3P_4$ 和 $M_1M_2M_3M_4(N_1N_2N_3N_4)$ 顶点的坐标分别为 $P_i(x_i, y_i)$ 和 $M_i(X_i, Y_i)(N_i(X_i', Y_i'))(i = 1, 2, 3, 4)$. 则由引理 4.1.1, 可得

$$X_i = \frac{x_i + x_{i+1}}{2} + \mu(y_{i+1} - y_i), \quad Y_i = \frac{y_i + y_{i+1}}{2} - \mu(x_{i+1} - x_i) \quad (i = 1, 2, 3, 4),$$

$$X_i' = \frac{x_i + x_{i+1}}{2} - \mu(y_{i+1} - y_i), \quad Y_i' = \frac{y_i + y_{i+1}}{2} + \mu(x_{i+1} - x_i) \quad (i = 1, 2, 3, 4).$$

设四边形所在平面上任一点的坐标为 $P(x, y)$, 则由三角形有向面积公式, 可得

$$2\mathrm{D}_{PP_iM_{i+1}} = (y_i - Y_{i+1})x + (X_{i+1} - x_i)y + (x_iY_{i+1} - X_{i+1}y_i),$$

$$2\mathrm{D}_{PP_iN_{i+1}} = (y_i - Y_{i+1}')x + (X_{i+1}' - x_i)y + (x_iY_{i+1}' - X_{i+1}'y_i).$$

因为

$$\sum_{i=1}^{4}(y_i - Y_{i+1}) + \sum_{i=1}^{4}(y_i - Y_{i+1}')$$

$$= \sum_{i=1}^{4}\left[y_i - \frac{y_{i+1} + y_{i+2}}{2} + \mu(x_{i+2} - x_{i+1})\right]$$

$$+ \sum_{i=1}^{4} \left[y_i - \frac{y_{i+1} + y_{i+2}}{2} - \mu \left(x_{i+2} - x_{i+1} \right) \right]$$

$$= \sum_{i=1}^{4} \left(2y_i - y_{i+1} - y_{i+2} \right) = 0,$$

类似地 $\displaystyle\sum_{i=1}^{4} \left(X_{i+1} - x_i \right) + \sum_{i=1}^{4} \left(X'_{i+1} - x_i \right) = 0.$

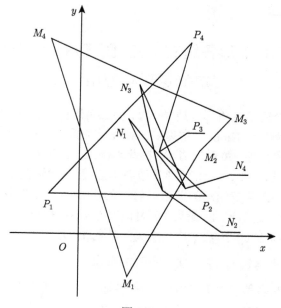

图 2.1.5

又

$$\sum_{i=1}^{4} \left(x_i Y_{i+1} - X_{i+1} y_i \right) + \sum_{i=1}^{4} \left(x_i Y'_{i+1} - X'_{i+1} y_i \right)$$

$$= \sum_{i=1}^{4} \left\{ x_i \left[\frac{y_{i+1} + y_{i+2}}{2} - \mu (x_{i+2} - x_{i+1}) \right] \right.$$

$$\left. - \left[\frac{x_{i+1} + x_{i+2}}{2} + \mu (y_{i+2} - y_{i+1}) \right] y_i \right\}$$

$$+ \sum_{i=1}^{4} \left\{ x_i \left[\frac{y_{i+1} + y_{i+2}}{2} + \mu (x_{i+2} - x_{i+1}) \right] \right.$$

$$\left. - \left[\frac{x_{i+1} + x_{i+2}}{2} - \mu (y_{i+2} - y_{i+1}) \right] y_i \right\}$$

$$= \sum_{i=1}^{4}(x_i y_{i+1} - x_{i+1} y_i) + \sum_{i=1}^{4}(x_i y_{i+2} - x_{i+2} y_i)$$

$$= 2\mathrm{D}_{P_1 P_2 P_3 P_4} + \sum_{i=1}^{4}(x_i y_{i+2} - x_{i+4} y_{i+2})$$

$$= 2\mathrm{D}_{P_1 P_2 P_3 P_4} + \sum_{i=1}^{4}(x_i y_{i+2} - x_i y_{i+2}) = 2\mathrm{D}_{P_1 P_2 P_3 P_4},$$

因此, 式 (2.1.11) 成立.

2.2　多角 (边) 形各边右 (左) 侧三角形中有向面积的定值定理与应用

在 1.2 节中, 论述了三角形各边外 (内) 侧三角形中有向面积的定值定理与应用, 从两个不同的角度将 Kiepert 定理 (Kiepert 点) 推广到在三角形 ABC 的各边上分别作两类外 (内) 侧三角形的情形. 在此基础上, 本节从另一个角度将 Kiepert 定理和 Kiepert 点推广到 $2n+1$ 角形各边右 (左) 侧三角形的情形. 首先, 介绍多角 (边) 形各边右 (左) 侧三角形的概念; 其次, 给出 $2n+1$ 角形各边右 (左) 侧三角形中有向面积的一个定值定理; 最后, 应用该定理, 不仅推出 Kiepert 定理等结论, 还将 Kiepert 定理和 Kiepert 点推广到极为广泛的情形.

2.2.1　多角 (边) 形各边右 (左) 侧三角形的概念

定义 2.2.1　在多角 (边) 形 $P_1 P_2 \cdots P_n$ 各边 $P_i P_{i+1}$ 所在直线的右 (左) 侧取一点 $Q_i(Q_i')$, 作三角形 $P_i P_{i+1} Q_i (P_i P_{i+1} Q_i')(i = 1, 2, \cdots, n)$, 则称 $P_i P_{i+1} Q_i (P_i P_{i+1} Q_i')$ $(i = 1, 2, \cdots, n)$ 为多角 (边) 形 $P_1 P_2 \cdots P_n$ 边 $P_i P_{i+1}$ 的右 (左) 侧三角形, 简称 $P_i P_{i+1}$ 的右 (左) 侧三角形; 若 $P_i P_{i+1} Q_i (P_i P_{i+1} Q_i')(i = 1, 2, \cdots, n)$ 为相似的三角形, 则称 $P_i P_{i+1} Q_i (P_i P_{i+1} Q_i')(i = 1, 2, \cdots, n)$ 为多角 (边) 形 $P_1 P_2 \cdots P_n$ 各边 $P_i P_{i+1}$ 的右 (左) 侧相似三角形.

2.2.2　$2n+1$ 角形各边右 (左) 侧相似三角形中有向面积的定值定理

定理 2.2.1 (喻德生, 2017)　设 $P_1 P_2 Q_1, P_2 P_3 Q_2, \cdots, P_{2n+1} P_1 Q_{2n+1}(P_1 P_2 Q_1',$ $P_2 P_3 Q_2', \cdots, P_{2n+1} P_1 Q_{2n+1}')$ 分别是 $2n+1$ 角形 $P_1 P_2 \cdots P_{2n+1}$ 各边的右 (左) 侧相似三角形, 且 $\angle P_{i+1} P_i Q_i = \alpha$, $\angle P_i P_{i+1} Q_i = \beta$　$(\angle P_{i+1} P_i Q_i' = \alpha'$, $\angle P_i P_{i+1} Q_i' = \beta')(i = 1, 2, \cdots, 2n+1)$, P 是多角形 $P_1 P_2 \cdots P_{2n+1}$ 所在平面上任意一点, 则

$$(\tan \alpha + \tan \beta) \sum_{i=1}^{2n+1} \mathrm{D}_{PP_i Q_{i+n}} - (\tan \alpha - \tan \beta) \sum_{i=1}^{2n+1} \mathrm{D}_{PP_i P_{i+n}} = 0, \qquad (2.2.1)$$

$$(\tan\alpha' + \tan\beta') \sum_{i=1}^{2n+1} \mathrm{D}_{PP_iQ'_{i+n}} - (\tan\alpha' - \tan\beta') \sum_{i=1}^{2n+1} \mathrm{D}_{PP_iP_{i+n}} = 0. \qquad (2.2.2)$$

证明 设 $2n+1$ 角形 $P_1P_2\cdots P_{2n+1}$ 顶点的坐标为 $P_i(x_i, y_i)(i = 1, 2, \cdots, 2n+1)$, 则由引理 1.2.1 可得 P_iP_{i+1} 右侧三角形 $P_iP_{i+1}Q_i$ 顶点 Q_i 的坐标为

$$\begin{cases} x_{Q_i} = \dfrac{x_i \tan\alpha + x_{i+1} \tan\beta + (y_{i+1} - y_i)\tan\alpha\tan\beta}{\tan\alpha + \tan\beta}, \\[3mm] y_{Q_i} = \dfrac{y_i \tan\alpha + y_{i+1} \tan\beta - (x_{i+1} - x_i)\tan\alpha\tan\beta}{\tan\alpha + \tan\beta}. \end{cases} \quad (i = 1, 2, \cdots, 2n+1).$$

设多角形所在平面上任意点的坐标为 $P(x, y)$, 于是由三角形有向面积公式, 得

$$\sum_{i=1}^{2n+1} \mathrm{D}_{PP_iQ_{i+n}}$$

$$= \frac{1}{2} \sum_{i=1}^{2n+1} \left[(xy_i - x_i y) + (x_i y_{Q_{i+n}} - x_{Q_{i+n}} y_i) + (x_{Q_{i+n}} y - x y_{Q_{i+n}}) \right]$$

$$= \frac{1}{2} x \sum_{i=1}^{2n+1} (y_i - y_{Q_{i+n}}) + \frac{1}{2} y \sum_{i=1}^{2n+1} (x_{Q_{i+n}} - x_i) + \frac{1}{2} \sum_{i=1}^{2n+1} (x_i y_{Q_{i+n}} - x_{Q_{i+n}} y_i).$$

因为

$$\sum_{i=1}^{2n+1} (y_i - y_{Q_{i+n}})$$

$$= \sum_{i=1}^{2n+1} \left[y_i - \frac{(y_{i+n}\tan\alpha + y_{i+n+1}\tan\beta) - (x_{i+n+1} - x_{i+n})\tan\alpha\tan\beta}{\tan\alpha + \tan\beta} \right]$$

$$= \frac{1}{\tan\alpha + \tan\beta} \sum_{i=1}^{2n+1} \left[(y_i - y_{i+n})\tan\alpha + (y_i - y_{i+n+1})\tan\beta \right]$$

$$\quad + \frac{\tan\alpha\tan\beta}{\tan\alpha + \tan\beta} \sum_{i=1}^{2n+1} (x_{i+n+1} - x_{i+n})$$

$$= \frac{\tan\alpha}{\tan\alpha + \tan\beta} \sum_{i=1}^{2n+1} (y_i - y_{i+n}) + \frac{\tan\beta}{\tan\alpha + \tan\beta} \sum_{i=1}^{2n+1} (y_i - y_{i+n+1})$$

$$= \frac{\tan\alpha}{\tan\alpha + \tan\beta} \sum_{i=1}^{2n+1} (y_i - y_{i+n}) + \frac{\tan\beta}{\tan\alpha + \tan\beta} \sum_{i=1}^{2n+1} (y_{i+n} - y_{i+2n+1})$$

$$= \frac{\tan\alpha}{\tan\alpha + \tan\beta} \sum_{i=1}^{2n+1} (y_i - y_{i+n}) + \frac{\tan\beta}{\tan\alpha + \tan\beta} \sum_{i=1}^{2n+1} (y_{i+n} - y_i)$$

$$= \frac{\tan \alpha - \tan \beta}{\tan \alpha + \tan \beta} \sum_{i=1}^{2n+1} (y_i - y_{i+n}) = 0;$$

类似地, 可得

$$\sum_{i=1}^{2n+1} (x_{Q_{i+n}} - x_i) = 0.$$

又因为

$$\sum_{i=1}^{2n+1} (x_i y_{Q_{i+n}} - x_{Q_{i+n}} y_i)$$

$$= \frac{1}{\tan \alpha + \tan \beta} \sum_{i=1}^{2n+1} \left\{ x_i \left[y_{i+n} \tan \alpha + y_{i+n+1} \tan \beta - (x_{i+n+1} - x_{i+n}) \tan \alpha \tan \beta \right] \right.$$

$$\left. - \left[x_{i+n} \tan \alpha + x_{i+n+1} \tan \beta + (y_{i+n+1} + y_{i+n}) \tan \alpha \tan \beta \right] y_i \right\}$$

$$= \frac{\tan \alpha}{\tan \alpha + \tan \beta} \sum_{i=1}^{2n+1} (x_i y_{i+n} - x_{i+n} y_i) + \frac{\tan \beta}{\tan \alpha + \tan \beta} \sum_{i=1}^{2n+1} (x_i y_{i+n+1} - x_{i+n+1} y_i)$$

$$- \frac{\tan \alpha \tan \beta}{\tan \alpha + \tan \beta} \sum_{i=1}^{2n+1} \left[(x_i x_{i+n+1} - x_i x_{i+n}) + (y_i y_{i+n+1} - y_i y_{i+n}) \right]$$

$$= \frac{\tan \alpha}{\tan \alpha + \tan \beta} \sum_{i=1}^{2n+1} (x_i y_{i+n} - x_{i+n} y_i) + \frac{\tan \beta}{\tan \alpha + \tan \beta} \sum_{i=1}^{2n+1} (x_{i+n} y_i - x_i y_{i+n})$$

$$- \frac{\tan \alpha \tan \beta}{\tan \alpha + \tan \beta} \sum_{i=1}^{2n+1} \left[(x_i x_{i+n+1} - x_{i+n+1} x_i) + (y_i y_{i+n+1} - y_{i+n+1} y_i) \right]$$

$$= \frac{\tan \alpha - \tan \beta}{\tan \alpha + \tan \beta} \sum_{i=1}^{2n+1} (x_i y_{i+n} - x_{i+n} y_i),$$

所以

$$\sum_{i=1}^{2n+1} \mathrm{D}_{PP_i Q_{i+n}} = \frac{\tan \alpha - \tan \beta}{2(\tan \alpha + \tan \beta)} \sum_{i=1}^{2n+1} (x_i y_{i+n} - x_{i+n} y_i).$$

又

$$\sum_{i=1}^{2n+1} \mathrm{D}_{PP_i P_{i+n}}$$

$$= \frac{1}{2} \sum_{i=1}^{2n+1} \left[(x y_i - x_i y) + (x_i y_{i+n} - x_{i+n} y_i) + (x_{i+n} y - x y_{i+n}) \right]$$

$$=\frac{1}{2}x\sum_{i=1}^{2n+1}(y_i-y_{i+n})+\frac{1}{2}y\sum_{i=1}^{2n+1}(x_{i+n}-x_i)+\frac{1}{2}\sum_{i=1}^{2n+1}(x_iy_{i+n}-x_{i+n}y_i)$$

$$=\frac{1}{2}\sum_{i=1}^{2n+1}(x_iy_{i+n}-x_{i+n}y_i),\tag{2.2.3}$$

因此

$$\sum_{i=1}^{2n+1}D_{PP_iQ_{i+n}}=\frac{\tan\alpha-\tan\beta}{\tan\alpha+\tan\beta}\sum_{i=1}^{2n+1}D_{PP_iP_{i+n}},$$

从而, 式 (2.2.1) 成立.

类似地, 可以证明式 (2.2.2) 成立.

注 2.2.1 特别地, 当 $n=1$ 时, 即得定理 1.2.2. 因此, 该定理是定理 1.2.2 在 $2n+1$ 角形中的推广.

2.2.3 $2n+1$ 角形各边右 (左) 侧相似三角形中有向面积的定值定理的应用

定理 2.2.2 (喻德生, 2017) 设 $P_1P_2Q_1,P_2P_3Q_2,\cdots,P_5P_1Q_5(P_1P_2Q_1',P_2P_3Q_2',\cdots,P_5P_1Q_5')$ 分别是五角形 $P_1P_2\cdots P_5$ 各边的右 (左) 侧相似三角形, 且 $P_1P_3P_5P_2P_4$ 是五边形, $\angle P_{i+1}P_iQ_i=\alpha,\angle P_iP_{i+1}Q_i=\beta$ $(\angle P_{i+1}P_iQ_i'=\alpha',\angle P_iP_{i+1}Q_i'=\beta')(i=1,2,\cdots,5),P$ 是五角形 $P_1P_2\cdots P_5$ 所在平面上任意一点, 则

$$(\tan\alpha+\tan\beta)\sum_{i=1}^{5}D_{PP_iQ_{i+2}}=(\tan\alpha-\tan\beta)D_{P_1P_3P_5P_2P_4},\tag{2.2.4}$$

$$(\tan\alpha'+\tan\beta')\sum_{i=1}^{5}D_{PP_iQ_{i+2}'}=(\tan\alpha'-\tan\beta')D_{P_1P_3P_5P_2P_4}.\tag{2.2.5}$$

证明 如图 2.2.1 所示. 令 $n=2$, 则由式 (2.2.3) 和多边形有向面积公式, 可得

$$\sum_{i=1}^{5}D_{PP_iP_{i+2}}=\frac{1}{2}\sum_{i=1}^{5}(x_iy_{i+2}-x_{i+2}y_i)$$

$$=\frac{1}{2}\sum_{i=1}^{5}[(x_1y_3-x_3y_1)+(x_2y_4-x_4y_2)+(x_3y_5-x_5y_3)$$

$$+(x_4y_1-x_1y_4)+(x_5y_2-x_2y_5)]$$

$$=\frac{1}{2}\sum_{i=1}^{5}[(x_1y_3-x_3y_1)+(x_3y_5-x_5y_3)+(x_5y_2-x_2y_5)$$

$$+(x_2y_4-x_4y_2)+(x_4y_1-x_1y_4)]$$

$$=\mathrm{D}_{P_1P_3P_5P_2P_4},$$

故由式 (2.2.1) 可知, 式 (2.2.4) 成立;

类似地, 可以证明式 (2.2.5) 成立.

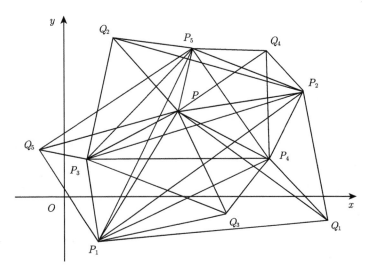

图 2.2.1

定理 2.2.3 (喻德生, 2017) 设 $P_1P_2Q_1, P_2P_3Q_2, \cdots, P_7P_1Q_7(P_1P_2Q_1', P_2P_3Q_2', \cdots, P_7P_1Q_7')$ 分别是七角形 $P_1P_2\cdots P_7$ 各边的右 (左) 侧相似三角形, 且 $P_1P_4P_7P_3$ $P_6P_2P_5$ 是七边形, $\angle P_{i+1}P_iQ_i = \alpha$, $\angle P_iP_{i+1}Q_i = \beta$ ($\angle P_{i+1}P_iQ_i' = \alpha'$, $\angle P_iP_{i+1}Q_i'$ $= \beta')(i = 1, 2, \cdots, 7)$, P 是七角形 $P_1P_2\cdots P_7$ 所在平面上任意一点, 则

$$(\tan\alpha + \tan\beta)\sum_{i=1}^{7}\mathrm{D}_{PP_iQ_{i+3}} = (\tan\alpha - \tan\beta)\mathrm{D}_{P_1P_4P_7P_3P_6P_2P_5},$$

$$(\tan\alpha' + \tan\beta')\sum_{i=1}^{7}\mathrm{D}_{PP_iQ_{i+3}'} = (\tan\alpha' - \tan\beta')\mathrm{D}_{P_1P_4P_7P_3P_6P_2P_5}.$$

证明 在式 (2.2.3) 中令 $n = 3$, 仿定理 2.2.2 证明即得.

注 2.2.2 对九角形、十一角形等, 也可以作类似的讨论, 请读者列出.

定理 2.2.4 (喻德生, 2014, 2017) 设 $P_1P_2Q_1, P_2P_3Q_2, \cdots, P_{2n+1}P_1Q_{2n+1}$ $(P_1P_2Q_1', P_2P_3Q_2', \cdots, P_{2n+1}P_1Q_{2n+1}')$ 分别是 $2n + 1$ 角形 $P_1P_2\cdots P_{2n+1}$ 各边的右 (左) 侧相似等腰三角形, P 是 $2n + 1$ 角形 $P_1P_2\cdots P_{2n+1}$ 所在平面上任意一点, 则

$$\mathrm{D}_{PP_1Q_{n+1}} + \mathrm{D}_{PP_2Q_{n+2}} + \cdots + \mathrm{D}_{PP_{2n+1}Q_n} = 0, \tag{2.2.6}$$

$$D_{PP_1Q'_{n+1}} + D_{PP_2Q'_{n+2}} + \cdots + D_{PP_{2n+1}Q'_n} = 0. \tag{2.2.7}$$

证明 如图 2.2.2 所示, 是 $2n+1$ 角形 $P_1P_2\cdots P_{2n+1}$ 各边右侧相似等腰三角形的情形. 令 $\alpha = \beta(\alpha' = \beta')$, 由定理 2.2.1 即得.

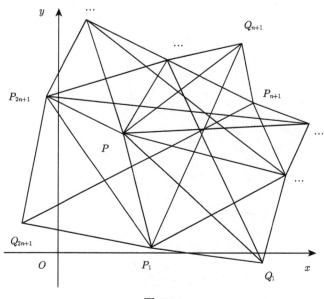

图 2.2.2

注 2.2.3 特别地, 当 $n = 1$ 时, 即得定理 1.2.3. 因此, 该定理是 Kiepert 定理在 $2n+1$ 角形中的推广.

推论 2.2.1 设 $P_1P_2Q_1, P_2P_3Q_2, \cdots, P_{2n+1}P_1Q_{2n+1}(P_1P_2Q'_1, P_2P_3Q'_2, \cdots, P_{2n+1}P_1Q'_{2n+1})$ 分别是 $2n+1$ 角形 $P_1P_2\cdots P_{2n+1}$ 各边的右 (左) 侧相似等腰三角形, P 是三角形 $P_1P_2\cdots P_{2n+1}$ 所在平面上任意一点, 则在这 $2n+1$ 个三角形 $P_1P_2Q_1, P_2P_3Q_2, \cdots, P_{2n+1}P_1Q_{2n+1}(P_1P_2Q'_1, P_2P_3Q'_2, \cdots, P_{2n+1}P_1Q'_{2n+1})$ 中, 其中正向三角形的面积之和等于反向三角形的面积之和.

证明 在式 (2.2.6) 和 (2.2.7) 中, 注意到正向三角形 (反向三角形) 的有向面积等于三角形的面积 (三角形面积的负值) 即得.

注 2.2.4 特别地, 当 $n = 1$ 时, 即得推论 1.2.4. 因此, 推论 2.2.1 是推论 1.2.4 在 $2n+1$ 角形中的推广.

推论 2.2.2 设 $P_1P_2Q_1, P_2P_3Q_2, \cdots, P_{2n+1}P_1Q_{2n+1}(P_1P_2Q'_1, P_2P_3Q'_2, \cdots, P_{2n+1}P_1Q'_{2n+1})$ 分别是 $2n+1$ 角形 $P_1P_2\cdots P_{2n+1}$ 各边的右 (左) 侧相似等腰三角形. 若 $P_1Q_{n+1}, P_2Q_{n+2}, \cdots, P_{2n+1}Q_n(P_1Q'_{n+1}, P_2Q'_{n+2}, \cdots, P_{2n+1}Q'_n)$ 所在的 $2n+1$ 条直线中有 $2n$ 条直线共点, 则这 $2n+1$ 条直线均共点.

证明 如图 2.2.3 所示, 是 $2n+1$ 角形 $P_1P_2\cdots P_{2n+1}$ 各边右侧相似等腰三角形的情形. 不妨设 $P_1Q_{n+1}, P_2Q_{n+2}, \cdots, P_{2n}Q_{n-1}$ 所在的 $2n$ 条直线的交点为 G, 则 $\mathrm{D}_{GP_1Q_{n+1}} = \mathrm{D}_{GP_2Q_{n+2}} = \cdots = \mathrm{D}_{GP_{2n+1}Q_n} = 0$. 代入式 (2.2.6), 得 $\mathrm{D}_{GP_{2n+1}Q_n} = 0$, 因此 G 在直线 $P_{2n+1}Q_n$ 上. 故 $P_1Q_{n+1}, P_2Q_{n+2}, \cdots, P_{2n+1}Q_n$ 所在的三条直线相交于点 G.

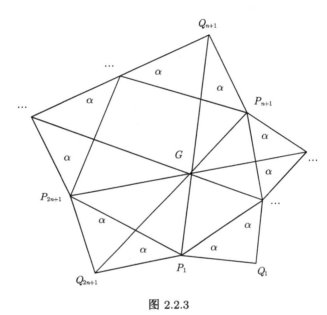

图 2.2.3

类似地, 可以证明 $P_1Q'_{n+1}, P_2Q'_{n+2}, \cdots, P_{2n+1}Q'_n$ 所在的 $2n+1$ 条直线共点.

注 2.2.5 在推论 2.2.2 中, 令 $n = 1$, 并注意到 $P_1Q_2, P_2Q_3, P_3Q_1(P_1Q'_2, P_2Q'_3, P_3Q'_1)$ 中任意两条直线交于一点, 即得推论 1.2.7.

2.3 n 角形中 n 相似形中有向面积的定值定理及其应用

本节主要讨论 n 角形的 n 相似形中有向面积的定值定理及其应用. 首先, 介绍 n 多边形的 n 相似形的概念; 其次, 给出 n 角形中 n 相似四边形有向面积的定值定理, 并讨论定理的应用, 从而推出与 n 角形的 n 相似四边形有关的几个等积和多线共点等方面的结论, 包括著名的三角形中垂线定理; 最后, 给出 n 角形中 n 相似平行四边形有向面积的定值定理与应用.

2.3.1 n 角 (边) 形的 n 相似形的概念

定义 2.3.1 设 $P_1P_2\cdots P_n$ 是 n 角 (边) 形, 以 $P_iP_{i+1}(i = 1, 2, \cdots, n)$ 为一对角

线作 n 个相似多角形, 且使每个相似多角形相应的顶点位于 $P_iP_{i+1}(i=1,2,\cdots,n)$ 的左、右同侧, 则称这 n 个相似的多边形为 n 角 (边) 形 $P_1P_2\cdots P_n$ 的 n 相似多角形, 简称 n 相似多角形.

显然, n 边形 $P_1P_2\cdots P_n$ 的 n 相似多角形为 n 角形 $P_1P_2\cdots P_n$ 的 n 相似多角形的特殊情形.

2.3.2　n 角形中 n 相似四边形有向面积的定值定理及其应用

定理 2.3.1 (喻德生, 2014, 2017)　设 $P_iQ_iP_{i+1}R_i(i=1,2,\cdots,n)$ 是 n 角形 $P_1P_2\cdots P_n$ 的 n 相似四边形, 且 $Q_i(R_i)$ 同位于 $P_iP_{i+1}(i=1,2,\cdots,n)$ 的右 (左) 侧, $Q_iR_i\perp P_iP_{i+1}$ 于 M_i, $\mathrm{D}_{P_iM_i}/\mathrm{D}_{M_iP_{i+1}}=\lambda$, $\mathrm{d}_{Q_iM_i}=\mu_1\mathrm{d}_{P_iP_{i+1}}$, $\mathrm{d}_{R_iM_i}=\mu_2\mathrm{d}_{P_iP_{i+1}}(i=1,2,\cdots,n)$, P 是 $P_1P_2\cdots P_n$ 所在平面上任意一点, 则

$$\sum_{i=1}^{n}\mathrm{D}_{PQ_iR_i}=\frac{(\mu_1+\mu_2)(\lambda-1)}{4(1+\lambda)}\sum_{i=1}^{n}\mathrm{d}^2_{P_iP_{i+1}}\quad(\text{为定值}),\qquad 2.3.1$$

$$\sum_{i=1}^{n}\mathrm{D}_{PQ_iM_i}=\frac{\mu_1(\lambda-1)}{4(1+\lambda)}\sum_{i=1}^{n}\mathrm{d}^2_{P_iP_{i+1}}\quad(\text{为定值}),\qquad 2.3.2$$

$$\sum_{i=1}^{n}\mathrm{D}_{PM_iR_i}=\frac{\mu_2(\lambda-1)}{4(1+\lambda)}\sum_{i=1}^{n}\mathrm{d}^2_{P_iP_{i+1}}\quad(\text{为定值}).\qquad 2.3.3$$

证明　如图 2.3.1 所示. 设 $P_1P_2\cdots P_n$ 的顶点和 $P_1P_2\cdots P_n$ 所在平面上任意点的坐标分别为 $P_i(x_i,y_i)(i=1,2,\cdots,n)$, $P(x,y)$. 于是由引理 1.1.1 可得 Q_i,R_i 的坐标为

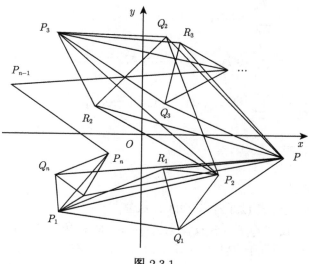

图 2.3.1

$$Q_i\left(\frac{x_i+\lambda x_{i+1}}{1+\lambda}+\mu_1(y_{i+1}-y_i),\frac{y_i+\lambda y_{i+1}}{1+\lambda}-\mu_1(x_{i+1}-x_i)\right)\quad(i=1,2,\cdots,n),$$

$$R_i\left(\frac{x_i+\lambda x_{i+1}}{1+\lambda}-\mu_2(y_{i+1}-y_i),\frac{y_i+\lambda y_{i+1}}{1+\lambda}+\mu_2(x_{i+1}-x_i)\right)\quad(i=1,2,\cdots,n).$$

所以

$$2\sum_{i=1}^{n}\mathrm{D}_{PQ_iR_i}$$

$$=\sum_{i=1}^{n}\left\{x\left[\frac{y_i+\lambda y_{i+1}}{1+\lambda}-\mu_1(x_{i+1}-x_i)\right]-\left[\frac{x_i+\lambda x_{i+1}}{1+\lambda}+\mu_1(y_{i+1}-y_i)\right]y\right\}$$

$$+\sum_{i=1}^{n}\left\{\left[\frac{x_i+\lambda x_{i+1}}{1+\lambda}+\mu_1(y_{i+1}-y_i)\right]\left[\frac{y_i+\lambda y_{i+1}}{1+\lambda}+\mu_2(x_{i+1}-x_i)\right]\right.$$

$$\left.-\left[\frac{x_i+\lambda x_{i+1}}{1+\lambda}-\mu_2(y_{i+1}-y_i)\right]\left[\frac{y_i+\lambda y_{i+1}}{1+\lambda}-\mu_1(x_{i+1}-x_i)\right]\right\}$$

$$+\sum_{i=1}^{n}\left\{\left[\frac{x_i+\lambda x_{i+1}}{1+\lambda}-\mu_2(y_{i+1}-y_i)\right]y-x\left[\frac{y_i+\lambda y_{i+1}}{1+\lambda}+\mu_2(x_{i+1}-x_i)\right]\right\}$$

$$=\frac{\mu_1+\mu_2}{1+\lambda}\left\{\sum_{i=1}^{n}\left[(1-\lambda)x_ix_{i+1}+\lambda x_{i+1}^2-x_i^2+(1-\lambda)y_iy_{i+1}+\lambda y_{i+1}^2-y_i^2\right]\right.$$

$$\left.-2x\sum_{i=1}^{n}(x_{i+1}-x_i)-2y\sum_{i=1}^{n}(y_{i+1}-y_i)\right\}$$

$$=\frac{(\mu_1+\mu_2)(1-\lambda)}{1+\lambda}\sum_{i=1}^{n}\left[(x_ix_{i+1}-x_i^2)+(y_iy_{i+1}-y_i^2)\right]$$

$$=\frac{(\mu_1+\mu_2)(\lambda-1)}{2(1+\lambda)}\sum_{i=1}^{n}\left[(x_{i+1}^2-2x_ix_{i+1}+x_i^2)+(y_{i+1}^2-2x_ix_{i+1}+y_i^2)\right]$$

$$=\frac{(\mu_1+\mu_2)(\lambda-1)}{2(1+\lambda)}\sum_{i=1}^{n}\left[(x_{i+1}-x_i)^2+(y_{i+1}-y_i)^2\right]$$

$$=\frac{(\mu_1+\mu_2)(\lambda-1)}{2(1+\lambda)}\sum_{i=1}^{n}\mathrm{d}_{P_iP_{i+1}}^2,$$

因此式 (2.3.1) 成立.

类似地, 可以证明式 (2.3.2) 和 (2.3.3) 成立.

推论 2.3.1　设 $P_iQ_iP_{i+1}R_i(i=1,2,\cdots,n)$ 是 n 角形 $P_1P_2\cdots P_n$ 的 n 相似四边形, 且 $Q_i(R_i)$ 同位于 $P_iP_{i+1}(i=1,2,\cdots,n)$ 的右 (左) 侧, $Q_iR_i\perp P_iP_{i+1}$ 于 M_i, $\mathrm{D}_{P_iM_i}/\mathrm{D}_{M_iP_{i+1}}=\lambda$, $\mathrm{d}_{Q_iM_i}=\mu\mathrm{d}_{P_iP_{i+1}}$, $\mathrm{d}_{R_iM_i}=\mu\mathrm{d}_{P_iP_{i+1}}(i=1,2,\cdots,n)$, P 是

$P_1P_2\cdots P_n$ 所在平面上任意一点, 则

$$\sum_{i=1}^{n}\mathrm{D}_{PQ_iR_i}=2\sum_{i=1}^{n}\mathrm{D}_{PQ_iM_i}=2\sum_{i=1}^{n}\mathrm{D}_{PM_iR_i}=\frac{\mu(\lambda-1)}{2(1+\lambda)}\sum_{i=1}^{n}\mathrm{d}_{P_iP_{i+1}}^2\quad(\text{为定值}).$$

证明　在定理 2.3.1 中令 $\mu_1=\mu_2=\mu$ 即得.

定理 2.3.2 (喻德生, 2014, 2017)　设 $P_iQ_iP_{i+1}R_i(i=1,2,\cdots,n)$ 是 n 角形 $P_1P_2\cdots P_n$ 的 n 相似四边形, 且 $Q_i(R_i)$ 同位于 $P_iP_{i+1}(i=1,2,\cdots,n)$ 的右 (左) 侧, Q_iR_{i+1} 垂直平分 $P_iP_{i+1}(i=1,2,\cdots,n),P$ 是 $P_1P_2\cdots P_n$ 所在平面上任意一点, 则

$$\sum_{i=1}^{n}\mathrm{D}_{PQ_iR_i}=\sum_{i=1}^{n}\mathrm{D}_{PQ_iM_i}=\sum_{i=1}^{n}\mathrm{D}_{PM_iR_i}=0\quad(\text{为定值}).\qquad(2.3.4)$$

证明　如图 2.3.2 所示, 是 $P_1P_2\cdots P_n$ 为 n 边形的情形. 在定理 2.3.1 中令 $\lambda=1$ 即得.

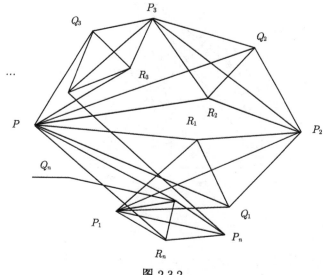

图 2.3.2

推论 2.3.2　设 $P_iQ_iP_{i+1}R_i(i=1,2,\cdots,n)$ 是 n 角形 $P_1P_2\cdots P_n$ 的 n 相似四边形, 且使 $Q_i(R_i)$ 同位于 $P_iP_{i+1}(i=1,2,\cdots,n)$ 的右 (左) 侧, Q_iR_{i+1} 垂直平分 $P_iP_{i+1}(i=1,2,\cdots,n),P$ 是 $P_1P_2\cdots P_n$ 所在平面上任意一点, 则在以下各组三角形

$$PQ_iR_i\ (i=1,2,\cdots,n),\quad PQ_iM_i\ (i=1,2,\cdots,n),\quad PM_iR_i\ (i=1,2,\cdots,n)$$

中, 其中正向三角形的面积的和等于反向三角形面积的和.

证明　由式 (2.3.4) 即得.

推论 2.3.3　设 $P_iQ_iP_{i+1}R_i(i = 1, 2, 3)$ 是三角形 $P_1P_2P_3$ 的三相似四边形, 且使 $Q_i(R_i)$ 同位于 $P_iP_{i+1}(i = 1, 2, 3)$ 的右 (左) 侧, Q_iR_i 垂直平分 P_iP_{i+1} 于 $M_i(i = 1, 2, 3)$, P 是 $P_1P_2P_3$ 所在平面上任意一点, 则在以下各组三角形 PQ_iR_i $(i = 1, 2, 3)$, PQ_iM_i $(i = 1, 2, 3)$, PM_iR_i $(i = 1, 2, 3)$ 中, 其中一个三角形的面积等于其余两个三角形面积的和.

证明　如图 2.3.3 所示. 在三角形 $PQ_1R_1, PQ_2R_2, PQ_3R_3$ 中, 注意到其中必有一个三角形和另外两个三角形的方向相反, 由推论 4.3.1 即得三角形 $PQ_1R_1, PQ_2R_2,$ PQ_3R_3 中, 其中一个三角形的面积等于其余两个三角形面积的和.

另两组的证明类似.

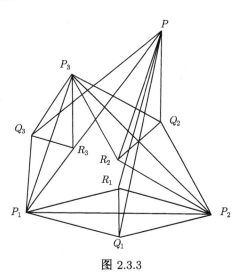

图 2.3.3

推论 2.3.4　设 $P_iQ_iP_{i+1}R_i(i = 1, 2, \cdots, n)$ 是 n 角形 $P_1P_2 \cdots P_n$ 的 n 相似四边形, 且 $Q_i(R_i)$ 同位于 $P_iP_{i+1}(i = 1, 2, \cdots, n)$ 的右 (左) 侧, Q_iR_i 垂直平分 P_iP_{i+1} 于 $M_i(i = 1, 2, \cdots, n)$, P 是某 $Q_{i_0}R_{i_0}(i_0 = 1, 2, \cdots, n)$ 所在直线上任意一点, 则在以下三组三角形 PQ_iR_i $(i = 1, 2, \cdots, n; i \neq i_0)$, PQ_iM_i $(i = 1, 2, \cdots, n; i \neq i_0)$, PM_iR_i $(i = 1, 2, \cdots, n; i \neq i_0)$ 中, 其中正向三角形的面积的和等于反向三角形面积的和.

证明　注意到 $D_{PQ_{i_0}R_{i_0}} = 0$, 由推论 2.3.2 即得.

推论 2.3.5　设 $P_iQ_iP_{i+1}R_i(i = 1, 2, 3)$ 是三角形 $P_1P_2P_3$ 的 n 相似四边形, 且 $Q_i(R_i)$ 同位于 $P_iP_{i+1}(i = 1, 2, \cdots, n)$ 的右 (左) 侧, Q_iR_i 垂直平分 P_iP_{i+1} 于

$M_i(i = 1, 2, 3), P$ 是 $Q_{i_0}R_{i_0}(i_0 = 1, 2, 3)$ 所在直线上任意一点, 则以下每组三角形

$$PQ_iR_i \ (i = 1, 2, 3; i \neq i_0), \quad PQ_iM_i \ (i = 1, 2, 3; i \neq i_0), \quad PM_iR_i \ (i = 1, 2, 3; i \neq i_0)$$

中的两个三角形的面积相等.

证明 注意到 $\mathrm{D}_{PQ_{i_0}R_{i_0}} = 0$, 由推论 2.3.3 或在推论 2.3.4 中令 $n = 3$ 即得.

推论 2.3.6 设 $P_iQ_iP_{i+1}R_i(i = 1, 2, 3, 4)$ 是四角形 $P_1P_2P_3P_4$ 的四相似四边形, 且 $Q_i(R_i)$ 同位于 $P_iP_{i+1}(i = 1, 2, \cdots, n)$ 的右 (左) 侧, Q_iR_i 垂直平分 P_iP_{i+1} 于 $M_i(i = 1, 2, 3, 4), P$ 是某 $Q_{i_0}R_{i_0}(i_0 = 1, 2, 3, 4)$ 所在直线上任意一点, 则以下各组三角形 $PQ_iR_i \ (i = 1, 2, 3, 4; i \neq i_0), PQ_iM_i \ (i = 1, 2, 3, 4; i \neq i_0), PM_iR_i \ (i = 1, 2, 3, 4; i \neq i_0)$ 中, 其中一个三角形的面积等于其余两个三角形面积的和.

证明 由推论 2.3.4 即得.

推论 2.3.7 设 n 角形 $P_1P_2 \cdots P_n$ 各边上的中垂线中有 $n - 1$ 条相交于一点, 则其各边上的 n 条中垂线相交于一点.

证明 不妨设 $Q_iR_i(i = 1, 2, \cdots, n - 1)$ 所在的 $n - 1$ 条直线相交于 G 点, 将 $\mathrm{D}_{GQ_iR_i} = 0(i = 1, 2, \cdots, n - 1)$ 代入式 (2.3.4) 得 $\mathrm{D}_{GQ_nR_n} = 0$, 因此 G 在直线 Q_nR_n 上. 从而 n 角形 $P_1P_2 \cdots P_n$ 各边上的 n 条中垂线相交于 G 点.

推论 2.3.8 (三角形的中垂线定理) 三角形的三条中垂线直线相交于一点.

证明 如图 2.3.4 所示. 注意到 $Q_iR_i(i = 1, 2, 3)$ 所在的三条直线中任意两条相交于一点, 由推论 2.3.7 即得.

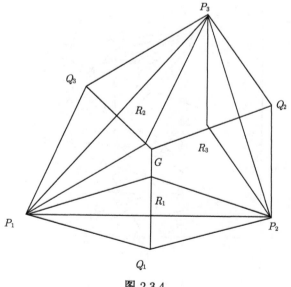

图 2.3.4

注 2.3.1　　三角形三边的中垂线的交点即三角形外接圆圆心, 叫做**三角形的外心**.

2.3.3　n 角形中 n 相似平行四边形有向面积的定值定理与应用

定理 2.3.3 (喻德生, 2014, 2017)　　设 $P_iQ_iP_{i+1}R_i(i = 1, 2, \cdots, n)$ 是 n 角形 $P_1P_2 \cdots P_n$ 的 n 相似平行四边形, 且 Q_i 为边 $P_iP_{i+1}(i = 1, 2, 3)$ 的右侧 (λ, μ) 点, P 是 $P_1P_2 \cdots P_n$ 所在平面上任意一点, 则

$$\sum_{i=1}^{n} \mathrm{D}_{PQ_iR_i} = \frac{\lambda - 1}{1 + \lambda} \sum_{i=1}^{n} \mathrm{D}_{PP_iP_{i+1}} \quad (为定值). \tag{2.3.5}$$

证明　　如图 2.3.5 所示. 不妨设 $P_1P_2 \cdots P_n$ 及 $P_iQ_iP_{i+1}R_i(i = 1, 2, \cdots, n)$ 均为正向多边形, 且其顶点和 $P_1P_2 \cdots P_n$ 所在平面上任意点的坐标分别为 $P_i(x_i, y_i)(i = 1, 2, \cdots, n), P(x, y)$. 作 $R_iN_i \perp P_iP_{i+1}$ 于 $N_i(i = 1, 2, \cdots, n)$, 则依题设 $\mathrm{D}_{P_iN_i}/\mathrm{D}_{N_iP_{i+1}} = 1/\lambda(i = 1, 2, \cdots, n)$. 于是由引理 1.1.1 可得 Q_i, R_i 的坐标分别为

$$Q_i\left(\frac{x_i + \lambda x_{i+1}}{1 + \lambda} + \mu(y_{i+1} - y_i), \frac{y_i + \lambda y_{i+1}}{1 + \lambda} - \mu(x_{i+1} - x_i)\right) \quad (i = 1, 2, \cdots, n),$$

$$R_i\left(\frac{x_{i+1} + \lambda x_i}{1 + \lambda} - \mu(y_{i+1} - y_i), \frac{y_{i+1} + \lambda y_i}{1 + \lambda} + \mu(x_{i+1} - x_i)\right) \quad (i = 1, 2, \cdots, n).$$

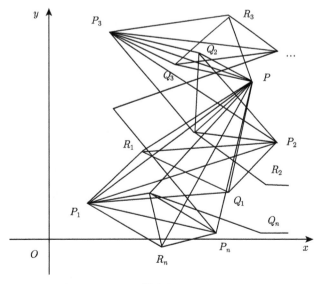

图 2.3.5

所以

$$2\sum_{i=1}^{n}\mathrm{D}_{PQ_iR_i}$$

$$=\sum_{i=1}^{n}\left\{x\left[\frac{y_i+\lambda y_{i+1}}{1+\lambda}-\mu(x_{i+1}-x_i)\right]-\left[\frac{x_i+\lambda x_{i+1}}{1+\lambda}+\mu(y_{i+1}-y_i)\right]y\right\}$$

$$+\sum_{i=1}^{n}\left\{\left[\frac{x_i+\lambda x_{i+1}}{1+\lambda}+\mu(y_{i+1}-y_i)\right]\left[\frac{y_{i+1}+\lambda y_i}{1+\lambda}+\mu(x_{i+1}-x_i)\right]\right.$$

$$\left.-\left[\frac{x_{i+1}+\lambda x_i}{1+\lambda}-\mu(y_{i+1}-y_i)\right]\left[\frac{y_i+\lambda y_{i+1}}{1+\lambda}-\mu(x_{i+1}-x_i)\right]\right\}$$

$$+\sum_{i=1}^{n}\left\{\left[\frac{x_{i+1}+\lambda x_i}{1+\lambda}-\mu(y_{i+1}-y_i)\right]y-x\left[\frac{y_{i+1}+\lambda y_i}{1+\lambda}+\mu(x_{i+1}-x_i)\right]\right\}$$

$$=x\sum_{i=1}^{n}\left[\frac{\lambda-1}{1+\lambda}(y_{i+1}-y_i)-2\mu(x_{i+1}-x_i)\right]$$

$$-y\sum_{i=1}^{n}\left[\frac{\lambda-1}{1+\lambda}(x_{i+1}-x_i)-2\mu(y_{i+1}-y_i)\right]$$

$$+\frac{1-\lambda}{1+\lambda}\sum_{i=1}^{n}(x_iy_{i+1}-x_{i+1}y_i)+\mu\sum_{i=1}^{n}\left[(x_{i+1}^2-x_i^2)+(y_{i+1}^2-y_i^2)\right]$$

$$=\frac{1-\lambda}{1+\lambda}\sum_{i=1}^{n}(x_iy_{i+1}-x_{i+1}y_i),$$

又

$$2\sum_{i=1}^{n}\mathrm{D}_{PP_iP_{i+1}}=\sum_{i=1}^{n}\left[(xy_i-x_iy)+(x_iy_{i+1}-x_{i+1}y_i)+(x_{i+1}y-xy_{i+1})\right]$$

$$=x\sum_{i=1}^{n}(y_i-y_{i+1})+y\sum_{i=1}^{n}(x_{i+1}-x_i)+\sum_{i=1}^{n}(x_iy_{i+1}-x_{i+1}y_i)$$

$$=\sum_{i=1}^{n}(x_iy_{i+1}-x_{i+1}y_i),$$

所以

$$\sum_{i=1}^{n}\mathrm{D}_{PQ_iR_i}=\frac{1-\lambda}{1+\lambda}\sum_{i=1}^{n}\mathrm{D}_{PP_iP_{i+1}},$$

从而式 (2.3.5) 成立.

注 2.3.2 当 $\lambda=1$ 时, 即得定理 2.3.2 中的 n 相似平行四边形的情形.

定理 2.3.4 (喻德生, 2014) 设 $P_iQ_iP_{i+1}R_i(i=1,2,\cdots,n)$ 是 n 边形 $P_1P_2\cdots P_n$ 的 n 相似平行四边形, 且 Q_i 为边 $P_iP_{i+1}(i=1,2,3)$ 的右侧 (λ,μ) 点, P 是

$P_1 P_2 \cdots P_n$ 所在平面上任意一点, 则

$$\sum_{i=1}^{n} \mathrm{D}_{PQ_iR_i} = \frac{\lambda - 1}{1 + \lambda} \mathrm{D}_{P_1 P_2 \cdots P_n} \quad \text{(为定值)}. \tag{2.3.6}$$

证明　如图 2.3.6 所示. 因为 $P_1 P_2 \cdots P_n$ 为 n 边形, 故由多边形有向面积对边三角形有向面积的可加性, 可得

$$\sum_{i=1}^{n} \mathrm{D}_{PP_iP_{i+1}} = \mathrm{D}_{P_1 P_2 \cdots P_n},$$

于是由式 (2.3.5) 即得式 (2.3.6).

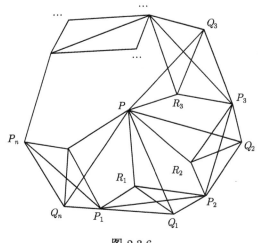

图 2.3.6

第3章　垂足多边形有向面积的定值定理与应用

3.1　垂足三角形有向面积公式与应用

众所周知, 三角形外接圆上任意一点到三角形各边的垂足在一条直线上, 这就是著名的 Simson 定理, 这条直线叫做三角形的 Simson 线. 本节主要利用有向面积法讨论有关问题. 首先, 给出垂足三角形的概念; 其次, 给出垂足三角形有向面积的定值定理; 最后, 利用该定理推出垂足三角形有向面积的一些定值定理和著名的 Simson 定理等结论. 我们发现 Simson 定理并不是偶然的, 它具有深刻的背景.

3.1.1　垂足三角形的概念

定义 3.1.1　设 P 是三角形 $P_1P_2P_3$ 所在平面上任意一点, 过 P 向 P_1P_2, P_2P_3, P_3P_1 所在直线引垂线 PN_1, PN_2, PN_3, 垂足为 N_1, N_2, N_3, 则称 N_1, N_2, N_3 所构成的三角形 $N_1N_2N_3$ 为 $P_1P_2P_3$ 关于 P 点的垂足三角形.

为方便起见, 当 N_1, N_2, N_3 共线时, 我们把 N_1, N_2, N_3 依次所构成的图形看成是垂足三角形的特殊情形.

定义 3.1.2　设 $N_1N_2N_3$ 是三角形 $P_1P_2P_3$ 关于 P 点的垂足三角形. 如果三角形 $P_1P_2P_3$ 和三角形 $N_1N_2N_3$ 的绕向都是逆时针方向或顺时针方向的, 则称三角形 $P_1P_2P_3$ 和三角形 $N_1N_2N_3$ 是同向的, 否则称为反向的.

在本节中, 记 $\odot O(R)$ 表示以 O 为圆心、R 为半径的圆.

3.1.2　垂足三角形有向面积的定值定理

定理 3.1.1 (喻德生, 2001)　设 $\odot O(R)$ 是三角形 $P_1P_2P_3$ 的外接圆, P 是 $\odot O(r)$ 上任意一点, $N_1N_2N_3$ 是三角形 $P_1P_2P_3$ 关于垂点 P 的垂足三角形, 则

$$\mathrm{D}_{N_1N_2N_3} = \frac{R^2 - r^2}{4R^2}\mathrm{D}_{P_1P_2P_3} \quad \left(\mathrm{a}_{N_1N_2N_3} = \frac{|R^2 - r^2|}{4R^2}\mathrm{a}_{P_1P_2P_3}\right). \tag{3.1.1}$$

证明　如图 3.1.1 所示. 以 O 为原点建立平面直角坐标系, 并设三角形顶点的坐标为 $P_i(R\cos\theta_i, R\sin\theta_i)(i = 1, 2, 3) \odot O(r)$ 上, 任意点的坐标为 $P(r\cos\theta, r\sin\theta)$, 则 P_iP_{i+1} 所在直线的方程为

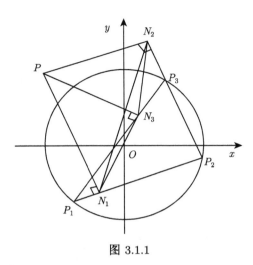

图 3.1.1

$$(\sin\theta_i - \sin\theta_{i+1})x + (\cos\theta_{i+1} - \cos\theta_i)y = R\sin(\theta_i - \theta_{i+1}),$$

即

$$\cos\frac{\theta_i + \theta_{i+1}}{2} \cdot x + \sin\frac{\theta_i + \theta_{i+1}}{2} \cdot y = R\cos\frac{\theta_i - \theta_{i+1}}{2}. \tag{3.1.2}$$

于是 PN_i 的直线方程为

$$(\cos\theta_{i+1} - \cos\theta_i)x + (\sin\theta_{i+1} - \sin\theta_i)y = r\left[\cos(\theta - \theta_{i+1}) - \cos(\theta - \theta_i)\right],$$

即

$$\sin\frac{\theta_i + \theta_{i+1}}{2} \cdot x - \cos\frac{\theta_i + \theta_{i+1}}{2} \cdot y = -r\sin\left(\theta - \frac{\theta_i + \theta_{i+1}}{2}\right). \tag{3.1.3}$$

式 (3.1.2) 和 (3.1.3) 联立求得垂足 $N_i(i = 1, 2, 3)$ 的坐标

$$x_{N_i} = \left| \begin{matrix} R\cos\dfrac{\theta_i - \theta_{i+1}}{2} & \sin\dfrac{\theta_i + \theta_{i+1}}{2} \\ -r\sin\left(\theta - \dfrac{\theta_i + \theta_{i+1}}{2}\right) & -\cos\dfrac{\theta_i + \theta_{i+1}}{2} \end{matrix} \right| \Big/ \left| \begin{matrix} \cos\dfrac{\theta_i + \theta_{i+1}}{2} & \sin\dfrac{\theta_i + \theta_{i+1}}{2} \\ \sin\dfrac{\theta_i + \theta_{i+1}}{2} & -\cos\dfrac{\theta_i + \theta_{i+1}}{2} \end{matrix} \right|$$

$$= R\cos\frac{\theta_i - \theta_{i+1}}{2}\cos\frac{\theta_i + \theta_{i+1}}{2} - r\sin\left(\theta - \frac{\theta_i + \theta_{i+1}}{2}\right)\sin\frac{\theta_i + \theta_{i+1}}{2}$$

$$= \frac{1}{2}R\left(\cos\theta_i + \cos\theta_{i+1}\right) + \frac{1}{2}r\left[\cos\theta - \cos(\theta - \theta_i - \theta_{i+1})\right],$$

$$y_{N_i} = \left| \begin{matrix} \cos\dfrac{\theta_i + \theta_{i+1}}{2} & R\cos\dfrac{\theta_i - \theta_{i+1}}{2} \\ \sin\dfrac{\theta_i + \theta_{i+1}}{2} & -r\sin\left(\theta - \dfrac{\theta_i + \theta_{i+1}}{2}\right) \end{matrix} \right| \Big/ \left| \begin{matrix} \cos\dfrac{\theta_i + \theta_{i+1}}{2} & \sin\dfrac{\theta_i + \theta_{i+1}}{2} \\ \sin\dfrac{\theta_i + \theta_{i+1}}{2} & -\cos\dfrac{\theta_i + \theta_{i+1}}{2} \end{matrix} \right|$$

$$= R\sin\frac{\theta_i + \theta_{i+1}}{2}\cos\frac{\theta_i - \theta_{i+1}}{2} + r\sin\left(\theta - \frac{\theta_i + \theta_{i+1}}{2}\right)\cos\frac{\theta_i + \theta_{i+1}}{2}$$

$$= \frac{1}{2}R(\sin\theta_i + \sin\theta_{i+1}) + \frac{1}{2}r\left[\sin\theta + \sin(\theta - \theta_i - \theta_{i+1})\right].$$

故由三角形有向面积公式, 可得

$$8\mathrm{D}_{N_1 N_2 N_3}$$

$$=\sum_{i=1}^{3}\{[R(\cos\theta_i + \cos\theta_{i+1}) + r(\cos\theta - \cos(\theta - \theta_i - \theta_{i+1}))]$$

$$\times [R(\sin\theta_{i+1} + \sin\theta_{i+2}) + r(\sin\theta + \sin(\theta - \theta_{i+1} - \theta_{i+2}))]$$

$$- [R(\cos\theta_{i+1} + \cos\theta_{i+2}) + r(\cos\theta - \cos(\theta - \theta_{i+1} - \theta_{i+2}))]$$

$$\times [R(\sin\theta_i + \sin\theta_{i+1}) + r(\sin\theta + \sin(\theta - \theta_i - \theta_{i+1}))]\}$$

$$=R^2\sum_{i=1}^{3}[(\cos\theta_i + \cos\theta_{i+1})(\sin\theta_{i+1} + \sin\theta_{i+2})$$

$$- (\cos\theta_{i+1} + \cos\theta_{i+2})(\sin\theta_i + \sin\theta_{i+1})]$$

$$+ r^2\sum_{i=1}^{3}\{[\cos\theta - \cos(\theta - \theta_i - \theta_{i+1})][\sin\theta + \sin(\theta - \theta_{i+1} - \theta_{i+2})]$$

$$- [\cos\theta - \cos(\theta - \theta_{i+1} - \theta_{i+2})][\sin\theta + \sin(\theta - \theta_i - \theta_{i+1})]\}$$

$$+ Rr\sum_{i=1}^{3}\{(\cos\theta_i + \cos\theta_{i+1})[\sin\theta + \sin(\theta - \theta_{i+1} - \theta_{i+2})]$$

$$+ (\sin\theta_{i+1} + \sin\theta_{i+2})[\cos\theta - \cos(\theta + \theta_i - \theta_{i+1})]$$

$$- (\cos\theta_{i+1} + \cos\theta_{i+2})[\sin\theta + \sin(\theta - \theta_i - \theta_{i+1})]$$

$$- (\sin\theta_i + \sin\theta_{i+1})[\cos\theta - \cos(\theta - \theta_{i+1} - \theta_{i+2})]\}$$

$$=R^2\sum_{i=1}^{3}[\sin(\theta_{i+1} - \theta_i) + \sin(\theta_{i+2} - \theta_{i+1}) + \sin(\theta_{i+2} - \theta_i)]$$

$$+ r^2\sum_{i=1}^{3}[\sin(2\theta - \theta_{i+1} - \theta_{i+2}) - \sin(2\theta - \theta_i - \theta_{i+1}) + \sin(\theta_{i+2} - \theta_i)]$$

$$+ Rr\sum_{i=1}^{3}[\sin(\theta + \theta_i - \theta_{i+1} - \theta_{i+2}) - \sin(\theta + \theta_{i+2} - \theta_i - \theta_{i+1})]$$

$$=R^2\sum_{i=1}^{3}[\sin(\theta_{i+1} - \theta_i) + \sin(\theta_{i+1} - \theta_i) + \sin(\theta_i - \theta_{i+1})]$$

$$+ r^2\sum_{i=1}^{3}[\sin(2\theta - \theta_i - \theta_{i+1}) - \sin(2\theta - \theta_i - \theta_{i+1}) + \sin(\theta_i - \theta_{i+1})]$$

$$+ Rr\sum_{i=1}^{3}[\sin(\theta + \theta_i - \theta_{i+1} - \theta_{i+2}) - \sin(\theta + \theta_i - \theta_{i+1} - \theta_{i+2})]$$

$$=(R^2 - r^2) \sum_{i=1}^{3} \sin(\theta_{i+1} - \theta_i),$$

又

$$2\mathrm{D}_{P_1P_2P_3} = R^2 \sum_{i=1}^{3} (\cos\theta_i \sin\theta_{i+1} - \cos\theta_{i+1} \sin\theta_i) = R^2 \sum_{i=1}^{3} \sin(\theta_{i+1} - \theta_i),$$

因此, 式 (3.1.1) 成立.

注 3.1.1　定理 3.1.1 说明, 外接圆为 $\odot O(R)$ 的三角形 $P_1P_2P_3$ 关于 $\odot O(r)(r \neq R)$ 上任意一点 P 的垂足三角形 $N_1N_2N_3$ 的有向面积 (面积) 仅与 $\odot O(r)$ 的半径有关, 而与垂点 P 在 $\odot O(r)$ 上的位置无关, 故对 $\odot O(r)(r \neq R)$ 上任意一点 P 的垂足三角形 $N_1N_2N_3$, 其有向面积 (面积) 恒为定值.

3.1.3　垂足三角形有向面积定值定理的应用

定理 3.1.2　设 $\odot O(R)$ 是三角形 $P_1P_2P_3$ 的外接圆, P 是 $\odot O(R)$ 内或 $\odot O(R)$ 与 $\odot O(\sqrt{2}R)$(包括 $\odot O(\sqrt{2}R)$ 上) 间的环形区域上的任意一点, 则三角形 $P_1P_2P_3$ 关于垂点 P 的垂足三角形 $N_1N_2N_3$ 的面积不大于三角形 $P_1P_2P_3$ 的中位三角形的面积.

证明　设 $\mathrm{d}_{OP} = r$. 由已知条件得 $0 \leqslant r < R$ 或 $R < r \leqslant \sqrt{2}R$, 从而 $0 \leqslant |R^2 - r^2| \leqslant R^2$. 故由式 (3.1.1), 得

$$\mathrm{a}_{N_1N_2N_3} = \frac{|R^2 - r^2|}{4R^2} \mathrm{a}_{P_1P_2P_3} \leqslant \frac{R^2}{4R^2} \mathrm{a}_{P_1P_2P_3} = \frac{1}{4} \mathrm{a}_{P_1P_2P_3}.$$

定理 3.1.3　设 P 是三角形 $P_1P_2P_3$ 所在平面上任意一点, 从 P 向三角形 $P_1P_2P_3$ 的各边 $P_iP_{i+1}(i = 1, 2, 3)$ 引垂线, 垂足为 $N_i(i = 1, 2, 3)$, 则

(1) 三角形 $P_1P_2P_3$ 与它关于垂点 P 的垂足三角形 $N_1N_2N_3$ 同向的充分必要条件是: P 点落在三角形 $P_1P_2P_3$ 的外接圆的内部 (图 3.1.2);

(2) 三角形 $P_1P_2P_3$ 与它关于垂点 P 的垂足三角形 $N_1N_2N_3$ 反向的充分必要条件是: P 点落在三角形 $P_1P_2P_3$ 的外接圆的外部 (图 3.1.1);

(3) 垂足 N_1, N_2, N_3 共线的充分必要条件是: P 点落在三角形 $P_1P_2P_3$ 的外接圆上 (图 3.1.3).

证明　(1) P 点落在三角形 $P_1P_2P_3$ 的外接圆的内部 $\Leftrightarrow 0 \leqslant r < R$

$$\Leftrightarrow \frac{\mathrm{D}_{N_1N_2N_3}}{\mathrm{D}_{P_1P_2P_3}} = \frac{R^2 - r^2}{4R^2} > 0 \Leftrightarrow \mathrm{D}_{N_1N_2N_3} \text{与} \mathrm{D}_{P_1P_2P_3} \text{同号}.$$

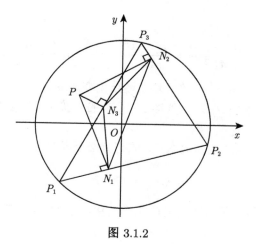

图 3.1.2

(2) 与 (1) 的证明类似.

(3) N_1, N_2, N_3 共线 $\Leftrightarrow a_{N_1N_2N_3} = 0 \Leftrightarrow R = r \Leftrightarrow P$ 点落在三角形 $P_1P_2P_3$ 的外接圆上.

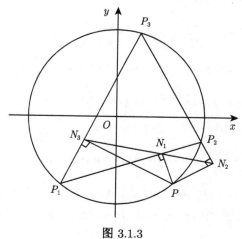

图 3.1.3

注 3.1.2 定理 3.1.4(3) 的充分性即著名的 Simson 定理.

定理 3.1.4 设 $\odot O(R)$ 是三角形 $P_1P_2P_3$ 的外接圆, $\odot O(r_1), \odot O(r_2)(r_1, r_2 \neq R)$ 在 $\odot O(\sqrt{2}R)$ 内, P, Q 分别是 $\odot O(r_1), \odot O(r_2)$ 上任意一点, $M_1M_2M_3, N_1N_2N_3$ 分别是三角形 $P_1P_2P_3$ 关于垂点 P, Q 的垂足三角形, 则 $a_{M_1M_2M_3} = a_{N_1N_2N_3}$ 的充分必要条件是 $r_1^2 + r_2^2 = 2R^2$.

证明 不妨设 $r_1 < R < r_2$, 于是由定理 3.1.1, 可得

$$a_{M_1M_2M_3} = \frac{\left|R^2 - r_1^2\right|}{4R^2} a_{P_1P_2P_3}, \quad a_{N_1N_2N_3} = \frac{\left|R^2 - r_2^2\right|}{4R^2} a_{P_1P_2P_3},$$

于是

$$a_{M_1M_2M_3} = a_{N_1N_2N_3} \Leftrightarrow \frac{|R^2-r_2^2|}{4R^2} = \frac{|R^2-r_1^2|}{4R^2} \Leftrightarrow \frac{r_2^2-R^2}{4R^2} = \frac{R^2-r_1^2}{4R^2} \Leftrightarrow r_1^2+r_2^2 = 2R^2.$$

注 3.1.3　当 $r_1 = 0, r_2 = \sqrt{2}r$ 时上述结论亦成立.

定理 3.1.5　设 $\odot O(R)$ 是三角形 $P_1P_2P_3$ 的外接圆, 三角形 $P_1P_2P_3$ 关于垂点 P 的垂足三角形为 $N_1N_2N_3$, 则

(1) P 在 $\odot O(\sqrt{4n+1}R)(n \in \mathbf{N})$ 上的充分必要条件是

$$a_{N_1N_2N_3} = na_{P_1P_2P_3};$$

(2) P 在 $\odot O(\sqrt{4n-3}R)$ 与 $\odot O(\sqrt{4n+1}R)(n \in \mathbf{N})$ 间的环形开区域内的充分必要条件是

$$(n-1)a_{P_1P_2P_3} < a_{N_1N_2N_3} < na_{P_1P_2P_3}.$$

证明　设 $d_{OP} = r$, 则

(1) P 在 $\odot O(\sqrt{4n+1}R)(n \in \mathbf{N})$ 上 $\Leftrightarrow r = \sqrt{4n+1}R \Leftrightarrow r^2 = (4n+1)R^2$

$$\Leftrightarrow r^2 - R^2 = 4nR^2 \Leftrightarrow \frac{r^2-R^2}{4R^2} = n \Leftrightarrow \frac{a_{N_1N_2N_3}}{a_{P_1P_2P_3}} = n \Leftrightarrow a_{N_1N_2N_3} = na_{P_1P_2P_3}.$$

(2) P 在 $\odot O(\sqrt{4n-3}R)$ 与 $\odot O(\sqrt{4n+1}R)(n \in \mathbf{N})$ 间的环形开区域内

$$\Leftrightarrow \sqrt{4n-3}R < r < \sqrt{4n+1}R \Leftrightarrow (4n-3)R^2 < r^2 < (4n+1)R^2$$

$$\Leftrightarrow 4(n-1)R^2 < r^2 - R^2 < 4nR^2 \Leftrightarrow n-1 < \frac{r^2-R^2}{4R^2} < n$$

$$\Leftrightarrow n-1 < \frac{a_{N_1N_2N_3}}{a_{P_1P_2P_3}} < n \Leftrightarrow (n-1)a_{P_1P_2P_3} < a_{N_1N_2N_3} < na_{P_1P_2P_3}.$$

定理 3.1.6　设 $P_1P_2P_3$ 和 $Q_1Q_2Q_3$ 是 $\odot O(R)$ 的两个内接三角形, 三角形 $P_1P_2P_3$ 和 $Q_1Q_2Q_3$ 关于 $\odot O(r)$ 任一点 P 的垂足三角形分别为三角形 $M_1M_2M_3$ 和 $N_1N_2N_3$, 则

$$a_{P_1P_2P_3} \cdot a_{N_1N_2N_3} = a_{Q_1Q_2Q_3} \cdot a_{M_1M_2M_3}. \tag{3.1.4}$$

证明　若 $r = R$, 根据定理 3.1.3 (3) 得 $a_{M_1M_2M_3} = a_{N_1N_2N_3} = 0$, 式 (3.1.4) 显然成立.

若 $r \neq R$, 根据式 (3.1.1) 得

$$a_{M_1M_2M_3} = \frac{|R^2-r^2|}{4R^2}a_{P_1P_2P_3},$$

$$a_{N_1N_2N_3} = \frac{|R^2-r^2|}{4R^2}a_{Q_1Q_2Q_3},$$

两式相除并化简, 即得式 (3.1.4).

注 3.1.4 在定理 3.1.1 中, 作 PN_i 的定比分点 H_i 使 $PN_i/N_iH_i = 1/\lambda (i = 1, 2, 3)$, 则由三角形 $H_1H_2H_3$ 相似于三角形 $N_1N_2N_3$, 可得

$$D_{H_1H_2H_3} = \frac{1}{8}(1+\lambda)^2(R^2 - r^2)\sum_{i=1}^{3}\sin(\theta_{i+1} - \theta_i).$$

因此, 对三角形 $H_1H_2H_3$ 可以得到与定理 3.1.1—定理 3.1.6 类似的结论.

3.2 垂足多角形 (多边形) 中有向面积的定值定理与应用

本节主要把 3.1 节的有关结论推广到圆内接多边形的情形. 首先, 给出垂足多角形 (多边形) 的概念; 其次, 给出圆内接多角形的垂足多边形有向面积公式及其应用; 最后, 给出圆内接多边形的垂足多边形有向面积公式, 并讨论公式的一些应用.

3.2.1 垂足多角形 (多边形) 的概念

定义 3.2.1 设 P 是多角形 (多边形)$P_1P_2\cdots P_n$ 所在平面上任意一点, 过 P 向 $P_1P_2, \cdots, P_{n-1}P_n, P_nP_1$ 所在直线引垂线 $PN_1, \cdots, PN_{n-1}, PN_n$, 则称 $N_1, \cdots, N_{n-1}, N_n$ 依次所构成的多角形 $N_1\cdots N_{n-1}N_n$ 为多角形 (多边形)$P_1P_2\cdots P_n$ 关于垂点 P 的垂足多角形 (图 3.2.1).

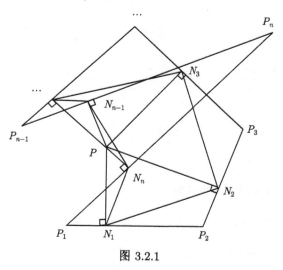

图 3.2.1

特别地, 当 $N_1\cdots N_{n-1}N_n$ 为多边形时, 则称 $N_1\cdots N_{n-1}N_n$ 为多角形 (多边形)$P_1P_2\cdots P_n$ 的垂足多边形.

　　为方便起见, 当 $N_1, \cdots, N_{n-1}, N_n$ 中有连续三点或三点以上共线时, 我们把 $N_1, \cdots, N_{n-1}, N_n$ 依次所构成的图形看成是垂足多角形 (多边形) 的特殊情形.

　　显然, 过任意多角形 (多边形) 所在平面上一点, 未必可以作多角形 (多边形) 关于该点的垂足多边形. 但过不落在三边形外接圆上任意一点可以作三角形关于这点的垂足三角形; 过凸多边形内任意一点可以作多边形关于这点的垂足多边形; 过圆内接多边形外接圆内任意一点可以作多边形关于该点的垂足多边形. 在一些情形下, 还可以包含以上区域的边界及区域边界之外的点. 在以下的讨论中, 我们恒假定所论及的垂足多角形为垂足多边形.

　　定义 3.2.2　设 $N_1 \cdots N_{n-1} N_n$ 是多边形 $P_1 P_2 \cdots P_n$ 关于垂点 P 的垂足多边形. 如果 $P_1 P_2 \cdots P_n$ 和 $N_1 \cdots N_{n-1} N_n$ 的绕向都是逆时针方向或顺时针方向的, 则称 $P_1 P_2 \cdots P_n$ 和 $N_1 \cdots N_{n-1} N_n$ 是同向的, 否则称为反向的.

3.2.2　圆内接多角形的垂足多边形有向面积公式与应用

　　定理 3.2.1 (喻德生, 2017)　设 $P_1 P_2 \cdots P_n$ 是 $\odot C(R)$ 的内接 n 角形, 圆心的坐标为 $C(a, b)$, 顶点的坐标为 $P_i(a + R\cos\theta_i, b + R\sin\theta_i)(i = 1, 2, \cdots, n)$, $P_1 P_2 \cdots P_n$ 关于垂点 $P(a + r\cos\theta, b + r\sin\theta)$ 的垂足 n 边形为 $N_1 N_2 \cdots N_n$, 则

$$
\begin{aligned}
\mathrm{D}_{N_1 N_2 \cdots N_n} = &\frac{1}{4} R^2 \sum_{i=1}^{n} \sin(\theta_{i+1} - \theta_i) + \frac{1}{8}(R^2 + r^2) \sum_{i=1}^{n} \sin(\theta_{i+2} - \theta_i) \\
&+ \frac{1}{4} Rr \sum_{i=1}^{n} \cos(\theta - \theta_{i+1}) \sin(\theta_i - \theta_{i+2}).
\end{aligned} \tag{3.2.1}
$$

　　证明　不妨设 $a = b = 0$, 则由定理 3.1.1 的证明, 可得 $P_i P_{i+1}$ 所在直线的方程

$$
\cos\frac{\theta_i + \theta_{i+1}}{2} \cdot x + \sin\frac{\theta_i + \theta_{i+1}}{2} \cdot y = R\cos\frac{\theta_i - \theta_{i+1}}{2}
$$

和 $P N_i$ 的直线方程

$$
\sin\frac{\theta_i + \theta_{i+1}}{2} \cdot x - \cos\frac{\theta_i + \theta_{i+1}}{2} \cdot y = -r\sin\left(\theta - \frac{\theta_i + \theta_{i+1}}{2}\right),
$$

其中 $i = 1, 2, \cdots, n$.

　　两方程联立求得垂足 N_i 的坐标

$$
\begin{cases}
x_{N_i} = \dfrac{1}{2} R(\cos\theta_i + \cos\theta_{i+1}) + \dfrac{1}{2} r[\cos\theta - \cos(\theta - \theta_i - \theta_{i+1})], \\
y_{N_i} = \dfrac{1}{2} R(\sin\theta_i + \sin\theta_{i+1}) + \dfrac{1}{2} r[\sin\theta + \sin(\theta - \theta_i - \theta_{i+1})]
\end{cases} \quad (i = 1, 2, \cdots, n).
$$

于是由多边形有向面积公式, 得

$$
8\mathrm{D}_{N_1 N_2 \cdots N_n}
$$

$$=4\sum_{i=1}^{n}\left(x_{N_i}y_{N_{i+1}}-x_{N_{i+1}}y_{N_i}\right)$$

$$=R^2\sum_{i=1}^{n}\left[(\cos\theta_i+\cos\theta_{i+1})\left(\sin\theta_{i+1}+\sin\theta_{i+2}\right)\right.$$

$$\left.-\left(\cos\theta_{i+1}+\cos\theta_{i+2}\right)\left(\sin\theta_i+\sin\theta_{i+1}\right)\right]$$

$$+r^2\sum_{i=1}^{n}\left\{\left[\cos\theta-\cos(\theta-\theta_i-\theta_{i+1})\right]\left[\sin\theta+\sin(\theta-\theta_{i+1}-\theta_{i+2})\right]\right.$$

$$\left.-\left[\cos\theta-\cos(\theta-\theta_{i+1}-\theta_{i+2})\right]\left[\sin\theta+\sin(\theta-\theta_i-\theta_{i+1})\right]\right\}$$

$$+Rr\sum_{i=1}^{n}\left\{(\cos\theta_i+\cos\theta_{i+1})\left[\sin\theta+\sin(\theta-\theta_{i+1}-\theta_{i+2})\right]\right.$$

$$+\left(\sin\theta_{i+1}+\sin\theta_{i+2}\right)\left[\cos\theta-\cos(\theta-\theta_i-\theta_{i+1})\right]$$

$$-\left(\cos\theta_{i+1}+\cos\theta_{i+2}\right)\left[\sin\theta+\sin(\theta-\theta_i-\theta_{i+1})\right]$$

$$\left.-\left(\sin\theta_i+\sin\theta_{i+1}\right)\left[\cos\theta-\cos(\theta-\theta_{i+1}-\theta_{i+2})\right]\right\}$$

$$=R^2\sum_{i=1}^{n}\left[\sin(\theta_{i+1}-\theta_i)+\sin(\theta_{i+2}-\theta_{i+1})+\sin(\theta_{i+2}-\theta_i)\right]$$

$$+r^2\sum_{i=1}^{n}\left[\sin(2\theta-\theta_{i+1}-\theta_{i+2})-\sin(2\theta-\theta_i-\theta_{i+1})+\sin(\theta_{i+2}-\theta_i)\right]$$

$$+Rr\sum_{i=1}^{n}\left[\sin(\theta+\theta_i-\theta_{i+1}-\theta_{i+2})-\sin(\theta+\theta_{i+2}-\theta_i-\theta_{i+1})\right]$$

$$=(R^2+r^2)\sum_{i=1}^{n}\sin(\theta_{i+2}-\theta_i)+2R^2\sum_{i=1}^{n}\sin(\theta_{i+1}-\theta_i)$$

$$+2Rr\sum_{i=1}^{n}\cos(\theta-\theta_{i+1})\sin(\theta_i-\theta_{i+2}),$$

因此, 式 (3.2.1) 成立.

注 3.2.1 特别地, 当 $n=3$ 时, 由式 (3.2.1) 可得

$$\mathrm{D}_{N_1N_2N_3}=\frac{1}{8}(R^2-r^2)\sum_{i=1}^{3}\sin(\theta_{i+1}-\theta_i),$$

从而得出定理 3.1.1.

推论 3.2.1 设 $P_1P_2\cdots P_n$ 是 $\odot C(R)$ 的内接 n 角形, 圆心的坐标为 $C(a,b)$, 顶点的坐标为 $P_i(a+R\cos\theta_i,b+R\sin\theta_i)(i=1,2,\cdots,n)$, $P_1P_2\cdots P_n$ 关于圆心 $C(a,b)$ 的垂足多边形为 $N_1N_2\cdots N_n$, 则

$$\mathrm{D}_{N_1N_2\cdots N_n}=\frac{1}{4}R^2\sum_{i=1}^{n}\sin(\theta_{i+1}-\theta_i)+\frac{1}{8}R^2\sum_{i=1}^{n}\sin(\theta_{i+2}-\theta_i).\qquad(3.2.2)$$

证明　在式 (3.2.1) 中, 令 $r = 0$, 即得.

推论 3.2.2　设 $P_1P_2P_3P_4$ 是 $\odot C(R)$ 的内接四角形, 圆心的坐标为 $C(a, b)$, 顶点的坐标为 $P_i(a + R\cos\theta_i, b + R\sin\theta_i)(i = 1, 2, 3, 4)$, $P_1P_2P_3P_4$ 关于垂点 $P(a + r\cos\theta, b + r\sin\theta)$ 的垂足四边形为 $N_1N_2N_3N_4$, 则

$$D_{N_1N_2N_3N_4} = \frac{1}{4}R^2\sum_{i=1}^{4}\sin(\theta_{i+1} - \theta_i) + \frac{1}{4}Rr\sum_{i=1}^{4}\cos(\theta - \theta_{i+1})\sin(\theta_i - \theta_{i+2}). \quad (3.2.3)$$

证明　在式 (3.2.1) 中, 令 $n = 4$, 并注意到

$$\sum_{i=1}^{4}\sin(\theta_{i+2} - \theta_i) = \sin(\theta_3 - \theta_1) + \sin(\theta_4 - \theta_2) + \sin(\theta_1 - \theta_3) + \sin(\theta_2 - \theta_4) = 0,$$

即得式 (3.2.3).

3.2.3　圆内接多边形的垂足多边形有向面积公式与应用

定理 3.2.2 (喻德生, 2000)　设 $P_1P_2\cdots P_n$ 是 $\odot C(R)$ 的内接 n 边形, 圆心的坐标为 $C(a, b)$, 顶点的坐标为 $P_i(a + R\cos\theta_i, b + R\sin\theta_i)(i = 1, 2, \cdots, n)$, $P_1P_2\cdots P_n$ 关于垂点 $P(a + r\cos\theta, b + r\sin\theta)$ 的垂足 n 边形为 $N_1N_2\cdots N_n$, 则

$$\begin{aligned}
D_{N_1N_2\cdots N_n} = &\frac{1}{2}D_{P_1P_2\cdots P_n} + \frac{1}{8}(R^2 + r^2)\sum_{i=1}^{n}\sin(\theta_{i+2} - \theta_i) \\
&+ \frac{1}{4}Rr\sum_{i=1}^{n}\cos(\theta - \theta_{i+1})\sin(\theta_i - \theta_{i+2}).
\end{aligned} \quad (3.2.4)$$

证明　因为 $P_1P_2\cdots P_n$ 是 $\odot C(R)$ 的内接 n 边形, 故由题设及多边形有向面积公式, 可得

$$D_{P_1P_2\cdots P_n} = \frac{1}{2}R^2\sum_{i=1}^{n}(\cos\theta_i\sin\theta_{i+1} - \cos\theta_{i+1}\sin\theta_i) = \frac{1}{2}R^2\sum_{i=1}^{n}\sin(\theta_{i+1} - \theta_i),$$

代入式 (3.2.1), 即得式 (3.2.4).

推论 3.2.3　设 $P_1P_2\cdots P_n$ 是 $\odot C(R)$ 的内接 n 边形, 圆心的坐标为 $C(a, b)$, 顶点的坐标为 $P_i(a + R\cos\theta_i, b + R\sin\theta_i)(i = 1, 2, \cdots, n)$, $P_1P_2\cdots P_n$ 关于圆心 $C(a, b)$ 的垂足多边形为 $N_1N_2\cdots N_n$, 则

$$D_{N_1N_2\cdots N_n} = \frac{1}{2}D_{P_1P_2\cdots P_n} + \frac{1}{8}R^2\sum_{i=1}^{n}\sin(\theta_{i+2} - \theta_i). \quad (3.2.5)$$

证明　在式 (3.2.4) 中, 令 $r = 0$, 即得式 (3.2.5).

推论 3.2.4 设 $P_1P_2P_3P_4$ 是 $\odot C(R)$ 的内接四边形, 圆心的坐标为 $C(a,b)$, 顶点的坐标为 $P_i(a+R\cos\theta_i, b+R\sin\theta_i)(i=1,2,3,4)$, $P_1P_2P_3P_4$ 关于垂点 $P(a+r\cos\theta, b+r\sin\theta)$ 的垂足四边形为 $N_1N_2N_3N_4$, 则

$$\mathrm{D}_{N_1N_2N_3N_4} = \frac{1}{2}\mathrm{D}_{P_1P_2P_3P_4} + \frac{1}{4}Rr\sum_{i=1}^{4}\cos(\theta-\theta_{i+1})\sin(\theta_i-\theta_{i+2}).$$

证明 在式 (3.2.4) 中, 令 $n=4$, 仿推论 3.2.2 的证明即得.

定理 3.2.3 设 $P_1P_2\cdots P_{2n}$ 是 $\odot C(R)$ 的内接 $2n(n>2)$ 边形, 圆心的坐标为 $C(a,b)$, 顶点的坐标为 $P_i(a+R\cos\theta_i, b+R\sin\theta_i)(i=1,2,\cdots,2n)$, $P_1P_2\cdots P_{2n}$ 关于垂点 $P(a+r\cos\theta, b+r\sin\theta)$ 的垂足 $2n$ 边形为 $N_1N_2\cdots N_{2n}$, 则

$$\begin{aligned}
\mathrm{D}_{N_1N_2\cdots N_{2n}} = {} & \frac{1}{2}\mathrm{D}_{P_1P_2\cdots P_{2n}} + \frac{R^2+r^2}{4R^2}\left(\mathrm{D}_{P_1P_3\cdots P_{2n-1}} + \mathrm{D}_{P_2P_4\cdots P_{2n}}\right) \\
& + \frac{1}{4}Rr\sum_{i=1}^{2n}\cos(\theta-\theta_{i+1})\sin(\theta_i-\theta_{i+2}).
\end{aligned} \tag{3.2.6}$$

证明 因为 $P_1P_2\cdots P_{2n}$ 是 $\odot C(R)$ 的内接 $2n$ 边形, 所以 $P_1P_3\cdots P_{2n-1}$ 和 $P_2P_4\cdots P_{2n}$ 均为 n 边形, 且由题设及多边形有向面积公式, 可得

$$\mathrm{D}_{P_1P_3\cdots P_{2n-1}} = \frac{1}{2}R^2\sum_{i=1}^{n}\sin(\theta_{2i+1}-\theta_{2i-1}), \quad \mathrm{D}_{P_2P_4\cdots P_{2n}} = \frac{1}{2}R^2\sum_{i=1}^{n}\sin(\theta_{2i+2}-\theta_{2i}),$$

故在式 (3.2.4) 中, 用 $2n$ 代 n, 并将以上两式代入, 即得式 (3.2.6).

推论 3.2.5 设 $P_1P_2\cdots P_{2n}$ 是 $\odot C(R)$ 的内接 $2n(n>2)$ 边形, 圆心的坐标为 $C(a,b)$, 顶点的坐标为 $P_i(a+R\cos\theta_i, b+R\sin\theta_i)(i=1,2,\cdots,2n)$, $P_1P_2\cdots P_{2n}$ 关于圆心 $C(a,b)$ 的垂足 $2n$ 边形为 $N_1N_2\cdots N_{2n}$, 则

$$\mathrm{D}_{N_1N_2\cdots N_{2n}} = \frac{1}{2}\mathrm{D}_{P_1P_2\cdots P_{2n}} + \frac{1}{4}\left(\mathrm{D}_{P_1P_3\cdots P_{2n-1}} + \mathrm{D}_{P_2P_4\cdots P_{2n}}\right).$$

证明 在式 (3.2.6) 中, 令 $r=0$ 即得.

定理 3.2.4 设 $P_1P_2\cdots P_n$ 是 $\odot C(R)$ 的内接 n 边形, 圆心的坐标为 $C(a,b)$, 顶点的坐标为 $P_i(a+R\cos\theta_i, b+R\sin\theta_i)(i=1,2,\cdots,n)$, $P_1P_2\cdots P_n$ 关于 $\odot C(r)$ 的任意一条直径 PP' 的两个端点 P,P' 垂足多边形分别为 $N_1N_2\cdots N_n$ 和 $M_1M_2\cdots M_n$, 则

$$\mathrm{D}_{M_1M_2\cdots M_n} + \mathrm{D}_{N_1N_2\cdots N_n} = \mathrm{D}_{P_1P_2\cdots P_n} + \frac{1}{4}(R^2+r^2)\sum_{i=1}^{n}\sin(\theta_{i+2}-\theta_i). \tag{3.2.7}$$

证明 如图 3.2.2 所示. 依题设 P' 的坐标为 $P'(a+r\cos(\pi+\theta), b+r\sin(\pi+\theta))$, 故由 (9.2.4) 式得

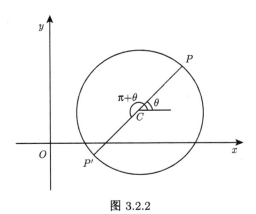

图 3.2.2

$$\begin{aligned}
D_{M_1M_2\cdots M_n} =& \frac{1}{2}D_{P_1P_2\cdots P_n} + \frac{1}{8}(R^2 + r^2)\sum_{i=1}^{n}\sin(\theta_{i+2} - \theta_i) \\
& + \frac{1}{4}Rr\sum_{i=1}^{n}\cos(\pi + \theta - \theta_{i+1})\sin(\theta_i - \theta_{i+2}) \\
=& \frac{1}{2}D_{P_1P_2\cdots P_n} + \frac{1}{8}(R^2 + r^2)\sum_{i=1}^{n}\sin(\theta_{i+2} - \theta_i) \\
& - \frac{1}{4}Rr\sum_{i=1}^{n}\cos(\theta - \theta_{i+1})\sin(\theta_i - \theta_{i+2}),
\end{aligned} \tag{3.2.8}$$

式 (3.2.4)+(3.2.8), 即得式 (3.2.7).

推论 3.2.6　设 $P_1P_2\cdots P_{2n}$ 是 $\odot C(R)$ 的内接 $2n(n > 2)$ 边形, 圆心的坐标为 $C(a, b)$, 顶点的坐标为 $P_i(a + R\cos\theta_i, b + R\sin\theta_i)(i = 1, 2, \cdots, 2n)$, $P_1P_2\cdots P_{2n}$ 关于 $\odot C(r)$ 的任意一条直径 PP' 的两个端点 P, P' 垂足多边形分别为 $N_1N_2\cdots N_{2n}$, $M_1M_2\cdots M_{2n}$, 则

$$D_{M_1M_2\cdots M_{2n}} + D_{N_1N_2\cdots N_{2n}} = D_{P_1P_2\cdots P_{2n}} + \frac{R^2 + r^2}{2R^2}\left(D_{P_1P_3\cdots P_{2n-1}} + D_{P_2P_4\cdots P_{2n}}\right). \tag{3.2.9}$$

证明　由式 (3.2.7) 和定理 3.2.3 证明即得.

推论 3.2.7　设 $P_1P_2\cdots P_{2n}$ 是 $\odot C(R)$ 的内接 $2n(n > 2)$ 边形, 圆心的坐标为 $C(a, b)$, 顶点的坐标为 $P_i(a + R\cos\theta_i, b + R\sin\theta_i)(i = 1, 2, \cdots, 2n)$, $P_1P_2\cdots P_{2n}$ 关于 $\odot C(R)$ 的任意一条直径 PP' 的两个端点 P, P' 垂足多边形分别为 $N_1N_2\cdots N_{2n}$ 和 $M_1M_2\cdots M_{2n}$, 则

$$D_{M_1M_2\cdots M_{2n}} + D_{N_1N_2\cdots N_{2n}} = D_{P_1P_2\cdots P_{2n}} + D_{P_1P_3\cdots P_{2n-1}} + D_{P_2P_4\cdots P_{2n}}.$$

证明　在式 (3.2.9) 中令 $r = R$ 即得.

推论 3.2.8　设 $P_1P_2P_3P_4$ 是 $\odot C(R)$ 的内接多边形, 则多边形 $P_1P_2P_3P_4$ 关于 $\odot C(r)$ 的任意一条直径 PP' 的两个端点 P, P' 的两个垂足多边形 $N_1N_2N_3N_4$ 和 $M_1M_2M_3M_4$ 的有向面积的和恒等于四边形 $P_1P_2P_3P_4$ 的有向面积, 即

$$\mathrm{D}_{M_1M_2M_3M_4} + \mathrm{D}_{N_1N_2N_3N_4} = \mathrm{D}_{P_1P_2P_3P_4}.$$

证明　在式 (3.2.7) 中, 令 $n = 4$, 仿推论 3.2.2 证明即得.

定理 3.2.5　设 $P_1P_2\cdots P_n$ 是 $\odot C(R)$ 的内接正 n 边形, $P_1P_2\cdots P_n$ 关于 $\odot C(r)$ 上一点 P 的垂足多边形为 $N_1N_2\cdots N_n$, 则

$$a_{N_1N_2\cdots N_n} = \frac{1}{4}n\sin\frac{2\pi}{n}\left[(R^2 + r^2)\cos\frac{2\pi}{n} + r^2\right]. \tag{3.2.10}$$

证明　不妨设 C 为坐标原点, 正 n 边形 $P_1P_2\cdots P_n$ 为正向多边形, 且其顶点的坐标为 $P_i(R\cos\theta_i, R\sin\theta_i)(i = 1, 2, \cdots, n)$, 垂点的坐标为 $P(r\cos\theta, r\sin\theta)$, 于是由定理 3.2.1 的证明, 可得

$$\mathrm{D}_{N_1N_2\cdots N_n} = \frac{1}{8}(R^2 + r^2)\sum_{i=1}^{n}\sin(\theta_{i+2} - \theta_i) + \frac{1}{4}R^2\sum_{i=1}^{n}\sin(\theta_{i+1} - \theta_i)$$
$$+ \frac{1}{4}Rr\sum_{i=1}^{n}[\sin(\theta + \theta_i - \theta_{i+1} - \theta_{i+2}) - \sin(\theta + \theta_{i+2} - \theta_i - \theta_{i+1})].$$

令 $\theta_{i+1} - \theta_i = \alpha$, 则 $\theta_i = \theta_1 + (i-1)\alpha(i = 1, 2, \cdots, n), n\alpha = 2\pi$. 因为

$$\sum_{i=1}^{n}[\sin(\theta + \theta_i - \theta_{i+1} - \theta_{i+2}) - \sin(\theta + \theta_{i+2} - \theta_i - \theta_{i+1})]$$

$$= \sum_{i=1}^{n-4}\sin[\theta - \theta_1 - (i+2)\alpha] + \sum_{i=n-3}^{n}\sin[\theta - \theta_1 - (i+2)\alpha]$$
$$- \sum_{i=1}^{4}\sin[(\theta - \theta_1 - (i-2)\alpha] - \sum_{i=5}^{n}\sin[(\theta - \theta_1 - (i-2)\alpha]$$

$$= \sum_{i=n-3}^{n}\sin[\theta - \theta_1 - (i+2)\alpha] - \sum_{i=1}^{4}\sin[(\theta - \theta_1 - (i-2)\alpha]$$

$$= \sin[\theta - \theta_1 - (n-1)\alpha] + \sin((\theta - \theta_1 - n\alpha)$$
$$+ \sin[\theta - \theta_1 - (n+1)\alpha] + \sin[\theta - \theta_1 - (n+2)\alpha]$$
$$- \sin(\theta - \theta_1 + \alpha) - \sin(\theta - \theta_1) - \sin(\theta - \theta_1 - \alpha) - \sin(\theta - \theta_1 - 2\alpha)$$

$$= \sin(\theta - \theta_1 + 2\pi + \alpha) + \sin(\theta - \theta_1 + 2\pi)$$

$$+ \sin(\theta - \theta_1 + 2\pi - \alpha) + \sin(\theta - \theta_1 + 2\pi - 2\alpha)$$
$$- \sin(\theta - \theta_1 + \alpha) - \sin(\theta - \theta_1) - \sin(\theta - \theta_1 - \alpha) - \sin(\theta - \theta_1 - 2\alpha)$$
$$= 0,$$

所以

$$
\begin{aligned}
D_{N_1 N_2 \cdots N_n} &= \frac{1}{8}(R^2 + r^2)\sum_{i=1}^{n}\sin 2\alpha + \frac{1}{4}R^2 \sum_{i=1}^{n}\sin\alpha \\
&= \frac{1}{4}n\sin\alpha\left[(R^2 + r^2)\cos\alpha + R^2\right] \\
&= \frac{1}{4}n\sin\frac{2\pi}{n}\left[(R^2 + r^2)\cos\frac{2\pi}{n} + R^2\right],
\end{aligned}
$$

因此, 式 (3.2.10) 成立.

3.3　垂足的性质定理与应用

我们知道, 三角形的共点定理是几何学中著名的结论. 本节在前述有关结论与方法的基础上, 利用有向距离法将该定理推广到多角形所在边上一点作该边垂线的情形. 首先, 给出三角形垂足的一个性质定理, 并利用该定理得到推广的三角形的共点定理; 其次, 给出多角形垂足的一个性质定理, 并利用该定理将三角形的共点定理推广到多角形的情形.

3.3.1　三角形垂足的性质定理与应用

定理 3.3.1　设 P 是三角形 $P_1 P_2 P_3$ 所在平面上任意一点, 三角形 $P_1 P_2 P_3$ 关于 P 点的垂足三角形为 $N_1 N_2 N_3$, 则

$$\sum_{i=1}^{3}(d_{P_i N_i}^2 - d_{N_i P_{i+1}}^2) = 0. \tag{3.3.1}$$

证明　如图 3.1.1 所示. 不妨设三角形 $P_1 P_2 P_3$ 顶点的坐标为 $P_i(R\cos\theta_i, R\sin\theta_i)$ $(i = 1, 2, 3)$, 三角形所在平面上任意点的坐标为 $P(r\cos\theta, r\sin\theta)$, 根据定理 9.1.1 的证明可得垂足 $N_i(i = 1, 2, 3)$ 的坐标

$$
\begin{cases}
x_{N_i} = \dfrac{1}{2}R(\cos\theta_i + \cos\theta_{i+1}) + \dfrac{1}{2}r\left[\cos\theta - \cos(\theta - \theta_i - \theta_{i+1})\right], \\[2mm]
y_{N_i} = \dfrac{1}{2}R(\sin\theta_i + \sin\theta_{i+1}) + \dfrac{1}{2}r\left[\sin\theta + \sin(\theta - \theta_i - \theta_{i+1})\right]
\end{cases}
(i = 1, 2, 3).
$$

所以

$$\sum_{i=1}^{3} \left(\mathrm{d}_{P_i N_i}^2 - \mathrm{d}_{N_i P_{i+1}}^2 \right)$$

$$= \sum_{i=1}^{3} \left[(R\cos\theta_i - x_i)^2 + (R\sin\theta_i - y_i)^2 \right]$$

$$\qquad - \sum_{i=1}^{3} \left[(R\cos\theta_{i+1} - x_i)^2 + (R\sin\theta_{i+1} - y_i)^2 \right]$$

$$= 2R \sum_{i=1}^{3} \left[(\cos\theta_{i+1} - \cos\theta_i) x_i + (\sin\theta_{i+1} - \sin\theta_i) y_i \right]$$

$$= R^2 \sum_{i=1}^{3} \left[(\cos\theta_{i+1} - \cos\theta_i)(\cos\theta_{i+1} + \cos\theta_i) \right.$$

$$\qquad + (\sin\theta_{i+1} - \sin\theta_i)(\sin\theta_{i+1} + \sin\theta_i) \big]$$

$$\qquad + Rr \sum_{i=1}^{3} \left\{ (\cos\theta_{i+1} - \cos\theta_i) \left[\cos\theta - \cos(\theta - \theta_i - \theta_{i+1}) \right] \right.$$

$$\qquad + (\sin\theta_{i+1} - \sin\theta_i) \left[\sin\theta + \sin(\theta - \theta_i - \theta_{i+1}) \right] \big\}$$

$$= R^2 \sum_{i=1}^{3} \left[(\cos^2\theta_{i+1} - \cos^2\theta_i) + (\sin^2\theta_{i+1} - \sin^2\theta_i) \right]$$

$$\qquad + Rr \sum_{i=1}^{3} \left[\cos(\theta_{i+1} - \theta) - \cos(\theta_i - \theta) - \cos(\theta - \theta_i) + \cos(\theta - \theta_{i+1}) \right]$$

$$= 0,$$

从而式 (3.3.1) 成立.

定理 3.3.2 设 N_i 是三角形 $P_1 P_2 P_3$ 的边 $P_i P_{i+1} (i = 1, 2, 3)$ 所在直线上的点, 则过 N_i 垂直于 $P_i P_{i+1} (i = 1, 2, 3)$ 的三条垂线共点的充分必要条件是

$$\sum_{i=1}^{3} (\mathrm{d}_{P_i N_i}^2 - \mathrm{d}_{N_i P_{i+1}}^2) = 0. \tag{3.3.2}$$

证明 必要性即定理 3.3.1, 下面证明充分性. 如图 3.3.1 所示, 分别过 N_1, N_2 作边 $P_1 P_2, P_2 P_3$ 所在直线的垂线, 并设它们的交点为 G, 再作 $GN \perp P_3 P_1$ 于 N, 则由必要性知

$$\mathrm{d}_{P_1 N_1}^2 - \mathrm{d}_{N_1 P_2}^2 + \mathrm{d}_{P_2 N_2}^2 - \mathrm{d}_{N_2 P_3}^2 + \mathrm{d}_{P_3 N}^2 - \mathrm{d}_{N P_1}^2 = 0, \tag{3.3.3}$$

又依题设式 (3.3.2) 成立, 于是式 (3.3.3)–(3.3.2), 并注意到距离的平方等于有向距离的平方, 得

$$\mathrm{D}_{P_3 N}^2 - \mathrm{D}_{N P_1}^2 = \mathrm{D}_{P_3 N_3}^2 - \mathrm{D}_{N_3 P_1}^2,$$

即

$$(D_{P_3 N} + D_{NP_1})(D_{P_3 N} - D_{NP_1}) = (D_{P_3 N_3} + D_{N_3 P_1})(D_{P_3 N_3} - D_{N_3 P_1}).$$

由于 $D_{P_3 N} + D_{NP_1} = D_{P_3 N_3} + D_{N_3 P_1} = D_{P_3 P_1}$, 所以

$$D_{P_3 N} - D_{NP_1} = D_{P_3 N_3} - D_{N_3 P_1}.$$

又设 $P_3 P_1$ 的中点为 M, 则

$$D_{P_3 N} - D_{NP_1} = 2D_{MN}, \quad D_{P_3 N_3} - D_{N_3 P_1} = 2D_{MN_3},$$

所以 $D_{MN} = D_{MN_3}$, 故 N 与 N_3 重合. 从而过 N_i 垂直于 $P_i P_{i+1}(i = 1, 2, 3)$ 的三条垂线共点.

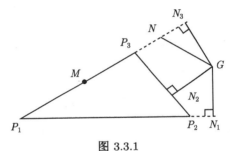

图 3.3.1

推论 3.3.1 (三角形的共点线定理)　设 N_i 是三角形 $P_1 P_2 P_3$ 的边 $P_i P_{i+1}(i = 1, 2, 3)$ 上的点, 则过 N_i 垂直于 $P_i P_{i+1}(i = 1, 2, 3)$ 的三条垂线共点的充分必要条件是

$$\sum_{i=1}^{3} (d_{P_i N_i}^2 - d_{N_i P_{i+1}}^2) = 0.$$

证明　在定理 3.3.2 中, 将 N_i 限制在三角形 $P_1 P_2 P_3$ 的边 $P_i P_{i+1}(i = 1, 2, 3)$ 上即得.

3.3.2　多角形垂足的性质定理与应用

定理 3.3.3　设 P 是多角形 $P_1 P_2 \cdots P_n$ 所在平面上任意一点, $P_1 P_2 \cdots P_n$ 关于 P 点的垂足多角形为 $N_1 N_2 \cdots N_n$, 则

$$\sum_{i=1}^{n} (d_{P_i N_i}^2 - d_{N_i P_{i+1}}^2) = 0. \tag{3.3.4}$$

证明　如图 3.3.2 所示. 设多角形 $P_1 P_2 \cdots P_n$ 顶点的坐标为 $P_i(x_i, y_i)(i = 1, 2, \cdots, n)$, 多角形所在平面上任意点的坐标为 $P(x_0, y_0)$, 则 $P_i P_{i+1}$ 的直线方程为

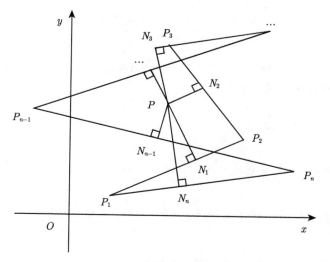

图 3.3.2

$$(y_i - y_{i+1})x + (x_{i+1} - x_i)y = x_{i+1}y_i - x_iy_{i+1}, \tag{3.3.5}$$

于是设 PN_i 的方程为

$$(x_i - x_{i+1})x + (y_i - y_{i+1})y = c_i,$$

将 $P(x_0, y_0)$ 代入, 求得

$$c_i = (x_i - x_{i+1})x_0 + (y_i - y_{i+1})y_0,$$

所以

$$(x_i - x_{i+1})x + (y_i - y_{i+1})y = (x_i - x_{i+1})x_0 + (y_i - y_{i+1})y_0. \tag{3.3.6}$$

式 (3.3.5) 和 (3.3.6) 联立, 由于

$$\Delta_i = \begin{vmatrix} y_i - y_{i+1} & x_{i+1} - x_i \\ x_i - x_{i+1} & y_i - y_{i+1} \end{vmatrix} = (x_i - x_{i+1})^2 + (y_i - y_{i+1})^2 = \mathrm{d}^2_{P_iP_{i+1}},$$

$$\Delta_{x_i} = \begin{vmatrix} x_{i+1}y_i - x_iy_{i+1} & x_{i+1} - x_i \\ (x_i - x_{i+1})x_0 + (y_i - y_{i+1})y_0 & y_i - y_{i+1} \end{vmatrix}$$

$$= (x_{i+1}y_i - x_iy_{i+1})(y_i - y_{i+1}) + (x_i - x_{i+1})^2 x_0 + (x_i - x_{i+1})(y_i - y_{i+1})y_0,$$

$$\Delta_{y_i} = \begin{vmatrix} y_i - y_{i+1} & x_{i+1}y_i - x_iy_{i+1} \\ x_i - x_{i+1} & (x_i - x_{i+1})x_0 + (y_i - y_{i+1})y_0 \end{vmatrix}$$

$$= (x_{i+1}y_i - x_iy_{i+1})(x_{i+1} - x_i) + (x_i - x_{i+1})(y_i - y_{i+1})x_0 + (y_i - y_{i+1})^2 y_0,$$

所以

$$x_{N_i} = \Delta_{x_i}/\mathrm{d}^2_{P_iP_{i+1}}, \quad y_{N_i} = \Delta_{y_i}/\mathrm{d}^2_{P_iP_{i+1}} \quad (i = 1, 2, \cdots, n).$$

于是由两点间的距离公式, 可得

$$\sum_{i=1}^{n} (\mathrm{d}^2_{P_iN_i} - \mathrm{d}^2_{N_iP_{i+1}})$$

$$= \sum_{i=1}^{n} \left[(x_{N_i} - x_i)^2 + (y_{N_i} - y_i)^2 - (x_{N_i} - x_{i+1})^2 - (y_{N_i} - y_{i+1})^2 \right]$$

$$= \sum_{i=1}^{n} \left[x_i^2 - 2x_ix_{N_i} + y_i^2 - 2y_iy_{N_i} + 2x_{i+1}x_{N_i} - x_{i+1}^2 + 2y_{i+1}y_{N_i} - y_{i+1}^2 \right]$$

$$= 2\sum_{i=1}^{n} \left[x_{N_i}(x_{i+1} - x_i) + y_{N_i}(y_{i+1} - y_i) \right]$$

$$= 2\sum_{i=1}^{n} \left\{ \left[(x_{i+1}y_i - x_iy_{i+1})(y_i - y_{i+1}) \right. \right.$$
$$\left. + (x_i - x_{i+1})^2 x_0 + (x_i - x_{i+1})(y_i - y_{i+1})y_0 \right] (x_{i+1} - x_i)$$
$$+ \left[(x_{i+1}y_i - x_iy_{i+1})(x_{i+1} - x_i) + (x_i - x_{i+1})(y_i - y_{i+1})x_0 \right.$$
$$\left. \left. + (y_i - y_{i+1})^2 y_0 \right] (y_{i+1} - y_i) \right\} / \mathrm{d}^2_{P_iP_{i+1}}$$

$$= 2\sum_{i=1}^{n} \left\{ x_0(x_{i+1} - x_i) \left[(x_{i+1} - x_i)^2 + (y_{i+1} - y_i)^2 \right] \right.$$
$$\left. + y_0(y_{i+1} - y_i) \left[(x_{i+1} - x_i)^2 + (y_{i+1} - y_i)^2 \right] \right\} / \mathrm{d}^2_{P_iP_{i+1}}$$

$$= 2\sum_{i=1}^{n} \left[x_0(x_{i+1} - x_i)\mathrm{d}^2_{P_iP_{i+1}} + y_0(y_{i+1} - y_i)\mathrm{d}^2_{P_iP_{i+1}} \right] \Big/ \mathrm{d}^2_{P_iP_{i+1}}$$

$$= 2x_0 \sum_{i=1}^{n} (x_{i+1} - x_i) + 2y_0 \sum_{i=1}^{n} (y_{i+1} - y_i)$$

$$= 0,$$

因此, 式 (3.3.4) 成立.

定理 3.3.4　设 N_i 是多角形 $P_1P_2\cdots P_n$ 的边 $P_iP_{i+1}(i = 1, 2, \cdots, n)$ 所在直线上的点, 则过 N_i 垂直于 $P_iP_{i+1}(i = 1, 2, \cdots, n)$ 的 n 条垂线共点的充分必要条件是

$$\sum_{i=1}^{n} (\mathrm{d}^2_{P_iN_i} - \mathrm{d}^2_{N_iP_{i+1}}) = 0. \tag{3.3.7}$$

证明 必要性即定理 3.3.3, 下面证明充分性. 如图 3.3.3 所示. 分别过 N_1, $N_2, \cdots, N_{n-1}$ 作边 $P_1P_2, P_2P_3, \cdots, P_{n-1}P_n$ 所在直线的垂线, 并设它们的交点为 G, 再作 $GN \perp P_nP_1$ 于 N, 则由必要性知

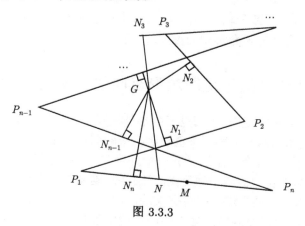

图 3.3.3

$$\mathrm{d}^2_{P_1N_1} - \mathrm{d}^2_{N_1P_2} + \mathrm{d}^2_{P_2N_2} - \mathrm{d}^2_{N_2P_3} + \cdots + \mathrm{d}^2_{P_{n-1}N_{n-1}} - \mathrm{d}^2_{N_{n-1}P_n} + \mathrm{d}^2_{P_nN} - \mathrm{d}^2_{NP_1} = 0. \quad (3.3.8)$$

又依题设式 (3.3.7) 成立, 于是式 (3.3.8)—(3.3.7), 并注意到距离的平方等于有向距离的平方, 得

$$\mathrm{D}^2_{P_nN} - \mathrm{D}^2_{NP_1} = \mathrm{D}^2_{P_nN_n} - \mathrm{D}^2_{N_nP_1},$$

即

$$(\mathrm{D}_{P_nN} + \mathrm{D}_{NP_1})(\mathrm{D}_{P_nN} - \mathrm{D}_{NP_1}) = (\mathrm{D}_{P_nN_n} + \mathrm{D}_{N_nP_1})(\mathrm{D}_{P_nN_n} - \mathrm{D}_{N_nP_1}).$$

由于 $\mathrm{D}_{P_nN} + \mathrm{D}_{NP_1} = \mathrm{D}_{P_nN_n} + \mathrm{D}_{N_nP_1} = \mathrm{D}_{P_nP_1}$, 所以

$$\mathrm{D}_{P_nN} - \mathrm{D}_{NP_1} = \mathrm{D}_{P_nN_n} - \mathrm{D}_{N_nP_1}.$$

设 P_nP_1 的中点为 M, 则

$$\mathrm{D}_{P_nN} - \mathrm{D}_{NP_1} = 2\mathrm{D}_{MN}, \quad \mathrm{D}_{P_nN_n} - \mathrm{D}_{N_nP_1} = 2\mathrm{D}_{MN_n},$$

所以 $\mathrm{D}_{MN} = \mathrm{D}_{MN_n}$, 故 N 与 N_n 重合. 从而过 N_i 垂直于 $P_iP_{i+1}(i = 1, 2, \cdots, n)$ 的 n 条垂线共点.

推论 3.3.2 设 N_i 是多角形 $P_1P_2 \cdots P_n$ 的边 $P_iP_{i+1}(i = 1, 2, \cdots, n)$ 上的点, 则过 N_i 垂直于 $P_iP_{i+1}(i = 1, 2, \cdots, n)$ 的 n 条垂线共点的充分必要条件是

$$\sum_{i=1}^{3} (\mathrm{d}^2_{P_iN_i} - \mathrm{d}^2_{N_iP_{i+1}}) = 0.$$

证明　在定理 3.3.4 中, 将 N_i 限制在多角形 $P_1P_2\cdots P_n$ 的边 $P_iP_{i+1}(i = 1, 2, \cdots, n)$ 上即得.

注 3.3.1　特别地, 当 $n = 3$ 时, 由定理 3.3.3 和定理 3.3.4 及其推论, 即得定理 3.3.1 和定理 3.3.2 及其推论. 因此, 定理 3.3.3 和定理 3.3.4 及其推论是定理 3.3.1 和定理 3.3.2 及其推论在 n 角形中的推广.

3.4　完全四边形的垂足四边形有向面积的定值定理与应用

三角形的 Simson 线定理, 说的是三角形外接圆上一点到三角形各边的垂足共线. 完全四边形是由两两相交的四条直线所构成的图形, 因此一个完全四边形中有四个不同的三角形, 而每个三角形又有一个外接圆. 如果这四个圆相交于一点, 那么这点到完全四边形各边的四个垂足就应该共线, 这就是完全四边形的 Simson 线定理. 本节用有向面积的方法来探讨有关的问题. 首先, 给出完全四边形的垂足四边形的概念; 其次, 给出垂足四边形有向面积的定值定理, 从而推出著名的完全四边形的 Simson 线定理.

3.4.1　完全四边形的垂足四边形的概念

定义 3.4.1　自完全四边形 $P_1P_2P_3P_4P_5P_6$ 所在平面上一点 P 向各边 P_1P_2, P_2P_3, P_3P_4, P_4P_1 引垂线, 垂足分别为 N_1, N_2, N_3, N_4, 则称由这四点所构成的四边形为该完全四边形关于 P 点的垂足四边形, 简称为完全四边形的垂足四边形 (图 3.4.1).

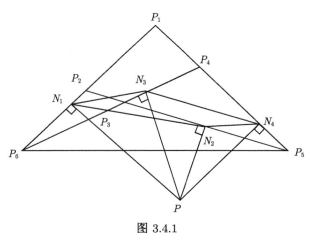

图 3.4.1

特别地, 当 N_1, N_2, N_3, N_4 共线时, 我们把这四点构成的线段看成是完全四边形的垂足四边形的特殊情形.

引理 3.4.1 完全四边形 $P_1P_2P_3P_4P_5P_6$ 的垂足四边形必为如下六种情况之二、之四或之六：

$$N_1N_2N_3N_4, \quad N_1N_2N_4N_3, \quad N_1N_3N_2N_4, \quad N_1N_3N_4N_2, \quad N_1N_4N_3N_2, \quad N_1N_4N_2N_3.$$

证明 如图 3.4.2—图 3.4.4 所示. 四垂足 N_1, N_2, N_3, N_4 首尾相连排列成一个封闭的图形, 有 $(4-1)! = 3! = 6$ 种情形：

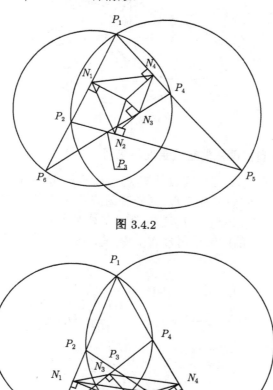

图 3.4.2

图 3.4.3

$$N_1N_2N_3N_4, \quad N_1N_2N_4N_3, \quad N_1N_3N_2N_4, \quad N_1N_3N_4N_2, \quad N_1N_4N_3N_2, \quad N_1N_4N_2N_3,$$

其中有一对、二对或三对情形为边不自交的四边形 (每对中一个为正向四边形, 另一个为反向四边形).

因此, 如上所定义的完全四边形的垂足四边形不是唯一的, 在不考虑绕向的情况下, 至少有一个, 至多有三个.

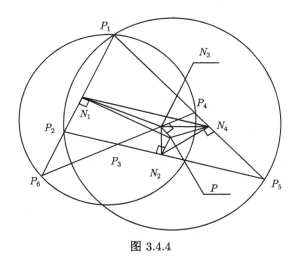

图 3.4.4

3.4.2　垂足四边形有向面积的定值定理与应用

定理 3.4.1　设 P 是完全四边形 $P_1P_2P_3P_4P_5P_6$ 所在平面上任意一点, 三角形 $P_1P_2P_5, P_1P_4P_6, P_2P_3P_6, P_3P_4P_5$ 的外接圆的半径分别为 R_1, R_2, R_3, R_4, P 到三角形 $P_1P_2P_5, P_1P_4P_6, P_2P_3P_6, P_3P_4P_5$ 圆心的距离分别为 r_1, r_2, r_3, r_4, P 到各边 $P_1P_2, P_2P_3, P_3P_4, P_4P_1$ 的射影分别为 N_1, N_2, N_3, N_4, 则在如下三个定值结论中, 至少有一个成立:

$$
\begin{aligned}
& \mathrm{D}_{N_1N_2N_3N_4}(-\mathrm{D}_{N_1N_4N_3N_2}) \\
&= \frac{R_1^2 - r_1^2}{4R_1^2}\mathrm{D}_{P_1P_2P_5} + \frac{R_4^2 - r_4^2}{4R_4^2}\mathrm{D}_{P_3P_4P_5} \\
&= \frac{R_3^2 - r_3^2}{4R_3^2}\mathrm{D}_{P_2P_3P_6} + \frac{R_2^2 - r_2^2}{4R_2^2}\mathrm{D}_{P_1P_4P_6},
\end{aligned}
\tag{3.4.1}
$$

或

$$
\begin{aligned}
& \mathrm{D}_{N_1N_2N_4N_3}(-\mathrm{D}_{N_1N_3N_4N_2}) \\
&= \frac{R_1^2 - r_1^2}{4R_1^2}\mathrm{D}_{P_1P_2P_5} + \frac{R_2^2 - r_2^2}{4R_2^2}\mathrm{D}_{P_1P_4P_6} \\
&= \frac{R_3^2 - r_3^2}{4R_3^2}\mathrm{D}_{P_2P_3P_6} + \frac{R_4^2 - r_4^2}{4R_4^2}\mathrm{D}_{P_3P_5P_4},
\end{aligned}
\tag{3.4.2}
$$

或

$$
\begin{aligned}
& \mathrm{D}_{N_1N_3N_2N_4}(-\mathrm{D}_{N_1N_4N_2N_3}) \\
&= \frac{R_1^2 - r_1^2}{4R_1^2}\mathrm{D}_{P_1P_2P_5} + \frac{R_3^2 - r_3^2}{4R_3^2}\mathrm{D}_{P_2P_6P_3}
\end{aligned}
$$

$$= \frac{R_2^2 - r_2^2}{4R_2^2} D_{P_1 P_6 P_4} + \frac{R_4^2 - r_4^2}{4R_4^2} D_{P_3 P_5 P_4}. \tag{3.4.3}$$

证明 如图 3.4.5 所示. 若 N_1, N_2, N_3, N_4 构成的四边形为 $N_1 N_2 N_3 N_4$. 由有向面积的可加性及定理 3.1.1 得

$$D_{N_1 N_2 N_3 N_4} = D_{N_1 N_2 N_4} + D_{N_2 N_3 N_4} = \frac{R_1^2 - r_1^2}{4R_1^2} D_{P_1 P_2 P_5} + \frac{R_4^2 - r_4^2}{4R_4^2} D_{P_3 P_4 P_5},$$

$$D_{N_1 N_2 N_3 N_4} = D_{N_1 N_2 N_3} + D_{N_1 N_3 N_4} = \frac{R_3^2 - r_3^2}{4R_3^2} D_{P_2 P_3 P_6} + \frac{R_2^2 - r_2^2}{4R_2^2} D_{P_1 P_4 P_6},$$

从而式 (3.4.1) 成立.

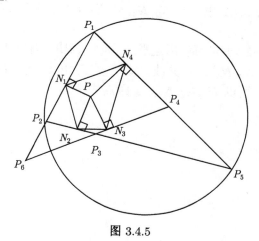

图 3.4.5

类似地可以证明式 (3.4.2) 和 (3.4.3) 成立.

引理 3.4.2 完全四边形 $P_1 P_2 P_3 P_4 P_5 P_6$ 中的四个三角形 $P_1 P_2 P_5, P_1 P_4 P_6, P_2 P_3 P_6, P_3 P_4 P_5$ 的外接圆相交于一点.

推论 3.4.1 设 $P_1 P_2 P_3 P_4 P_5 P_6$ 是完全四边形, P 是三角形 $P_1 P_2 P_5, P_1 P_4 P_6, P_2 P_3 P_6, P_3 P_4 P_5$ 的外接圆的交点, 则 P 到 $P_1 P_2, P_2 P_3, P_3 P_4, P_4 P_1$ 的射影 N_1, N_2, N_3, N_4 四点共线.

证明 如图 3.4.6 所示. 在式 (3.4.1)-(3.4.3) 中注意到

$$R_1 = r_1, \quad R_2 = r_2, \quad R_3 = r_3, \quad R_4 = r_4$$

即得.

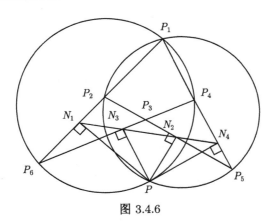

图 3.4.6

注 3.4.1　推论 3.4.1 中, N_1, N_2, N_3, N_4 四点所在的直线称为完全四边形的 Simson 线.

注 3.4.2　推论 3.4.1 也可以用定理 3.1.3(3) 证明: 因为 P 在三角形 $P_2P_3P_6$ 的外接圆上, 故 N_1, N_2, N_3 三点共线, 又 P 在三角形 $P_1P_2P_5$ 的外接圆上, 故 N_1, N_2, N_4 三点共线, 所以 N_1, N_2, N_3, N_4 四点共线.

第4章　圆锥曲线外切三角形中有向面积的定值定理与应用

4.1　Ceva 线三角形有向面积的定值定理与应用

Ceva 线定理是指三角形的三条 Ceva 线相交于一点, 其交点也叫做三角形的 Gergonne 点. 以有向面积的观点来看, 三角形的 Gergonne 点只是一种必然性中的偶然, 而且可以推广. 本节主要用有向面积定值法研究 Ceva 线三角形的有关问题. 首先, 给出内 (旁)Ceva 线和内 (旁)Ceva 线三角形的概念; 其次, 给出 Ceva 线三角形有向面积的定值定理, 并据此推出三角形的 Gergonne 点; 最后, 对 Ceva 线三角形有向面积的定值定理进行推广, 并据此推出两个三线共点的结论, 从而进一步揭示 Ceva 线定理的背景.

4.1.1　Ceva 线三角形的概念

定义 4.1.1　若三角形的三边都与一个圆相切, 则称该圆为三角形的内切圆; 若三角形的一边以及另两边的延长线都与一个圆相切, 则称该圆为三角形的旁切圆.

显然, 三角形的内切圆是唯一的, 三角形的旁切圆不唯一, 但三角形各边上的 (即与这边相切的) 旁切圆也是唯一的. 因此, 三角形有三个旁切圆.

定义 4.1.2　三角形的一个顶点与这个顶点的对边 (对边所在直线) 和三角形内 (旁) 切圆的切点之间的连线称为三角形的内 (旁)Ceva 线, 以三角形的一条内 (旁)Ceva 线为一边的任一三角形称为三角形的内 (旁)Ceva 线三角形.

为方便起见, 我们把包含一条内 (旁)Ceva 线的任一线段看成是内 (旁)Ceva 线三角形的特殊情形.

记 $\odot C(R)$ 是圆心为 $C(a, b)$, 半径为 R 的圆 $(x - a)^2 + (y - b)^2 = R^2$.

4.1.2　Ceva 线三角形有向面积的定值定理

定理 4.1.1 (喻德生, 2002, 2014)　设三角形 $Q_1Q_2Q_3$ 的内 (旁) 切圆为 $\odot C(R)$, $Q_iQ_{i+1}(Q_iQ_{i+1}$ 所在直线) 与 $\odot C(R)$ 的切点为 $P_i(a + R\cos\alpha_i, b + R\sin\alpha_i)(i =$

$1, 2, 3), P$ 为三角形 $Q_1 Q_2 Q_3$ 所在平面上任意一点, 则

$$\sum_{i=1}^{3} \sin(\alpha_{i+2} - \alpha_{i+1}) \mathrm{D}_{PP_i Q_{i+2}} = 0, \tag{4.1.1}$$

其中 $Q_{3+i} = Q_i, \alpha_{i+3} = \alpha_i$, 其余类同.

　　证明　　如图 4.1.1 和图 4.1.2 所示. 不妨设 $a = b = 0$, 于是由 $Q_{i+2} Q_i$ 和 $Q_i Q_{i+1}$ 的方程

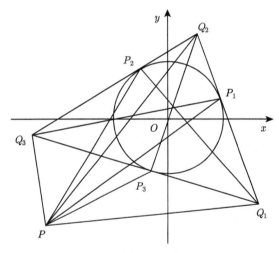

图 4.1.1

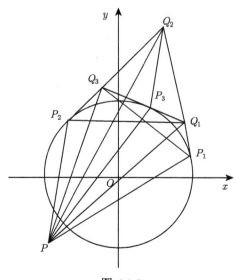

图 4.1.2

$$\cos\alpha_{i+2}\cdot x + \sin\alpha_{i+2}\cdot y = R \quad \text{和} \quad \cos\alpha_i\cdot x + \sin\alpha_i\cdot y = R$$

求得三角形顶点的坐标

$$Q_i\left(R\cos\frac{\alpha_i+\alpha_{i+2}}{2}\bigg/\cos\frac{\alpha_i-\alpha_{i+2}}{2},\ R\sin\frac{\alpha_i+\alpha_{i+2}}{2}\bigg/\cos\frac{\alpha_i-\alpha_{i+2}}{2}\right)\quad(i=1,2,3).$$

设三角形 $Q_1Q_2Q_3$ 所在平面上任意一点的坐标为 $P(r\cos\alpha, r\sin\alpha)$，则由三角形有向面积公式得

$$2\cos\frac{\alpha_{i+2}-\alpha_{i+1}}{2}\mathrm{D}_{PP_iQ_{i+2}}$$

$$=R(x\sin\alpha_i - y\cos\alpha_i)\cos\frac{\alpha_{i+2}-\alpha_{i+1}}{2} + R^2\left(\cos\alpha_i\sin\frac{\alpha_{i+2}+\alpha_{i+1}}{2}\right.$$

$$\left.-\sin\alpha_i\cos\frac{\alpha_{i+2}+\alpha_{i+1}}{2}\right) + R\left(y\cos\frac{\alpha_{i+2}+\alpha_{i+1}}{2} - x\sin\frac{\alpha_{i+2}+\alpha_{i+1}}{2}\right)$$

$$=Rx\left(\sin\alpha_i\cos\frac{\alpha_{i+2}-\alpha_{i+1}}{2} - \sin\frac{\alpha_{i+2}+\alpha_{i+1}}{2}\right)$$

$$+Ry\left(\cos\frac{\alpha_{i+2}+\alpha_{i+1}}{2} - \cos\alpha_i\cos\frac{\alpha_{i+2}-\alpha_{i+1}}{2}\right)$$

$$+R^2\sin\frac{\alpha_{i+2}+\alpha_{i+1}-2\alpha_i}{2}$$

$$=\frac{1}{2}Rx\left(\sin\frac{\alpha_{i+2}+2\alpha_i-\alpha_{i+1}}{2} + \sin\frac{\alpha_{i+1}+2\alpha_i-\alpha_{i+2}}{2} - 2\sin\frac{\alpha_{i+2}+\alpha_{i+1}}{2}\right)$$

$$+\frac{1}{2}Ry\left(2\cos\frac{\alpha_{i+2}+\alpha_{i+1}}{2} - \cos\frac{\alpha_{i+2}+2\alpha_i-\alpha_{i+1}}{2} - \cos\frac{\alpha_{i+1}+2\alpha_i-\alpha_{i+2}}{2}\right)$$

$$+R^2\sin\frac{\alpha_{i+2}+\alpha_{i+1}-2\alpha_i}{2}$$

$$=Rx\left(\cos\frac{\alpha_{i+2}+\alpha_i}{2}\sin\frac{\alpha_i-\alpha_{i+1}}{2} + \cos\frac{\alpha_i+\alpha_{i+1}}{2}\sin\frac{\alpha_i-\alpha_{i+2}}{2}\right)$$

$$+Ry\left(\sin\frac{\alpha_{i+2}+\alpha_i}{2}\sin\frac{\alpha_i-\alpha_{i+1}}{2} + \sin\frac{\alpha_i+\alpha_{i+1}}{2}\sin\frac{\alpha_i-\alpha_{i+2}}{2}\right)$$

$$+R^2\sin\frac{\alpha_{i+2}+\alpha_{i+1}-2\alpha_i}{2},$$

从而

$$\sum_{i=1}^{3}\sin(\alpha_{i+2}-\alpha_{i+1})\mathrm{D}_{PP_iQ_{i+2}}$$

$$=Rx\sum_{i=1}^{3}\left(\cos\frac{\alpha_{i+2}+\alpha_i}{2}\sin\frac{\alpha_i-\alpha_{i+1}}{2} + \cos\frac{\alpha_i+\alpha_{i+1}}{2}\sin\frac{\alpha_i-\alpha_{i+2}}{2}\right)$$

$$\times\sin\frac{\alpha_{i+2}-\alpha_{i+1}}{2}$$

$$+ Ry \sum_{i=1}^{3} \left(\sin \frac{\alpha_{i+2} + \alpha_i}{2} \sin \frac{\alpha_i - \alpha_{i+1}}{2} + \sin \frac{\alpha_i + \alpha_{i+1}}{2} \sin \frac{\alpha_i - \alpha_{i+2}}{2} \right)$$

$$\times \sin \frac{\alpha_{i+2} - \alpha_{i+1}}{2}$$

$$+ R^2 \sum_{i=1}^{3} \sin \frac{\alpha_{i+2} + \alpha_{i+1} - 2\alpha_i}{2} \sin \frac{\alpha_{i+2} - \alpha_{i+1}}{2}$$

$$= Rx \sum_{i=1}^{3} \left(\cos \frac{\alpha_{i+2} + \alpha_i}{2} \sin \frac{\alpha_i - \alpha_{i+1}}{2} \sin \frac{\alpha_{i+2} - \alpha_{i+1}}{2} \right.$$

$$\left. + \cos \frac{\alpha_i + \alpha_{i+1}}{2} \sin \frac{\alpha_i - \alpha_{i+2}}{2} \sin \frac{\alpha_{i+2} - \alpha_{i+1}}{2} \right)$$

$$+ Ry \sum_{i=1}^{3} \left(\sin \frac{\alpha_{i+2} + \alpha_i}{2} \sin \frac{\alpha_i - \alpha_{i+1}}{2} \sin \frac{\alpha_{i+2} - \alpha_{i+1}}{2} \right.$$

$$\left. + \sin \frac{\alpha_i + \alpha_{i+1}}{2} \sin \frac{\alpha_i - \alpha_{i+2}}{2} \sin \frac{\alpha_{i+2} - \alpha_{i+1}}{2} \right)$$

$$- \frac{1}{2} R^2 \sum_{i=1}^{3} \left[\cos(\alpha_{i+2} - \alpha_i) - \cos(\alpha_{i+1} - \alpha_i) \right]$$

$$= Rx \sum_{i=1}^{3} \left(\cos \frac{\alpha_i + \alpha_{i+1}}{2} \sin \frac{\alpha_{i+1} - \alpha_{i+2}}{2} \sin \frac{\alpha_i - \alpha_{i+2}}{2} \right.$$

$$\left. + \cos \frac{\alpha_i + \alpha_{i+1}}{2} \sin \frac{\alpha_i - \alpha_{i+2}}{2} \sin \frac{\alpha_{i+2} - \alpha_{i+1}}{2} \right)$$

$$+ Ry \sum_{i=1}^{3} \left(\sin \frac{\alpha_i + \alpha_{i+1}}{2} \sin \frac{\alpha_{i+1} - \alpha_{i+2}}{2} \sin \frac{\alpha_i - \alpha_{i+2}}{2} \right.$$

$$\left. + \sin \frac{\alpha_i + \alpha_{i+1}}{2} \sin \frac{\alpha_i - \alpha_{i+2}}{2} \sin \frac{\alpha_{i+2} - \alpha_{i+1}}{2} \right)$$

$$- \frac{1}{2} R^2 \sum_{i=1}^{3} \left[\cos(\alpha_i - \alpha_{i+1}) - \cos(\alpha_{i+1} - \alpha_i) \right]$$

$$= 0,$$

因此, 式 (4.1.1) 成立.

推论 4.1.1 设三角形 $Q_1Q_2Q_3$ 的内 (旁) 切圆为 $\odot C(R)$, $Q_iQ_{i+1}(Q_iQ_{i+1}$ 所在直线) 与 $\odot C(R)$ 的切点为 $P_i(a + R\cos\alpha_i, b + R\sin\alpha_i)(i = 1, 2, 3)$, 则 P 为 P_iQ_{i+2} 所在直线上任意一点的充分必要条件是

$$\sin(\alpha_i - \alpha_{i+2}) \mathrm{D}_{PP_{i+1}Q_i} + \sin(\alpha_{i+1} - \alpha_i) \mathrm{D}_{PP_{i+2}Q_{i+1}} = 0 \quad (i = 1, 2, 3). \tag{4.1.2}$$

证明 在式 (4.1.1) 中, 令 $\mathrm{D}_{PP_iQ_{i+2}} = 0$, 即得式 (4.1.2).

推论 4.1.2 设三角形 $Q_1Q_2Q_3$ 的内 (旁) 切圆为 $\odot C(R),Q_iQ_{i+1}(Q_iQ_{i+1}$ 所在直线) 与 $\odot C(R)$ 的切点为 $P_i(a+R\cos\alpha_i,b+R\sin\alpha_i)(i=1,2,3),P$ 为 P_iQ_{i+2} 所在直线上任意一点, 则

$$|\sin(\alpha_i-\alpha_{i+2})|\,\mathrm{a}_{PP_{i+1}Q_i}=|\sin(\alpha_{i+1}-\alpha_i)|\,\mathrm{a}_{PP_{i+2}Q_{i+1}} \quad (i=1,2,3). \qquad (4.1.3)$$

证明 式 (4.1.2) 移项后, 等式两边取绝对值即得式 (4.1.3).

推论 4.1.3 设三角形 $Q_1Q_2Q_3$ 的内 (旁) 切圆为 $\odot C,Q_iQ_{i+1}(Q_iQ_{i+1}$ 所在直线) 与 $\odot C$ 的切点为 $P_i(i=1,2,3),M_1,M_2$ 是 P_iQ_{i+2} 所在直线上任意两点, 则

$$\mathrm{a}_{M_1P_{i+1}Q_i}\cdot\mathrm{a}_{M_2P_{i+2}Q_{i+1}}=\mathrm{a}_{M_1P_{i+2}Q_{i+1}}\cdot\mathrm{a}_{M_2P_{i+1}Q_i} \quad (i=1,2,3). \qquad (4.1.4)$$

证明 不妨设 $\odot C$ 的方程及三角形 $Q_1Q_2Q_3$ 与 $\odot C$ 的切点的坐标均如定理 7.4.2, 对 M_1,M_2 分别利用式 (4.1.1) 得

$$|\sin(\alpha_i-\alpha_{i+2})|\,\mathrm{a}_{M_1P_{i+1}Q_i}=|\sin(\alpha_{i+1}-\alpha_i)|\,\mathrm{a}_{M_1P_{i+2}Q_{i+1}} \quad (i=1,2,3) \qquad (4.1.5)$$

和

$$|\sin(\alpha_i-\alpha_{i+2})|\,\mathrm{a}_{M_2P_{i+1}Q_i}=|\sin(\alpha_{i+1}-\alpha_i)|\,\mathrm{a}_{M_2P_{i+2}Q_{i+1}} \quad (i=1,2,3). \qquad (4.1.6)$$

又显然 $\sin(\alpha_{k+1}-\alpha_k)\neq 0(k=1,2,3)$, 故若 $\mathrm{a}_{M_2P_{i+1}Q_i}=\mathrm{a}_{M_2P_{i+2}Q_{i+1}}=0$, 式 (4.1.4) 显然成立; 若 $\mathrm{a}_{M_2P_{i+1}Q_i},\mathrm{a}_{M_2P_{i+2}Q_{i+1}}$ 均不为零, 式 (4.1.5)÷(4.1.6) 并化简, 即得式 (4.1.4).

推论 4.1.4 (Hoffmann, Gorjanc,2008) 三角形的三条内 Ceva 线相交于一点.

证明 如图 4.1.3 所示. 不妨设 $\odot C$ 的方程及三角形 $Q_1Q_2Q_3$ 与 $\odot C$ 的切点的坐标均如定理 4.1.1. 设 P_2Q_1,P_3Q_2 的交点为 G, 在式 (4.1.1) 中令 $\mathrm{D}_{GP_2Q_1}=\mathrm{D}_{GP_3Q_2}=0$, 并注意到 $\sin(\alpha_3-\alpha_2)\neq 0$, 得 $\mathrm{D}_{GP_1Q_3}=0$, 即 G 在 P_1Q_3 上, 从而 P_1Q_3,P_2Q_1,P_3Q_2 相交于 G 点.

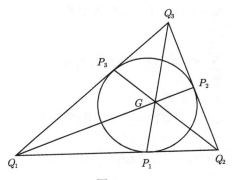

图 4.1.3

推论 4.1.5 (Hoffmann, Gorjanc,2008)　　三角形任一旁切圆的两条旁 Ceva 线及另一条内 Ceva 线的延长线相交于一点.

证明　如图 4.1.4 所示. 证法与推论 4.1.4 的证明类似, 从略.

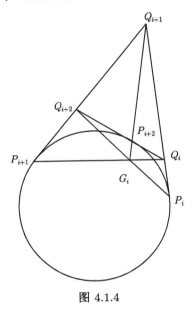

图 4.1.4

注 4.1.1　推论 4.1.4 和推论 4.1.5 可以看成是 Brianchon 定理在圆外切三角形中的情形, 其中的 Ceva 线的交点称为三角形的 Gergonne 点 (Gergonne points).

4.1.3　Ceva 线三角形有向面积的定值定理的推广

定理 4.1.2 (喻德生, 2014)　　设三角形 $Q_1Q_2Q_3$ 的内 (旁) 切圆为 $\odot C(R)$, $Q_iQ_{i+1}(Q_iQ_{i+1}$ 所在直线) 与 $\odot C(R)$ 的切点为 $P_i(a + R\cos\alpha_i, b + R\sin\alpha_i)$, 射线 CP_i 与 $\odot C(R')$ 的交点为 $P_i'(i = 1, 2, 3)$, P 为三角形 $Q_1Q_2Q_3$ 所在平面上任意一点, 则

$$\sum_{i=1}^{3} \sin(\alpha_{i+2} - \alpha_{i+1})\mathrm{D}_{PP_i'Q_{i+2}} = 0, \tag{4.1.7}$$

其中 $Q_{3+i} = Q_i, \alpha_{i+3} = \alpha_i$, 其余类同.

证明　如图 4.1.5 所示. 不妨设 $a = b = 0$, 注意到圆 $\odot C(R')$ 与射线 CP_i 交点的坐标为

$$P_i'(R'\cos\alpha_i, R'\sin\alpha_i) \quad (i = 1, 2, 3),$$

在定理 4.1.1 的证明中将 R 换成 R' 即得式 (4.1.7).

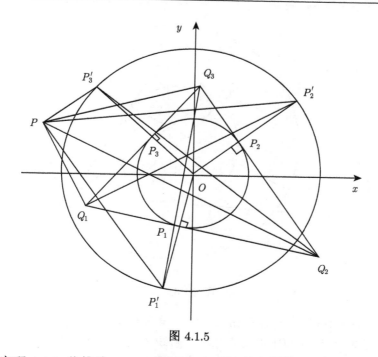

图 4.1.5

根据定理 4.1.2, 仿推论 4.1.1—推论 4.1.5 的证明, 可得如下推论:

推论 4.1.6 设三角形 $Q_1Q_2Q_3$ 的内 (旁) 切圆为 $\odot C(R), Q_iQ_{i+1}(Q_iQ_{i+1}$ 所在直线) 与 $\odot C(R)$ 的切点为 P_i, 射线 CP_i 与 $\odot C(R')$ 的交点为 $P_i'(i = 1, 2, 3)$, 则 P 为 P_iQ_{i+2} 所在直线上任意一点的充分必要条件是

$$\sin(\alpha_i - \alpha_{i+2})\mathrm{D}_{PP_{i+1}'Q_i} + \sin(\alpha_{i+1} - \alpha_i)\mathrm{D}_{PP_{i+2}'Q_{i+1}} = 0 \quad (i = 1, 2, 3).$$

推论 4.1.7 设三角形 $Q_1Q_2Q_3$ 的内 (旁) 切圆为 $\odot C(R), Q_iQ_{i+1}(Q_iQ_{i+1}$ 所在直线) 与 $\odot C(R)$ 的切点为 P_i, 射线 CP_i 与 $\odot C(R')$ 的交点为 $P_i'(i = 1, 2, 3)$, P 为 P_iQ_{i+2} 所在直线上任意一点, 则

$$|\sin(\alpha_i - \alpha_{i+2})|\,\mathrm{a}_{PP_{i+1}'Q_i} = |\sin(\alpha_{i+1} - \alpha_i)|\,\mathrm{a}_{PP_{i+2}'Q_{i+1}} \quad (i = 1, 2, 3).$$

推论 4.1.8 设三角形 $Q_1Q_2Q_3$ 的内 (旁) 切圆为 $\odot C(R), Q_iQ_{i+1}(Q_iQ_{i+1}$ 所在直线) 与 $\odot C(R)$ 的切点为 $P_i(i = 1, 2, 3)$, 射线 CP_i 与 $\odot C(R')$ 的交点为 $P_i'(i = 1, 2, 3), M_1, M_2$ 是 $P_i'Q_{i+2}$ 所在直线上任意两点, 则

$$\mathrm{a}_{M_1P_{i+1}Q_i} \cdot \mathrm{a}_{M_2P_{i+2}Q_{i+1}} = \mathrm{a}_{M_1P_{i+2}Q_{i+1}} \cdot \mathrm{a}_{M_2P_{i+1}Q_i} \quad (i = 1, 2, 3).$$

推论 4.1.9 (Hoffmann, Gorjanc,2008) 设三角形 $Q_1Q_2Q_3$ 的内切圆为 $\odot C(R)$, Q_iQ_{i+1} 与 $\odot C(R)$ 的切点为 $P_i(i = 1, 2, 3)$, 射线 CP_i 与 $\odot C(R')$ 的交点为 $P_i'(i = 1, 2, 3)$, 则线段 $P_1'Q_3, P_2'Q_1, P_3'Q_2$ 相交于一点 (图 4.1.6).

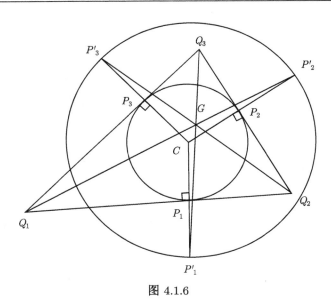

图 4.1.6

推论 4.1.10 (Hoffmann, Gorjanc, 2008)　　设三角形 $Q_1Q_2Q_3$ 的旁切圆为 $\odot C(R)$, Q_iQ_{i+1} 所在直线与 $\odot C(R)$ 的切点为 P_i, 射线 CP_i 与 $\odot C(R')$ 的交点为 $P_i'(i = 1, 2, 3)$, 则 $P_1'Q_3, P_2'Q_1, P_3'Q_2$ 所在的三条直线相交于一点.

4.2　顶切点线三角形中有向面积的定值定理与应用

本节主要研究顶切点线三角形有向面积的定值问题. 首先, 给出圆锥曲线、圆锥曲线外切三角形、圆锥曲线外切三角形的顶切点线和顶切点线三角形的概念; 其次, 分别给出椭圆类二次曲线、双曲类二次曲线和抛物类二次曲线外切三角形中顶切点线三角形有向面积的定值定理; 最后, 给出统一的圆锥曲线外切三角形中顶切点线三角形有向面积的定值定理, 并讨论定值定理的一些应用.

4.2.1　圆锥曲线与圆锥曲线外切三角形的概念

圆锥曲线又称二次曲线, 是椭圆、双曲线和抛物线的统称, 因为椭圆、双曲线和抛物线都可以作为圆锥面与平面相截所得出的曲线.

用不通过锥面顶点的平面去截圆锥面, 研究它们的交线. 可以证明, 若平面仅和锥面的一腔相交, 而不和母线平行, 则截线为椭圆 (图 4.2.1); 若平面仅和锥面的一腔相交且平行于圆锥的底面, 则截线为圆; 若平面仅和锥面的一腔相交且平行于锥面的一条母线, 则截线为抛物线; 若平面和锥面的两腔都相交, 则截线为双曲线 (图 4.2.2).

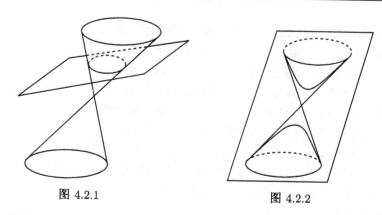

图 4.2.1　　　　　　　　　　图 4.2.2

圆锥曲线也可以看成是动点 P 到一个定点 F 与一条定直线 l 的距离之比等于常数 e 的点的轨迹 (图 4.2.3), 其中 F 称为焦点, l 称为准线, e 称为离心率.

当 $0 < e < 1$ 时, 动点的轨迹为椭圆; 当 $e = 1$ 时, 动点的轨迹为抛物线; 当 $e > 1$ 时, 动点的轨迹为双曲线; 当 $e = 0$ 时, 即准线 l 为无穷远直线时, 动点的轨迹为圆.

如图 4.2.4 所示. 取焦点 F 为极点 O, 过 F 且垂直于 l 的直线为极轴, 从 l 到 F 的方向为极轴的正向, F 到垂直于极轴的直线与 l 的交点之间的距离为 d, 并记 $a = ed$, 那么圆锥曲线的极坐标方程为

$$L: \quad \rho = \frac{a}{1 - e\cos\theta}. \tag{4.2.1}$$

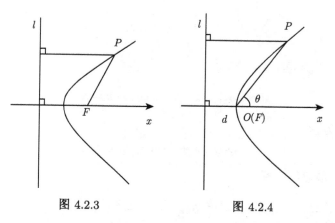

图 4.2.3　　　　　　　　　　图 4.2.4

定义 4.2.1　　若三角形的各边或边的延长线都和某圆锥曲线相切, 则称该三角形为圆锥曲线的外切三角形.

根据圆锥曲线的分类, 圆锥曲线外切三角形包括圆外切三角形、椭圆外切三角形、双曲线外切三角形和抛物线外切三角形.

若圆 (椭圆) 位于外切三角形的内部, 则称该圆 (椭圆) 为三角形的内切圆 (椭圆); 若圆锥曲线位于外切三角形的外部, 则称该圆锥曲线为三角形的旁切圆锥曲线. 三角形的旁切圆锥曲线包括旁切圆、旁切椭圆、旁切双曲线和旁切抛物线.

显然, 三角形的内切圆以及三角形各边上的旁切圆是唯一的, 但三角形内切椭圆和三角形各边上的旁切椭圆、旁切双曲线和旁切抛物线都不唯一.

定义 4.2.2　设 $Q_1Q_2Q_3$ 是圆锥曲线外切三角形, Q_iQ_{i+1} 所在直线与圆锥曲线的切点为 $P_i(i=1,2,3)$, 则称三角形顶点 Q_{i+2} 与其相对的切点 P_i 之间的连线 $P_iQ_{i+2}(i=1,2,3)$ 为 $Q_1Q_2Q_3$ 的顶切点线, 以三角形 $Q_1Q_2Q_3$ 所在平面上任意一点 P 为一个顶点, $P_iQ_{i+2}(i=1,2,3)$ 为一边的三角形 $PP_iQ_{i+2}(i=1,2,3)$ 为 $Q_1Q_2Q_3$ 的顶切点线三角形.

特别地, 圆的顶切点线即所谓的 "Ceva 线", 圆的顶切点线三角形即 "Ceva 线三角形". 因此, 对特定的三角形来说, 圆的顶切点线是确定的, 但椭圆、双曲线和抛物线的顶切点线是不确定的, 因为它随椭圆或双曲线或抛物线的不同而不同. 因此, 在本节的讨论中, 我们都使用 "三角形是某二次曲线的外切三角形" 的术语, 这与上节的说法正好相反.

4.2.2　各类圆锥曲线外切三角形中有向面积的定值定理

定理 4.2.1 (喻德生, 2002)　设 $Q_1Q_2Q_3$ 是椭圆 $x^2/a^2 + y^2/b^2 = 1$ 的外切三角形, Q_iQ_{i+1} 所在直线与椭圆的切点为 $P_i(a\cos\alpha_i, b\sin\alpha_i)(i=1,2,3)$, P 是椭圆所在平面上任意一点, 则

$$\sum_{i=1}^{3}\sin(\alpha_{i+2}-\alpha_{i+1})\mathrm{D}_{PP_iQ_{i+2}} = 0. \tag{4.2.2}$$

证明　由切线 $Q_{i+2}Q_i$ 的方程

$$b\cos\alpha_{i+2}\cdot x + a\sin\alpha_{i+2}\cdot y = ab$$

和 Q_iQ_{i+1} 的方程

$$b\cos\alpha_i\cdot x + a\sin\alpha_i\cdot y = ab$$

求得 $Q_1Q_2Q_3$ 顶点的坐标

$$Q_i\left(a\cos\frac{\alpha_i+\alpha_{i+2}}{2}\Big/\cos\frac{\alpha_i-\alpha_{i+2}}{2}, b\sin\frac{\alpha_i+\alpha_{i+2}}{2}\Big/\cos\frac{\alpha_i-\alpha_{i+2}}{2}\right) \quad (i=1,2,3).$$

设椭圆所在平面上任意一点的坐标为 $P(ar\cos\alpha, br\sin\alpha)(r\geqslant 0)$, 则由三角形有向面积公式得

$$2\cos\frac{\alpha_{i+2}-\alpha_{i+1}}{2}\mathrm{D}_{PP_iQ_{i+2}}$$

$$=abr\left(\cos\alpha\sin\alpha_i-\sin\alpha\cos\alpha_i\right)\cos\frac{\alpha_{i+2}-\alpha_{i+1}}{2}$$

$$+ab\left(\cos\alpha_i\sin\frac{\alpha_{i+2}+\alpha_{i+1}}{2}-\sin\alpha_i\cos\frac{\alpha_{i+2}+\alpha_{i+1}}{2}\right)$$

$$+abr\left(\cos\frac{\alpha_{i+2}+\alpha_{i+1}}{2}\sin\alpha-\sin\frac{\alpha_{i+2}+\alpha_{i+1}}{2}\cos\alpha\right)$$

$$=abr\left(\cos\frac{\alpha_i+\alpha_{i+2}-2\alpha}{2}\sin\frac{\alpha_i-\alpha_{i+1}}{2}+\cos\frac{\alpha_i+\alpha_{i+1}-2\alpha}{2}\sin\frac{\alpha_i-\alpha_{i+2}}{2}\right)$$

$$+ab\left(\sin\frac{\alpha_{i+2}-\alpha_i}{2}\cos\frac{\alpha_{i+1}-\alpha_i}{2}+\cos\frac{\alpha_{i+2}-\alpha_i}{2}\sin\frac{\alpha_{i+1}-\alpha_i}{2}\right),$$

于是

$$\sum_{i=1}^{3}\sin(\alpha_{i+2}-\alpha_{i+1})\mathrm{D}_{PP_iQ_{i+2}}$$

$$=\frac{1}{2}abr\sum_{i=1}^{3}\sin(\alpha_i-\alpha)\sin(\alpha_{i+2}-\alpha_{i+1})$$

$$+ab\sum_{i=1}^{3}\sin\frac{\alpha_{i+2}+\alpha_{i+1}-2\alpha_i}{2}\sin\frac{\alpha_{i+2}-\alpha_{i+1}}{2}$$

$$-abr\sum_{i=1}^{3}\sin\frac{\alpha_{i+2}+\alpha_{i+1}-2\alpha}{2}\sin\frac{\alpha_{i+2}-\alpha_{i+1}}{2}$$

$$=-\frac{1}{4}Rr\sum_{i=1}^{3}\left[\cos(\alpha_{i+2}+\alpha_i-\alpha_{i+1}-\alpha)-\cos(\alpha_i+\alpha_{i+1}-\alpha_{i+2}-\alpha)\right]$$

$$-\frac{1}{2}R^2\sum_{i=1}^{3}\left[\cos(\alpha_{i+1}-\alpha_i)-\cos(\alpha_{i+2}-\alpha_i)\right]$$

$$+\frac{1}{2}Rr\sum_{i=1}^{3}\left[\cos(\alpha_{i+2}-\alpha)-\cos(\alpha_{i+1}-\alpha)\right]$$

$$=-\frac{1}{4}Rr\sum_{i=1}^{3}\left[\cos(\alpha_i+\alpha_{i+1}-\alpha_{i+2}-\alpha)-\cos(\alpha_i+\alpha_{i+1}-\alpha_{i+2}-\alpha)\right]$$

$$-\frac{1}{2}R^2\sum_{i=1}^{3}\left[\cos(\alpha_{i+1}-\alpha_i)-\cos(\alpha_i-\alpha_{i+1})\right]$$

$$+\frac{1}{2}Rr\sum_{i=1}^{3}\left[\cos(\alpha_{i+1}-\alpha)-\cos(\alpha_{i+1}-\alpha)\right]$$

$$=0,$$

因此, 式 (4.2.2) 成立.

注 4.2.1 特别地, 当 $a = b$, 即椭圆 $x^2/a^2 + y^2/b^2 = 1$ 为圆 $x^2 + y^2 = a^2$ 时, 即得定理 4.1.1, 因为此时 "圆外切三角形" 与 "三角形的内切圆或三角形的旁切圆" 是同一的.

仿推论 4.1.1 和推论 4.1.2 证明, 可得如下推论

推论 4.2.1 设 $Q_1Q_2Q_3$ 是椭圆 $x^2/a^2 + y^2/b^2 = 1$ 的外切三角形, Q_iQ_{i+1} 所在直线与椭圆的切点为 $P_i(a\cos\alpha_i, b\sin\alpha_i)(i = 1, 2, 3)$, 则 P 是 P_iQ_{i+2} 所在直线上任意一点的充分必要条件是

$$\sin(\alpha_i - \alpha_{i+2})D_{PP_{i+1}Q_i} + \sin(\alpha_{i+1} - \alpha_i)D_{PP_{i+2}Q_{i+1}} = 0.$$

推论 4.2.2 设 $Q_1Q_2Q_3$ 是椭圆 $x^2/a^2 + y^2/b^2 = 1$ 的外切三角形, Q_iQ_{i+1} 所在直线与椭圆的切点为 $P_i(a\cos\alpha_i, b\sin\alpha_i)(i = 1, 2, 3)$. 若 P 是 P_iQ_{i+2} 所在直线上任意一点, 则

$$|\sin(\alpha_i - \alpha_{i+2})|\, a_{PP_{i+1}Q_i} = |\sin(\alpha_{i+1} - \alpha_i)|\, a_{PP_{i+2}Q_{i+1}} \quad (i = 1, 2, 3).$$

定理 4.2.2 (喻德生, 2003) 设 $Q_1Q_2Q_3$ 是双曲线 $x^2/a^2 - y^2/b^2 = 1$ 的外切三角形, Q_iQ_{i+1} 所在直线与双曲线的切点为 $P_i(a\sec\alpha_i, b\tan\alpha_i)(i = 1, 2, 3)$, P 是双曲线所在平面上任意一点, 则

$$\sum_{i=1}^{3} \cos\alpha_i(\sin\alpha_{i+1} - \sin\alpha_{i+2})D_{PP_iQ_{i+2}} = 0. \tag{4.2.3}$$

证明 由切线 $Q_{i+2}Q_i$ 的方程

$$bx - a\sin\alpha_{i+2} \cdot y = ab\cos\alpha_{i+2}$$

和 Q_iQ_{i+1} 的方程

$$bx - a\sin\alpha_i \cdot y = ab\cos\alpha_i,$$

求得 $Q_1Q_2Q_3$ 顶点的坐标

$$Q_i\left(a\cos\frac{\alpha_{i+2} - \alpha_i}{2}\middle/\cos\frac{\alpha_i + \alpha_{i+2}}{2}, b\sin\frac{\alpha_i + \alpha_{i+2}}{2}\middle/\cos\frac{\alpha_i + \alpha_{i+2}}{2}\right) \quad (i = 1, 2, 3).$$

设双曲线所在平面上任意一点的坐标为 $P(ar\cos\alpha, br\sin\alpha)\,(r \geqslant 0)$, 则由三角形有向面积公式得

$$2\cos\alpha_i\cos\frac{\alpha_{i+2} + \alpha_{i+1}}{2}D_{PP_iQ_{i+2}}$$

$$= abr\,(\cos\alpha\sin\alpha_i - \sin\alpha)\cos\frac{\alpha_{i+1} + \alpha_{i+2}}{2}$$

$$+ ab \left(\sin \frac{\alpha_{i+1} + \alpha_{i+2}}{2} - \sin \alpha_i \cos \frac{\alpha_{i+1} - \alpha_{i+2}}{2} \right)$$

$$+ abr \left(\cos \frac{\alpha_{i+1} - \alpha_{i+2}}{2} \sin \alpha - \sin \frac{\alpha_{i+1} + \alpha_{i+2}}{2} \cos \alpha \right) \cos \alpha_i$$

$$= abr \cos \alpha \left(\sin \alpha_i \cos \frac{\alpha_{i+1} + \alpha_{i+2}}{2} - \cos \alpha_i \sin \frac{\alpha_{i+1} + \alpha_{i+2}}{2} \right)$$

$$+ abr \sin \alpha \left(\cos \alpha_i \cos \frac{\alpha_{i+1} - \alpha_{i+2}}{2} - \cos \frac{\alpha_{i+1} + \alpha_{i+2}}{2} \right)$$

$$+ ab \left(\sin \frac{\alpha_{i+1} + \alpha_{i+2}}{2} - \cos \frac{\alpha_{i+1} - \alpha_{i+2}}{2} \sin \alpha_i \right)$$

$$= abr \cos \alpha \sin \frac{2\alpha_i - \alpha_{i+1} - \alpha_{i+2}}{2} + \frac{1}{2} abr \sin \alpha \left(\cos \frac{2\alpha_i + \alpha_{i+1} - \alpha_{i+2}}{2} \right.$$

$$\left. + \cos \frac{2\alpha_i + \alpha_{i+2} - \alpha_{i+1}}{2} - 2 \cos \frac{\alpha_{i+1} + \alpha_{i+2}}{2} \right) + \frac{1}{2} ab \left(2 \sin \frac{\alpha_{i+1} + \alpha_{i+2}}{2} \right.$$

$$\left. - \sin \frac{2\alpha_i + \alpha_{i+1} - \alpha_{i+2}}{2} - \sin \frac{2\alpha_i + \alpha_{i+2} - \alpha_{i+1}}{2} \right)$$

$$= abr \cos \alpha \left(\sin \frac{\alpha_i - \alpha_{i+1}}{2} \cos \frac{\alpha_i - \alpha_{i+2}}{2} + \cos \frac{\alpha_i - \alpha_{i+1}}{2} \sin \frac{\alpha_i - \alpha_{i+2}}{2} \right)$$

$$- abr \sin \alpha \left(\sin \frac{\alpha_i + \alpha_{i+1}}{2} \sin \frac{\alpha_i - \alpha_{i+2}}{2} + \sin \frac{\alpha_i - \alpha_{i+1}}{2} \sin \frac{\alpha_i + \alpha_{i+2}}{2} \right)$$

$$+ ab \left(\cos \frac{\alpha_i + \alpha_{i+1}}{2} \sin \frac{\alpha_{i+2} - \alpha_i}{2} + \cos \frac{\alpha_i + \alpha_{i+2}}{2} \sin \frac{\alpha_{i+1} - \alpha_i}{2} \right),$$

$$\sum_{i=1}^{3} \cos \alpha_i (\sin \alpha_{i+1} - \sin \alpha_{i+2}) D_{PP_i Q_{i+2}}$$

$$= 2 \sum_{i=1}^{3} \cos \alpha_i \sin \frac{\alpha_{i+1} - \alpha_{i+2}}{2} \cos \frac{\alpha_{i+2} + \alpha_{i+1}}{2} D_{PP_i Q_{i+2}}$$

$$= abr \cos \alpha \sum_{i=1}^{3} \left(\sin \frac{\alpha_i - \alpha_{i+1}}{2} \cos \frac{\alpha_i - \alpha_{i+2}}{2} \right.$$

$$\left. + \cos \frac{\alpha_i - \alpha_{i+1}}{2} \sin \frac{\alpha_i - \alpha_{i+2}}{2} \right) \sin \frac{\alpha_{i+1} - \alpha_{i+2}}{2}$$

$$- abr \sin \alpha \sum_{i=1}^{3} \left(\sin \frac{\alpha_i + \alpha_{i+1}}{2} \sin \frac{\alpha_i - \alpha_{i+2}}{2} \right.$$

$$\left. + \sin \frac{\alpha_i - \alpha_{i+1}}{2} \sin \frac{\alpha_i + \alpha_{i+2}}{2} \right) \sin \frac{\alpha_{i+1} - \alpha_{i+2}}{2}$$

$$+ ab \sum_{i=1}^{3} \left(\cos \frac{\alpha_i + \alpha_{i+1}}{2} \sin \frac{\alpha_{i+2} - \alpha_i}{2} \right.$$

$$+ \cos \frac{\alpha_i + \alpha_{i+2}}{2} \sin \frac{\alpha_{i+1} - \alpha_i}{2} \Bigg) \sin \frac{\alpha_{i+1} - \alpha_{i+2}}{2}$$

$$= abr \cos \alpha \sum_{i=1}^{3} \Bigg(\sin \frac{\alpha_i - \alpha_{i+1}}{2} \cos \frac{\alpha_i - \alpha_{i+2}}{2} \sin \frac{\alpha_{i+1} - \alpha_{i+2}}{2}$$

$$+ \cos \frac{\alpha_i - \alpha_{i+1}}{2} \sin \frac{\alpha_i - \alpha_{i+2}}{2} \sin \frac{\alpha_{i+1} - \alpha_{i+2}}{2} \Bigg)$$

$$- abr \sin \alpha \sum_{i=1}^{3} \Bigg(\sin \frac{\alpha_i + \alpha_{i+1}}{2} \sin \frac{\alpha_i - \alpha_{i+2}}{2} \sin \frac{\alpha_{i+1} - \alpha_{i+2}}{2}$$

$$+ \sin \frac{\alpha_i - \alpha_{i+1}}{2} \sin \frac{\alpha_i + \alpha_{i+2}}{2} \sin \frac{\alpha_{i+1} - \alpha_{i+2}}{2} \Bigg)$$

$$+ ab \sum_{i=1}^{3} \Bigg(\cos \frac{\alpha_i + \alpha_{i+1}}{2} \sin \frac{\alpha_{i+2} - \alpha_i}{2} \sin \frac{\alpha_{i+1} - \alpha_{i+2}}{2}$$

$$+ \cos \frac{\alpha_i + \alpha_{i+2}}{2} \sin \frac{\alpha_{i+1} - \alpha_i}{2} \sin \frac{\alpha_{i+1} - \alpha_{i+2}}{2} \Bigg)$$

$$= abr \cos \alpha \sum_{i=1}^{3} \Bigg(\sin \frac{\alpha_{i+1} - \alpha_{i+2}}{2} \cos \frac{\alpha_{i+1} - \alpha_i}{2} \sin \frac{\alpha_{i+2} - \alpha_i}{2}$$

$$+ \cos \frac{\alpha_i - \alpha_{i+1}}{2} \sin \frac{\alpha_i - \alpha_{i+2}}{2} \sin \frac{\alpha_{i+1} - \alpha_{i+2}}{2} \Bigg)$$

$$- abr \sin \alpha \sum_{i=1}^{3} \Bigg(\sin \frac{\alpha_{i+2} + \alpha_i}{2} \sin \frac{\alpha_{i+2} - \alpha_{i+1}}{2} \sin \frac{\alpha_i - \alpha_{i+1}}{2}$$

$$+ \sin \frac{\alpha_i - \alpha_{i+1}}{2} \sin \frac{\alpha_i + \alpha_{i+2}}{2} \sin \frac{\alpha_{i+1} - \alpha_{i+2}}{2} \Bigg)$$

$$+ ab \sum_{i=1}^{3} \Bigg(\cos \frac{\alpha_{i+2} + \alpha_i}{2} \sin \frac{\alpha_{i+1} - \alpha_{i+2}}{2} \sin \frac{\alpha_i - \alpha_{i+1}}{2}$$

$$+ \cos \frac{\alpha_i + \alpha_{i+2}}{2} \sin \frac{\alpha_{i+1} - \alpha_i}{2} \sin \frac{\alpha_{i+1} - \alpha_{i+2}}{2} \Bigg)$$

$$= 0,$$

从而式 (4.2.3) 成立.

仿推论 4.1.1 和推论 4.1.2 证明, 可得

推论 4.2.3　设 $Q_1 Q_2 Q_3$ 是椭圆 $x^2/a^2 - y^2/b^2 = 1$ 的外切三角形, $Q_i Q_{i+1}$ 所在直线与椭圆的切点为 $P_i(a \sec \alpha_i, b \tan \alpha_i)(i = 1, 2, 3)$, 则 P 是 $P_i Q_{i+2}$ 所在直线上任意一点的充分必要条件是

$$\cos \alpha_{i+1} (\sin \alpha_{i+2} - \sin \alpha_i) \mathrm{D}_{PP_{i+1}Q_i} + \cos \alpha_{i+2} (\sin \alpha_i - \sin \alpha_{i+1}) \mathrm{D}_{PP_{i+2}Q_{i+1}} = 0,$$

其中 $i = 1, 2, 3$.

推论 4.2.4 设 $Q_1Q_2Q_3$ 是椭圆 $x^2/a^2 - y^2/b^2 = 1$ 的外切三角形, Q_iQ_{i+1} 所在直线与椭圆的切点为 $P_i(a\sec\alpha_i, b\tan\alpha_i)(i = 1, 2, 3)$. 若 P 是 P_iQ_{i+2} 所在直线上任意一点, 则

$$|\cos\alpha_{i+1}(\sin\alpha_{i+2} - \sin\alpha_i)|\,\mathrm{a}_{PP_{i+1}Q_i} = |\cos\alpha_{i+2}(\sin\alpha_i - \sin\alpha_{i+1})|\,\mathrm{a}_{PP_{i+2}Q_{i+1}} = 0,$$

其中 $r = 1, 2, 3$.

定理 4.2.3 (喻德生, 2006) 设 $Q_1Q_2Q_3$ 是抛物线 $x^2 = 2py$ 的外切三角形, Q_iQ_{i+1} 所在直线与抛物线的切点为 $P_k(2pt_k, 2pt_k^2)(k = 1, 2, 3)$, P 是抛物线所在平面上任意一点, 则

$$\sum_{i=1}^{3}(t_{i+2} - t_{i+1})D_{PP_iQ_{i+2}} = 0. \tag{4.2.4}$$

证明 由切线 $Q_{i+2}Q_i$ 的方程为

$$2pt_{i+2}x = 2p \cdot \frac{y + 2pt_{i+2}^2}{2},$$

即

$$y - 2t_{i+2}x = -2pt_{k+2}^2; \tag{4.2.5}$$

同理可得切线 Q_iQ_{i+1} 的方程

$$y - 2t_ix = -2pt_i^2. \tag{4.2.6}$$

式 (4.2.5) 和 (4.2.6) 联立, 求得 $Q_1Q_2Q_3$ 顶点的坐标

$$Q_i(p(t_i + t_{i+2}), 2pt_it_{i+2}) \quad (i = 1, 2, 3).$$

设抛物线所在平面上任意一点的坐标为 $P(x, y)$, 则由三角形有向面积公式得

$$2\mathrm{D}_{PP_iQ_{i+2}}$$
$$=2p(t_i^2x - t_iy) + 2p^2\left[2t_it_{i+1}t_{i+2} - t_i^2(t_{i+1} + t_{i+2})\right]$$
$$\quad + p\left[(t_{i+1} + t_{i+2})y - 2t_{i+1}t_{i+2}x\right]$$
$$=2px[t_i(t_i - t_{i+2}) + t_{i+2}(t_i - t_{i+1})] - py[(t_i - t_{i+2}) + (t_i - t_{i+1})]$$
$$\quad - 2p^2[t_it_{i+1}(t_i - t_{i+2}) + t_it_{i+2}(t_i - t_{i+1})],$$
$$\sum_{i=1}^{3}(t_{i+2} - t_{i+1})D_{PP_iQ_{i+2}}$$
$$=2px\sum_{i=1}^{3}(t_{i+2} - t_{i+1})[t_i(t_i - t_{i+2}) + t_{i+2}(t_i - t_{i+1})]$$

$$- py \sum_{i=1}^{3} (t_{i+2} - t_{i+1})[(t_i - t_{i+2}) + (t_i - t_{i+1})]$$

$$- 2p^2 \sum_{i=1}^{3} (t_{i+2} - t_{i+1})[t_i t_{i+1}(t_i - t_{i+2}) + t_i t_{i+2}(t_i - t_{i+1})]$$

$$= 2px \sum_{i=1}^{3} [t_i(t_{i+2} - t_{i+1})(t_i - t_{i+2}) + t_{i+2}(t_{i+2} - t_{i+1})(t_i - t_{i+1})]$$

$$- py \sum_{i=1}^{3} [(t_{i+2} - t_{i+1})(t_i - t_{i+2}) + (t_{i+2} - t_{i+1})(t_i - t_{i+1})]$$

$$- 2p^2 \sum_{i=1}^{3} [t_i t_{i+1}(t_{i+2} - t_{i+1})(t_i - t_{i+2}) + t_i t_{i+2}(t_{i+2} - t_{i+1})(t_i - t_{i+1})]$$

$$= 2px \sum_{i=1}^{3} [t_i(t_{i+2} - t_{i+1})(t_i - t_{i+2}) + t_i(t_i - t_{i+2})(t_{i+1} - t_{i+2})]$$

$$- px \sum_{i=1}^{3} [(t_{i+1} - t_i)(t_{i+2} - t_{i+1}) + (t_{i+2} - t_{i+1})(t_i - t_{i+1})]$$

$$- 2p^2 \sum_{i=1}^{3} [t_i t_{i+1}(t_{i+2} - t_{i+1})(t_i - t_{i+2}) + t_{i+1} t_i(t_i - t_{i+2})(t_{i+1} - t_{i+2})]$$

$$= 0.$$

因此, 式 (4.2.4) 成立.

仿推论 4.1.1 和推论 4.1.2 证明, 可得

推论 4.2.5 设 $Q_1 Q_2 Q_3$ 是抛物线 $x^2 = 2py$ 的外切三角形, $Q_i Q_{i+1}$ 所在直线与抛物线的切点为 $P_k(2pt_k, 2pt_k^2)(k = 1, 2, 3)$, 则 P 是 $P_i Q_{i+2}$ 所在直线上任意一点的充分必要条件是

$$(t_i - t_{i+2})D_{PP_{i+1}Q_i} + (t_{i+1} - t_i)D_{PP_{i+2}Q_{i+1}} = 0.$$

推论 4.2.6 设 $Q_1 Q_2 Q_3$ 是抛物线 $x^2 = 2py$ 的外切三角形, $Q_i Q_{i+1}$ 所在直线与抛物线的切点为 $P_k(2pt_k, 2pt_k^2)(k = 1, 2, 3)$. 若 P 是 $P_i Q_{i+2}$ 所在直线上任意一点, 则

$$|t_i - t_{i+2}| a_{PP_{i+1}Q_i} = |t_{i+1} - t_i| a_{PP_{i+2}Q_{i+1}} \quad (i = 1, 2, 3).$$

4.2.3 圆锥曲线外切三角形中有向面积的定值定理与应用

定理 4.2.4 (喻德生, 2014) 设 $Q_1 Q_2 Q_3$ 是式 (4.2.1) 所表示的圆锥曲线 L 的外切三角形, $Q_k Q_{k+1}$ 所在直线与圆锥曲线 L 的切点为 $P_k \left(\dfrac{a \cos \theta_k}{1 - e \cos \theta_k}, \dfrac{a \sin \theta_k}{1 - e \cos \theta_k} \right)$

$(k = 1, 2, 3), P$ 是圆锥曲线所在平面上任意一点, 则

$$\sum_{i=1}^{3} (1 - e\cos\theta_i)(\delta_{i+1,i+2} - e\delta'_{i+1,i+2})\sin\frac{\theta_{i+1} - \theta_{i+2}}{2} \mathrm{D}_{PP_iQ_{i+2}} = 0, \tag{4.2.7}$$

其中 $\delta_{i,j} = \cos\dfrac{\alpha_i - \alpha_j}{2}, \delta'_{i,j} = \cos\dfrac{\alpha_i + \alpha_j}{2}, \alpha_{i+3} = \alpha_i.$

证明 因为圆锥曲线的参数方程为

$$L: x = \frac{a\cos\theta}{1 - e\cos\theta}, y = \frac{a\sin\theta}{1 - e\cos\theta},$$

所以

$$y'_x = \frac{\mathrm{d}}{\mathrm{d}\theta}\left(\frac{\sin\theta}{1 - e\cos\theta}\right) \bigg/ \frac{\mathrm{d}}{\mathrm{d}\theta}\left(\frac{\cos\theta}{1 - e\cos\theta}\right) = \frac{e - \cos\theta}{\sin\theta}.$$

于是由直线 $Q_{i+2}Q_i$ 的斜率

$$k_{Q_{i+2}Q_i} = \frac{e - \cos\theta_{i+2}}{\sin\theta_{i+2}}$$

求得 $Q_{i+2}Q_i$ 的直线方程

$$(\cos\theta_{i+2} - e)x + \sin\theta_{i+2} \cdot y = a, \tag{4.2.8}$$

同理 Q_iQ_{i+1} 的直线方程为

$$(\cos\theta_i - e)x + \sin\theta_i \cdot y = a. \tag{4.2.9}$$

式 (4.2.8) 和 (4.2.9) 联立, 求得 $Q_1Q_2Q_3$ 顶点的坐标[①]

$$Q_i\left(\frac{a}{\delta_{i,i+2} - e\delta'_{i,i+2}}\cos\frac{\theta_{i+2} + \theta_i}{2}, \frac{a}{\delta_{i,i+2} - e\delta'_{i,i+2}}\sin\frac{\theta_{i+2} + \theta_i}{2}\right) \quad (i = 1, 2, 3).$$

设圆锥曲线所在平面任意一点的坐标为 $P(r\cos\theta, r\sin\theta)(r \geqslant 0)$, 则由三角形有向面积公式得

$$2(1 - e\cos\theta_i)(\delta_{i+1,i+2} - e\delta'_{i+1,i+2})\mathrm{D}_{PP_iQ_{i+2}}$$

$$= ar(\cos\theta\sin\theta_i - \cos\theta_i\sin\theta)\left(\cos\frac{\theta_{i+1} - \theta_{i+2}}{2} - e\cos\frac{\theta_{i+1} + \theta_{i+2}}{2}\right)$$

$$+ a^2\left(\cos\theta_i\sin\frac{\theta_{i+1} + \theta_{i+2}}{2} - \sin\theta_i\cos\frac{\theta_{i+1} + \theta_{i+2}}{2}\right)$$

$$+ ar\left(\cos\frac{\theta_{i+1} + \theta_{i+2}}{2}\sin\theta - \cos\theta\sin\frac{\theta_{i+1} + \theta_{i+2}}{2}\right)(1 - e\cos\theta_i)$$

[①]当 $\theta = 0, \pi$ 时, y'_x 不存在, 但方程 (4.2.8) 和 (4.2.9) 仍成立.

$$=ar\left(\sin(\theta_i-\theta)\cos\frac{\theta_{i+1}-\theta_{i+2}}{2}-\sin\frac{\theta_{i+1}+\theta_{i+2}-2\theta}{2}\right)$$

$$+a^2\sin\frac{\theta_{i+1}+\theta_{i+2}-2\theta_i}{2}$$

$$+are\left(\sin\frac{\theta_{i+1}+\theta_{i+2}-2\theta}{2}\cos\theta_i-\sin(\theta_i-\theta)\cos\frac{\theta_{i+1}+\theta_{i+2}}{2}\right)$$

$$=\frac{1}{2}ar\left(\sin\frac{2\theta_i+\theta_{i+1}-\theta_{i+2}-2\theta}{2}+\sin\frac{2\theta_i+\theta_{i+2}-\theta_{i+1}-2\theta}{2}\right.$$

$$\left.-2\sin\frac{\theta_{i+1}+\theta_{i+2}-2\theta}{2}\right)+a^2\sin\frac{\theta_{i+1}+\theta_{i+2}-2\theta_i}{2}$$

$$+\frac{1}{2}are\left(\sin\frac{\theta_{i+1}+\theta_{i+2}+2\theta_i-2\theta}{2}+\sin\frac{\theta_{i+1}+\theta_{i+2}-2\theta_i-2\theta}{2}\right)$$

$$-\frac{1}{2}are\left(\sin\frac{\theta_{i+1}+\theta_{i+2}+2\theta_i-2\theta}{2}+\sin\frac{2\theta_i-\theta_{i+1}-\theta_{i+2}-2\theta}{2}\right)$$

$$=ar\left(\cos\frac{\theta_i+\theta_{i+1}-2\theta}{2}\sin\frac{\theta_i-\theta_{i+2}}{2}+\cos\frac{\theta_i+\theta_{i+2}-2\theta}{2}\sin\frac{\theta_i-\theta_{i+1}}{2}\right)$$

$$+are\cos\theta\sin\frac{\theta_{i+1}+\theta_{i+2}-2\theta_i}{2}+a^2\sin\frac{\theta_{i+1}+\theta_{i+2}-2\theta_i}{2}$$

$$=ar\left(\cos\frac{\theta_i+\theta_{i+1}-2\theta}{2}\sin\frac{\theta_i-\theta_{i+2}}{2}+\cos\frac{\theta_i+\theta_{i+2}-2\theta}{2}\sin\frac{\theta_i-\theta_{i+1}}{2}\right)$$

$$-(are\cos\theta+a^2)\left(\sin\frac{\theta_i-\theta_{i+1}}{2}\cos\frac{\theta_i-\theta_{i+2}}{2}+\cos\frac{\theta_i-\theta_{i+1}}{2}\sin\frac{\theta_i-\theta_{i+2}}{2}\right),$$

$$2\sum_{i=1}^{3}(1-e\cos\theta_i)(\delta_{i+1,i+2}-e\delta'_{i+1,i+2})\sin\frac{\theta_{i+1}-\theta_{i+2}}{2}\mathrm{D}_{PP_iQ_{i+2}}$$

$$=ar\sum_{i=1}^{3}\left(\cos\frac{\theta_i+\theta_{i+1}-2\theta}{2}\sin\frac{\theta_i-\theta_{i+2}}{2}\right.$$

$$\left.+\cos\frac{\theta_i+\theta_{i+2}-2\theta}{2}\sin\frac{\theta_i-\theta_{i+1}}{2}\right)\sin\frac{\theta_{i+1}-\theta_{i+2}}{2}$$

$$-(are\cos\theta+a^2)\sum_{i=1}^{3}\left(\sin\frac{\theta_i-\theta_{i+1}}{2}\cos\frac{\theta_i-\theta_{i+2}}{2}\right.$$

$$\left.+\cos\frac{\theta_i-\theta_{i+1}}{2}\sin\frac{\theta_i-\theta_{i+2}}{2}\right)\sin\frac{\theta_{i+1}-\theta_{i+2}}{2}$$

$$=ar\sum_{i=1}^{3}\left(\cos\frac{\theta_i+\theta_{i+1}-2\theta}{2}\sin\frac{\theta_i-\theta_{i+2}}{2}\sin\frac{\theta_{i+1}-\theta_{i+2}}{2}\right.$$

$$\left.+\cos\frac{\theta_i+\theta_{i+2}-2\theta}{2}\sin\frac{\theta_i-\theta_{i+1}}{2}\sin\frac{\theta_{i+1}-\theta_{i+2}}{2}\right)$$

$$- (are\cos\theta + a^2) \sum_{i=1}^{3} \left(\sin\frac{\theta_i - \theta_{i+1}}{2} \cos\frac{\theta_i - \theta_{i+2}}{2} \sin\frac{\theta_{i+1} - \theta_{i+2}}{2} \right.$$

$$\left. + \cos\frac{\theta_i - \theta_{i+1}}{2} \sin\frac{\theta_i - \theta_{i+2}}{2} \sin\frac{\theta_{i+1} - \theta_{i+2}}{2} \right)$$

$$= ar \sum_{i=1}^{3} \left(\cos\frac{\theta_{i+2} + \theta_i - 2\theta}{2} \sin\frac{\theta_{i+2} - \theta_{i+1}}{2} \sin\frac{\theta_i - \theta_{i+1}}{2} \right.$$

$$\left. + \cos\frac{\theta_i + \theta_{i+2} - 2\theta}{2} \sin\frac{\theta_i - \theta_{i+1}}{2} \sin\frac{\theta_{i+1} - \theta_{i+2}}{2} \right)$$

$$- (are\cos\theta + a^2) \sum_{i=1}^{3} \left(\sin\frac{\theta_{i+1} - \theta_{i+2}}{2} \cos\frac{\theta_{i+1} - \theta_i}{2} \sin\frac{\theta_{i+2} - \theta_i}{2} \right.$$

$$\left. + \cos\frac{\theta_i - \theta_{i+1}}{2} \sin\frac{\theta_i - \theta_{i+2}}{2} \sin\frac{\theta_{i+1} - \theta_{i+2}}{2} \right)$$

$$= 0,$$

从而式 (4.2.7) 成立.

注意到圆锥曲线都可以化为式 (4.2.1) 的形式, 由定理 4.2.4, 仿推论 4.1.3—推论 4.1.5 证明, 可得如下的结论.

定理 4.2.5 设 $Q_1Q_2Q_3$ 是圆锥曲线的外切三角形, Q_iQ_{i+1} 所在直线与圆锥曲线的切点为 $P_i(i = 1, 2, 3)$, M_1, M_2 是 P_iQ_{i+2} 所在直线上任意两点, 则

$$a_{M_1P_{i+1}Q_i} \cdot a_{M_2P_{i+2}Q_{i+1}} = a_{M_1P_{i+2}Q_{i+1}} \cdot a_{M_2P_{i+1}Q_1} \quad (i = 1, 2, 3).$$

定理 4.2.6 设 $Q_1Q_2Q_3$ 是圆锥曲线的外切三角形, Q_iQ_{i+1} 所在直线与圆锥曲线的切点为 $P_i(i = 1, 2, 3)$, 则顶切线 P_1Q_3, P_2Q_1, P_3Q_2 所在的三条直线相交于一点.

特别地, 当 $e = 0$ 时, 即得三角形的三条内 Ceva 线 (三角形任一旁切圆的两条旁 Ceva 线及另一条内 Ceva 线的延长线) 均相交于一点.

4.3 圆锥曲线外切三角形中两个结论的推广与证明

本节主要用有向面积法讨论圆锥曲线外切三角形中两个结论的推广与证明. 首先, 给出椭圆外切三角形中有向面积的两个关系式, 从而得到一道数学竞赛题的推广; 其次, 给出三角循环式的一个引理, 并根据该引理和三角形有向面积公式, 给出著名的 Lemoine 线定理的证明, 并把 Lemoine 线定理推广到圆锥曲线内接三角形的情形. 通过该定理的证明, 不仅可以发现三角循环式优美的对称性, 而且可以揭示 Lemoine 线定理的深刻背景.

4.3.1　椭圆外切三角形中一个结论的推广与证明

定理 4.3.1 (喻德生, 2014)　设 $Q_1Q_2Q_3$ 是椭圆 $x^2/a^2+y^2/b^2=1$ 的外切三角形, $Q_iQ_{i+1}(Q_iQ_{i+1}$ 所在直线) 与椭圆的切点为 $P_i(a\cos\alpha_i, b\sin\alpha_i)(i=1,2,3)$, M_i, N_{i+1} 分别是 $Q_iP_{i+1}, Q_{i+1}Q_{i+2}$ 的分点, 且 $D_{Q_iM_i}/D_{M_iP_{i+1}} = D_{Q_{i+1}N_{i+1}}/D_{N_{i+1}Q_{i+2}} = \lambda$, O 是椭圆的中心, 则

$$D_{OM_iN_{i+1}} = c_1\left[(\lambda+2)\sin(\alpha_{i+2}-\alpha_{i+1}) + \lambda\sin(\alpha_i-\alpha_{i+1}) + \lambda\sin(\alpha_{i+2}-\alpha_i)\right],$$
$$(4.3.1)$$

其中 $i=1,2,3$; $c_1 = ab(\lambda-1)/8(1+\lambda)^2\cos\dfrac{\alpha_2-\alpha_1}{2}\cos\dfrac{\alpha_3-\alpha_2}{2}\cos\dfrac{\alpha_1-\alpha_3}{2}$.

证明　显然, 椭圆中心的坐标为 $O(0,0)$. 又由与定理 4.1.1 证明类似的方法, 可得 $Q_iP_{i+1}, Q_{i+1}Q_{i+2}$ 分点的坐标

$$M_i\left(\frac{a}{1+\lambda}\left(\frac{\cos\dfrac{\alpha_i+\alpha_{i+2}}{2}}{\cos\dfrac{\alpha_i-\alpha_{i+2}}{2}} + \lambda\cos\alpha_{i+1}\right),\right.$$

$$\frac{b}{1+\lambda}\left(\frac{\sin\dfrac{\alpha_i+\alpha_{i+2}}{2}}{\cos\dfrac{\alpha_i-\alpha_{i+2}}{2}} + \lambda\sin\alpha_{i+1}\right)\bigg),$$

$$N_{i+1}\left(\frac{a}{1+\lambda}\left(\frac{\cos\dfrac{\alpha_{i+1}+\alpha_i}{2}}{\cos\dfrac{\alpha_{i+1}-\alpha_i}{2}} + \lambda\frac{\cos\dfrac{\alpha_{i+2}+\alpha_{i+1}}{2}}{\cos\dfrac{\alpha_{i+2}-\alpha_{i+1}}{2}}\right),\right.$$

$$\frac{b}{1+\lambda}\left(\frac{\sin\dfrac{\alpha_{i+1}+\alpha_i}{2}}{\cos\dfrac{\alpha_{i+1}-\alpha_i}{2}} + \lambda\frac{\sin\dfrac{\alpha_{i+2}+\alpha_{i+1}}{2}}{\cos\dfrac{\alpha_{i+2}-\alpha_{i+1}}{2}}\right)\bigg).$$

故由三角形面积公式, 得

$$8(1+\lambda)^2\cos\frac{\alpha_2-\alpha_1}{2}\cos\frac{\alpha_3-\alpha_2}{2}\cos\frac{\alpha_1-\alpha_3}{2}D_{OM_iN_{i+1}}$$

$$=8(1+\lambda)^2\cos\frac{\alpha_{i+1}-\alpha_i}{2}\cos\frac{\alpha_{i+2}-\alpha_{i+1}}{2}\cos\frac{\alpha_i-\alpha_{i+2}}{2}D_{OM_iN_{i+1}}$$

$$=4ab\left|\begin{array}{cc} \cos\dfrac{\alpha_i+\alpha_{i+2}}{2}+\lambda\cos\alpha_{i+1}\cos\dfrac{\alpha_i-\alpha_{i+2}}{2} & \sin\dfrac{\alpha_i+\alpha_{i+2}}{2}+\lambda\sin\alpha_{i+1}\cos\dfrac{\alpha_i-\alpha_{i+2}}{2} \\ \cos\dfrac{\alpha_{i+1}+\alpha_i}{2}\cos\dfrac{\alpha_{i+2}-\alpha_{i+1}}{2} & \sin\dfrac{\alpha_{i+1}+\alpha_i}{2}\cos\dfrac{\alpha_{i+2}-\alpha_{i+1}}{2} \\ +\lambda\cos\dfrac{\alpha_{i+2}+\alpha_{i+1}}{2}\cos\dfrac{\alpha_{i+1}-\alpha_i}{2} & +\lambda\sin\dfrac{\alpha_{i+2}+\alpha_{i+1}}{2}\cos\dfrac{\alpha_{i+1}-\alpha_i}{2} \end{array}\right|$$

$$=ab\left|\begin{array}{cc} 2\cos\dfrac{\alpha_i+\alpha_{i+2}}{2}+\lambda\cos\dfrac{2\alpha_{i+1}+\alpha_i-\alpha_{i+2}}{2} & 2\sin\dfrac{\alpha_i+\alpha_{i+2}}{2}+\lambda\sin\dfrac{2\alpha_{i+1}+\alpha_i-\alpha_{i+2}}{2} \\ +\lambda\cos\dfrac{2\alpha_{i+1}+\alpha_{i+2}-\alpha_i}{2} & +\lambda\sin\dfrac{2\alpha_{i+1}+\alpha_{i+2}-\alpha_i}{2} \\ \cos\dfrac{\alpha_{i+2}+\alpha_i}{2}+\cos\dfrac{2\alpha_{i+1}+\alpha_i-\alpha_{i+2}}{2} & \sin\dfrac{\alpha_{i+2}+\alpha_i}{2}+\sin\dfrac{2\alpha_{i+1}+\alpha_i-\alpha_{i+2}}{2} \\ +\lambda\cos\dfrac{2\alpha_{i+1}+\alpha_{i+2}-\alpha_i}{2}+\lambda\cos\dfrac{\alpha_{i+2}+\alpha_i}{2} & +\lambda\sin\dfrac{2\alpha_{i+1}+\alpha_{i+2}-\alpha_i}{2}+\lambda\sin\dfrac{\alpha_{i+2}+\alpha_i}{2} \end{array}\right|$$

$$
=ab\begin{vmatrix} 2\cos\dfrac{\alpha_i+\alpha_{i+2}}{2}+\lambda\cos\dfrac{2\alpha_{i+1}+\alpha_i-\alpha_{i+2}}{2} & 2\sin\dfrac{\alpha_i+\alpha_{i+2}}{2}+\lambda\sin\dfrac{2\alpha_{i+1}+\alpha_i-\alpha_{i+2}}{2} \\ \quad+\lambda\cos\dfrac{2\alpha_{i+1}+\alpha_{i+2}-\alpha_i}{2} & \quad+\lambda\sin\dfrac{2\alpha_{i+1}+\alpha_{i+2}-\alpha_i}{2} \\ \cos\dfrac{\alpha_{i+2}+\alpha_i}{2}+\cos\dfrac{2\alpha_{i+1}+\alpha_i-\alpha_{i+2}}{2} & \sin\dfrac{\alpha_{i+2}+\alpha_i}{2}+\sin\dfrac{2\alpha_{i+1}+\alpha_i-\alpha_{i+2}}{2} \\ \quad+\lambda\cos\dfrac{2\alpha_{i+1}+\alpha_{i+2}-\alpha_i}{2}+\lambda\cos\dfrac{\alpha_{i+2}+\alpha_i}{2} & \quad+\lambda\sin\dfrac{2\alpha_{i+1}+\alpha_{i+2}-\alpha_i}{2}+\lambda\sin\dfrac{\alpha_{i+2}+\alpha_i}{2} \end{vmatrix}
$$

$$
=ab(\lambda-1)\begin{vmatrix} 2\cos\dfrac{\alpha_i+\alpha_{i+2}}{2}+\lambda\cos\dfrac{2\alpha_{i+1}+\alpha_i-\alpha_{i+2}}{2} & 2\sin\dfrac{\alpha_i+\alpha_{i+2}}{2}+\lambda\sin\dfrac{2\alpha_{i+1}+\alpha_i-\alpha_{i+2}}{2} \\ \quad+\lambda\cos\dfrac{2\alpha_{i+1}+\alpha_{i+2}-\alpha_i}{2} & \quad+\lambda\sin\dfrac{2\alpha_{i+1}+\alpha_{i+2}-\alpha_i}{2} \\ \cos\dfrac{\alpha_{i+2}+\alpha_i}{2}-\cos\dfrac{2\alpha_{i+1}+\alpha_i-\alpha_{i+2}}{2} & \sin\dfrac{\alpha_{i+2}+\alpha_i}{2}-\sin\dfrac{2\alpha_{i+1}+\alpha_i-\alpha_{i+2}}{2} \end{vmatrix}
$$

$$
=ab(\lambda-1)\begin{vmatrix} (\lambda+2)\cos\dfrac{\alpha_i+\alpha_{i+2}}{2} & (\lambda+2)\sin\dfrac{\alpha_i+\alpha_{i+2}}{2} \\ \quad+\lambda\cos\dfrac{2\alpha_{i+1}+\alpha_{i+2}-\alpha_i}{2} & \quad+\lambda\sin\dfrac{2\alpha_{i+1}+\alpha_{i+2}-\alpha_i}{2} \\ \cos\dfrac{\alpha_{i+2}+\alpha_i}{2}-\cos\dfrac{2\alpha_{i+1}+\alpha_i-\alpha_{i+2}}{2} & \sin\dfrac{\alpha_{i+2}+\alpha_i}{2}-\sin\dfrac{2\alpha_{i+1}+\alpha_i-\alpha_{i+2}}{2} \end{vmatrix}
$$

$$
=ab(\lambda-1)\left[(\lambda+2)\sin(\alpha_{i+2}-\alpha_{i+1})+\lambda\sin(\alpha_i-\alpha_{i+1})+\lambda\sin(\alpha_{i+2}-\alpha_i)\right].
$$

因此式 (4.3.1) 成立.

推论 4.3.1 设三角形 $Q_1Q_2Q_3$ 是椭圆外切三角形, O 是椭圆的中心, Q_iQ_{i+1} (Q_iQ_{i+1} 所在直线) 与椭圆的切点为 $P_i(i=1,2,3)$, M_i, N_{i+1} 分别是 $Q_iP_{i+1}, Q_{i+1}Q_{i+2}$ 的分点, 则 O 与 M_i, N_{i+1} 三点共线的充分必要条件是分别 M_i, N_{i+1} 是 $Q_iP_{i+1}, Q_{i+1}Q_{i+2}$ 的中点.

证明 不妨设三角形 $Q_1Q_2Q_3$ 是椭圆 $x^2/a^2+y^2/b^2=1$ 的外切三角形, 由式 (4.3.1) 可知 O 与 M_i, N_{i+1} 三点共线 $\Leftrightarrow \mathrm{D}_{OM_iN_{i+1}}=0 \Leftrightarrow \lambda=1 \Leftrightarrow M_i, N_{i+1}$ 是 $Q_iP_{i+1}, Q_{i+1}Q_{i+2}$ 的中点.

注 4.3.1 特别地, 当三角形 $Q_1Q_2Q_3$ 是圆外切三角形时, 推论 4.3.1 的必要条件即为 1997 年英国数学奥林匹克竞赛题.

定理 4.3.2(喻德生, 2014) 设 $Q_1Q_2Q_3$ 是椭圆 $x^2/a^2+y^2/b^2=1$ 外切三角形, $Q_iQ_{i+1}(Q_iQ_{i+1}$ 所在直线) 与椭圆的切点为 $P_i(a\cos\alpha_i, b\sin\alpha_i)(i=1,2,3)$, M_i, N_{i+1} 分别是 $Q_iP_{i+1}, Q_{i+1}Q_{i+2}$ 的分点, 且 $\mathrm{D}_{Q_iM_i}/\mathrm{D}_{M_iP_{i+1}}=\mathrm{D}_{Q_{i+1}N_{i+1}}/\mathrm{D}_{N_{i+1}Q_{i+2}}=\lambda(i=1,2,3)$, O 是椭圆的中心, 则

$$
\sum_{i=1}^{3}\mathrm{D}_{OM_iN_{i+1}}=c_2\mathrm{D}_{P_1P_2P_3}, \tag{4.3.2}
$$

其中 $c_2=(\lambda-1)(\lambda-2)/4(1+\lambda)^2\cos\dfrac{\alpha_2-\alpha_1}{2}\cos\dfrac{\alpha_3-\alpha_2}{2}\cos\dfrac{\alpha_1-\alpha_3}{2}$.

证明 根据定理 4.3.1, 可得

$$
8(1+\lambda)^2\cos\dfrac{\alpha_2-\alpha_1}{2}\cos\dfrac{\alpha_3-\alpha_2}{2}\cos\dfrac{\alpha_1-\alpha_3}{2}\sum_{i=1}^{3}\mathrm{D}_{OM_iN_{i+1}}
$$

$$=ab(\lambda-1)\sum_{i=1}^{3}[(\lambda+2)\sin(\alpha_{i+2}-\alpha_{i+1})+\lambda\sin(\alpha_i-\alpha_{i+1})+\lambda\sin(\alpha_{i+2}-\alpha_i)]$$

$$=ab(\lambda-1)\sum_{i=1}^{3}[(\lambda+2)\sin(\alpha_{i+1}-\alpha_i)+\lambda\sin(\alpha_i-\alpha_{i+1})+\lambda\sin(\alpha_i-\alpha_{i+1})]$$

$$=ab(\lambda-1)(2-\lambda)\sum_{i=1}^{3}\sin(\alpha_{i+1}-\alpha_i)=2(\lambda-1)(2-\lambda)\mathrm{D}_{P_1P_2P_3},$$

从而式 (4.3.2) 成立.

推论 4.3.2　设三角形 $Q_1Q_2Q_3$ 是椭圆外切三角形, O 是椭圆的中心, Q_iQ_{i+1} (Q_iQ_{i+1} 所在直线) 与椭圆的切点为 $P_i(i=1,2,3)$, M_i, N_{i+1} 分别是 $Q_iP_{i+1}, Q_{i+1}Q_{i+2}$ 的分点, 且 $\mathrm{D}_{Q_iM_i}/\mathrm{D}_{M_iP_{i+1}}=\mathrm{D}_{Q_{i+1}N_{i+1}}/\mathrm{D}_{N_{i+1}Q_{i+2}}=2$, 则

$$\sum_{i=1}^{3}\mathrm{D}_{OM_iN_{i+1}}=0. \tag{4.3.3}$$

证明　不妨设三角形 $Q_1Q_2Q_3$ 是椭圆 $x^2/a^2+y^2/b^2=1$ 的外切三角形, 则在式 (4.3.2) 中令 $\lambda=2$, 即得式 (4.3.3).

推论 4.3.3　设三角形 $Q_1Q_2Q_3$ 是椭圆外切三角形, O 是椭圆的中心, Q_iQ_{i+1} (Q_iQ_{i+1} 所在直线) 与椭圆的切点为 $P_i(i=1,2,3)$, M_i, N_{i+1} 分别是 $Q_iP_{i+1}, Q_{i+1}Q_{i+2}$ 的分点, 且 $\mathrm{D}_{Q_iM_i}/\mathrm{D}_{M_iP_{i+1}}=\mathrm{D}_{Q_{i+1}N_{i+1}}/\mathrm{D}_{N_{i+1}Q_{i+2}}=2$, 则在三角形 OM_1N_2, OM_2 N_3, OM_3N_1 中, 其中一个较大的三角形的面积等于另两个较小的三角形面积的和.

证明　由式 (4.3.3) 即得.

4.3.2　Lemoine 线定理的证明

引理 4.3.1　设 $\pi_i(\theta)=\sin\dfrac{3\theta_i+\theta_{i+2}}{2}\cos\dfrac{\theta_{i+2}-\theta_{i+1}}{2}-\sin\dfrac{3\theta_{i+1}+\theta_{i+2}}{2}$ $\times\cos\dfrac{\theta_i-\theta_{i+2}}{2}+\sin\dfrac{\theta_{i+1}-\theta_i}{2}+\sin(\theta_{i+1}-\theta_i)\cos\dfrac{\theta_i-\theta_{i+2}}{2}\cos\dfrac{\theta_{i+2}-\theta_{i+1}}{2}$, $\theta_{i+3}=\theta_i$, 则

(1) $\displaystyle\sum_{i=1}^{3}\sin\dfrac{\theta_i+\theta_{i+1}+2\theta_{i+2}}{2}\cdot\pi_i(\theta)=0,\quad\sum_{i=1}^{3}\sin\dfrac{\theta_i+\theta_{i+1}}{2}\cdot\pi_i(\theta)=0;$

(2) $\displaystyle\sum_{i=1}^{3}\left(\sin\dfrac{2\theta_{i+2}+\theta_{i+1}-\theta_i}{2}+\sin\dfrac{2\theta_{i+2}+\theta_i-\theta_{i+1}}{2}\right)\cdot\pi_i(\theta)=0.$

证明　因为

$$\pi_i(\theta)=\frac{1}{2}\sin\frac{3\theta_i+2\theta_{i+2}-\theta_{i+1}}{2}+\frac{1}{2}\sin\frac{3\theta_i+\theta_{i+1}}{2}$$
$$-\frac{1}{2}\sin\frac{3\theta_{i+1}+\theta_i}{2}-\frac{1}{2}\sin\frac{3\theta_{i+1}+2\theta_{i+2}-\theta_i}{2}$$

$$+ \sin \frac{\theta_{i+1} - \theta_i}{2} + \frac{1}{2} \left(\sin \frac{2\theta_{i+1} - \theta_i - \theta_{i+2}}{2} \right.$$

$$\left. + \sin \frac{2\theta_{i+1} + \theta_{i+2} - 3\theta_i}{2} \right) \cos \frac{\theta_{i+2} - \theta_{i+1}}{2}$$

$$= \frac{1}{2} \sin \frac{3\theta_i + 2\theta_{i+2} - \theta_{i+1}}{2} + \frac{1}{2} \sin \frac{3\theta_i + \theta_{i+1}}{2}$$

$$- \frac{1}{2} \sin \frac{3\theta_{i+1} + \theta_i}{2} - \frac{1}{2} \sin \frac{3\theta_{i+1} + 2\theta_{i+2} - \theta_i}{2}$$

$$+ \frac{5}{4} \sin \frac{\theta_{i+1} - \theta_i}{2} + \frac{1}{4} \sin \frac{2\theta_{i+1} - \theta_i - 2\theta_{i+2}}{2}$$

$$+ \frac{1}{4} \sin \frac{2\theta_{i+2} + \theta_{i+1} - 3\theta_i}{2} + \frac{1}{4} \sin \frac{3\theta_{i+1} - 3\theta_i}{2},$$

所以

(1)

$$\sum_{i=1}^{3} \sin \frac{\theta_i + \theta_{i+1} + 2\theta_{i+2}}{2} \cdot \pi_i(\theta)$$

$$= \sum_{i=1}^{3} \left[\frac{1}{4} \cos(\theta_i - \theta_{i+1}) - \frac{1}{4} \cos 2(\theta_i + \theta_{i+2}) \right.$$

$$+ \frac{1}{4} \cos(\theta_i - \theta_{i+2}) - \frac{1}{4} \cos(2\theta_i + \theta_{i+1} + \theta_{i+2})$$

$$- \frac{1}{4} \cos(\theta_{i+1} - \theta_{i+2}) + \frac{1}{4} \cos(2\theta_{i+1} + \theta_i + \theta_{i+2})$$

$$- \frac{1}{4} \cos(\theta_{i+1} - \theta_i) + \frac{1}{4} \cos 2(\theta_{i+1} + \theta_{i+2})$$

$$+ \frac{5}{4} \cos(\theta_{i+1} + \theta_{i+2}) - \frac{5}{4} \cos(\theta_i + \theta_{i+2})$$

$$+ \frac{1}{8} \cos(\theta_{i+1} - \theta_i - 2\theta_{i+2}) - \frac{1}{8} \cos 2\theta_{i+1}$$

$$+ \frac{1}{8} \cos 2\theta_i - \frac{1}{8} \cos(2\theta_{i+2} + \theta_{i+1} - \theta_i)$$

$$\left. + \frac{1}{8} \cos(\theta_{i+1} - 2\theta_i - \theta_{i+2}) - \frac{1}{8} \cos(2\theta_{i+1} + \theta_{i+2} - \theta_i) \right]$$

$$= 0.$$

同理可证 $\sum_{i=1}^{3} \sin \frac{\theta_i + \theta_{i+1}}{2} \cdot \pi_i(\theta) = 0$.

(2) 类似地可以证明 (2) 中的结论.

定理 4.3.3 设 $P_1 P_2 P_3$ 是圆锥曲线内接三角形, 过三角形的顶点 P_i 作圆锥曲线的切线 $P_i Q_i (i = 1, 2, 3)$, 则 $P_i Q_i$ 与 P_i 点的对边 $P_{i+1} P_{i+2}$ 所在直线的交点 Q_1, Q_2, Q_3 共线.

证明　如图 4.3.1 所示. 不妨设圆锥曲线的极坐标方程为

$$\rho = \frac{a}{1 - e\cos\theta} \quad (e \geqslant 0, a > 0),$$

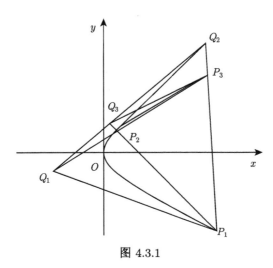

图 4.3.1

$P_1 P_2 P_3$ 顶点的坐标为

$$P_i\left(\frac{a\cos\theta_i}{1 - e\cos\theta_i}, \frac{a\sin\theta_i}{1 - e\cos\theta_i}\right) \quad (i = 1, 2, 3; \theta_{3+i} = \theta_i).$$

由圆锥曲线的参数方程

$$x = \frac{a\cos\theta}{1 - e\cos\theta}, \quad y = \frac{a\sin\theta}{1 - e\cos\theta}$$

求得

$$y'_x = \frac{\mathrm{d}}{\mathrm{d}\theta}\left(\frac{a\sin\theta}{1 - e\cos\theta}\right)\bigg/\frac{\mathrm{d}}{\mathrm{d}\theta}\left(\frac{a\cos\theta}{1 - e\cos\theta}\right) = \frac{e - \cos\theta}{\sin\theta}.$$

于是由直线 $P_i Q_i$ 的斜率

$$k_{P_i Q_i} = \frac{e - \cos\theta_i}{\sin\theta_i},$$

求得 $P_i Q_i$ 的直线方程

$$(\cos\theta_i - e)x + \sin\theta_i \cdot y = a, \tag{4.3.4}$$

又 $P_{i+1} P_{i+2}$ 的直线方程为

$$[(\sin\theta_{i+2} - \sin\theta_{i+1}) + e\sin(\theta_{i+1} - \theta_{i+2})]x + (\cos\theta_{i+1} - \cos\theta_{i+2})y = a\sin(\theta_{i+2} - \theta_{i+1}),$$

即

$$\left(\cos\frac{\theta_{i+2}+\theta_{i+1}}{2}-e\cos\frac{\theta_{i+2}-\theta_{i+1}}{2}\right)x-\sin\frac{\theta_{i+2}+\theta_{i+1}}{2}y=a\cos\frac{\theta_{i+2}-\theta_{i+1}}{2}.$$

$$(4.3.5)$$

式 (4.3.4) 和式 (4.3.5) 联立, 求得

$$\Delta_i=\begin{vmatrix}\cos\theta_i-e & \sin\theta_i\\ \cos\dfrac{\theta_{i+2}+\theta_{i+1}}{2}-e\cos\dfrac{\theta_{i+2}-\theta_{i+1}}{2} & -\sin\dfrac{\theta_{i+2}+\theta_{i+1}}{2}\end{vmatrix}$$

$$=e\left(\sin\frac{\theta_{i+2}+\theta_{i+1}}{2}+\sin\theta_i\cos\frac{\theta_{i+2}-\theta_{i+1}}{2}\right)-\sin\frac{\theta_{i+2}+\theta_{i+1}+2\theta_i}{2}$$

$$=e\left(\sin\frac{\theta_{i+2}+\theta_i}{2}\cos\frac{\theta_{i+1}-\theta_i}{2}+\sin\frac{\theta_{i+1}+\theta_i}{2}\cos\frac{\theta_{i+2}-\theta_i}{2}\right)$$

$$-\sin\frac{\theta_{i+2}+\theta_{i+1}+2\theta_i}{2},$$

$$\Delta_{iX}=\begin{vmatrix}a & -\sin\theta_i\\ a\cos\dfrac{\theta_{i+2}-\theta_{i+1}}{2} & -\sin\dfrac{\theta_{i+2}+\theta_{i+1}}{2}\end{vmatrix}$$

$$=-a\left(\sin\frac{\theta_{i+2}+\theta_{i+1}}{2}+\cos\frac{\theta_{i+2}-\theta_{i+1}}{2}\sin\theta_i\right),$$

$$\Delta_{iY}=\begin{vmatrix}\cos\theta_i-e & a\\ \cos\dfrac{\theta_{i+2}+\theta_{i+1}}{2}-e\cos\dfrac{\theta_{i+2}-\theta_{i+1}}{2} & a\cos\dfrac{\theta_{i+2}-\theta_{i+1}}{2}\end{vmatrix}$$

$$=a\left(\cos\frac{\theta_{i+2}-\theta_{i+1}}{2}\cos\theta_i-\cos\frac{\theta_{i+2}+\theta_{i+1}}{2}\right),$$

所以 P_iQ_i 与 $P_{i+1}P_{i+2}$ 交点 $Q_i(x_i,y_i)(i=1,2,3)$ 的坐标

$$x_i=\frac{\Delta_{iX}}{\Delta_i}=-\frac{a}{\Delta_i}(\sin\frac{\theta_{i+2}+\theta_{i+1}}{2}+\cos\frac{\theta_{i+2}-\theta_{i+1}}{2}\sin\theta_i),$$

$$y_i=\frac{\Delta_{iY}}{\Delta_i}=\frac{a}{\Delta_i}(\cos\frac{\theta_{i+2}-\theta_{i+1}}{2}\cos\theta_i-\cos\frac{\theta_{i+2}+\theta_{i+1}}{2}).$$

由三角形有向面积公式得

$$2\Delta_1\Delta_2\Delta_3 D_{Q_1Q_2Q_3}$$

$$=a^2\sum_{i=1}^{3}\Delta_{i+2}\left[\left(\sin\frac{\theta_i+\theta_{i+2}}{2}+\cos\frac{\theta_i-\theta_{i+2}}{2}\sin\theta_{i+1}\right)\right.$$

$$\times\left(\cos\frac{\theta_{i+2}-\theta_{i+1}}{2}\cos\theta_i-\cos\frac{\theta_i+\theta_{i+2}}{2}\right)$$

$$-\left(\sin\frac{\theta_{i+2}+\theta_{i+1}}{2}+\cos\frac{\theta_{i+2}-\theta_{i+1}}{2}\sin\theta_i\right)$$

$$\times \left(\cos \frac{\theta_i - \theta_{i+2}}{2} \cos \theta_{i+1} - \cos \frac{\theta_i + \theta_{i+2}}{2} \right) \Bigg]$$

$$=a^2 \sum_{i=1}^{3} \Delta_{i+2} \left[\cos \frac{\theta_{i+2} - \theta_{i+1}}{2} \left(\sin \frac{\theta_i + \theta_{i+2}}{2} \cos \theta_i + \cos \frac{\theta_i + \theta_{i+2}}{2} \sin \theta_i \right) \right.$$

$$- \cos \frac{\theta_i - \theta_{i+2}}{2} \left(\sin \theta_{i+1} \cos \frac{\theta_{i+2} + \theta_{i+1}}{2} + \cos \theta_{i+1} \sin \frac{\theta_{i+2} + \theta_{i+1}}{2} \right)$$

$$+ \left(\sin \frac{\theta_{i+2} + \theta_{i+1}}{2} \cos \frac{\theta_i + \theta_{i+2}}{2} - \cos \frac{\theta_{i+2} + \theta_{i+1}}{2} \sin \frac{\theta_i + \theta_{i+2}}{2} \right)$$

$$\left. + \cos \frac{\theta_i - \theta_{i+2}}{2} \cos \frac{\theta_{i+2} - \theta_{i+1}}{2} \left(\sin \theta_{i+1} \cos \theta_i - \cos \theta_{i+1} \sin \theta_i \right) \right]$$

$$=a^2 \sum_{i=1}^{3} \Delta_{i+2} \left[\sin \frac{3\theta_i + \theta_{i+2}}{2} \cos \frac{\theta_{i+2} - \theta_{i+1}}{2} - \sin \frac{3\theta_{i+1} + \theta_{i+2}}{2} \cos \frac{\theta_i - \theta_{i+2}}{2} \right.$$

$$\left. + \sin \frac{\theta_{i+1} - \theta_i}{2} + \sin (\theta_{i+1} - \theta_i) \cos \frac{\theta_i - \theta_{i+2}}{2} \cos \frac{\theta_{i+2} - \theta_{i+1}}{2} \right]$$

$$=a^2 \sum_{i=1}^{3} \Delta_{i+2} \pi_i(\theta),$$

其中　$\Delta_{i+2} = e \left(\sin \dfrac{\theta_{i+1} + \theta_{i+2}}{2} \cos \dfrac{\theta_i - \theta_{i+2}}{2} + \sin \dfrac{\theta_i + \theta_{i+2}}{2} \cos \dfrac{\theta_{i+1} - \theta_{i+2}}{2} \right)$
$- \sin \dfrac{\theta_i + \theta_{i+1} + 2\theta_{i+2}}{2}.$

由引理 4.3.1 易知

$$\mathrm{D}_{Q_1 Q_2 Q_3} = \frac{a^2}{2\Delta_1 \Delta_2 \Delta_3} \sum_{i=1}^{3} \Delta_{i+2} \pi_i(\theta) = 0,$$

所以 Q_1, Q_2, Q_3 共线.

4.4　圆锥曲线外切三角形中有向面积的定值定理与应用

本节主要用有向面积定值法研究圆锥曲线外切三角形中有向面积的两个定值问题. 首先, 给出椭圆外切三角形中有向面积的定值定理, 并据此得出椭圆外切三角形中一个三线共点的结论, 从而将一道数学竞赛题的结论推广到十分广泛的情形; 其次, 给出圆外切三角形中有向面积的定值定理.

4.4.1　椭圆外切三角形中有向面积的定值定理及其应用

定理 4.4.1 (喻德生, 2017)　设 $Q_1 Q_2 Q_3$ 是椭圆 $x^2/a^2 + y^2/b^2 = 1$ 的外切三角形, $Q_i Q_{i+1}$ 与椭圆的切点为 $P_i(a \cos \alpha_i, b \sin \alpha_i)(i = 1, 2, 3)$, O 是椭圆的中心, 线

段 Q_iO 与椭圆的交点为 $R_i(i=1,2,3)$, P 是椭圆所在平面上任意一点, 则

$$\sum_{i=1}^{3}\sec\frac{\alpha_i+\alpha_{i+2}-2\alpha_{i+1}}{4}\sin\frac{\alpha_i-\alpha_{i+2}}{4}\mathrm{D}_{PR_iP_{i+1}}=0. \qquad (4.4.1)$$

证明 如图 4.4.1 所示. 由定理 4.2.1 可得三角形 $Q_1Q_2Q_3$ 顶点的坐标

$$Q_i\left(a\cos\frac{\alpha_i+\alpha_{i+2}}{2}\bigg/\cos\frac{\alpha_i-\alpha_{i+2}}{2},b\sin\frac{\alpha_i+\alpha_{i+2}}{2}\bigg/\cos\frac{\alpha_i-\alpha_{i+2}}{2}\right)\quad(i=1,2,3).$$

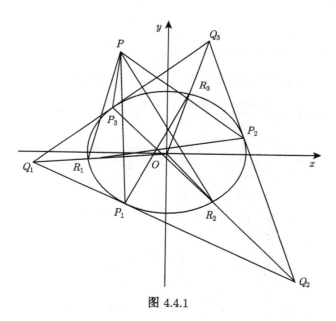

图 4.4.1

于是直线 Q_iO 的方程

$$y=\frac{b}{a}\tan\frac{\alpha_i+\alpha_{i+2}}{2}\cdot x.$$

将其代入椭圆的方程, 求得线段 Q_iO 与椭圆的交点

$$R_i\left(-a\cos\frac{\alpha_i+\alpha_{i+2}}{2},-b\sin\frac{\alpha_i+\alpha_{i+2}}{2}\right)\quad(i=1,2,3).$$

设椭圆所在平面上任意点的坐标为 $P(x,y)$, 则由三角形有向面积公式, 得

$$2\mathrm{D}_{PR_iP_{i+1}}=-\left(bx\sin\frac{\alpha_i+\alpha_{i+2}}{2}-ay\cos\frac{\alpha_i+\alpha_{i+2}}{2}\right)+(ay\cos\alpha_{i+1}-bx\sin\alpha_{i+1})$$

$$-ab\left(\cos\frac{\alpha_i+\alpha_{i+2}}{2}\sin\alpha_{i+1}-\cos\alpha_{i+1}\sin\frac{\alpha_i+\alpha_{i+2}}{2}\right)$$

$$
\begin{aligned}
&= -bx\left(\sin\frac{\alpha_i + \alpha_{i+2}}{2} + \sin\alpha_{i+1}\right) + ay\left(\cos\frac{\alpha_i + \alpha_{i+2}}{2} + \cos\alpha_{i+1}\right) \\
&\quad + ab\sin\frac{\alpha_i + \alpha_{i+2} - 2\alpha_{i+1}}{2} \\
&= -2bx\sin\frac{\alpha_i + \alpha_{i+2} + 2\alpha_{i+1}}{4}\cos\frac{\alpha_i + \alpha_{i+2} - 2\alpha_{i+1}}{4} \\
&\quad + 2ay\cos\frac{\alpha_i + \alpha_{i+2} + 2\alpha_{i+1}}{4}\cos\frac{\alpha_i + \alpha_{i+2} - 2\alpha_{i+1}}{4} \\
&\quad + 2ab\sin\frac{\alpha_i + \alpha_{i+2} - 2\alpha_{i+1}}{4}\cos\frac{\alpha_i + \alpha_{i+2} - 2\alpha_{i+1}}{4},
\end{aligned}
$$

于是

$$
\begin{aligned}
&\sec\frac{\alpha_i + \alpha_{i+2} - 2\alpha_{i+1}}{4}\mathrm{D}_{PR_iP_{i+1}} \\
&= -bx\sin\frac{\alpha_i + \alpha_{i+2} + 2\alpha_{i+1}}{4} + ay\cos\frac{\alpha_i + \alpha_{i+2} + 2\alpha_{i+1}}{4} \\
&\quad + ab\sin\frac{\alpha_i + \alpha_{i+2} - 2\alpha_{i+1}}{4},
\end{aligned}
$$

故

$$
\begin{aligned}
&\sum_{i=1}^{3}\sec\frac{\alpha_i + \alpha_{i+2} - 2\alpha_{i+1}}{4}\sin\frac{\alpha_i - \alpha_{i+2}}{4}\mathrm{D}_{PR_iP_{i+1}} \\
&= -bx\sum_{i=1}^{3}\sin\frac{\alpha_i + \alpha_{i+2} + 2\alpha_{i+1}}{4}\sin\frac{\alpha_i - \alpha_{i+2}}{4} \\
&\quad + ay\sum_{i=1}^{3}\cos\frac{\alpha_i + \alpha_{i+2} + 2\alpha_{i+1}}{4}\sin\frac{\alpha_i - \alpha_{i+2}}{4} \\
&\quad + ab\sum_{i=1}^{3}\sin\frac{\alpha_i + \alpha_{i+2} - 2\alpha_{i+1}}{4}\sin\frac{\alpha_i - \alpha_{i+2}}{4} \\
&= -\frac{1}{2}bx\sum_{i=1}^{3}\left(\cos\frac{\alpha_i + \alpha_{i+1}}{2} - \cos\frac{\alpha_{i+2} + \alpha_{i+1}}{2}\right) \\
&\quad + \frac{1}{2}ay\sum_{i=1}^{3}\left(\sin\frac{\alpha_i + \alpha_{i+1}}{2} - \sin\frac{\alpha_{i+2} + \alpha_{i+1}}{2}\right) \\
&\quad - \frac{1}{2}ab\sum_{i=1}^{3}\left(\cos\frac{\alpha_i - \alpha_{i+1}}{2} - \cos\frac{\alpha_{i+2} - \alpha_{i+1}}{2}\right) \\
&= 0,
\end{aligned}
$$

因此, 式 (4.4.1) 成立.

推论 4.4.1　设 $Q_1Q_2Q_3$ 是椭圆 $x^2/a^2 + y^2/b^2 = 1$ 的外切三角形, Q_iQ_{i+1} 与椭圆的切点为 $P_i(a\cos\alpha_i, b\sin\alpha_i)(i = 1, 2, 3)$, O 是椭圆的中心, 线段 Q_iO 与椭圆

的交点为 $R_i(i = 1, 2, 3)$, 则 P 是 R_jP_{j+1} 所在直线上任意一点的充分必要条件是

$$\sum_{i=1, i \neq j}^{3} \sec \frac{\alpha_{i+j-1} + \alpha_{i+j+1} - 2\alpha_{i+j}}{4} \sin \frac{\alpha_{i+j-1} - \alpha_{i+j+1}}{4} D_{PR_{i+j-1}P_{i+j}} = 0 \quad (j = 1, 2, 3).$$

$$(4.4.2)$$

证明 由式 (4.4.1) 可得, P 是 R_jP_{j+1} 所在直线上任意一点 $\Leftrightarrow$ $D_{PR_jP_{j+1}} = 0 \Leftrightarrow$ 式 (4.4.2) 成立.

定理 4.4.2 设 $Q_1Q_2Q_3$ 是椭圆 $x^2/a^2 + y^2/b^2 = 1$ 的外切三角形, Q_iQ_{i+1} 与椭圆的切点为 $P_i(a\cos\alpha_i, b\sin\alpha_i)(i = 1, 2, 3)$, O 是椭圆的中心, 线段 Q_iO 与椭圆的交点为 $R_i(i = 1, 2, 3)$, 则 R_1P_2, R_2P_3, R_3P_1 相交于一点.

证明 如图 4.4.2 所示. 显然, R_1P_2, R_2P_3 相交于一点 G, 于是 $D_{GR_1P_2} = D_{GR_2P_3} = 0$, 代入式 (4.4.1) 并注意到 $\sec \dfrac{\alpha_3 + \alpha_2 - 2\alpha_1}{4} \sin \dfrac{\alpha_3 - \alpha_2}{4} \neq 0$, 可得 $D_{GR_3P_1} = 0$, 即 G 在 R_3P_1 上, 所以 R_1P_2, R_2P_3, R_3P_1 相交于一点.

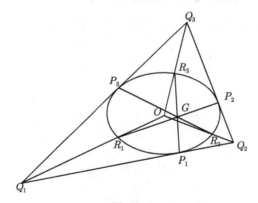

图 4.4.2

注 4.4.1 当 $\odot O$ 内切于三角形 $Q_1Q_2Q_3$ 时, 由定理 4.4.2 即得第 18 届全苏联数学奥林匹克竞赛题, 但当 $\odot O$ 旁切于三角形 $Q_1Q_2Q_3$ 时, 定理 4.4.2 也成立. 可见, 即使对圆而言, 定理 4.4.2 的结论比该数学竞赛题的结论也要广泛.

4.4.2 圆外切三角形中有向面积的定值定理与应用

定理 4.4.3 (喻德生, 2017) 设 $Q_1Q_2Q_3$ 是圆 $x^2 + y^2 = a^2$ 的外切三角形, Q_iQ_{i+1} 与圆的切点为 $P_i(a\cos\alpha_i, a\sin\alpha_i)(i = 1, 2, 3)$, O 是圆心, Q_iO 的延长线与圆的交点为 $R_i'(i = 1, 2, 3)$, P 是圆所在平面上任意一点, 则

$$\sum_{i=1}^{3} \csc \frac{\alpha_i + \alpha_{i+2} - 2\alpha_{i+1}}{4} \sin \frac{\alpha_i - \alpha_{i+2}}{4} D_{PR_i'P_{i+1}} = \frac{1}{2}a \sum_{i=1}^{3} \tau_{i+1,i} d_{P_iP_{i+1}}, \quad (4.4.3)$$

其中 $\tau_{j,i} = \mathrm{sgn}\{\alpha_j - \alpha_i\}; i, j = 1, 2, 3.$

证明　如图 4.4.3 所示. 由两点间的距离公式, 可得

$$\mathrm{d}_{P_i P_j}^2 = a^2 \left[(\cos\alpha_j - \cos\alpha_i)^2 + (\sin\alpha_j - \sin\alpha_i)^2 \right] = 4a^2 \sin^2 \frac{\alpha_j - \alpha_i}{2},$$

注意到 $-\pi < \dfrac{\alpha_j - \alpha_i}{2} < \pi$, 有

$$\mathrm{d}_{P_i P_j} = 2a\tau_{j,i} \sin \frac{\alpha_j - \alpha_i}{2} \quad (i, j = 1, 2, 3).$$

由定理 4.1.1 的证明可得三角形 $Q_1 Q_2 Q_3$ 顶点的坐标

$$Q_i \left(a\cos \frac{\alpha_i + \alpha_{i+2}}{2} \bigg/ \cos \frac{\alpha_i - \alpha_{i+2}}{2}, a\sin \frac{\alpha_i + \alpha_{i+2}}{2} \bigg/ \cos \frac{\alpha_i - \alpha_{i+2}}{2} \right) \quad (i = 1, 2, 3),$$

于是直线 $Q_i O$ 的方程为

$$y = \tan \frac{\alpha_i + \alpha_{i+2}}{2} \cdot x,$$

将其代入圆的方程, 求得线段 $Q_i O$ 与圆的交点为

$$R_i' \left(a\cos \frac{\alpha_i + \alpha_{i+2}}{2}, a\sin \frac{\alpha_i + \alpha_{i+2}}{2} \right) \quad (i = 1, 2, 3).$$

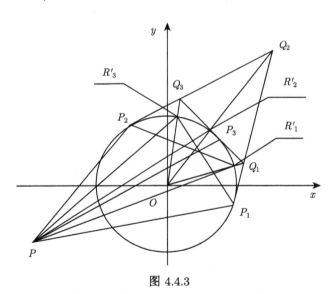

图 4.4.3

设圆所在交点上任意点的坐标为 $P(x, y)$, 则由三角形有向面积公式, 得

$$2\mathrm{D}_{PR_i' P_{i+1}} = a \left(x\sin \frac{\alpha_i + \alpha_{i+2}}{2} - y\cos \frac{\alpha_i + \alpha_{i+2}}{2} \right) + a \left(y\cos\alpha_{i+1} - x\sin\alpha_{i+1} \right)$$

$$+ a^2 \left(\cos \frac{\alpha_i + \alpha_{i+2}}{2} \sin\alpha_{i+1} - \cos\alpha_{i+1} \sin \frac{\alpha_i + \alpha_{i+2}}{2} \right)$$

$$=ax\left(\sin\frac{\alpha_i+\alpha_{i+2}}{2}-\sin\alpha_{i+1}\right)+ay\left(\cos\alpha_{i+1}-\cos\frac{\alpha_i+\alpha_{i+2}}{2}\right)$$
$$-a^2\sin\frac{\alpha_i+\alpha_{i+2}-2\alpha_{i+1}}{2}$$
$$=2ax\cos\frac{\alpha_i+\alpha_{i+2}+2\alpha_{i+1}}{4}\sin\frac{\alpha_i+\alpha_{i+2}-2\alpha_{i+1}}{4}$$
$$-2ay\sin\frac{\alpha_i+\alpha_{i+2}+2\alpha_{i+1}}{4}\sin\frac{\alpha_i+\alpha_{i+2}-2\alpha_{i+1}}{4}$$
$$-2a^2\sin\frac{\alpha_i+\alpha_{i+2}-2\alpha_{i+1}}{4}\cos\frac{\alpha_i+\alpha_{i+2}-2\alpha_{i+1}}{4},$$

于是

$$\csc\frac{\alpha_i+\alpha_{i+2}-2\alpha_{i+1}}{4}D_{PR_i'P_{i+1}}$$
$$=ax\cos\frac{\alpha_i+\alpha_{i+2}+2\alpha_{i+1}}{4}-ay\sin\frac{\alpha_i+\alpha_{i+2}+2\alpha_{i+1}}{4}$$
$$-a^2\cos\frac{\alpha_i+\alpha_{i+2}-2\alpha_{i+1}}{4},$$

故

$$\sum_{i=1}^{3}\csc\frac{\alpha_i+\alpha_{i+2}-2\alpha_{i+1}}{4}\sin\frac{\alpha_i-\alpha_{i+2}}{4}D_{PR_i'P_{i+1}}$$
$$=ax\sum_{i=1}^{3}\cos\frac{\alpha_i+\alpha_{i+2}+2\alpha_{i+1}}{4}\sin\frac{\alpha_i-\alpha_{i+2}}{4}$$
$$-ay\sum_{i=1}^{3}\sin\frac{\alpha_i+\alpha_{i+2}+2\alpha_{i+1}}{4}\sin\frac{\alpha_i-\alpha_{i+2}}{4}$$
$$-a^2\sum_{i=1}^{3}\cos\frac{\alpha_i+\alpha_{i+2}-2\alpha_{i+1}}{4}\sin\frac{\alpha_i-\alpha_{i+2}}{4}$$
$$=\frac{1}{2}ax\sum_{i=1}^{3}\left(\sin\frac{\alpha_i+\alpha_{i+1}}{2}-\sin\frac{\alpha_{i+2}+\alpha_{i+1}}{2}\right)$$
$$-\frac{1}{2}ay\sum_{i=1}^{3}\left(-\cos\frac{\alpha_i+\alpha_{i+1}}{2}+\cos\frac{\alpha_{i+2}+\alpha_{i+1}}{2}\right)$$
$$-\frac{1}{2}a^2\sum_{i=1}^{3}\left(\sin\frac{\alpha_i-\alpha_{i+1}}{2}-\sin\frac{\alpha_{i+2}-\alpha_{i+1}}{2}\right)$$
$$=a^2\sum_{i=1}^{3}\sin\frac{\alpha_{i+1}-\alpha_i}{2}=a^2\sum_{i=1}^{3}\frac{\tau_{i+1,i}d_{P_iP_{i+1}}}{2a}=\frac{1}{2}a\sum_{i=1}^{3}\tau_{i+1,i}d_{P_iP_{i+1}},$$

因此, 式 (4.4.3) 成立.

第 5 章　圆锥曲线多角形中有向面积的定值定理与应用

5.1　圆锥曲线外切 $n(n \geqslant 4)$ 角形中有向面积的定值定理与应用

关于圆锥曲线有一个著名的定理, 即圆锥曲线外切六边形的三对对顶点的连线相交于一点, 这就是所谓的 Brianchon 定理. 本节用有向面积定值法研究圆锥曲线外切 $n(n \geqslant 4)$ 角形的有关问题, 从而把圆锥曲线外切 $n(n \geqslant 4)$ 边形的有关结论推广到圆锥曲线外切 $n(n \geqslant 4)$ 角形的情形. 首先, 介绍圆锥曲线外切多角形以及圆锥曲线外切多角形的对角线三角形、切点线三角形的概念; 其次, 依次给出各类圆锥曲线 —— 椭圆、双曲线和抛物线外切 $n(n \geqslant 4)$ 角形中对角线三角形和切点线三角形有向面积的定值定理; 再次, 给出统一的圆锥曲线外切 $n(n \geqslant 4)$ 角形中对角线三角形和切点线三角形有向面积的定值定理, 从而揭示各类圆锥曲线 $n(n \geqslant 4)$ 角形中对角线三角形和切点线三角形有向面积的定值定理之间的关系; 最后, 根据圆锥曲线外切 $n(n \geqslant 4)$ 角形中对角线三角形和切点线三角形有向面积的定值定理, 推出圆锥曲线外切 $n (n \geqslant 4)$ 角形中的涵盖面非常广泛的共点定理和等积定理等结论, 包括著名的 Brianchon 定理. 我们发现, Brianchon 定理并不是偶然的, 它是圆锥曲线外切多角形中有向面积定值定理的必然结果.

5.1.1　圆锥曲线外切多角形的概念与记号

定义 5.1.1　若多角形的各边或边的延长线都和某圆锥曲线相切, 则称该多角形为圆锥曲线的外切多角形, 并称其两个不相邻的两个顶点之间的连线为外切多角形的对角线.

定义 5.1.2　设 $Q_1Q_2 \cdots Q_n(n \geqslant 4)$ 是圆锥曲线外切 n 角形, Q_iQ_{i+1} 所在直线与圆锥曲线的切点为 P_i, 则称以 $Q_1Q_2 \cdots Q_n$ 的一条对角线 Q_iQ_{i+j}(两个切点之间的连线 P_iP_{i+l})($i,l = 1, 2, \cdots, n; j = 2, \cdots, n;$ $P_{n+i} = P_i, Q_{n+i} = Q_i$) 为一边的三角形为 $Q_1Q_2 \cdots Q_n$ 的对角线三角形 (切点线三角形).

为方便起见, 我们把包含一条对角线 (两切点之间的连线) 的任一线段看成是对角线三角形 (切点线三角形) 的特殊情形.

在本节中, 记

$$\delta_{i,j} = \cos \frac{\alpha_i - \alpha_j}{2}, \quad \delta'_{i,j} = \cos \frac{\alpha_i + \alpha_j}{2}, \quad \sigma_{i,j} = \sin \frac{\alpha_i - \alpha_j}{2}, \quad \tau_{i,j} = t_i - t_j,$$

并规定 $\alpha_{n+i} = \alpha_i, t_{n+i} = t_i,$ 则

$$\delta_{n+i,n+j} = \delta_{n+i,j} = \delta_{i,n+j} = \delta_{i,j}; \quad \delta'_{n+i,n+j} = \delta'_{n+i,j} = \delta'_{i,n+j} = \delta'_{i,j};$$

$$\sigma_{n+i,n+j} = \sigma_{n+i,j} = \sigma_{i,n+j} = \sigma_{i,j}; \quad \tau_{n+i,n+j} = \tau_{n+i,j} = \tau_{i,n+j} = \tau_{i,j}.$$

5.1.2 各类圆锥曲线外切 $n(n \geqslant 4)$ 角形中有向面积的定值定理

定理 5.1.1 (喻德生, 2003, 2017) 设 $Q_1Q_2 \cdots Q_n(n \geqslant 4)$ 是椭圆 $x^2/a^2 + y^2/b^2 = 1$ 的外切多角形, Q_kQ_{k+1} 所在直线与椭圆的切点为 $P_k(a\cos\alpha_k, b\sin\alpha_k)(k = 1, 2, \cdots, n)$, P 是椭圆所在平面上任意一点, 则

$$u_{i,i+j}\mathrm{D}_{PQ_iQ_{i+j}} = v_{i,i+j}\mathrm{D}_{PP_iP_{i+j}} + v_{i+n-1,i+j-1}\mathrm{D}_{PP_{i+n-1}P_{i+j-1}}, \tag{5.1.1}$$

$$u'_{i,i+j}\mathrm{D}_{PQ_iQ_{i+j}} = v_{i,i+j-1}\mathrm{D}_{PP_iP_{i+j-1}} + v_{i+n-1,i+j}\mathrm{D}_{PP_{i+n-1}P_{i+j}}, \tag{5.1.2}$$

其中 $u_{i,i+j} = \delta_{i,i+n-1}\delta_{i+j,i+j-1}/\sigma_{i,i+j}\sigma_{i+n-1,i+j-1}$, $u'_{i,i+j} = \delta_{i,i+n-1}\delta_{i+j,i+j-1}/\sigma_{i,i+j-1}\sigma_{i+n-1,i+j}$, $v_{i,i+j} = 1/2\sigma^2_{i,i+j}$, 其余类同; 且当 n 为奇数时, $i = 1, 2, \cdots, n, j = 2, \cdots, (n-1)/2$; 当 n 为偶数时, $i = 1, 2, \cdots, n, j = 2, \cdots, n/2-1$ 及 $i = 1, 2, \cdots, n/2$, $j = n/2$.

证明 如图 5.1.1 所示. 设椭圆所在平面任意一点的坐标为 $P(ar\cos\alpha, br\sin\alpha)$ $(r \geqslant 0)$. 由 $Q_{i+n-1}Q_i$ 的直线方程

$$b\cos\alpha_{i+n-1} \cdot x + a\sin\alpha_{i+n-1} \cdot y = ab$$

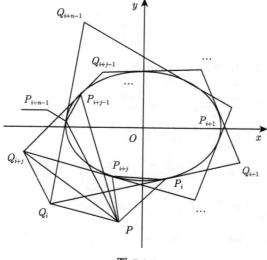

图 5.1.1

和 $Q_i Q_{i+1}$ 的直线方程

$$b\cos\alpha_i \cdot x + a\sin\alpha_i \cdot y = ab,$$

求得 $Q_1 Q_2 \cdots Q_n$ 顶点的坐标

$$Q_i\left(\frac{a}{\delta_{i,i+n-1}}\cos\frac{\alpha_i + \alpha_{i+n-1}}{2}, \frac{b}{\delta_{i,i+n-1}}\sin\frac{\alpha_i + \alpha_{i+n-1}}{2}\right) \quad (i=1,2,\cdots,n).$$

根据三角形有向面积公式得

$$
\begin{aligned}
&2\delta_{i,i+n-1}\delta_{i+j,i+j-1}\mathrm{D}_{PQ_iQ_{i+j}}\\
=&abr\left(\cos\alpha\sin\frac{\alpha_i + \alpha_{i+n-1}}{2} - \sin\alpha\cos\frac{\alpha_i + \alpha_{i+n-1}}{2}\right)\cos\frac{\alpha_{i+j} - \alpha_{i+j-1}}{2}\\
&+ ab\left(\cos\frac{\alpha_i + \alpha_{i+n-1}}{2}\sin\frac{\alpha_{i+j} + \alpha_{i+j-1}}{2} - \sin\frac{\alpha_i + \alpha_{i+n-1}}{2}\cos\frac{\alpha_{i+j} + \alpha_{i+j-1}}{2}\right)\\
&+ abr\left(\cos\frac{\alpha_{i+j} + \alpha_{i+j-1}}{2}\sin\alpha - \sin\frac{\alpha_{i+j} + \alpha_{i+j-1}}{2}\cos\alpha\right)\cos\frac{\alpha_i - \alpha_{i+n-1}}{2}\\
=&abr\left(\sin\frac{\alpha_i + \alpha_{i+n-1} - 2\alpha}{2}\cos\frac{\alpha_{i+j} - \alpha_{i+j-1}}{2}\right.\\
&\left. - \sin\frac{\alpha_{i+j} + \alpha_{i+j-1} - 2\alpha}{2}\cos\frac{\alpha_i - \alpha_{i+n-1}}{2}\right)\\
&+ ab\sin\frac{\alpha_{i+j} + \alpha_{i+j-1} - \alpha_i - \alpha_{i+n-1}}{2}\\
=&\frac{1}{2}abr\left(\sin\frac{\alpha_i + \alpha_{i+j} + \alpha_{i+n-1} - \alpha_{i+j-1} - 2\alpha}{2}\right.\\
&\left. - \sin\frac{\alpha_i + \alpha_{i+j-1} + \alpha_{i+j} - \alpha_{i+n-1} - 2\alpha}{2}\right)\\
&+ \frac{1}{2}abr\left(\sin\frac{\alpha_i + \alpha_{i+j-1} + \alpha_{i+n-1} - \alpha_{i+j} - 2\alpha}{2}\right.\\
&\left. - \sin\frac{\alpha_{i+j-1} + \alpha_{i+j} + \alpha_{i+n-1} - \alpha_i - 2\alpha}{2}\right)\\
&+ ab\sin\frac{\alpha_{i+j} + \alpha_{i+j-1} - \alpha_i - \alpha_{i+n-1}}{2}\\
=&abr\left(\cos\frac{\alpha_i + \alpha_{i+j} - 2\alpha}{2}\sin\frac{\alpha_{i+n-1} - \alpha_{i+j-1}}{2}\right.\\
&\left. + \cos\frac{\alpha_{i+j-1} + \alpha_{i+n-1} - 2\alpha}{2}\sin\frac{\alpha_i - \alpha_{i+j}}{2}\right)\\
&- ab\left(\sin\frac{\alpha_{i+n-1} - \alpha_{i+j-1}}{2}\cos\frac{\alpha_i - \alpha_{i+j}}{2} + \cos\frac{\alpha_{i+n-1} - \alpha_{i+j-1}}{2}\sin\frac{\alpha_i - \alpha_{i+j}}{2}\right)\\
=&abr\left(\sigma_{i+n-1,i+j-1}\cos\frac{\alpha_i + \alpha_{i+j} - 2\alpha}{2} + \sigma_{i,i+j}\cos\frac{\alpha_{i+j-1} + \alpha_{i+n-1} - 2\alpha}{2}\right)
\end{aligned}
$$

$$- ab \left(\sigma_{i+n-1,i+j-1} \cos \frac{\alpha_i - \alpha_{i+j}}{2} + \sigma_{i,i+j} \cos \frac{\alpha_{i+n-1} - \alpha_{i+j-1}}{2} \right),$$

注意到 $\sigma_{i,i+j}\sigma_{i+n-1,i+j-1} \neq 0$, 于是

$$
\begin{aligned}
& u_{i,i+j} \mathrm{D}_{PQ_iQ_{i+j}} \\
={}& \frac{1}{2} abr \left(\frac{1}{\sigma_{i,i+j}} \cos \frac{\alpha_i + \alpha_{i+j} - 2\alpha}{2} + \frac{1}{\sigma_{i+n-1,i+j-1}} \cos \frac{\alpha_{i+n-1} + \alpha_{i+j-1} - 2\alpha}{2} \right) \\
& - \frac{1}{2} ab \left(\cot \frac{\alpha_i - \alpha_{i+j}}{2} + \cot \frac{\alpha_{i+n-1} - \alpha_{i+j-1}}{2} \right).
\end{aligned}
\tag{5.1.3}
$$

又

$$
\begin{aligned}
& \mathrm{D}_{PP_iP_{i+j}} \\
={}& \frac{1}{2} abr (\cos \alpha \sin \alpha_i - \sin \alpha \cos \alpha_i) + \frac{1}{2} ab (\cos \alpha_i \sin \alpha_{i+j} - \sin \alpha_i \cos \alpha_{i+j}) \\
& + \frac{1}{2} abr (\cos \alpha_{i+j} \sin \alpha - \sin \alpha_{i+j} \cos \alpha) \\
={}& \frac{1}{2} abr [\sin(\alpha_i - \alpha) - \sin(\alpha_{i+j} - \alpha)] + \frac{1}{2} ab \sin(\alpha_{i+j} - \alpha_i) \\
={}& abr \cos \frac{\alpha_i + \alpha_{i+j} - 2\alpha}{2} \sin \frac{\alpha_i - \alpha_{i+j}}{2} - ab \sin \frac{\alpha_i - \alpha_{i+j}}{2} \cos \frac{\alpha_i - \alpha_{i+j}}{2} \\
={}& ab\sigma_{i,i+j} \left(r \cos \frac{\alpha_i + \alpha_{i+j} - 2\alpha}{2} - \cos \frac{\alpha_i - \alpha_{i+j}}{2} \right),
\end{aligned}
$$

于是

$$
\begin{aligned}
& v_{i,i+j} \mathrm{D}_{PP_iP_{i+j}} \\
={}& \frac{1}{2} ab \left(\frac{r}{\sigma_{i,i+j}} \cos \frac{\alpha_i + \alpha_{i+j} - 2\alpha}{2} - \cot \frac{\alpha_i - \alpha_{i+j}}{2} \right);
\end{aligned}
\tag{5.1.4}
$$

同理

$$
\begin{aligned}
& v_{i+n-1,i+j-1} \mathrm{D}_{PP_{i+n-1}P_{i+j-1}} \\
={}& \frac{1}{2} ab \left(\frac{r}{\sigma_{i+n-1,i+j-1}} \cos \frac{\alpha_{i+n-1} + \alpha_{i+j-1} - 2\alpha}{2} - \cot \frac{\alpha_{i+n-1} - \alpha_{i+j-1}}{2} \right).
\end{aligned}
\tag{5.1.5}
$$

由式 (5.1.3)—(5.1.5) 即得式 (5.1.1).

类似地, 可以证明式 (5.1.2) 成立.

定理 5.1.2 (喻德生, 2004, 2017)   设 $Q_1Q_2 \cdots Q_n(n \geqslant 4)$ 是双曲线 $x^2/a^2 - y^2/b^2 = 1$ 的外切 n 角形, Q_kQ_{k+1} 所在直线与双曲线的切点为 $P_k(a \sec \alpha_k, b \tan \alpha_k)$ $(k = 1, 2, \cdots, n)$, P 是双曲线所在平面上任意一点, 则

$$s_{i,i+j} \mathrm{D}_{PQ_iQ_{i+j}} = t_{i,i+j} \mathrm{D}_{PP_iP_{i+j}} + t_{i+n-1,i+j-1} \mathrm{D}_{PP_{i+n-1}P_{i+j-1}}, \tag{5.1.6}$$

$$s'_{i,i+j}\mathrm{D}_{PQ_iQ_{i+j}} = t_{i,i+j-1}\mathrm{D}_{PP_iP_{i+j-1}} + t_{i+n-1,i+j}\mathrm{D}_{PP_{i+n-1}P_{i+j}}, \tag{5.1.7}$$

其中 $s_{i,i+j} = \delta'_{i,i+n-1}\delta'_{i+j,i+j-1}/\sigma_{i,i+j}\sigma_{i+n-1,i+j-1}$，$s'_{i,i+j} = \delta'_{i,i+n-1}\delta'_{i+j,i+j-1}/\sigma_{i,i+j-1}\sigma_{i+n-1,i+j}$，$t_{i,i+j} = \cos\alpha_i\cos\alpha_{i+j}/2\sigma^2_{i,i+j}$，其余类同；且当 n 为奇数时，$i = 1,2,\cdots,n, j = 2,\cdots,(n-1)/2$；当 n 为偶数时，$i = 1,2,\cdots,n, j = 2,\cdots,n/2-1$ 及 $i = 1,2,\cdots,n/2, j = n/2$.

证明　如图 5.1.2 所示. 设双曲线所在平面上任意一点的坐标为 $P(ar\cos\alpha, br\sin\alpha)(r \geqslant 0)$. 由切线 $Q_{i+n-1}Q_i$ 的方程

$$bx - a\sin\alpha_{i+n-1}\cdot y = ab\cos\alpha_{i+n-1}$$

和 Q_iQ_{i+1} 的方程

$$bx - a\sin\alpha_i\cdot y = ab\cos\alpha_i$$

求得 $Q_1Q_2\cdots Q_n$ 顶点的坐标

$$Q_i\left(\frac{a}{\delta'_{i,i+n-1}}\cos\frac{\alpha_{i+n-1}-\alpha_i}{2}, \frac{b}{\delta'_{i,i+n-1}}\sin\frac{\alpha_{i+n-1}+\alpha_i}{2}\right)\quad(i = 1,2,\cdots,n).$$

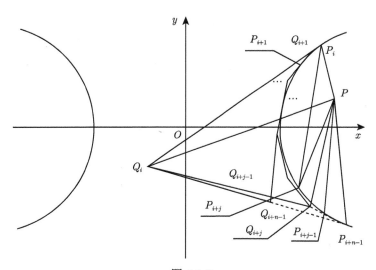

图 5.1.2

根据三角形有向面积公式得

$$2\delta'_{i,i+n-1}\delta'_{i+j,i+j-1}\mathrm{D}_{PQ_iQ_{i+j}}$$
$$= abr\left(\cos\alpha\sin\frac{\alpha_{i+n-1}+\alpha_i}{2} - \cos\frac{\alpha_{i+n-1}-\alpha_i}{2}\sin\alpha\right)\cos\frac{\alpha_{i+j-1}+\alpha_{i+j}}{2}$$

$$+ ab \left(\cos \frac{\alpha_{i+n-1} - \alpha_i}{2} \sin \frac{\alpha_{i+j-1} + \alpha_{i+j}}{2} - \cos \frac{\alpha_{i+j-1} - \alpha_{i+j}}{2} \sin \frac{\alpha_{i+n-1} + \alpha_i}{2} \right)$$

$$+ abr \left(\cos \frac{\alpha_{i+j-1} - \alpha_{i+j}}{2} \sin \alpha - \cos \alpha \sin \frac{\alpha_{i+j-1} + \alpha_{i+j}}{2} \right) \cos \frac{\alpha_{i+n-1} + \alpha_i}{2}$$

$$= abr \cos \alpha \left(\sin \frac{\alpha_{i+n-1} + \alpha_i}{2} \cos \frac{\alpha_{i+j-1} + \alpha_{i+j}}{2} - \cos \frac{\alpha_{i+n-1} + \alpha_i}{2} \sin \frac{\alpha_{i+j-1} + \alpha_{i+j}}{2} \right)$$

$$+ abr \sin \alpha \left(\cos \frac{\alpha_{i+n-1} + \alpha_i}{2} \cos \frac{\alpha_{i+j-1} - \alpha_{i+j}}{2} \right.$$

$$\left. - \cos \frac{\alpha_{i+j-1} + \alpha_{i+j}}{2} \cos \frac{\alpha_{i+n-1} - \alpha_i}{2} \right)$$

$$+ ab \left(\sin \frac{\alpha_{i+j-1} + \alpha_{i+j}}{2} \cos \frac{\alpha_{i+n-1} - \alpha_i}{2} - \sin \frac{\alpha_{i+n-1} + \alpha_i}{2} \cos \frac{\alpha_{i+j-1} - \alpha_{i+j}}{2} \right)$$

$$= abr \cos \alpha \sin \frac{\alpha_{i+n-1} + \alpha_i - \alpha_{i+j-1} - \alpha_{i+j}}{2}$$

$$+ \frac{1}{2} abr \sin \alpha \left(\cos \frac{\alpha_{i+n-1} + \alpha_i + \alpha_{i+j-1} - \alpha_{i+j}}{2} - \cos \frac{\alpha_{i+n-1} + \alpha_{i+j-1} + \alpha_{i+j} - \alpha_i}{2} \right)$$

$$+ \frac{1}{2} abr \sin \alpha \left(\cos \frac{\alpha_{i+n-1} + \alpha_i + \alpha_{i+j} - \alpha_{i+j-1}}{2} - \cos \frac{\alpha_{i+j-1} + \alpha_{i+j} + \alpha_i - \alpha_{i+n-1}}{2} \right)$$

$$+ \frac{1}{2} ab \left(\sin \frac{\alpha_{i+j-1} + \alpha_{i+j} + \alpha_{i+n-1} - \alpha_i}{2} - \sin \frac{\alpha_{i+n-1} + \alpha_i + \alpha_{i+j-1} - \alpha_{i+j}}{2} \right)$$

$$+ \frac{1}{2} ab \left(\sin \frac{\alpha_{i+j-1} + \alpha_{i+j} + \alpha_i - \alpha_{i+n-1}}{2} - \sin \frac{\alpha_{i+n-1} + \alpha_i + \alpha_{i+j} - \alpha_{i+j-1}}{2} \right)$$

$$= abr \cos \alpha \left(\sin \frac{\alpha_{i+n-1} - \alpha_{i+j-1}}{2} \cos \frac{\alpha_i - \alpha_{i+j}}{2} + \cos \frac{\alpha_{i+n-1} - \alpha_{i+j-1}}{2} \sin \frac{\alpha_i - \alpha_{i+j}}{2} \right)$$

$$- abr \sin \alpha \left(\sin \frac{\alpha_{i+n-1} + \alpha_{i+j-1}}{2} \sin \frac{\alpha_i - \alpha_{i+j}}{2} \right.$$

$$\left. + \sin \frac{\alpha_i + \alpha_{i+j}}{2} \sin \frac{\alpha_{i+n-1} - \alpha_{i+j-1}}{2} \right)$$

$$+ ab \left(\cos \frac{\alpha_{i+j-1} + \alpha_{i+n-1}}{2} \sin \frac{\alpha_{i+j} - \alpha_i}{2} + \cos \frac{\alpha_{i+j} + \alpha_i}{2} \sin \frac{\alpha_{i+j-1} - \alpha_{i+n-1}}{2} \right)$$

$$= abr \cos \alpha \left(\sigma_{i+n-1, i+j-1} \cos \frac{\alpha_i - \alpha_{i+j}}{2} + \sigma_{i, i+j} \cos \frac{\alpha_{i+n-1} - \alpha_{i+j-1}}{2} \right)$$

$$- abr \sin \alpha \left(\sigma_{i, i+j} \sin \frac{\alpha_{i+n-1} + \alpha_{i+j-1}}{2} + \sigma_{i+n-1, i+j-1} \sin \frac{\alpha_i + \alpha_{i+j}}{2} \right)$$

$$- ab \left(\sigma_{i, i+j} \cos \frac{\alpha_{i+j-1} + \alpha_{i+n-1}}{2} + \sigma_{i+n-1, i+j-1} \cos \frac{\alpha_{i+j} + \alpha_i}{2} \right),$$

注意到 $\sigma_{i,i+j} \sigma_{i+n-1, i+j-1} \neq 0$, 于是

$$s_{i,i+j} \mathrm{D}_{PQ_i Q_{i+j}}$$

$$
\begin{aligned}
=&\frac{1}{2}abr\cos\alpha\left(\cot\frac{\alpha_i-\alpha_{i+j}}{2}+\cot\frac{\alpha_{i+n-1}-\alpha_{i+j-1}}{2}\right)\\
&-\frac{1}{2}abr\sin\alpha\left(\frac{1}{\sigma_{i,i+j}}\sin\frac{\alpha_i+\alpha_{i+j}}{2}+\frac{1}{\sigma_{i+n-1,i+j-1}}\sin\frac{\alpha_{i+n-1}+\alpha_{i+j-1}}{2}\right)\\
&-\frac{1}{2}ab\left(\frac{1}{\sigma_{i,i+j}}\cos\frac{\alpha_i+\alpha_{i+j}}{2}+\frac{1}{\sigma_{i+n-1,i+j-1}}\cos\frac{\alpha_{i+n-1}+\alpha_{i+j-1}}{2}\right).\quad(5.1.8)
\end{aligned}
$$

同理

$$
\begin{aligned}
&t_{i,i+j}\mathrm{D}_{PP_iP_{i+j}}\\
=&\frac{1}{2}abr\cos\alpha\cot\frac{\alpha_i-\alpha_{i+j}}{2}-\frac{ab}{2\sigma_{i,i+j}}\left(r\sin\alpha\sin\frac{\alpha_i+\alpha_{i+j}}{2}+\cos\frac{\alpha_i+\alpha_{i+j}}{2}\right),\quad(5.1.9)\\
&t_{i+n-1,i+j-1}\mathrm{D}_{PP_{i+n-1}P_{i+j-1}}\\
=&\frac{1}{2}abr\cos\alpha\cot\frac{\alpha_{i+n-1}-\alpha_{i+j-1}}{2}\\
&-\frac{ab}{2\sigma_{i+n-1,i+j-1}}\left(r\sin\alpha\sin\frac{\alpha_{i+n-1}+\alpha_{i+j-1}}{2}+\cos\frac{\alpha_{i+n-1}+\alpha_{i+j-1}}{2}\right).\quad(5.1.10)
\end{aligned}
$$

由式 (5.1.8)—(5.1.10), 即得式 (5.1.6).

类似地, 在 (5.1.8) 的证明中, 注意到

$$
\begin{aligned}
&abr\sin\alpha\left(\cos\frac{\alpha_{i+n-1}+\alpha_i}{2}\cos\frac{\alpha_{i+j-1}-\alpha_{i+j}}{2}-\cos\frac{\alpha_{i+j-1}+\alpha_{i+j}}{2}\cos\frac{\alpha_{i+n-1}-\alpha_i}{2}\right)\\
=&\frac{1}{2}abr\sin\alpha\left(\cos\frac{\alpha_{i+n-1}+\alpha_i+\alpha_{i+j-1}-\alpha_{i+j}}{2}-\cos\frac{\alpha_{i+j-1}+\alpha_{i+j}+\alpha_i-\alpha_{i+n-1}}{2}\right)\\
&+\frac{1}{2}abr\sin\alpha\left(\cos\frac{\alpha_{i+n-1}+\alpha_i+\alpha_{i+j}-\alpha_{i+j-1}}{2}\right.\\
&\left.-\cos\frac{\alpha_{i+n-1}+\alpha_{i+j-1}+\alpha_{i+j}-\alpha_i}{2}\right),
\end{aligned}
$$

可以证明式 (5.1.7) 成立.

定理 5.1.3 (喻德生, 2006, 2017)　设 $Q_1Q_2\cdots Q_n(n\geqslant4)$ 是抛物线 $x^2=2py$ 的外切 n 角形, Q_kQ_{k+1} 所在直线与抛物线的切点为 $P_k(2pt_k,2pt_k^2)(k=1,2,\cdots,n)$, P 是抛物线所在平面上任意一点, 则

$$
p_{i,i+j}\mathrm{D}_{PQ_iQ_{i+j}}=q_{i,i+j}\mathrm{D}_{PP_iP_{i+j}}+q_{i+n-1,i+j-1}\mathrm{D}_{PP_{i+n-1}P_{i+j-1}},\quad(5.1.11)
$$

$$
p'_{i,i+j}\mathrm{D}_{PQ_iQ_{i+j}}=q_{i,i+j-1}\mathrm{D}_{PP_iP_{i+j-1}}+q_{i+n-1,i+j}\mathrm{D}_{PP_{i+n-1}P_{i+j}},\quad(5.1.12)
$$

其中 $p_{i,i+j}=1/\tau_{i,i+j}\tau_{i+n-1,i+j-1}$, $p'_{i,i+j}=1/\tau_{i,i+j-1}\tau_{i+n-1,i+j}$, $q_{i,i+j}=1/2\tau_{i,i+j}^2$, 其余类同; 且当 n 为奇数时, $i=1,2,\cdots,n,j=2,\cdots,(n-1)/2$; 当 n 为偶数时, $i=1,2,\cdots,n,j=2,\cdots,n/2-1$ 及 $i=1,2,\cdots,n/2,j=n/2$.

证明 如图 5.1.3 所示. 不妨设抛物线所在平面上任意一点的坐标为 $P(r\cos\alpha, r\sin\alpha)(r \geqslant 0)$. 由题设切线 $Q_{i+n-1}Q_i$ 的方程为

$$2pt_{i+n-1}x = 2p \cdot \frac{y + 2pt_{i+n-1}^2}{2},$$

即

$$y - 2t_{i+n-1}x = -2pt_{i+n-1}^2, \tag{5.1.13}$$

同理可得切线 Q_iQ_{i+1} 的方程

$$y - 2t_ix = -2pt_i^2. \tag{5.1.14}$$

式 (5.1.13) 和 (5.1.14) 联立求得 $Q_1Q_2\cdots Q_n$ 顶点的坐标

$$Q_i(p(t_i + t_{i+n-1}), 2pt_it_{i+n-1}) \quad (i = 1, 2, \cdots, n).$$

根据三角形有向面积公式, 得

$$
\begin{aligned}
2\mathrm{D}_{PQ_iQ_{i+j}} =& pr[2t_it_{i+n-1}\cos\alpha - (t_i + t_{i+n-1})\sin\alpha] \\
& + 2p^2[(t_i + t_{i+n-1})t_{i+j}t_{i+j-1} - (t_{i+j} + t_{i+j-1})t_it_{i+n-1} \\
& + pr[(t_{i+j} + t_{i+j-1})\sin\alpha - 2t_{i+j}t_{i+j-1}\cos\alpha] \\
=& 2pr[t_i(t_{i+n-1} - t_{i+j-1}) + t_{i+j-1}(t_i - t_{i+j})]\cos\alpha \\
& - pr[(t_i - t_{i+j}) + (t_{i+n-1} - t_{i+j-1})]\sin\alpha \\
& - 2p^2[t_it_{i+j}(t_{i+n-1} - t_{i+j-1}) + t_{i+n-1}t_{i+j-1}(t_i - t_{i+j})],
\end{aligned}
$$

上式两边同除以 $\tau_{i,i+j}\tau_{i+n-1,i+j-1} \neq 0$, 得

$$
\begin{aligned}
p_{i,i+j}&\mathrm{D}_{PQ_iQ_{i+j}} \\
=& pr(t_i/\tau_{i,i+j} + t_{i+j-1}/\tau_{i+n-1,i+j-1})\cos\alpha \\
& - \frac{1}{2}pr(1/\tau_{i,i+j} + 1/\tau_{i+n-1,i+j-1})\sin\alpha \\
& - p^2(t_it_{i+j}/\tau_{i,i+j} + t_{i+n-1}t_{i+j-1}/\tau_{i+n-1,i+j-1}). \tag{5.1.15}
\end{aligned}
$$

又

$$
\begin{aligned}
\mathrm{D}_{PP_iP_{i+j}} \\
=& pr(t_i^2\cos\alpha - t_i\sin\alpha) + 2p^2(t_it_{i+j}^2 - t_{i+j}t_i^2) + pr(t_{i+j}\sin\alpha - t_{i+j}^2\cos\alpha) \\
=& pr(t_i - t_{i+j})(t_i + t_{i+j})\cos\alpha - pr(t_i - t_{i+j})\sin\alpha - 2p^2t_it_{i+j}(t_i - t_{i+j}),
\end{aligned}
$$

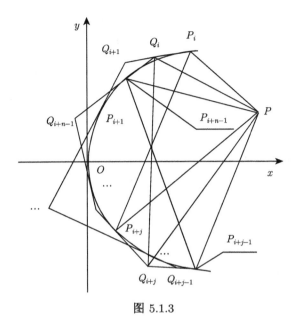

图 5.1.3

于是

$$q_{i,i+j}\mathrm{D}_{PP_iP_{i+j}}$$
$$=\left[pr(t_i+t_{i+j})\cos\alpha-pr\sin\alpha-2p^2t_it_{i+j}\right]/2\tau_{i,i+j}. \tag{5.1.16}$$

同理

$$q_{i+n-1,i+j-1}\mathrm{D}_{PP_{i+n-1}P_{i+j-1}}$$
$$=\left[pr(t_{i+n-1}+t_{i+j-1})\cos\alpha-pr\sin\alpha-2p^2t_{i+n-1}t_{i+j-1}\right]/2\tau_{i+n-1,i+j-1}, \tag{5.1.17}$$

注意到 $2(t_i/\tau_{i,i+j}+t_{i+j-1}/\tau_{i+n-1,i+j-1})=(t_i+t_{i+j})/\tau_{i,i+j}+(t_{i+n-1}+t_{i+j-1})/\tau_{i+n-1,i+j-1}$, 由式 (5.1.15)—(5.1.17), 即得式 (5.1.11).

类似地, 在式 (5.1.15) 式的证明中, 注意到

$$2\mathrm{D}_{PQ_iQ_{i+j}}$$
$$=2pr(t_{i+n-1}\tau_{i,i+j-1}+t_{i+j-1}\tau_{i+n-1,i+j})\cos\alpha-pr(\tau_{i,i+j-1}+\tau_{i+n-1,i+j})\sin\alpha$$
$$-2p^2(t_it_{i+j-1}\tau_{i+n-1,i+j}+t_{i+n-1}t_{i+j}\tau_{i,i+j-1}),$$

可以证明式 (8.1.17) 成立.

5.1.3 统一的圆锥曲线外切 n $(n \geqslant 4)$ 角形中有向面积的定值定理

定理 5.1.4 (喻德生, 2014, 2017) 设 $Q_1Q_2\cdots Q_n(n \geqslant 4)$ 是式 (4.2.1) 所表示的

圆锥曲线 L 的外切 n 角形, Q_kQ_{k+1} 所在直线与圆锥曲线的切点为 $P_k\left(\dfrac{a\cos\theta_k}{1-e\cos\theta_k},\right.$ $\left.\dfrac{a\sin\theta_k}{1-e\cos\theta_k}\right)(k=1,2,\cdots,n)$, P 是圆锥曲线所在平面上任意一点, 则

$$a_{i,i+j}\mathrm{D}_{PQ_iQ_{i+j}} = b_{i,i+j}\mathrm{D}_{PP_iP_{i+j}} + b_{i+n-1,i+j-1}\mathrm{D}_{PP_{i+n-1}P_{i+j-1}}, \tag{5.1.18}$$

$$a'_{i,i+j}\mathrm{D}_{PQ_iQ_{i+j}} = b_{i,i+j-1}\mathrm{D}_{PP_iP_{i+j-1}} + b_{i+n-1,i+j}\mathrm{D}_{PP_{i+n-1}P_{i+j}}, \tag{5.1.19}$$

其中 $a_{i,i+j} = (\delta_{i,i+n-1}-e\delta'_{i,i+n-1})(\delta_{i+j,i+j-1}-e\delta'_{i+j,i+j-1})/\sigma_{i,i+j}\sigma_{i+n-1,i+j-1}$, $a'_{i,i+j} = (\delta_{i,i+n-1}-e\delta'_{i,i+n-1})(\delta_{i+j,i+j-1}-e\delta'_{i+j,i+j-1})/\sigma_{i,i+j-1}\sigma_{i+n-1,i+j}$, $b_{i,i+j} = (1-e\cos\theta_i)(1-e\cos\theta_{i+j})/2\sigma^2_{i,i+j}$; 且当 n 为奇数时, $i=1,2,\cdots,n, j=2,\cdots,(n-1)/2$; 当 n 为偶数时, $i=1,2,\cdots,n, j=2,\cdots,n/2-1$ 及 $i=1,2,\cdots,n/2, j=n/2$.

证明 设圆锥曲线所在平面任意一点的坐标为 $P(r\cos\theta, r\sin\theta)(r \geqslant 0)$. 因为圆锥曲线的参数方程为

$$x = \frac{a\cos\theta}{1-e\cos\theta}, \quad y = \frac{a\sin\theta}{1-e\cos\theta},$$

所以

$$y'_x = \frac{\mathrm{d}}{\mathrm{d}\theta}\left(\frac{\sin\theta}{1-e\cos\theta}\right) \bigg/ \frac{\mathrm{d}}{\mathrm{d}\theta}\left(\frac{\cos\theta}{1-e\cos\theta}\right) = \frac{e-\cos\theta}{\sin\theta}.$$

于是由直线 $Q_{i+n-1}Q_i$ 的斜率

$$k_{Q_{i+n-1}Q_i} = \frac{e-\cos\theta_{i+n-1}}{\sin\theta_{i+n-1}},$$

求得 $Q_{i+n-1}Q_i$ 的直线方程

$$(\cos\theta_{i+n-1}-e)x + \sin\theta_{i+n-1}\cdot y = a. \tag{5.1.20}$$

同理 Q_iQ_{i+1} 的直线方程为

$$(\cos\theta_i - e)x + \sin\theta_i y = a. \tag{5.1.21}$$

式 (5.1.20) 和 (5.1.21) 联立①, 求得 $Q_1Q_2\cdots Q_n$ 顶点的坐标

$$Q_i\left(\frac{a}{\delta_{i,i+n-1}-e\delta'_{i,i+n-1}}\cos\frac{\theta_i+\theta_{i+n-1}}{2}, \frac{a}{\delta_{i,i+n-1}-e\delta'_{i,i+n-1}}\sin\frac{\theta_i+\theta_{i+n-1}}{2}\right),$$

其中 $i=1,2,\cdots,n$.

---

① 当 $Q \geqslant 0, n$ 时, y'_x 不存在, 但式 (5.1.20)、(5.1.21) 仍成立.

根据三角形有向面积公式得

$$2(\delta_{i,i+n-1} - e\delta'_{i,i+n-1})(\delta_{i+j,i+j-1} - e\delta'_{i+j,i+j-1})\mathrm{D}_{PQ_iQ_{i+j}}$$

$$=ar\left(\cos\theta\sin\frac{\theta_i + \theta_{i+n-1}}{2} - \cos\frac{\theta_i + \theta_{i+n-1}}{2}\sin\theta\right)$$

$$\times\left(\cos\frac{\theta_{i+j} - \theta_{i+j-1}}{2} - e\cos\frac{\theta_{i+j} + \theta_{i+j-1}}{2}\right)$$

$$+ a^2\left(\cos\frac{\theta_i + \theta_{i+n-1}}{2}\sin\frac{\theta_{i+j} + \theta_{i+j-1}}{2}\right.$$

$$\left. - \sin\frac{\theta_i + \theta_{i+n-1}}{2}\cos\frac{\theta_{i+j} + \theta_{i+j-1}}{2}\right)$$

$$+ ar\left(\cos\frac{\theta_{i+j} + \theta_{i+j-1}}{2}\sin\theta - \sin\frac{\theta_{i+j} + \theta_{i+j-1}}{2}\cos\theta\right)$$

$$\times\left(\cos\frac{\theta_i - \theta_{i+n-1}}{2} - e\cos\frac{\theta_i + \theta_{i+n-1}}{2}\right)$$

$$=ar\left(\sin\frac{\theta_{i+n-1} + \theta_i - 2\theta}{2}\cos\frac{\theta_{i+j} - \theta_{i+j-1}}{2}\right.$$

$$\left. - \sin\frac{\theta_{i+j-1} + \theta_{i+j} - 2\theta}{2}\cos\frac{\theta_i - \theta_{i+n-1}}{2}\right)$$

$$+ are\left(\sin\frac{\theta_{i+j-1} + \theta_{i+j} - 2\theta}{2}\cos\frac{\theta_i + \theta_{i+n-1}}{2}\right.$$

$$\left. - \sin\frac{\theta_{i+n-1} + \theta_i - 2\theta}{2}\cos\frac{\theta_{i+j} + \theta_{i+j-1}}{2}\right)$$

$$+ a^2\sin\frac{\theta_{i+j-1} + \theta_{i+j} - \theta_{i+n-1} - \theta_i}{2}$$

$$=\frac{1}{2}ar\left(\sin\frac{\theta_{i+n-1} + \theta_i + \theta_{i+j-1} - \theta_{i+j} - 2\theta}{2}\right.$$

$$\left. + \sin\frac{\theta_{i+n-1} + \theta_i + \theta_{i+j} - \theta_{i+j-1} - 2\theta}{2}\right)$$

$$- \frac{1}{2}ar\left(\sin\frac{\theta_{i+j-1} + \theta_{i+j} + \theta_{i+n-1} - \theta_i - 2\theta}{2}\right.$$

$$\left. + \sin\frac{\theta_{i+j-1} + \theta_{i+j} + \theta_i - \theta_{i+n-1} - 2\theta}{2}\right)$$

$$+ \frac{1}{2}are\left(\sin\frac{\theta_{i+j-1} + \theta_{i+j} + \theta_{i+n-1} + \theta_i - 2\theta}{2}\right.$$

$$\left. + \sin\frac{\theta_{i+j-1} + \theta_{i+j} - \theta_{i+n-1} - \theta_i - 2\theta}{2}\right)$$

$$- \frac{1}{2}are \left(\sin \frac{\theta_{i+n-1} + \theta_i + \theta_{i+j-1} + \theta_{i+j} - 2\theta}{2} \right.$$

$$\left. + \sin \frac{\theta_{i+n-1} + \theta_i - \theta_{i+j-1} - \theta_{i+j} - 2\theta}{2} \right)$$

$$+ a^2 \sin \frac{\theta_{i+j-1} + \theta_{i+j} - \theta_{i+n-1} - \theta_i}{2}$$

$$= ar \left(\cos \frac{\theta_{i+n-1} + \theta_{i+j-1} - 2\theta}{2} \sin \frac{\theta_i - \theta_{i+j}}{2} \right.$$

$$\left. + \cos \frac{\theta_i + \theta_{i+j} - 2\theta}{2} \sin \frac{\theta_{i+n-1} - \theta_{i+j-1}}{2} \right)$$

$$+ are \cos \theta \sin \frac{\theta_{i+j-1} + \theta_{i+j} - \theta_{i+n-1} - \theta_i}{2}$$

$$+ a^2 \sin \frac{\theta_{i+j-1} + \theta_{i+j} - \theta_{i+n-1} - \theta_i}{2}$$

$$= ar \left(\cos \frac{\theta_{i+n-1} + \theta_{i+j-1} - 2\theta}{2} \sin \frac{\theta_i - \theta_{i+j}}{2} \right.$$

$$\left. + \cos \frac{\theta_i + \theta_{i+j} - 2\theta}{2} \sin \frac{\theta_{i+n-1} - \theta_{i+j-1}}{2} \right)$$

$$- (are \cos \theta + a^2) \left(\sin \frac{\theta_{i+n-1} - \theta_{i+j-1}}{2} \cos \frac{\theta_i - \theta_{i+j}}{2} \right.$$

$$\left. + \cos \frac{\theta_{i+n-1} - \theta_{i+j-1}}{2} \sin \frac{\theta_i - \theta_{i+j}}{2} \right),$$

于是

$$a_{i,i+j} \mathrm{D}_{PQ_iQ_{i+j}}$$

$$= \frac{1}{2} ar \left(\frac{1}{\sigma_{i,i+j}} \cos \frac{\theta_{i+j} + \theta_i - 2\theta}{2} + \frac{1}{\sigma_{i+n-1,i+j-1}} \cos \frac{\theta_{i+n-1} + \theta_{i+j-1} - 2\theta}{2} \right)$$

$$- \frac{1}{2} (are \cos \theta + a^2) \left(\cot \frac{\theta_i - \theta_{i+j}}{2} + \cot \frac{\theta_{i+n-1} - \theta_{i+j-1}}{2} \right). \tag{5.1.22}$$

又

$$2(1 - e \cos \theta_i)(1 - e \cos \theta_{i+j}) \mathrm{D}_{PP_iP_{i+j}}$$

$$= ar \left(\cos \theta \sin \theta_i - \cos \theta_i \sin \theta \right) (1 - e \cos \theta_{i+j})$$

$$+ a^2 \left(\cos \theta_i \sin \theta_{i+j} - \cos \theta_{i+j} \sin \theta_i \right)$$

$$+ ar \left(\cos \theta_{i+j} \sin \theta - \sin \theta_{i+j} \cos \theta \right) (1 - e \cos \theta_i)$$

$$= ar[\sin(\theta_i - \theta) - \sin(\theta_{i+j} - \theta)] - a^2 \sin(\theta_i - \theta_{i+j})$$

$$+ are[\sin(\theta_{i+j} - \theta) \cos \theta_i - \sin(\theta_i - \theta) \cos \theta_{i+j}]$$

$$
\begin{aligned}
=&2ar\cos\frac{\theta_i+\theta_{i+j}-2\theta}{2}\sin\frac{\alpha_i-\alpha_{i+j}}{2}-a^2\sin(\theta_i-\theta_{i+j})\\
&+\frac{1}{2}are\left[\sin(\theta_{i+j}+\theta_i-\theta)+\sin(\theta_{i+j}-\theta_i-\theta)\right.\\
&\left.-\sin(\theta_i+\theta_{i+j}-\theta)-\sin(\theta_i-\theta_{i+j}-\theta)\right]\\
=&2ar\cos\frac{\theta_i+\theta_{i+j}-2\theta}{2}\sin\frac{\theta_i-\theta_{i+j}}{2}-a^2\sin(\theta_i-\theta_{i+j})-are\cos\theta\sin(\theta_i-\theta_{i+j})\\
=&2ar\cos\frac{\theta_i+\theta_{i+j}-2\theta}{2}\sin\frac{\theta_i-\theta_{i+j}}{2}-2(are\cos\theta+a^2)\sin\frac{\theta_i-\theta_{i+j}}{2}\cos\frac{\theta_i-\theta_{i+j}}{2},
\end{aligned}
$$

于是

$$
\begin{aligned}
&b_{i,i+j}\mathrm{D}_{PP_iP_{i+j}}\\
=&\frac{ar}{2\sigma_{i,i+j}}\cos\frac{\theta_i+\theta_{i+j}-2\theta}{2}-\frac{1}{2}(are\cos\theta+a^2)\cot\frac{\theta_i-\theta_{i+j}}{2}.
\end{aligned}\tag{5.1.23}
$$

同理

$$
\begin{aligned}
&b_{i+n-1,i+j-1}\mathrm{D}_{PP_{i+n-1}P_{i+j-1}}\\
=&\frac{ar}{2\sigma_{i+n-1,i+j-1}}\cos\frac{\theta_{i+n-1}+\theta_{i+j-1}-2\theta}{2}\\
&-\frac{1}{2}(are\cos\theta+a^2)\cot\frac{\theta_{i+n-1}-\theta_{i+j-1}}{2},
\end{aligned}\tag{5.1.24}
$$

由式 (5.1.22)—(5.1.24) 即得式 (5.1.18).

类似地, 在式 (5.1.22) 的证明中, 注意到

$$
\begin{aligned}
&ar\left(\sin\frac{\theta_{i+n-1}+\theta_i-2\theta}{2}\cos\frac{\theta_{i+j}-\theta_{i+j-1}}{2}-\sin\frac{\theta_{i+j-1}+\theta_{i+j}-2\theta}{2}\cos\frac{\theta_i-\theta_{i+n-1}}{2}\right)\\
=&\frac{1}{2}ar\left(\sin\frac{\theta_{i+n-1}+\theta_i+\theta_{i+j-1}-\theta_{i+j}-2\theta}{2}-\sin\frac{\theta_{i+j-1}+\theta_{i+j}+\theta_i-\theta_{i+n-1}-2\theta}{2}\right)\\
&+\frac{1}{2}ar\left(\sin\frac{\theta_{i+n-1}+\theta_i+\theta_{i+j}-\theta_{i+j-1}-2\theta}{2}-\sin\frac{\theta_{i+j-1}+\theta_{i+j}+\theta_i-\theta_{i+n-1}-2\theta}{2}\right),
\end{aligned}
$$

可以证明式 (8.1.19) 成立.

5.1.4　圆锥曲线外切 $n\,(n\geqslant4)$ 角形中有向面积的定值定理的应用

注意到圆锥曲线都可以化为式 (4.2.1) 的形式, 由定理 5.1.4 可以得到如下的圆锥曲线外切 $n\,(n\geqslant4)$ 角形中的共点定理和等积定理等结论, 包括著名的 Brianchon 定理.

定理 5.1.5 (喻德生, 2003, 2004, 2006, 2017)　设 $Q_1Q_2\cdots Q_n(n\geqslant4)$ 是圆锥曲线外切 n 角形, Q_kQ_{k+1} 所在直线与圆锥曲线的切点为 $P_k(k=1,2\cdots,n)$, 则

(1) Q_iQ_{i+j}, P_iP_{i+j} 和 $P_{i+n-1}P_{i+j-1}$ 所在直线相交于一点 M_{ij};

(2) Q_iQ_{i+j}, P_iP_{i+j-1} 和 $P_{i+n-1}P_{i+j}$ 所在直线相交于一点 N_{ij} 或相互平行 (即相交于无穷远点 $N_{\infty ij}$), 其中 n, i, j 的取值同定理 5.1.4.

证明 (1) 如图 5.1.4 所示. 设 P_iP_{i+j} 与 $P_{i+n-1}P_{i+j-1}$ 所在直线相交于一点 M_{ij}, 则 $D_{M_{ij}P_iP_{i+j}} = D_{M_{ij}P_{i+j-1}P_{i+n-1}} = 0$. 代入式 (5.1.18) 并注意到 $a_{i,i+j} \neq 0$ 得 $D_{M_{ij}Q_iQ_{i+j}} = 0$, 即 M_{ij} 在直线 Q_iQ_{i+j} 上. 从而 (1) 中结论成立.

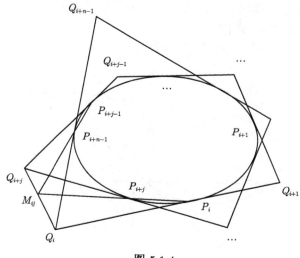

图 5.1.4

(2) 如图 5.1.5 所示. 若 P_iP_{i+j-1} 与 $P_{i+n-1}P_{i+j}$ 所在直线相交于一点 N_{ij}, 仿 (1) 类似地可以证明. Q_iQ_{i+j}, P_iP_{i+j-1} 和 $P_{i+n-1}P_{i+j}$ 所在直线相交于点 N_{ij};

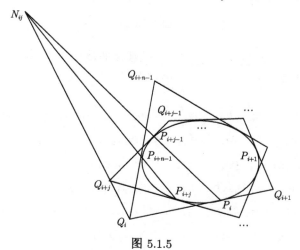

图 5.1.5

若 P_iP_{i+j-1} 与 $P_{i+n-1}P_{i+j}$ 相互平行, 即 P_iP_{i+j-1} 与 $P_{i+n-1}P_{i+j}$ 所在直线相交于无穷远点 $N_{\infty ij}$, 亦即 $\mathrm{D}_{N_{\infty ij}P_iP_{i+j-1}} = \mathrm{D}_{N_{\infty ij}P_{i+n-1}P_{i+j}} = 0$. 代入式 (8.1.20) 并注意到 $a'_{i,i+j} \neq 0$, 得 $\mathrm{D}_{N_{\infty ij}Q_iQ_{i+j}} = 0$, 故 $N_{\infty ij}$ 在直线 Q_iQ_{i+j} 上. 从而 Q_iQ_{i+j}, P_iP_{i+j-1} 和 $P_{i+n-1}P_{i+j}$ 所在直线相交于无穷远点 $N_{\infty ij}$, 即这三条直线相互平行.

推论 5.1.1　圆锥曲线外切四角形 $Q_1Q_2Q_3Q_4$ 的对角线 Q_1Q_3, Q_2Q_4 所在直线分别经过它与圆锥曲线四个切点所组成的两组直线 P_1P_2 和 P_3P_4, P_2P_3 和 P_4P_1 的交点或分别与这两组直线平行.

证明　如图 5.1.6 所示. 在定理 5.1.5(2) 中令 $n = 4, j = 2$, 并分别取 $i = 1, 2$ 即得.

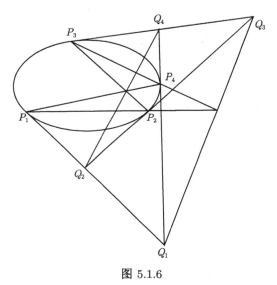

图 5.1.6

定理 5.1.6　设 $Q_1Q_2 \cdots Q_n(n \geqslant 4)$ 是圆锥曲线切 n 角形, Q_kQ_{k+1} 所在直线与圆锥曲线的切点为 $P_k(k = 1, 2, \cdots, n)$, 则

$$\mathrm{a}_{Q_iP_iP_{i+j}} \cdot \mathrm{a}_{Q_{i+j}P_{i+n-1}P_{i+j-1}} = \mathrm{a}_{Q_iP_{i+n-1}P_{i+j-1}} \cdot \mathrm{a}_{Q_{i+j}P_iP_{i+j}}, \tag{5.1.25}$$

$$\mathrm{a}_{P_iQ_iQ_{i+j}} \cdot \mathrm{a}_{P_{i+j}P_{i+n-1}P_{i+j-1}} = \mathrm{a}_{P_{i+j}Q_iQ_{i+j}} \cdot \mathrm{a}_{P_iP_{i+n-1}P_{i+j-1}}, \tag{5.1.26}$$

$$\mathrm{a}_{P_{i+n-1}Q_iQ_{i+j}} \cdot \mathrm{a}_{P_{i+j-1}P_iP_{i+j}} = \mathrm{a}_{P_{i+j-1}Q_iQ_{i+j}} \cdot \mathrm{a}_{P_{i+n-1}P_iP_{i+j}}, \tag{5.1.27}$$

$$\mathrm{a}_{Q_iP_iP_{i+j-1}} \cdot \mathrm{a}_{Q_{i+j}P_{i+n-1}P_{i+j}} = \mathrm{a}_{Q_iP_{i+n-1}P_{i+j}} \cdot \mathrm{a}_{Q_{i+j}P_iP_{i+j-1}}, \tag{5.1.28}$$

$$\mathrm{a}_{P_iQ_iQ_{i+j}} \cdot \mathrm{a}_{P_{i+j-1}P_{i+n-1}P_{i+j}} = \mathrm{a}_{P_{i+j-1}Q_iQ_{i+j}} \cdot \mathrm{a}_{P_iP_{i+n-1}P_{i+j}}, \tag{5.1.29}$$

$$\mathrm{a}_{P_{i+n-1}Q_iQ_{i+j}} \cdot \mathrm{a}_{P_{i+j}P_iP_{i+j-1}} = \mathrm{a}_{P_{i+j}Q_iQ_{i+j}} \cdot \mathrm{a}_{P_{i+n-1}P_iP_{i+j-1}}, \tag{5.1.30}$$

其中 n, i, j 的取值同定理 5.1.4.

证明 将 Q_i, Q_{i+j} 分别代入式 (5.1.18)，并化简得

$$b_{i,i+j}\mathrm{D}_{Q_iP_iP_{i+j}} = -b_{i+n-1,i+j-1}\mathrm{D}_{Q_iP_{i+n-1}P_{i+j-1}}, \tag{5.1.31}$$

$$b_{i,i+j}\mathrm{D}_{Q_{i+j}P_iP_{i+j}} = -b_{i+n-1,i+j-1}\mathrm{D}_{Q_{i+j}P_{i+n-1}P_{i+j-1}}. \tag{5.1.32}$$

式 (5.1.31) 和 (5.1.32) 相除后等式两边取绝对值，化简即得式 (5.1.25).

类似地，可以证明式 (5.1.26)—(5.1.32).

定理 5.1.7 (喻德生, 2003, 2004, 2006, 2017) 设 $Q_1Q_2\cdots Q_n(n \geqslant 4)$ 是圆锥曲线切 n 角形, Q_kQ_{k+1} 所在直线与圆锥曲线的切点为 $P_k(k = 1, 2, \cdots, n)$, P_iP_{i+j} 和 $P_{i+n-1}P_{i+j-1}$ 所在直线相交于点 M_{ij}, P_iP_{i+j-1} 和 $P_{i+n-1}P_{i+j}$ 所在直线相交于点 N_{ij}, 则 $Q_i, Q_{i+j}, M_{ij}, N_{ij}$ 四点共线, 其中 n, i, j 的取值同定理 5.1.4.

证明 如图 5.1.7 所示. 由定理 5.1.5 知 Q_i, Q_{i+j}, M_{ij} 和 Q_i, Q_{i+j}, N_{ij} 均三点共线, 从而 $Q_i, Q_{i+j}, M_{ij}, N_{ij}$ 四点共线.

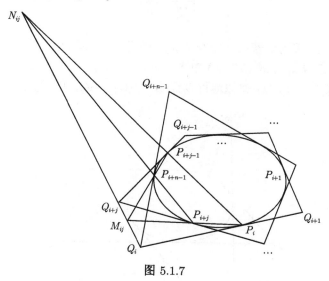

图 5.1.7

定理 5.1.8 设 $Q_1Q_2\cdots Q_6$ 是二次曲线外切六角形, 则 $Q_1Q_2\cdots Q_6$ 的三对对顶点的连线 Q_1Q_4, Q_2Q_5 和 Q_3Q_6 所在的三条直线相交于一点或相互平行.

证明 (1) 如图 5.1.8 所示. 若 Q_1Q_4 与 Q_2Q_5 所在直线相交于点 G, 在式 (5.1.18) 中令 $n = 6, j = 3$ 及 $\mathrm{D}_{GQ_1Q_4} = \mathrm{D}_{GQ_2Q_5} = 0$, 并分别取 $i = 1, 2, 3$, 得

$$b_{1,4}\mathrm{D}_{GP_1P_4} + b_{6,3}\mathrm{D}_{GP_6P_3} = 0, \tag{5.1.33}$$

$$b_{2,5}\mathrm{D}_{GP_2P_5} + b_{1,4}\mathrm{D}_{GP_1P_4} = 0, \tag{5.1.34}$$

$$b_{3,6}\mathrm{D}_{GQ_3Q_6} = b_{3,6}\mathrm{D}_{GP_3P_6} + b_{2,5}\mathrm{D}_{GP_2P_5}. \tag{5.1.35}$$

式 (5.1.33)−(5.1.34)+(5.1.35) 并注意到 $D_{GP_6P_3} = -D_{GP_3P_6}$, $b_{3,6} = b_{6,3}$ 及 $a_{3,6} \neq 0$, 得 $D_{GQ_3Q_6} = 0$, 即 G 在直线 Q_3Q_6 上, 从而 Q_1Q_4, Q_2Q_5 和 Q_3Q_6 所在的三条直线相交于一点.

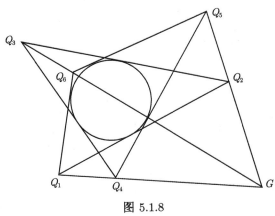

图 5.1.8

(2) 如图 5.1.9 所示. 若 Q_1Q_4 与 Q_2Q_5 相互平行, 即 Q_1Q_4 与 Q_2Q_5 所在直线相交于无穷远点 G_∞, 在式 (5.1.18) 中令 $n = 6, j = 3$ 及 $D_{G_\infty Q_1Q_4} = D_{G_\infty Q_2Q_5} = 0$, 并分别取 $i = 1, 2, 3$, 仿 (1) 类似地可以证明. Q_1Q_4, Q_2Q_5 和 Q_3Q_6 相互平行.

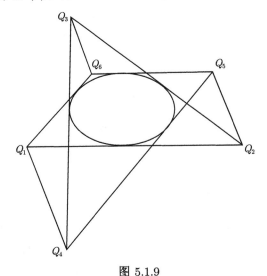

图 5.1.9

注 5.1.1　当 $Q_1Q_2\cdots Q_6$ 是圆锥曲线外切六边形时, 定理 5.1.8 就是所谓的 Brianchon 定理.

定理 5.1.9　设 $Q_1Q_2Q_3Q_4$ 是圆锥曲线外切四角形, P_k 是它的边 $Q_kQ_{k+1}(k =$

$1, 2, 3, 4)$ 与二次曲线的切点, 则四角形 $Q_1Q_2Q_3Q_4$ 的两条对角线 Q_1Q_3, Q_2Q_4 所在的两条直线和二次曲线的四个切点所组成的两条直线 P_1P_3, P_2P_4 相交于一点或相互平行.

证明 (1) 如图 5.1.10 所示. 若 P_1P_3, P_2P_4 所在直线的交点为 G, 在式 (5.1.1) 中令 $n = 4, j = 2$ 及 $\mathrm{D}_{GP_1P_3} = \mathrm{D}_{GP_2P_4} = 0$, 得 $a_{i,i+2}\mathrm{D}_{GQ_iQ_{i+2}} = 0 (i = 1, 2)$. 注意到 $a_{i,i+2} \neq 0$, 故 $\mathrm{D}_{GQ_iQ_{i+2}} = 0 (i = 1, 2)$, 即 G 在 Q_1Q_3 和 Q_2Q_4 所在直线上, 从而 Q_1Q_3, Q_2Q_4 所在的两条直线和 P_1P_3, P_2P_4 所在的两条直线相交于一点.

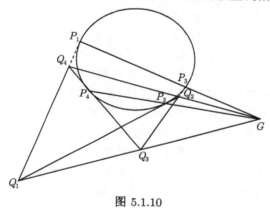

图 5.1.10

(2) 如图 5.1.11 所示. 若 P_1P_3 与 P_2P_4 相互平行, 即 P_1P_3 与 P_2P_4 所在直线相交于无穷远点 G_∞, 在式 (5.1.1) 中令 $n = 4, j = 2$ 及 $\mathrm{D}_{G_\infty P_1P_3} = \mathrm{D}_{G_\infty P_2P_4} = 0$, 得 $a_{i,i+2}\mathrm{D}_{G_\infty Q_iQ_{i+2}} = 0 (i = 1, 2)$. 注意到 $a_{i,i+2} \neq 0$, 故 $\mathrm{D}_{G_\infty Q_iQ_{i+2}} = 0 (i = 1, 2)$, 即 G_∞ 在 Q_1Q_3 和 Q_2Q_4 所在直线上, 从而 Q_1Q_3, Q_2Q_4 所在的两条直线和 P_1P_3, P_2P_4 所在的两条直线相交于无穷远点 G_∞, 即 Q_1Q_3, Q_2Q_4 所在的两条直线和 P_1P_3, P_2P_4 所在的两条直线相互平行.

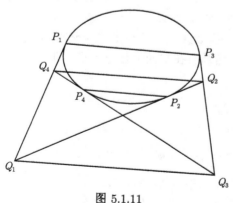

图 5.1.11

注 5.1.2　当 $Q_1Q_2Q_3Q_4$ 是圆锥曲线外切四边形时, 定理 5.1.9 就是所谓的 Brianchon 定理在圆锥曲线外切四边形的情形.

5.2　圆锥曲线外切 $mn(m, n \geqslant 2)$ 角形中有向面积的定值定理与应用

通过 5.1 节的讨论, 我们知道, Brianchon 定理不仅对圆锥曲线外切六角形成立, 当圆锥曲线外切六角形退化成外切四角形时, 也可以得到 Brianchon 定理在圆锥曲线外切四角形的情形. 于是, 我们要问, Brianchon 定理为什么对圆锥曲线外切八角形、十角形等不成立? 我们发现, 在有向面积的观点下, 这两种看似对立的情况, 在圆锥曲线偶数外切多角中可以得到统一. 本节主要探讨圆锥曲线外切 $mn(m, n \geqslant 2)$ 角形中对角线三角形和切点线三角形之间的关系. 首先, 依次给出各类圆锥曲线——椭圆、双曲线和抛物线外切 mn 角形中对角线三角形和切点线三角形有向面积的定值定理; 其次, 给出统一的圆锥曲线外切 mn 角形中对角线三角形和切点线三角形有向面积的定值定理, 从而揭示各类圆锥曲线 mn 角形中对角线三角形和切点线三角形有向面积的定值定理间的关系; 最后, 讨论圆锥曲线外切 mn 角形中对角线三角形和切点线三角形有向面积的定值定理的应用, 从而将 Brianchon 定理等结论推广到圆锥曲线外切 mn 角形的情形, 进一步揭示了 Brianchon 定理的背景.

在本节中, 仍记 $\delta_{i,j} = \cos\dfrac{\alpha_i - \alpha_j}{2}, \sigma_{i,j} = \sin\dfrac{\alpha_i - \alpha_j}{2}, \tau_{i,j} = t_i - t_j$, 并规定 $\alpha_{mn+i} = \alpha_i, t_{mn+i} = t_i$, 则

$$\delta_{mn+i,mn+j} = \delta_{mn+i,j} = \delta_{i,mn+j} = \delta_{i,j}; \quad \sigma_{mn+i,mn+j} = \sigma_{mn+i,j} = \sigma_{i,mn+j} = \sigma_{i,j};$$

$$\tau_{mn+i,mn+j} = \tau_{mn+i,j} = \tau_{i,mn+j} = \tau_{i,j}.$$

5.2.1　各类圆锥曲线外切 $mn(m, n \geqslant 2)$ 角形中有向面积的定值定理

定理 5.2.1 (喻德生, 2014, 2017)　设 $Q_1Q_2\cdots Q_{mn}(m, n \geqslant 2)$ 是椭圆 $x^2/a^2 + y^2/b^2 = 1$ 的外切 mn 角形, Q_kQ_{k+1} 所在直线与椭圆的切点为 $P_k(a\cos\alpha_k, b\sin\alpha_k)$ $(k = 1, 2, \cdots, mn)$, P 是椭圆所在平面上任意一点, 则

$$\sum_{i=i_0}^{n+i_0-1} (-1)^{i-i_0+1} u_{i,i+j} \mathrm{D}_{PQ_iQ_{i+j}}$$

$$= (-1)^n v_{n+i_0-1,n+i_0+j-1} \mathrm{D}_{PP_{n+i_0-1}P_{n+i_0+j-1}}$$

$$- v_{i_0+mn-1,i_0+j-1} \mathrm{D}_{PP_{i_0+mn-1}P_{i_0+j-1}}, \tag{5.2.1}$$

其中 $u_{i,i+j} = 2\delta_{i,i+mn-1}\delta_{i+j,i+j-1}/\sigma_{i,i+j}\sigma_{i+mn-1,i+j-1}, v_{i,i+j} = 1/\sigma_{i,i+j}^2$, 其余类同; $1 \leqslant i_0 \leqslant mn, j = 2, 3, \cdots, mn - 1$.

证明 显然 $v_{mn+i,j} = v_{i,j}, D_{PP_{mn+i}P_{i+j}} = D_{PP_iP_{i+j}}$. 由式 (5.1.1) 可得

$$u_{i,i+j}D_{PQ_iQ_{i+j}} = v_{i,i+j}D_{PP_iP_{i+j}} + v_{i+mn-1,i+j-1}D_{PP_{i+mn-1}P_{i+j-1}},$$

其中 $i = 1, 2, \cdots, mn; j = 2, 3, \cdots, n$. 从而

$$\sum_{i=i_0}^{n+i_0-1} (-1)^{i-i_0+1} u_{i,i+j}D_{PQ_iQ_{i+j}}$$

$$= \sum_{i=i_0}^{n+i_0-1} (-1)^{i-i_0+1} v_{i,i+j}D_{PP_iP_{i+j}}$$

$$+ \sum_{i=i_0}^{n+i_0-1} (-1)^{i-i_0+1} v_{i+mn-1,i+j-1}D_{PP_{i+mn-1}P_{i+j-1}}$$

$$= \sum_{i=i_0}^{n+i_0-1} (-1)^{i-i_0+1} v_{i,i+j}D_{PP_iP_{i+j}} + \sum_{i=i_0-1}^{n+i_0-2} (-1)^{i-i_0+2} v_{i+mn,i+j}D_{PP_{i+mn}P_{i+j}}$$

$$= (-1)^n v_{n+i_0-1,n+i_0+j-1}D_{PP_{n+i_0-1}P_{n+i_0+j-1}} + \sum_{i=i_0}^{n+i_0-2} (-1)^{i-i_0+1} v_{i,i+j}D_{PP_iP_{i+j}}$$

$$- v_{i_0+mn-1,i_0+j-1}D_{PP_{i_0+mn-1}P_{i_0+j-1}} + \sum_{i=i_0}^{n+i_0-2} (-1)^{i-i_0+2} v_{i,i+j}D_{PP_iP_{i+j}}$$

$$= (-1)^n v_{n+i_0-1,n+i_0+j-1}D_{PP_{n+i_0-1}P_{n+i_0+j-1}} - v_{i_0+mn-1,i_0+j-1}D_{PP_{i_0+mn-1}P_{i_0+j-1}},$$

即式 (5.2.1) 成立.

定理 5.2.2 (喻德生, 2007, 2017) 设 $Q_1Q_2\cdots Q_{2n}(n \geqslant 2)$ 是椭圆 $x^2/a^2 + y^2/b^2 = 1$ 的外切 $2n$ 角形, Q_kQ_{k+1} 所在直线与椭圆的切点为 $P_k(a\cos\alpha_k, b\sin\alpha_k)$ $(k = 1, 2, \cdots, 2n)$, P 是椭圆所在平面上任意一点, 则

(1) 当 n 为奇数时,

$$\sum_{i=1}^{n} (-1)^i u_{i,i+n}D_{PQ_iQ_{i+n}} = 0; \tag{5.2.2}$$

(2) 当 n 为偶数时,

$$\sum_{i=i_0}^{n+i_0-1} (-1)^{i-i_0+1} u_{i,i+n}D_{PQ_iQ_{i+n}} = 2v_{n+i_0-1,2n+i_0-1}D_{PP_{n+i_0-1}P_{2n+i_0-1}}, \tag{5.2.3}$$

其中 $1 \leqslant i_0 \leqslant 2n$, $j = 2, 3 \cdots, 2n-1$.

证明 (1) 当 n 为奇数时, 在式 (5.2.1) 中令 $m = 2$, $j = n$, 得

$$\sum_{i=i_0}^{n+i_0-1} (-1)^{i-i_0+1} u_{i,i+j}D_{PQ_iQ_{i+j}}$$

$$= -v_{n+i_0-1,n+i_0+j-1}D_{PP_{n+i_0-1}P_{n+i_0+j-1}} - v_{i_0+2n-1,i_0+j-1}D_{PP_{i_0+2n-1}P_{i_0+j-1}},$$

注意到

$$D_{PP_{2n+i_0-1}P_{n+i_0-1}} = -D_{PP_{n+i_0-1}P_{2n+i_0-1}} \quad 及 \quad v_{2n+i_0-1,n+i_0-1} = v_{n+i_0-1,2n+i_0-1},$$

即得式 (5.2.2).

(2) 类似地可以证明式 (5.2.3) 成立.

定理 5.2.3 (喻德生, 2014, 2017)　设 $Q_1Q_2\cdots Q_{mn}(m,n \geqslant 2)$ 是双曲线 $x^2/a^2 - y^2/b^2 = 1$ 的外切多角形, Q_kQ_{k+1} 所在直线与双曲线的切点为 $P_k(a\sec\alpha_k, b\tan\alpha_k)$ $(k = 1,2,\cdots,mn)$, P 是双曲线所在平面上任意一点, 则

$$\sum_{i=i_0}^{n+i_0-1} (-1)^{i-i_0+1}s_{i,i+j}D_{PQ_iQ_{i+j}}$$
$$=(-1)^n t_{n+i_0-1,n+i_0+j-1}D_{PP_{n+i_0-1}P_{n+i_0+j-1}}$$
$$- t_{i_0+mn-1,i_0+j-1}D_{PP_{i_0+mn-1}P_{i_0+j-1}}, \tag{5.2.4}$$

其中 $s_{i,i+j} = 2\delta'_{i,i+mn-1}\delta'_{i+j,i+j-1}/\sigma_{i,i+j}\sigma_{i+mn-1,i+j-1}$, $t_{i,i+j} = \cos\alpha_i\cos\alpha_{i+j}/\sigma^2_{i,i+j}$, 其余类同; $1 \leqslant i_0 \leqslant mn$, $j = 2,3,\cdots,mn-1$.

证明　由式 (5.1.6) 式得

$$s_{i,i+j}D_{PQ_iQ_{i+j}} = t_{i,i+j}D_{PP_iP_{i+j}} + t_{i+mn-1,i+j-1}D_{PP_{i+mn-1}P_{i+j-1}},$$

其中 $i = 1,2,\cdots,mn$; $j = 2,3,\cdots,n$.

仿定理 5.2.1 的证明, 即得式 (5.2.4).

定理 5.2.4 (喻德生, 2007, 2017)　设 $Q_1Q_2\cdots Q_{2n}(n \geqslant 2)$ 是双曲线 $x^2/a^2 - y^2/b^2 = 1$ 的外切 $2n$ 角形, Q_kQ_{k+1} 所在直线与双曲线的切点为 $P_k(a\sec\alpha_k, b\tan\alpha_k)$ $(k = 1,2,\cdots,2n)$, P 是双曲线所在平面上任意一点, 则

(1) 当 n 为奇数时,

$$\sum_{i=1}^{n} (-1)^i s_{i,i+n}D_{PQ_iQ_{i+n}} = 0; \tag{5.2.5}$$

(2) 当 n 为偶数时,

$$\sum_{i=i_0}^{n+i_0-1} (-1)^{i-i_0+1}s_{i,i+n}D_{PQ_iQ_{i+n}} = 2t_{n+i_0-1,2n+i_0-1}D_{PP_{n+i_0-1}P_{2n+i_0-1}}, \tag{5.2.6}$$

其中 $1 \leqslant i_0 \leqslant 2n$, $j = 2,3\cdots,2n-1$.

证明　利用式 (5.2.4), 仿定理 5.2.2 证明可得式 (5.2.5) 和 (5.2.6).

定理 5.2.5 (喻德生, 2014, 2017)　设 $Q_1Q_2 \cdots Q_{mn}(m, n \geqslant 2)$ 是抛物线 $x^2 = 2py$ 的外切 mn 角形, Q_kQ_{k+1} 所在直线与抛物线的切点为 $P_k(2pt_k, 2pt_k^2)(k = 1, 2, \cdots, mn)$, P 是抛物线所在平面上任意一点, 则

$$
\sum_{i=i_0}^{n+i_0-1} (-1)^{i-i_0+1} p_{i,i+j} \mathrm{D}_{PQ_iQ_{i+j}}
$$

$$
= (-1)^n q_{n+i_0-1, n+i_0+j-1} \mathrm{D}_{PP_{n+i_0-1}P_{n+i_0+j-1}}
$$

$$
- q_{i_0+mn-1, i_0+j-1} \mathrm{D}_{PP_{i_0+mn-1}P_{i_0+j-1}}, \tag{5.2.7}
$$

其中 $p_{i,i+j} = 2/\tau_{i,i+j}\tau_{i+mn-1,i+j-1}$, $q_{i,i+j} = 1/\tau_{i,i+j}^2$, 其余类同; $1 \leqslant i_0 \leqslant mn$, $j = 2, 3, \cdots, mn - 1$.

证明　由式 (5.1.11), 得

$$
p_{i,i+j} \mathrm{D}_{PQ_iQ_{i+j}} = q_{i,i+j} \mathrm{D}_{PP_iP_{i+j}} + q_{i+mn-1, i+j-1} \mathrm{D}_{PP_{i+mn-1}P_{i+j-1}},
$$

其中 $i = 1, 2, \cdots, mn; j = 2, 3, \cdots, n.$

仿定理 5.2.1 证明, 可得式 (5.2.7).

定理 5.2.6 (喻德生, 2007, 2017)　设 $Q_1Q_2 \cdots Q_{2n}(n \geqslant 2)$ 是抛物线 $x^2 = 2py$ 的外切 $2n$ 角形, Q_kQ_{k+1} 所在直线与抛物线的切点为 $P_k(2pt_k, 2pt_k^2)(k = 1, 2, \cdots, 2n)$, P 是抛物线所在平面上任意一点, 则

(1) 当 n 为奇数时,

$$
\sum_{i=1}^{n} (-1)^i p_{i,i+n} \mathrm{D}_{PQ_iQ_{i+n}} = 0; \tag{5.2.8}
$$

(2) 当 n 为偶数时,

$$
\sum_{i=i_0}^{n+i_0-1} (-1)^{i-i_0+1} p_{i,i+n} \mathrm{D}_{PQ_iQ_{i+n}} = 2q_{n+i_0-1, 2n+i_0-1} \mathrm{D}_{PP_{n+i_0-1}P_{2n+i_0-1}}, \tag{5.2.9}
$$

其中 $1 \leqslant i_0 \leqslant 2n$, $j = 2, 3 \cdots, 2n - 1$.

证明　利用式 (5.2.7), 仿定理 5.2.2 证明可得式 (5.2.8) 和 (5.2.9).

5.2.2　统一的圆锥曲线外切 $mn(m, n \geqslant 2)$ 角形中有向面积的定值定理

定理 5.2.7 (喻德生, 2014, 2017)　设 $Q_1Q_2 \cdots Q_{mn}$ $(mn \geqslant 4, m \geqslant 2)$ 是式 (4.2.1) 所表示的圆锥曲线 L 的切 mn 角形, Q_kQ_{k+1} 所在直线与圆锥曲线的切点为 $P_k\left(\dfrac{a\cos\theta_k}{1 - e\cos\theta_k}, \dfrac{a\sin\theta_k}{1 - e\cos\theta_k}\right)(k = 1, 2, \cdots, mn)$, P 是圆锥曲线所在平面上任意一点, 则

$$
\sum_{i=i_0}^{n+i_0-1} (-1)^{i-i_0+1} a_{i,i+j} \mathrm{D}_{PQ_iQ_{i+j}}
$$

$$=(-1)^n b_{n+i_0-1,n+i_0+j-1} \mathrm{D}_{PP_{n+i_0-1}P_{n+i_0+j-1}}$$
$$- b_{i_0+mn-1,i_0+j-1} \mathrm{D}_{PP_{i_0+mn-1}P_{i_0+j-1}}, \tag{5.2.10}$$

其中 $a_{i,i+j} = 2(\delta_{i,i+mn-1} - e\delta'_{i,i+mn-1})(\delta_{i+j,i+j-1} - e\delta'_{i+j,i+j-1})/\sigma_{i,i+j}\sigma_{i+mn-1,i+j-1}$,
$b_{i,i+j} = (1 - e\cos\theta_i)(1 - e\cos\theta_{i+j})/\sigma_{i,i+j}^2$, 其余类同；$1 \leqslant i_0 \leqslant mn$, $j = 2, 3, \cdots$,
$mn - 1$.

证明　由式 (5.1.18), 可得

$$a_{i,i+j} \mathrm{D}_{PQ_iQ_{i+j}} = b_{i,i+j} \mathrm{D}_{PP_iP_{i+j}} + b_{i+mn-1,i+j-1} \mathrm{D}_{PP_{i+mn-1}P_{i+j-1}},$$

其中 $i = 1, 2, \cdots, mn; j = 2, 3, \cdots, n$.

从而

$$\sum_{i=i_0}^{n+i_0-1} (-1)^{i-i_0+1} a_{i,i+j} \mathrm{D}_{PQ_iQ_{i+j}}$$

$$= \sum_{i=i_0}^{n+i_0-1} (-1)^{i-i_0+1} b_{i,i+j} \mathrm{D}_{PP_iP_{i+j}} + \sum_{i=i_0}^{n+i_0-1} (-1)^{i-i_0+1} b_{i+mn-1,i+j-1} \mathrm{D}_{PP_{i+mn-1}P_{i+j-1}}$$

$$= \sum_{i=i_0}^{n+i_0-1} (-1)^{i-i_0+1} b_{i,i+j} \mathrm{D}_{PP_iP_{i+j}} + \sum_{i=i_0-1}^{n+i_0-2} (-1)^{i-i_0+2} b_{i+mn,i+j} \mathrm{D}_{PP_{i+mn}P_{i+j}}$$

$$=(-1)^n b_{n+i_0-1,n+i_0+j-1} \mathrm{D}_{PP_{n+i_0-1}P_{n+i_0+j-1}} + \sum_{i=i_0}^{n+i_0-2} (-1)^{i-i_0+1} b_{i,i+j} \mathrm{D}_{PP_iP_{i+j}}$$

$$- b_{i_0+mn-1,i_0+j-1} \mathrm{D}_{PP_{i_0+mn-1}P_{i_0+j-1}} + \sum_{i=i_0}^{n+i_0-2} (-1)^{i-i_0+2} b_{i+mn,i+j} \mathrm{D}_{PP_{i+mn}P_{i+j}}$$

$$=(-1)^n b_{n+i_0-1,n+i_0+j-1} \mathrm{D}_{PP_{n+i_0-1}P_{n+i_0+j-1}} - b_{i_0+mn-1,i_0+j-1} \mathrm{D}_{PP_{i_0+mn-1}P_{i_0+j-1}}.$$

定理 5.2.8 (喻德生, 2014, 2017)　设 $Q_1Q_2\cdots Q_{2n}$ $(n \geqslant 2)$ 是式 (4.2.1) 所表示的圆锥曲线 L 的外切 $2n$ 角形, Q_kQ_{k+1} 所在直线与圆锥曲线的切点为 P_k $\left(\dfrac{a\cos\theta_k}{1 - e\cos\theta_k}, \dfrac{a\sin\theta_k}{1 - e\cos\theta_k}\right)$ $(k = 1, 2, \cdots, 2n)$, P 是圆锥曲线所在平面上任意一点, 则

(1) 当 n 为奇数时,

$$\sum_{i=1}^n (-1)^i a_{i,i+n} \mathrm{D}_{PQ_iQ_{i+n}} = 0; \tag{5.2.11}$$

(2) 当 n 为偶数时,

$$\sum_{i=i_0}^{n+i_0-1} (-1)^{i-i_0+1} a_{i,i+n} \mathrm{D}_{PQ_iQ_{i+n}} = 2b_{n+i_0-1,2n+i_0-1} \mathrm{D}_{PP_{n+i_0-1}P_{2n+i_0-1}}, \tag{5.2.12}$$

其中 $1 \leqslant i_0 \leqslant 2n$, $j = 2, 3 \cdots, 2n-1$.

证明　在式 (5.2.10) 中令 $m = 2$, $j = n$, 并注意到

$$\mathrm{D}_{PP_{2n+i_0-1}P_{n+i_0-1}} = -\mathrm{D}_{PP_{n+i_0-1}P_{2n+i_0-1}} \quad 及 \quad b_{2n+i_0-1,n+i_0-1} = b_{n+i_0-1,2n+i_0-1},$$

即得式 (5.2.11) 和 (5.2.12).

5.2.3　圆锥曲线外切 $mn(m,n \geqslant 2)$ 角形中有向面积的定值定理的应用

注意到圆锥曲线都可以化为式 (4.2.1) 的形式, 由定理 5.1.4 和定理 5.2.8 可以得到如下的圆锥曲线外切 $mn(m,n \geqslant 2)$ 边形中的共点定理, 包括 Brianchon 定理和 Brianchon 定理在圆锥曲线外切四边形中的情形.

定理 5.2.9　设 $Q_1Q_2\cdots Q_{2n}(n$ 为奇数) 是圆锥曲线外切 $2n$ 角形, 若 $Q_1Q_2\cdots Q_{2n}$ 的 n 对对顶点的连线 $Q_1Q_{n+1}, Q_2Q_{n+2}, \cdots, Q_nQ_{2n}$ 所在的 n 条直线中有 $n-1$ 条相交于一点或相互平行, 则这 n 条直线相交于一点或相互平行.

证明　(1) 如图 5.2.1 所示. 若 $Q_1Q_{n+1}, Q_2Q_{n+2}, \cdots, Q_{n-1}Q_{2n-1}$ 所在的 $n-1$ 条直线相交于点 G. 注意到 $\mathrm{D}_{GQ_1Q_{n+1}} = \mathrm{D}_{GQ_2Q_{n+2}} = \cdots = \mathrm{D}_{GQ_{n-1}Q_{2n-1}} = 0$ 及 $a_{n,2n} \neq 0$, 由式 (5.2.11) 式得 $\mathrm{D}_{GQ_nQ_{2n}} = 0$. 即 G 在直线 Q_nQ_{2n} 上, 从而直线 $Q_1Q_{n+1}, Q_2Q_{n+2}, \cdots, Q_nQ_{2n}$ 相交于 G 点.

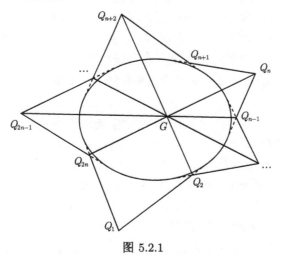

图 5.2.1

(2) 如图 5.2.2 所示. 若 $Q_1Q_{n+1}, Q_2Q_{n+2}, \cdots, Q_{n-1}Q_{2n-1}$ 所在的 $n-1$ 条直线相互平行, 即这 $n-1$ 条直线相交于无穷远点 G_∞, 注意到 $\mathrm{D}_{G_\infty Q_1Q_{n+1}} = \mathrm{D}_{G_\infty Q_2Q_{n+2}} = \cdots = \mathrm{D}_{G_\infty Q_{n-1}Q_{2n-1}} = 0$ 及 $a_{n,2n} \neq 0$, 由式 (5.2.11) 式得 $\mathrm{D}_{G_\infty Q_nQ_{2n}} = 0$. 即 G_∞ 在直线 Q_nQ_{2n} 上, 从而直线 $Q_1Q_{n+1}, Q_2Q_{n+2}, \cdots, Q_nQ_{2n}$ 相交于无穷远点 G_∞ 点, 即这 n 条直线相互平行.

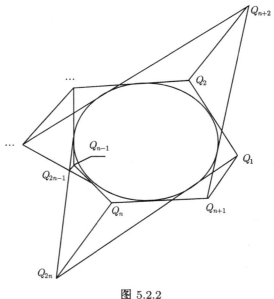

图 5.2.2

定理 5.2.10　设 $Q_1Q_2\cdots Q_6$ 是圆锥曲线六角形, 则 $Q_1Q_2\cdots Q_6$ 的三对对顶点的连线 Q_1Q_4, Q_2Q_5 和 Q_3Q_6 所在直线相交于一点或相互平行.

证明　如图 5.1.8 和图 5.1.9 所示. 在定理 5.2.9 中令 $n=3$ 并注意到圆锥曲线外切六角形任意两对对顶点的连线所在直线相交于一点或相互平行即得.

注 5.2.1　当 $Q_1Q_2\cdots Q_6$ 是圆锥曲线外切六边形时, 定理 5.2.10 就是所谓的 Brianchon 定理.

定理 5.2.11　设 $Q_1Q_2\cdots Q_{2n}(n$ 为偶数) 是圆锥曲线外切 $2n$ 角形, Q_kQ_{k+1} 所在直线与圆锥曲线的切点为 $P_k(k=1,2,\cdots,2n)$. 若对特定的 $i_0\in\{1,2,\cdots,n\}$, 两相对切点的连线 $P_{n+i_0-1}P_{2n+i_0-1}$ 及该外切 $2n$ 角形 n 对对顶点的连线 Q_1Q_{n+1}, $Q_2Q_{n+2},\cdots,Q_nQ_{2n}$ 所在的 $n+1$ 条直线中有 n 条相交于一点, 则 Q_1Q_{n+1}, $Q_2Q_{n+2},\cdots,Q_nQ_{2n}$ 及 $P_{n+i_0-1}P_{2n+i_0-1}$ 所在的 $n+1$ 条直线相交于一点.

证明　仅证 $i_0=1$ 的情形, 类似地可以证明 $i_0=2,\cdots,n$ 的情形.

(1) 如图 5.2.3 所示. 若 $Q_1Q_{n+1},Q_2Q_{n+2},\cdots,Q_nQ_{2n}$ 所在的 n 条相交于点 G, 则由式 (5.2.12), 仿定理 5.2.9 中 (1) 的证明可知 $Q_1Q_{n+1},Q_2Q_{n+2},\cdots,Q_nQ_{2n}$ 及 P_nP_{2n} 所在直线相交于一点.

(2) 如图 5.2.4 所示. 若 $Q_1Q_{n+1},Q_2Q_{n+2},\cdots,Q_nQ_{2n}$ 所在的 n 条相互平行, 则由式 (5.2.12), 仿定理 5.2.9 中的 (2) 的证明可知 $Q_1Q_{n+1},Q_2Q_{n+2},\cdots,Q_nQ_{2n}$ 及 P_nP_{2n} 所在直线相互平行.

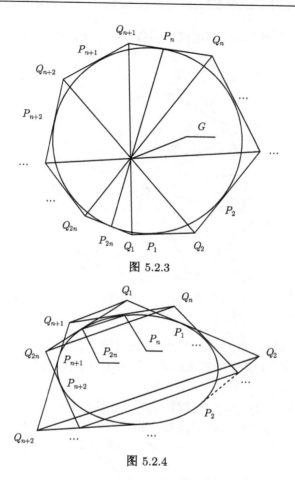

图 5.2.3

图 5.2.4

定理 5.2.12 设 $Q_1Q_2\cdots Q_{2n}(n$ 为偶数) 是圆锥曲线外切 $2n$ 角形, Q_kQ_{k+1} 所在直线与圆锥曲线的切点为 $P_k(k = 1, 2, \cdots, 2n)$. 若对任意的 $i \in \{1, 2, \cdots, n\}$, 两相对切点的连线 P_iP_{n+i} 及该外切 $2n$ 边形 n 对对顶点的连线 $Q_1Q_{n+1}, Q_2Q_{n+2}, \cdots,$ Q_nQ_{2n} 所在的 $n+1$ 条直线中都有 n 条相交于一点, 则 $Q_1Q_{n+1}, Q_2Q_{n+2}, \cdots, Q_nQ_{2n}$ 及 $P_1P_{n+1}, P_2P_{n+2}, \cdots, P_nP_{2n}$ 所在的 $2n$ 条直线相交于一点.

证明 如图 5.2.5 所示. 因为对任意的 $i \in \{1, 2, \cdots, n\}$, 两相对切点的连线 P_iP_{n+i} 及该外切 $2n$ 角形 n 对对顶点的连线 $Q_1Q_{n+1}, Q_2Q_{n+2}, \cdots, Q_nQ_{2n}$ 所在的 $n+1$ 条直线中都有 n 条相交于一点, 故由定理 5.1.11 知, $P_iP_{n+i}, Q_1Q_{n+1},$ $Q_2Q_{n+2}, \cdots, Q_nQ_{2n}$ 所在的 $n+1$ 条直线相交于一点. 由 i 的任意性即知 $Q_1Q_{n+1},$ $Q_2Q_{n+2}, \cdots, Q_nQ_{2n}$ 及 $P_1P_{n+1}, P_2P_{n+2}, \cdots, P_nP_{2n}$ 所在的 $2n$ 条直线相交于一点.

定理 5.2.13 设 $Q_1Q_2Q_3Q_4$ 是圆锥曲线切四角形, P_k 是 Q_kQ_{k+1} 所在直线与圆锥曲线的切点 $(k = 1, 2, 3, 4)$, 则四角形 $Q_1Q_2Q_3Q_4$ 的两条对角线 Q_1Q_3, Q_2Q_4

所在直线和圆锥曲线四个切点所组成的两条直线 P_1P_3, P_2P_4 相交于一点或相互平行.

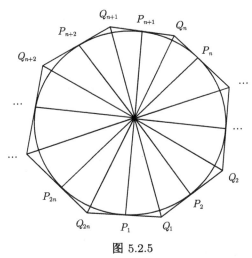

图 5.2.5

证明　如图 5.1.10 和图 5.1.11 所示. 在定理 5.2.11 中令 $n=2$ 并注意到圆锥曲线外切四角形的两对角线所在直线均与两相对切点所在直线相交于一点或相互平行即得.

注 5.2.2　当 $Q_1Q_2Q_3Q_4$ 是圆锥曲线外切四边形时, 定理 5.1.9 就是所谓的 Brianchon 定理在圆锥曲线外切四边形的情形.

定理 5.2.14　设 $Q_1Q_2\cdots Q_6$ 是圆锥曲线外切六角形, 则

$$\mathrm{a}_{Q_iQ_{i+2}Q_{i+3}} \cdot \mathrm{a}_{Q_{i+1}Q_{i+4}Q_{i+5}} = \mathrm{a}_{Q_iQ_{i+3}Q_{i+5}} \cdot \mathrm{a}_{Q_iQ_{i+2}Q_{i+4}} \quad (i=1,2,\cdots,6). \quad (5.2.13)$$

证明　在定理 5.2.8(1) 中取 $n=3$, 并分别将 Q_{i+2}, Q_{i+5} 代入式 (8.2.11) 得

$$a_{i,i+3}\mathrm{D}_{Q_{i+2}Q_iQ_{i+3}} = a_{i+1,i+4}\mathrm{D}_{Q_{i+2}Q_{i+1}Q_{i+4}}, \quad (5.2.14)$$

$$a_{i,i+3}\mathrm{D}_{Q_{i+5}Q_iQ_{i+3}} = a_{i+1,i+4}\mathrm{D}_{Q_{i+5}Q_{i+1}Q_{i+4}}. \quad (5.2.15)$$

式 (5.2.14) 和 (5.2.15) 相除后等式两边取绝对值并化简, 即得式 (5.2.13).

定理 5.2.15　设 $Q_1Q_2Q_3Q_4$ 是圆锥外切四角形, P_k 是 $Q_kQ_{k+1}(k=1,2,3,4)$ 所在直线与圆锥曲线的切点, 则

$$\mathrm{a}_{P_2Q_2Q_3} \cdot \mathrm{a}_{P_4Q_2Q_4} = \mathrm{a}_{P_2Q_2Q_4} \cdot \mathrm{a}_{P_4Q_1Q_3}, \quad (5.2.16)$$

$$\mathrm{a}_{P_1Q_1Q_3} \cdot \mathrm{a}_{P_3Q_2Q_4} = \mathrm{a}_{P_1Q_2Q_4} \cdot \mathrm{a}_{P_3Q_1Q_3}, \quad (5.2.17)$$

$$\mathrm{a}_{Q_2Q_1Q_3} \cdot \mathrm{a}_{Q_4P_2P_4} = \mathrm{a}_{Q_2P_2P_4} \cdot \mathrm{a}_{Q_4Q_1Q_3}, \quad (5.2.18)$$

$$a_{Q_1Q_2Q_4} \cdot a_{Q_3P_2P_4} = a_{Q_1P_2P_4} \cdot a_{Q_3Q_2Q_4}, \tag{5.2.19}$$

$$a_{Q_1Q_2Q_4} \cdot a_{Q_3P_1P_3} = a_{Q_1P_1P_3} \cdot a_{Q_2Q_3Q_4}, \tag{5.2.20}$$

$$a_{Q_1Q_2Q_3} \cdot a_{Q_4P_1P_3} = a_{Q_2P_1P_3} \cdot a_{Q_1Q_3Q_4}. \tag{5.2.21}$$

证明　在定理 5.2.8 中取 $n = 2$, 仿定理 5.2.13 的证明可得式 (5.2.16)—(5.2.21).

5.3　圆锥曲线外切 $2n+1(n \geqslant 1)$ 角形中有向面积的定值定理与应用

在 5.2 节中, 我们通过构造圆锥曲线外切 $mn(m, n \geqslant 2)$ 角形中有向面积的定值定理, 使 Brianchon 定理及其在圆锥曲线外切四角形中的情形得到推广和统一. 但当圆锥曲线外切六边形退化为圆锥曲线外切三边形和外切五边形时, 也可以得到 Brianchon 定理在圆锥曲线外切三角形和外切五边形中的情形. 本节主要探讨圆锥曲线外切五角形和圆锥曲线外切 $2n+1(n \geqslant 1)$ 角形中对角线三角形和顶切点线三角形之间的关系. 首先, 给出顶切点线三角形的概念; 其次, 依次给出各类圆锥曲线—— 椭圆、双曲线和抛物线外切五角形和外切 $2n+1(n \geqslant 1)$ 角形中对角线三角形和顶切点线三角形有向面积的定值定理; 再次, 给出统一的圆锥曲线外切五角形和外切 $2n+1(n \geqslant 1)$ 角形中对角线三角形和顶切点线三角形有向面积的定值定理; 最后, 讨论圆锥曲线外切五角形和外切 $2n+1(n \geqslant 1)$ 角形中对角线三角形和顶切点线三角形有向面积的定值定理的应用, 从而使 Brianchon 定理在圆锥曲线外切切五角形和 $2n+1(n \geqslant 1)$ 角形中得到推广, 也从另一个角度进一步揭示了 Brianchon 定理的背景.

5.3.1　顶切点线三角形的概念与记号

定义 5.3.1　设 $Q_1Q_2 \cdots Q_n$ 是圆锥曲线外切 n 角形, Q_iQ_{i+1} 所在直线与圆锥曲线的切点为 P_i, 则称以 $Q_1Q_2 \cdots Q_n$ 的一个顶点 Q_i 与一个切点 P_{i+l} 之间的连线 $Q_iP_{i+l}(i, l = 1, 2, \cdots, n; P_{n+i} = P_i, Q_{n+i} = Q_i)$ 为 $Q_1Q_2 \cdots Q_n$ 顶切点线, 而以顶切点线 $Q_iP_{i+l}(i, l = 1, 2, \cdots, n)$ 为一边的三角形为 $Q_1Q_2 \cdots Q_n$ 的顶切点线三角形.

为方便起见, 我们把包含一条顶切点线的任一线段看成是顶切点线三角形的特殊情形.

在本节中, 亦记 $\delta_{i,j} = \cos \dfrac{\alpha_i - \alpha_j}{2}, \delta'_{i,j} = \cos \dfrac{\alpha_i + \alpha_j}{2}, \sigma_{i,j} = \sin \dfrac{\alpha_i - \alpha_j}{2}, \tau_{i,j} = t_i - t_j$, 并规定 $\alpha_{i+2n+1} = \alpha_i, t_{i+2n+1} = t_i$, 则

$$\delta_{2n+1+i, 2n+1+j} = \delta_{2n+1+i, j} = \delta_{i, 2n+1+j} = \delta_{i,j};$$

$$\delta'_{2n+1+i,2n+1+j} = \delta'_{2n+1+i,j} = \delta'_{i,2n+1+j} = \delta'_{i,j};$$

$$\sigma_{2n+1+i,2n+1+j} = \sigma_{2n+1+i,j} = \sigma_{i,2n+1+j} = \sigma_{i,j};$$

$$\tau_{2n+1+i,2n+1+j} = \tau_{2n+1} + {}_{i,j} = \tau_{i,2n} + {}_{1+j} = \tau_{i,j}.$$

5.3.2　各类外切 $2n+1(n \geqslant 1)$ 角形中有向面积的定值定理

定理 5.3.1 (喻德生, 2001, 2003 , 2007)　设 $Q_1Q_2 \cdots Q_{2n+1}$ 是椭圆 $x^2/a^2 + y^2/b^2 = 1$ 的外切 $2n+1(n \geqslant 1)$ 角形, Q_iQ_{i+1} 所在直线与椭圆的切点为 $P_i(a\cos\alpha_i, b\sin\alpha_i)(i = 1, 2, \cdots, 2n+1)$, P 是椭圆所在平面上任意一点, 则

$$\sum_{i=1}^{2n+1} w_{i,i+n+1} \mathrm{D}_{PP_iQ_{i+n+1}} = 0, \tag{5.3.1}$$

其中 $w_{i,i+n+1} = \delta_{i+n+1,i+n}/\sigma_{i,i+n}\sigma_{i,i+n+1}$.

证明　如图 5.3.1 所示. 设椭圆所在平面任意一点的坐标可以表示成 $P(ar\cos\alpha, br\sin\alpha)(r \geqslant 0)$. 由切线 $Q_{i+2n}Q_i$ 的方程

$$b\cos\alpha_{i+2n} \cdot x + a\sin\alpha_{i+2n} \cdot y = ab$$

和 Q_iQ_{i+1} 的方程

$$b\cos\alpha_i \cdot x + a\sin\alpha_i \cdot y = ab$$

求得 $Q_1Q_2 \cdots Q_{2n+1}$ 顶点的坐标

$$Q_i\left(\frac{a}{\delta_{i,i+2n}}\cos\frac{\alpha_i + \alpha_{i+2n}}{2}, \frac{b}{\delta_{i,i+2n}}\sin\frac{\alpha_i + \alpha_{i+2n}}{2}\right) \quad (i = 1, 2, \cdots, 2n+1).$$

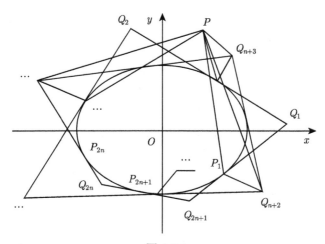

图 5.3.1

根据三角形有向面积公式得

$$2\delta_{i+n+1,i+n}\mathrm{D}_{PP_iQ_{i+n+1}}$$

$$=abr\left(\cos\alpha\sin\alpha_i - \sin\alpha\cos\alpha_i\right)\cos\frac{\alpha_{i+n+1}-\alpha_{i+n}}{2}$$

$$+ab\left(\cos\alpha_i\sin\frac{\alpha_{i+n+1}+\alpha_{i+n}}{2} - \sin\alpha_i\cos\frac{\alpha_{i+n+1}+\alpha_{i+n}}{2}\right)$$

$$+abr\left(\cos\frac{\alpha_{i+n+1}+\alpha_{i+n}}{2}\sin\alpha - \sin\frac{\alpha_{i+n+1}+\alpha_{i+n}}{2}\cos\alpha\right)$$

$$=abr\left[\sin(\alpha_i-\alpha)\cos\frac{\alpha_{i+n+1}-\alpha_{i+n}}{2} - \sin\frac{\alpha_{i+n+1}+\alpha_{i+n}-2\alpha}{2}\right]$$

$$+ab\sin\frac{\alpha_{i+n+1}+\alpha_{i+n}-2\alpha_i}{2}$$

$$=\frac{1}{2}abr\left(\sin\frac{2\alpha_i+\alpha_{i+n+1}-\alpha_{i+n}-2\alpha}{2} - \sin\frac{\alpha_{i+n+1}+\alpha_{i+n}-2\alpha}{2}\right)$$

$$+\frac{1}{2}abr\left(\sin\frac{2\alpha_i+\alpha_{i+n}-\alpha_{i+n+1}-2\alpha}{2} - \sin\frac{\alpha_{i+n+1}+\alpha_{i+n}-2\alpha}{2}\right)$$

$$+ab\sin\frac{\alpha_{i+n+1}+\alpha_{i+n}-2\alpha_i}{2}$$

$$=abr\left(\cos\frac{\alpha_i+\alpha_{i+n+1}-2\alpha}{2}\sin\frac{\alpha_i-\alpha_{i+n}}{2} + \cos\frac{\alpha_i+\alpha_{i+n}-2\alpha}{2}\sin\frac{\alpha_i-\alpha_{i+n+1}}{2}\right)$$

$$+ab\left(\sin\frac{\alpha_{i+n+1}-\alpha_i}{2}\cos\frac{\alpha_{i+n}-\alpha_i}{2} + \cos\frac{\alpha_{i+n+1}-\alpha_i}{2}\sin\frac{\alpha_{i+n}-\alpha_i}{2}\right),$$

注意到 $\sigma_{i,i+n}\sigma_{i,i+n+1} \neq 0$, 于是

$$w_{i,i+n+1}\mathrm{D}_{PP_iQ_{i+n+1}}$$

$$=\frac{1}{2}abr\left(\frac{1}{\sigma_{i,i+n+1}}\cos\frac{\alpha_i+\alpha_{i+n+1}-2\alpha}{2} + \frac{1}{\sigma_{i,i+n}}\cos\frac{\alpha_i+\alpha_{i+n}-2\alpha}{2}\right)$$

$$-\frac{1}{2}ab\left(\cot\frac{\alpha_i-\alpha_{i+n+1}}{2} + \cot\frac{\alpha_i-\alpha_{i+n}}{2}\right). \tag{5.3.2}$$

因为

$$\sum_{i=1}^{2n+1}\left(\cot\frac{\alpha_i-\alpha_{i+n+1}}{2} + \cot\frac{\alpha_i-\alpha_{i+n}}{2}\right)$$

$$=\sum_{i=1}^{2n+1}\left(\cot\frac{\alpha_{i+n}-\alpha_{i+2n+1}}{2} + \cot\frac{\alpha_i-\alpha_{i+n}}{2}\right)$$

$$= \sum_{i=1}^{2n+1} \left(\cot \frac{\alpha_{i+n} - \alpha_i}{2} + \cot \frac{\alpha_i - \alpha_{i+n}}{2} \right)$$
$$= 0.$$

类似地

$$\sum_{i=1}^{2n+1} \left(\frac{1}{\sigma_{i,i+n+1}} \cos \frac{\alpha_i + \alpha_{i+n+1} - 2\alpha}{2} + \frac{1}{\sigma_{i,i+n}} \cos \frac{\alpha_i + \alpha_{i+n} - 2\alpha}{2} \right) = 0,$$

所以

$$\sum_{i=1}^{2n+1} w_{i,i+n+1} \mathrm{D}_{PP_i Q_{i+n+1}} = 0.$$

推论 5.3.1　设 $Q_1 Q_2 Q_3$ 是椭圆 $x^2/a^2 + y^2/b^2 = 1$ 的外切三角形, $Q_i Q_{i+1}$ 所在直线与椭圆的切点为 $P_i(a\cos\alpha_i, b\sin\alpha_i)(i = 1, 2, 3)$, P 是椭圆所在平面上任意一点, 则

$$\sum_{i=1}^{3} \sin(\alpha_{i+2} - \alpha_{i+1}) \mathrm{D}_{PP_i Q_{i+2}} = 0. \tag{5.3.3}$$

证明　在式 (5.3.1) 中令 $n = 1$ 并化简即得式 (5.3.3).

注 5.3.1　尽管式 (5.3.3) 能由式 (5.3.1) 推出, 但式 (5.3.3) 并不能直接推广到任意的椭圆外切 $2n + 1$ 角形中去.

推论 5.3.2　设 $Q_1 Q_2 \cdots Q_{2n+1}$ 是椭圆 $x^2/a^2 + y^2/b^2 = 1$ 的外切 $2n + 1$ 角形, $Q_i Q_{i+1}$ 所在直线与椭圆的切点为 $P_i(a\cos\alpha_i, b\sin\alpha_i)$ 且 $\alpha_{i+1} - \alpha_i = 2\pi/(2n+1)(i = 1, 2, \cdots, 2n+1)$, P 是椭圆所在平面上任意一点, 则

$$\sum_{i=1}^{2n+1} \mathrm{D}_{PP_i Q_{i+n+1}} = 0. \tag{5.3.4}$$

证明　将 $\alpha_{i+n} - \alpha_i = 2n\pi/(2n+1)$ 及 $\alpha_{i+n+1} - \alpha_i = 2(n+1)\pi/(2n+1)$ 代入式 (5.3.1) 并化简, 即得式 (5.3.4).

推论 5.3.3　设 $Q_1 Q_2 Q_3$ 是椭圆 $x^2/a^2 + y^2/b^2 = 1$ 的外切三角形, $Q_i Q_{i+1}$ 所在直线与椭圆的切点为 $P_i(a\cos\alpha_i, b\sin\alpha_i)$ 且 $\alpha_{i+1} - \alpha_i = 2\pi/3(i = 1, 2, 3)$, P 是椭圆所在平面上任意一点, 则在 $Q_1 Q_2 Q_3$ 的三个顶切点线三角形 $PP_1 Q_3$, $PP_2 Q_1$, $PP_3 Q_2$ 中, 其中一个较大的三角形的面积等于另外两个较小的三角形面积的和.

特别地, 当 P 在某顶切点线上时, 另外两个顶切点线三角形的面积相等.

证明　将 $n = 1$ 代入式 (5.3.4) 得

$$\mathrm{D}_{PP_1 Q_3} + \mathrm{D}_{PP_2 Q_1} + \mathrm{D}_{PP_3 Q_2} = 0,$$

因此推论 5.3.3 结论成立.

特别地, 若 P 在某顶切点线 (例如在顶切点线 P_1Q_3 上) 时, 有 $\mathrm{D}_{PP_2Q_1} + \mathrm{D}_{PP_3Q_2} = 0$, 移项后等式两边取绝对值, 得 $\mathrm{a}_{PP_2Q_1} = \mathrm{a}_{PP_3Q_2}$.

定理 5.3.2 (喻德生, 2001, 2003, 2007) 设 $Q_1Q_2 \cdots Q_5$ 是椭圆 $x^2/a^2 + y^2/b^2 = 1$ 的外切五角形, Q_iQ_{i+1} 所在直线与椭圆的切点为 $P_i(a\cos\alpha_i, b\sin\alpha_i)(i = 1, 2, \cdots, 5), P$ 是椭圆所在平面上任意一点, 则

$$w_{i,i+3}\mathrm{D}_{PP_iQ_{i+3}} = u_{i,i+2}\mathrm{D}_{PQ_iQ_{i+2}} + u_{i+1,i+4}\mathrm{D}_{PQ_{i+1}Q_{i+4}} \quad (i = 1, 2, \cdots, 5), \quad (5.3.5)$$

其中 $w_{i,i+3} = \delta_{i+3,i+2}/\sigma_{i+2,i+3}\sigma_{i,i+3}, u_{i,i+j} = \delta_{i+4,i}\delta_{i+j,i+j-1}/\sigma_{i,i+j}\sigma_{i+4,i+j-1}, \alpha_{i+5} = \alpha_i$, 其余类同.

证明 如图 5.3.2 所示. 由式 (5.3.2), 并令 $n = 2$ 可得

$$
\begin{aligned}
& w_{i,i+3}\mathrm{D}_{PP_iQ_{i+3}} \\
={}& \frac{1}{2}abr\left(\frac{1}{\sigma_{i,i+3}}\cos\frac{\alpha_i + \alpha_{i+3} - 2\alpha}{2} + \frac{1}{\sigma_{i,i+2}}\cos\frac{\alpha_i + \alpha_{i+2} - 2\alpha}{2}\right) \\
& - \frac{1}{2}ab\left(\cot\frac{\alpha_i - \alpha_{i+3}}{2} + \cot\frac{\alpha_i - \alpha_{i+2}}{2}\right),
\end{aligned} \quad (5.3.6)
$$

又在式 (5.1.3) 中令 $n = 5$, $j = 2$ 得

$$
\begin{aligned}
& u_{i,i+2}\mathrm{D}_{PQ_iQ_{i+2}} \\
={}& \frac{1}{2}abr\left(\frac{1}{\sigma_{i,i+2}}\cos\frac{\alpha_i + \alpha_{i+2} - 2\alpha}{2} + \frac{1}{\sigma_{i+4,i+1}}\cos\frac{\alpha_{i+4} + \alpha_{i+1} - 2\alpha}{2}\right) \\
& - \frac{1}{2}ab\left(\cot\frac{\alpha_i - \alpha_{i+2}}{2} + \cot\frac{\alpha_{i+4} - \alpha_{i+1}}{2}\right).
\end{aligned} \quad (5.3.7)
$$

同理在式 (5.1.3) 中令 $n = 5$, $j = 3$, 并用 $i+1$ 代 i 得

$$
\begin{aligned}
& u_{i+1,i+4}\mathrm{D}_{PQ_{i+1}Q_{i+4}} \\
={}& \frac{1}{2}abr\left(\frac{1}{\sigma_{i+1,i+4}}\cos\frac{\alpha_{i+1} + \alpha_{i+4} - 2\alpha}{2} + \frac{1}{\sigma_{i,i+3}}\cos\frac{\alpha_i + \alpha_{i+3} - 2\alpha}{2}\right) \\
& - \frac{1}{2}ab\left(\cot\frac{\alpha_{i+1} - \alpha_{i+4}}{2} + \cot\frac{\alpha_i - \alpha_{i+3}}{2}\right),
\end{aligned} \quad (5.3.8)
$$

由式 (5.3.6)—(5.3.8), 即知式 (5.3.5) 成立.

定理 5.3.3 (喻德生, 2006, 2017) 设 $Q_1Q_2 \cdots Q_{2n+1}$ 是双曲线 $x^2/a^2 - y^2/b^2 = 1$ 的外切 $2n+1(n \geqslant 1)$ 角形, Q_iQ_{i+1} 所在直线与双曲线的切点为 $P_i(a\sec\alpha_i, b\tan\alpha_i)$ $(i = 1, 2, \cdots, 2n+1), P$ 是双曲线所在平面上任意一点, 则

$$\sum_{i=1}^{2n+1} k_{i,i+n+1}\mathrm{D}_{PP_iQ_{i+n+1}} = 0, \quad (5.3.9)$$

其中 $k_{i,i+n+1} = \cos \alpha_i \delta'_{i+n,i+n+1} / \sigma_{i,i+n} \sigma_{i,i+n+1}$, 其余类同.

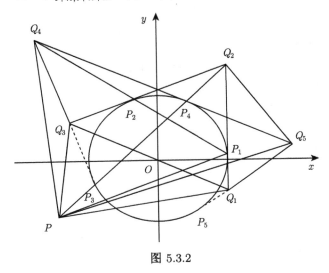

图 5.3.2

证明　不妨设双曲线所在平面任意一点的坐标为 $P(ar\cos\alpha, br\sin\alpha)\,(r \geqslant 0)$.
由切线 $Q_{i+2n}Q_i$ 的方程

$$bx - a\sin\alpha_{i+2n} \cdot y = ab\cos\alpha_{i+2n}$$

和 Q_iQ_{i+1} 的方程

$$bx - a\sin\alpha_i \cdot y = ab\cos\alpha_i,$$

求得 $Q_1Q_2 \cdots Q_{2n+1}$ 顶点的坐标

$$Q_i\left(\frac{a}{\delta'_{i,i+n}}\cos\frac{\alpha_{i+2n} - \alpha_i}{2}, \frac{b}{\delta'_{i,i+n}}\sin\frac{\alpha_{i+2n} + \alpha_i}{2}\right) \quad (i = 1, 2, \cdots, 2n+1).$$

根据三角形有向面积公式得

$$2\cos\alpha_i\delta_{i+n,i+n+1}\mathrm{D}_{PP_iQ_{i+n+1}}$$
$$=abr\left(\cos\alpha\sin\alpha_i - \sin\alpha\right)\cos\frac{\alpha_{i+n} + \alpha_{i+n+1}}{2}$$
$$+ab\left(\sin\frac{\alpha_{i+n} + \alpha_{i+n+1}}{2} - \sin\alpha_i\cos\frac{\alpha_{i+n} - \alpha_{i+n+1}}{2}\right)$$
$$+abr\left(\cos\frac{\alpha_{i+n} - \alpha_{i+n+1}}{2}\sin\alpha - \sin\frac{\alpha_{i+n} + \alpha_{i+n+1}}{2}\cos\alpha\right)\cos\alpha_i$$
$$=abr\cos\alpha\left(\sin\alpha_i\cos\frac{\alpha_{i+n} + \alpha_{i+n+1}}{2} - \cos\alpha_i\sin\frac{\alpha_{i+n} + \alpha_{i+n+1}}{2}\right)$$

$$+ abr \sin\alpha \left(\cos\alpha_i \cos\frac{\alpha_{i+n} - \alpha_{i+n+1}}{2} - \cos\frac{\alpha_{i+n} + \alpha_{i+n+1}}{2} \right)$$

$$+ ab \left(\sin\frac{\alpha_{i+n} + \alpha_{i+n+1}}{2} - \cos\frac{\alpha_{i+n} - \alpha_{i+n+1}}{2} \sin\alpha_i \right)$$

$$= abr \cos\alpha \sin\frac{2\alpha_i - \alpha_{i+n} - \alpha_{i+n+1}}{2}$$

$$+ \frac{1}{2} abr \sin\alpha \left(\cos\frac{2\alpha_i + \alpha_{i+n} - \alpha_{i+n+1}}{2} + \cos\frac{2\alpha_i + \alpha_{i+n+1} - \alpha_{i+n}}{2} \right.$$

$$\left. -2\cos\frac{\alpha_{i+n} + \alpha_{i+n+1}}{2} \right) + \frac{1}{2} ab \left(2\sin\frac{\alpha_{i+n} + \alpha_{i+n+1}}{2} \right.$$

$$\left. -\sin\frac{2\alpha_i + \alpha_{i+n} - \alpha_{i+n+1}}{2} - \sin\frac{2\alpha_i + \alpha_{i+n+1} - \alpha_{i+n}}{2} \right)$$

$$= abr \cos\alpha \left(\sin\frac{\alpha_i - \alpha_{i+n}}{2} \cos\frac{\alpha_i - \alpha_{i+n+1}}{2} + \cos\frac{\alpha_i - \alpha_{i+n}}{2} \sin\frac{\alpha_i - \alpha_{i+n+1}}{2} \right)$$

$$- abr \sin\alpha \left(\sin\frac{\alpha_i + \alpha_{i+n}}{2} \sin\frac{\alpha_i - \alpha_{i+n+1}}{2} + \sin\frac{\alpha_i - \alpha_{i+n}}{2} \sin\frac{\alpha_i + \alpha_{i+n+1}}{2} \right)$$

$$+ ab \left(\cos\frac{\alpha_i + \alpha_{i+n}}{2} \sin\frac{\alpha_{i+n+1} - \alpha_i}{2} + \cos\frac{\alpha_i + \alpha_{i+n+1}}{2} \sin\frac{\alpha_{i+n} - \alpha_i}{2} \right),$$

注意到 $\sigma_{i,i+n}\sigma_{i,i+n+1} \neq 0$, 得

$$k_{i,i+n+1} \mathrm{D}_{PP_i Q_{i+n+1}}$$

$$= -\frac{1}{2} abr \sin\alpha \left(\frac{1}{\sigma_{i,i+n}} \sin\frac{\alpha_i + \alpha_{i+n}}{2} + \frac{1}{\sigma_{i,i+n+1}} \sin\frac{\alpha_i + \alpha_{i+n+1}}{2} \right)$$

$$- \frac{1}{2} ab \left(\frac{1}{\sigma_{i,i+n}} \cos\frac{\alpha_i + \alpha_{i+n}}{2} + \frac{1}{\sigma_{i,i+n+1}} \cos\frac{\alpha_i + \alpha_{i+n+1}}{2} \right)$$

$$+ \frac{1}{2} abr \cos\alpha \left(\cot\frac{\alpha_i - \alpha_{i+n}}{2} + \cot\frac{\alpha_i - \alpha_{i+n+1}}{2} \right). \tag{5.3.10}$$

由于

$$\sum_{i=1}^{2n+1} \left(\cot\frac{\alpha_i - \alpha_{i+n}}{2} + \cot\frac{\alpha_i - \alpha_{i+n+1}}{2} \right)$$

$$= \sum_{i=1}^{2n+1} \left(\cot\frac{\alpha_i - \alpha_{i+n}}{2} + \cot\frac{\alpha_{i+n} - \alpha_{i+2n+1}}{2} \right)$$

$$= \sum_{i=1}^{2n+1} \left(\cot\frac{\alpha_i - \alpha_{i+n}}{2} + \cot\frac{\alpha_{i+n} - \alpha_i}{2} \right)$$

$$= 0,$$

同理

$$\sum_{i=1}^{2n+1}\left(\frac{1}{\sigma_{i,i+n}}\sin\frac{\alpha_i+\alpha_{i+n}}{2}+\frac{1}{\sigma_{i,i+n+1}}\sin\frac{\alpha_i+\alpha_{i+n+1}}{2}\right)=0,$$

$$\sum_{i=1}^{2n+1}\left(\frac{1}{\sigma_{i,i+n}}\cos\frac{\alpha_i+\alpha_{i+n}}{2}+\frac{1}{\sigma_{i,i+n+1}}\cos\frac{\alpha_i+\alpha_{i+n+1}}{2}\right)=0,$$

从而式 (5.3.9) 成立.

推论 5.3.4　设 $Q_1Q_2Q_3$ 是双曲线 $x^2/a^2-y^2/b^2=1$ 的外切三角形, Q_iQ_{i+1} 所在直线与双曲线的切点为 $P_i(a\sec\alpha_i,b\tan\alpha_i)(i=1,2,3),P$ 是双曲线所在平面上任意一点, 则

$$\sum_{i=1}^{3}\cos\alpha_i(\sin\alpha_{i+1}-\sin\alpha_{i+2})\mathrm{D}_{PP_iQ_{i+2}}=0. \tag{5.3.11}$$

证明　在式 (5.3.9) 式中令 $n=1$ 并化简, 即得式 (5.3.11).

定理 5.3.4 (喻德生, 2006, 2017)　设 $Q_1Q_2\cdots Q_5$ 是双曲线 $x^2/a^2-y^2/b^2=1$ 的外切五角形, Q_iQ_{i+1} 所在直线与双曲线的切点为 $P_i(a\sec\alpha_i,b\tan\alpha_i)(i=1,2,\cdots,5),P$ 是双曲线所在平面上任意一点, 则

$$k_{i,i+3}\mathrm{D}_{PP_iQ_{i+3}}=s_{i,i+2}\mathrm{D}_{PQ_iQ_{i+2}}+s_{i+1,i+4}\mathrm{D}_{PQ_{i+1}Q_{i+4}}\quad(i=1,2,\cdots,5), \tag{5.3.12}$$

其中 $k_{i,i+3}=\cos\alpha_i\delta'_{i+2,i+3}/\sigma_{i,i+2}\sigma_{i,i+3},s_{i,i+j}=\delta'_{i,i+4}\delta'_{i+j,i+j-1}/\sigma_{i,i+j}\sigma_{i+4,i+j-1}$, $\alpha_{i+5}=\alpha_i$, 其余类同.

证明　由式 (5.3.10), 并令 $n=2$ 可得

$$\begin{aligned}k_{i,i+3}&\mathrm{D}_{PP_iQ_{i+3}}\\ =&-\frac{1}{2}abr\sin\alpha\left(\frac{1}{\sigma_{i,i+2}}\sin\frac{\alpha_i+\alpha_{i+2}}{2}+\frac{1}{\sigma_{i,i+3}}\sin\frac{\alpha_i+\alpha_{i+3}}{2}\right)\\ &-\frac{1}{2}ab\left(\frac{1}{\sigma_{i,i+2}}\cos\frac{\alpha_i+\alpha_{i+2}}{2}+\frac{1}{\sigma_{i,i+3}}\cos\frac{\alpha_i+\alpha_{i+3}}{2}\right)\\ &+\frac{1}{2}abr\cos\alpha\left(\cot\frac{\alpha_i-\alpha_{i+2}}{2}+\cot\frac{\alpha_i-\alpha_{i+3}}{2}\right).\end{aligned} \tag{5.3.13}$$

又在式 (5.1.8) 中令 $n=5,j=2$ 得

$$\begin{aligned}s_{i,i+2}&\mathrm{D}_{PQ_iQ_{i+2}}\\ =&\frac{1}{2}abr\cos\alpha\left(\cot\frac{\alpha_i-\alpha_{i+2}}{2}+\cot\frac{\alpha_{i+4}-\alpha_{i+1}}{2}\right)\\ &-\frac{1}{2}abr\sin\alpha\left(\frac{1}{\sigma_{i,i+2}}\sin\frac{\alpha_i+\alpha_{i+2}}{2}+\frac{1}{\sigma_{i+4,i+1}}\sin\frac{\alpha_{i+4}+\alpha_{i+1}}{2}\right)\end{aligned}$$

$$- \frac{1}{2}ab \left(\frac{1}{\sigma_{i,i+2}} \cos \frac{\alpha_i + \alpha_{i+2}}{2} + \frac{1}{\sigma_{i+4,i+1}} \cos \frac{\alpha_{i+4} + \alpha_{i+1}}{2} \right). \tag{5.3.14}$$

同理在式 (5.1.8) 中令 $n = 5, j = 3$, 并用 $i+1$ 代 i 得

$$s_{i+1,i+4} \mathrm{D}_{PQ_{i+1}Q_{i+4}}$$

$$= \frac{1}{2}abr \cos \alpha \left(\cot \frac{\alpha_i - \alpha_{i+3}}{2} + \cot \frac{\alpha_{i+1} - \alpha_{i+4}}{2} \right)$$

$$- \frac{1}{2}abr \sin \alpha \left(\frac{1}{\sigma_{i,i+3}} \sin \frac{\alpha_i + \alpha_{i+3}}{2} + \frac{1}{\sigma_{i+1,i+4}} \sin \frac{\alpha_{i+1} + \alpha_{i+4}}{2} \right)$$

$$- \frac{1}{2}ab \left(\frac{1}{\sigma_{i,i+3}} \cos \frac{\alpha_i + \alpha_{i+3}}{2} + \frac{1}{\sigma_{i+1,i+4}} \cos \frac{\alpha_{i+1} + \alpha_{i+4}}{2} \right). \tag{5.3.15}$$

由式 (5.3.13)—(5.3.15), 即知式 (5.3.12) 成立.

定理 5.3.5 (喻德生, 2006, 2017) 设 $Q_1 Q_2 \cdots Q_{2n+1}$ 是抛物线 $x^2 = 2py$ 的外切 $2n+1(n \geqslant 1)$ 角形, $Q_i Q_{i+1}$ 所在直线与抛物线的切点为 $P_k(2pt_k, 2pt_k^2)(k = 1, 2, \cdots, 2n+1), P$ 是抛物线所在平面上任意一点, 则

$$\sum_{i=1}^{2n+1} r_{i,i+n+1} \mathrm{D}_{PP_i Q_{i+n+1}} = 0, \tag{5.3.16}$$

其中 $r_{i,i+n+1} = 1/\tau_{i,i+n} \tau_{i,i+n+1}$.

证明 不妨设抛物线所在平面上任意一点的坐标为 $P(r \cos \alpha, r \sin \alpha)(r \geqslant 0)$. 由题设切线 $Q_{i+2n} Q_i$ 的方程为

$$2pt_{i+2n}x = 2p \cdot \frac{y + 2pt_{i+2n}^2}{2},$$

即

$$y - 2t_{i+2n}x = -2pt_{k+2n}^2, \tag{5.3.17}$$

同理可得切线 $Q_i Q_{i+1}$ 的方程为

$$y - 2t_i x = -2pt_i^2. \tag{5.3.18}$$

式 (5.3.17) 和 (5.3.18) 联立, 求得 $Q_1 Q_2 \cdots Q_{2n+1}$ 顶点的坐标

$$Q_i(p(t_i + t_{i+2n}), 2pt_i t_{i+2n}) \quad (i = 1, 2, \cdots, 2n+1).$$

根据三角形有向面积公式得

$$2\mathrm{D}_{PP_i Q_{i+n+1}}$$

$$= 2pr(t_i^2 \cos \alpha - t_i \sin \alpha) + 2p^2 [2t_i t_{i+n} t_{i+n+1} - t_i^2 (t_{i+n} + t_{i+n+1})]$$

$$+ pr[(t_{i+n} + t_{i+n+1})\sin\alpha - 2t_{i+n}t_{i+n+1}\cos\alpha]$$
$$=2pr[t_i(t_i - t_{i+n+1}) + t_{i+n+1}(t_i - t_{i+n})]\cos\alpha - pr[(t_i - t_{i+n+1}) + (t_i - t_{i+n})]\sin\alpha$$
$$- 2p^2[t_it_{i+n}(t_i - t_{i+n+1}) + t_it_{i+n+1}(t_i - t_{i+n})]$$
$$=2pr(t_i\tau_{i,i+n+1} + t_{i+n+1}\tau_{i,i+n})\cos\alpha - pr(\tau_{i,i+n} + \tau_{i,i+n+1})\sin\alpha$$
$$- 2p^2(t_it_{i+n}\tau_{i,i+n+1} + t_it_{i+n+1}\tau_{i,i+n}),$$

注意到 $\tau_{i,i+n}\tau_{i,i+n+1} \neq 0$, 得

$$r_{i,i+n+1}\mathrm{D}_{PP_iQ_{i+n+1}}$$
$$=pr(t_i/\tau_{i,i+n} + t_{i+n+1}/\tau_{i,i+n+1})\cos\alpha - \frac{1}{2}pr(1/\tau_{i,i+n} + 1/\tau_{i,i+n+1})\sin\alpha$$
$$- p^2(t_it_{i+n}/\tau_{i,i+n} + t_it_{i+n+1}/\tau_{i,i+n+1}), \tag{5.3.19}$$

因为

$$\sum_{i=1}^{2n+1}(t_i/\tau_{i,i+n} + t_{i+n+1}/\tau_{i,i+n+1})$$
$$= \sum_{i=1}^{2n+1}(t_i/\tau_{i,i+n} + t_{i+2n+1}/\tau_{i+n,i+2n+1})$$
$$= \sum_{i=1}^{2n+1}(t_i/\tau_{i,i+n} + t_i/\tau_{i+n,i}) = 0,$$

同理

$$\sum_{i=1}^{2n+1}(1/\tau_{i,i+n} + 1/\tau_{i,i+n+1}) = 0, \quad \sum_{i=1}^{2n+1}(t_it_{i+n}/\tau_{i,i+n} + t_it_{i+n+1}/\tau_{i,i+n+1}) = 0.$$

所以

$$\sum_{i=1}^{2n+1}r_{i,i+n+1}\mathrm{D}_{PP_iQ_{i+n+1}} = 0.$$

推论 5.3.5 设 $Q_1Q_2Q_3$ 是抛物线 $x^2 = 2py$ 的外切三角形, Q_iQ_{i+1} 所在直线与抛物线的切点为 $P_k(2pt_k, 2pt_k^2)(k = 1, 2, 3)$, P 是抛物线所在平面上任意一点, 则

$$\sum_{i=1}^{3}(t_{i+2} - t_{i+1})\mathrm{D}_{PP_iQ_{i+2}} = 0. \tag{5.3.20}$$

证明 在式 (5.3.16) 中令 $n = 1$ 并化简, 即得式 (5.3.20).

定理 5.3.6 (喻德生, 2006, 2017) 设 $Q_1Q_2\cdots Q_5$ 是抛物线 $x^2 = 2py$ 的外切五角形, Q_iQ_{i+1} 所在直线与抛物线的切点为 $P_k(2pt_k, 2pt_k^2)(k = 1, 2, \cdots, 5)$, P 是抛物线所在平面上任意一点, 则

$$w_{i,i+3}w_{i,i+2}D_{PP_iQ_{i+3}}$$

$$=w_{i,i+2}w_{i+4,i+1}D_{PQ_iQ_{i+2}} + w_{i+1,i+4}w_{i,i+3}D_{PQ_{i+1}Q_{i+4}} \quad (i=1,2,\cdots,5), \qquad (5.3.21)$$

其中 $w_{i,j} = 1/(t_i - t_j), t_{5+i} = t_i$.

证明 不妨设抛物线所在平面任意一点的坐标可以表示成 $P(r\cos\alpha, r\sin\alpha)$ $(r \geqslant 0)$. 在式 (5.3.19) 中, 令 $n=2$ 可得

$$r_{i,i+3}\mathrm{D}_{PP_iQ_{i+3}}$$

$$=pr(t_i/\tau_{i,i+2} + t_{i+3}/\tau_{i,i+3})\cos\alpha - \frac{1}{2}pr(1/\tau_{i,i+2} + 1/\tau_{i,i+3})\sin\alpha$$

$$- p^2(t_it_{i+2}/\tau_{i,i+2} + t_it_{i+3}/\tau_{i,i+3}); \qquad (5.3.22)$$

又在式 (5.1.15) 中令 $n=5, j=2$ 可得

$$p_{i,i+2}\mathrm{D}_{PQ_iQ_{i+2}}$$

$$=pr(t_i/\tau_{i,i+2} + t_{i+1}/\tau_{i+4,i+1})\cos\alpha - \frac{1}{2}pr(1/\tau_{i,i+2} + 1/\tau_{i+4,i+1})\sin\alpha$$

$$- p^2(t_it_{i+2}/\tau_{i,i+2} + t_{i+4}t_{i+1}/\tau_{i+4,i+1}); \qquad (5.3.23)$$

再在式 (5.1.15) 中先以 $i+1$ 代 i, 再令 $n=5, j=3$, 得

$$p_{i+1,i+4}\mathrm{D}_{PQ_{i+1}Q_{i+4}}$$

$$=pr(t_{i+1}/\tau_{i+1,i+4} + t_{i+3}/\tau_{i,i+3})\cos\alpha - \frac{1}{2}pr(1/\tau_{i+1,i+4} + 1/\tau_{i,i+3})\sin\alpha$$

$$- p^2(t_{i+1}t_{i+4}/\tau_{i+1,i+4} + t_{i+1}t_{i+3}/\tau_{i,i+3}). \qquad (5.3.24)$$

由式 (5.3.22)—(5.3.24), 即知式 (5.3.21) 成立.

5.3.3 统一的圆锥曲线外切 $2n+1(n \geqslant 1)$ 角形中有向面积的定值定理

定理 5.3.7 (喻德生, 2014, 2017) 设 $Q_1Q_2\cdots Q_{2n+1}$ 是式 (8.1.1) 所表示的圆锥曲线 L 的切 $2n+1(n \geqslant 1)$ 角形, Q_kQ_{k+1} 所在直线与圆锥曲线 L 的切点为 $P_k\left(\dfrac{a\cos\theta_k}{1-e\cos\theta_k}, \dfrac{a\sin\theta_k}{1-e\cos\theta_k}\right)$ $(k=1,2,\cdots,2n+1)$, P 是圆锥曲线所在平面上任意一点, 则

$$\sum_{i=1}^{2n+1} c_{i,i+n+1}\mathrm{D}_{PP_iQ_{i+n+1}} = 0, \qquad (5.3.25)$$

其中 $c_{i,i+n+1} = (1 - e\cos\theta_i)(\delta_{i+n,i+n+1} - e\delta'_{i+n,i+n+1})/\sigma_{i,i+n}\sigma_{i,i+n+1}$.

证明 设圆锥曲线所在平面上任意一点的坐标为 $P(r\cos\theta, r\sin\theta)(r \geqslant 0)$. 因为圆锥曲线的参数方程为

$$L: x = \frac{a\cos\theta}{1-e\cos\theta}, y = \frac{a\sin\theta}{1-e\cos\theta},$$

所以

$$y'_x = \frac{\mathrm{d}}{\mathrm{d}\theta}\left(\frac{\sin\theta}{1-e\cos\theta}\right)\bigg/\frac{\mathrm{d}}{\mathrm{d}\theta}\left(\frac{\cos\theta}{1-e\cos\theta}\right) = \frac{e-\cos\theta}{\sin\theta}.$$

于是由直线 $Q_{i+2n}Q_i$ 的斜率

$$k_{Q_{i+2n}Q_i} = \frac{e-\cos\theta_{i+2n}}{\sin\theta_{i+2n}}.$$

求得 $Q_{i+2n}Q_i$ 的直线方程

$$(\cos\theta_{i+2n}-e)x + \sin\theta_{i+2n}\cdot y = a, \tag{5.3.26}$$

同理 Q_iQ_{i+1} 的直线方程为

$$(\cos\theta_i-e)x + \sin\theta_i\cdot y = a. \tag{5.3.27}$$

式 (5.3.26) 和 (5.3.27) 联立, 求得 $Q_1Q_2\cdots Q_{2n+1}$ 顶点的坐标[①]

$$Q_i\left(\frac{a}{\delta_{i,i+2n}-e\delta'_{i,i+2n}}\cos\frac{\theta_{i+2n}+\theta_i}{2}, \frac{a\sin\dfrac{\theta_{i+2n}+\theta_i}{2}}{\delta_{i,i+2n}-e\delta'_{i,i+2n}}\right) \quad (i=1,2,\cdots,2n+1).$$

根据三角形有向面积公式得

$$2(1-e\cos\theta_i)(\delta_{i+n,i+n+1}-e\delta'_{i+n,i+n+1})\mathrm{D}_{PP_iQ_{i+n+1}}$$

$$=ar(\cos\theta\sin\theta_i-\cos\theta_i\sin\theta)\left(\cos\frac{\theta_{i+n}-\theta_{i+n+1}}{2}-e\cos\frac{\theta_{i+n}+\theta_{i+n+1}}{2}\right)$$

$$+a^2\left(\cos\theta_i\sin\frac{\theta_{i+n}+\theta_{i+n+1}}{2}-\sin\theta_i\cos\frac{\theta_{i+n}+\theta_{i+n+1}}{2}\right)$$

$$+ar\left(\cos\frac{\theta_{i+n}+\theta_{i+n+1}}{2}\sin\theta-\cos\theta\sin\frac{\theta_{i+n}+\theta_{i+n+1}}{2}\right)(1-e\cos\theta_i)$$

$$=ar\left(\sin(\theta_i-\theta)\cos\frac{\theta_{i+n}-\theta_{i+n+1}}{2}-\sin\frac{\theta_{i+n}+\theta_{i+n+1}-2\theta}{2}\right)$$

$$+a^2\sin\frac{\theta_{i+n}+\theta_{i+n+1}-2\theta_i}{2}$$

$$+are\left(\sin\frac{\theta_{i+n}+\theta_{i+n+1}-2\theta}{2}\cos\theta_i-\sin(\theta_i-\theta)\cos\frac{\theta_{i+n}+\theta_{i+n+1}}{2}\right)$$

$$=\frac{1}{2}ar\left(\sin\frac{2\theta_i+\theta_{i+n}-\theta_{i+n+1}-2\theta}{2}+\sin\frac{2\theta_i+\theta_{i+n+1}-\theta_{i+n}-2\theta}{2}\right.$$

$$\left.-2\sin\frac{\theta_{i+n}+\theta_{i+n+1}-2\theta}{2}\right)+a^2\sin\frac{\theta_{i+n}+\theta_{i+n+1}-2\theta_i}{2}$$

---

①当 $\theta=0,\pi$ 时, y'_x 不存在, 但方程 (5.3.26) 和 (5.3.27) 仍成立.

$$+ \frac{1}{2} are \left(\sin \frac{\theta_{i+n} + \theta_{i+n+1} + 2\theta_i - 2\theta}{2} + \sin \frac{\theta_{i+n} + \theta_{i+n+1} - 2\theta_i - 2\theta}{2} \right)$$

$$- \frac{1}{2} are \left(\sin \frac{\theta_{i+n} + \theta_{i+n+1} + 2\theta_i - 2\theta}{2} + \sin \frac{2\theta_i - \theta_{i+n} - \theta_{i+n+1} - 2\theta}{2} \right)$$

$$= ar \left(\cos \frac{\theta_i + \theta_{i+n} - 2\theta}{2} \sin \frac{\theta_i - \theta_{i+n+1}}{2} + \cos \frac{\theta_i + \theta_{i+n+1} - 2\theta}{2} \sin \frac{\theta_i - \theta_{i+n}}{2} \right)$$

$$+ are \cos \theta \sin \frac{\theta_{i+n} + \theta_{i+n+1} - 2\theta_i}{2} + a^2 \sin \frac{\theta_{i+n} + \theta_{i+n+1} - 2\theta_i}{2}$$

$$= ar \left(\cos \frac{\theta_i + \theta_{i+n} - 2\theta}{2} \sin \frac{\theta_i - \theta_{i+n+1}}{2} + \cos \frac{\theta_i + \theta_{i+n+1} - 2\theta}{2} \sin \frac{\theta_i - \theta_{i+n}}{2} \right)$$

$$- (are \cos \theta + a^2) \left(\sin \frac{\theta_i - \theta_{i+n}}{2} \cos \frac{\theta_i - \theta_{i+n+1}}{2} + \cos \frac{\theta_i - \theta_{i+n}}{2} \sin \frac{\theta_i - \theta_{i+n+1}}{2} \right),$$

于是

$$c_{i,i+n+1} \mathrm{D}_{PP_iQ_{i+n+1}}$$
$$= \frac{1}{2} ar \left(\frac{1}{\sigma_{i,i+n}} \cos \frac{\theta_{i+n} + \theta_i - 2\theta}{2} + \frac{1}{\sigma_{i,i+n+1}} \cos \frac{\theta_{i+n+1} + \theta_i - 2\theta}{2} \right)$$
$$- \frac{1}{2} (are \cos \theta + a^2) \left(\cot \frac{\theta_i - \theta_{i+n}}{2} + \cot \frac{\theta_i - \theta_{i+n+1}}{2} \right). \tag{5.3.28}$$

由于

$$\sum_{i=1}^{2n+1} \left(\cot \frac{\theta_i - \theta_{i+n}}{2} + \cot \frac{\theta_i - \theta_{i+n+1}}{2} \right)$$
$$= \sum_{i=1}^{2n+1} \left(\cot \frac{\theta_i - \theta_{i+n}}{2} + \cot \frac{\theta_{i+n} - \theta_{i+2n+1}}{2} \right)$$
$$= \sum_{i=1}^{2n+1} \left(\cot \frac{\theta_i - \theta_{i+n}}{2} + \cot \frac{\theta_{i+n} - \theta_i}{2} \right) = 0,$$

同理

$$\sum_{i=1}^{2n+1} \left(\frac{1}{\sigma_{i,i+n}} \cos \frac{\theta_{i+n} + \theta_i - 2\theta}{2} + \frac{1}{\sigma_{i,i+n+1}} \cos \frac{\theta_{i+n+1} + \theta_i - 2\theta}{2} \right) = 0,$$

从而式 (5.3.25) 成立.

定理 5.3.8 (喻德生, 2014, 2017) 设 $Q_1Q_2 \cdots Q_5$ 是式 (8.1.1) 所表示的圆锥曲线的外切五角形, Q_iQ_{i+1} 所在直线与圆锥曲线的切点为 $P_k \left(\frac{a \cos \theta_k}{1 - e \cos \theta_k}, \right.$
$\left. \frac{a \sin \theta_k}{1 - e \cos \theta_k} \right) (k = 1, 2, \cdots, 5), P$ 是圆锥曲线所在平面上任意一点, 则

$$c_{i,i+3} \mathrm{D}_{PP_iQ_{i+3}} = a_{i,i+2} \mathrm{D}_{PQ_iQ_{i+2}} + a_{i+1,i+4} \mathrm{D}_{PQ_{i+1}Q_{i+4}} \quad (i = 1, 2, \cdots, 5), \tag{5.3.29}$$

其中,

$$a_{i,i+j} = (\delta_{i,i+4} - e\delta'_{i,i+4})(\delta_{i+j,i+j-1} - e\delta'_{i+j,i+j-1})/\sigma_{i,i+j}\sigma_{i+4,i+j-1},$$

$$c_{i,i+3} = (1 - e\cos\theta_i)(\delta_{i+2,i+3} - e\delta'_{i+2,i+3})/\sigma_{i,i+2}\sigma_{i,i+3}, \quad \alpha_{i+5} = \alpha_i,$$

其余类同.

证明　在式 (5.2.28) 中, 令 $n = 2$, 得

$$
\begin{aligned}
&c_{i,i+3}\mathrm{D}_{PP_iQ_{i+3}}\\
&=\frac{1}{2}ar\left(\frac{1}{\sigma_{i,i+2}}\cos\frac{\theta_{i+2}+\theta_i-2\theta}{2} + \frac{1}{\sigma_{i,i+3}}\cos\frac{\theta_{i+3}+\theta_i-2\theta}{2}\right)\\
&\quad -\frac{1}{2}(are\cos\theta + a^2)\left(\cot\frac{\theta_i-\theta_{i+2}}{2} + \cot\frac{\theta_i-\theta_{i+3}}{2}\right).
\end{aligned}
\tag{5.3.30}
$$

在式 (5.1.22) 中令 $n = 5, j = 2$, 得

$$
\begin{aligned}
&a_{i,i+2}\mathrm{D}_{PQ_iQ_{i+2}}\\
&=\frac{1}{2}ar\left(\frac{1}{\sigma_{i,i+2}}\cos\frac{\theta_{i+2}+\theta_i-2\theta}{2} + \frac{1}{\sigma_{i+4,i+1}}\cos\frac{\theta_{i+4}+\theta_{i+1}-2\theta}{2}\right)\\
&\quad -\frac{1}{2}(are\cos\theta + a^2)\left(\cot\frac{\theta_i-\theta_{i+2}}{2} + \cot\frac{\theta_{i+4}-\theta_{i+1}}{2}\right).
\end{aligned}
\tag{5.3.31}
$$

又在式 (8.1.23) 中先以 $i+1$ 代 i, 再令 $n = 5, j = 3$, 得

$$
\begin{aligned}
&a_{i+1,i+4}\mathrm{D}_{PQ_{i+1}Q_{i+4}}\\
&=\frac{1}{2}ar\left(\frac{1}{\sigma_{i+1,i+4}}\cos\frac{\theta_{i+4}+\theta_{i+1}-2\theta}{2} + \frac{1}{\sigma_{i,i+3}}\cos\frac{\theta_i+\theta_{i+3}-2\theta}{2}\right)\\
&\quad -\frac{1}{2}(are\cos\theta + a^2)\left(\cot\frac{\theta_{i+1}-\theta_{i+4}}{2} + \cot\frac{\theta_i-\theta_{i+3}}{2}\right),
\end{aligned}
\tag{5.3.32}
$$

由式 (5.3.29)—(5.3.31), 即得式 (5.3.26).

5.3.4　圆锥曲线外切 $2n+1(n \geqslant 1)$ 角形中有向面积的定值定理的应用

注意到圆锥曲线都可以化为式 (4.2.1) 的形式, 由定理 5.3.7 和定理 5.3.8 可以得出如下圆锥曲线外切 $2n+1(n \geqslant 1)$ 角形中一些等积定理和共点定理, 包括 Brianchon 定理在圆锥曲线外切三角形和圆锥曲线外切五角形中的情形.

定理 5.3.9　设 $Q_1Q_2Q_3$ 是圆锥曲线的外切三角形, Q_iQ_{i+1} 所在直线与圆锥曲线的切点为 $P_i(i = 1,2,3), M_1, M_2$ 是 P_iQ_{i+2} 所在直线上任意两点, 则

$$a_{M_1P_{i+1}Q_i} \cdot a_{M_2P_{i+2}Q_{i+1}} = a_{M_1P_{i+2}Q_{i+1}} \cdot a_{M_2P_{i+1}Q_1} \quad (i = 1,2,3). \tag{5.3.33}$$

证明　令 $n=1$, 对 M_1, M_2 分别利用式 (5.3.25) 得

$$c_{i+1,i}\mathrm{D}_{M_1 P_{i+1} Q_i} = -c_{i+2,i+1}\mathrm{D}_{M_1 P_{i+2} Q_{i+1}}, \tag{5.3.34}$$

$$c_{i+1,i}\mathrm{D}_{M_2 P_{i+1} Q_i} = -c_{i+2,i+1}\mathrm{D}_{M_2 P_{i+2} Q_{i+1}}, \tag{5.3.35}$$

故若 $a_{M_2 P_{i+1} Q_i} = a_{M_2 P_{i+2} Q_{i+1}} = 0$, 式 (5.3.33) 显然成立; 若 $a_{M_2 P_{i+1} Q_i}$ 及 $a_{M_2 P_{i+2} Q_{i+1}}$ 均不为零, 式 (5.3.34)÷(5.3.35) 后等式两边取绝对值并化简, 即得式 (5.3.33).

定理 5.3.10 (喻德生, 2006, 2017)　设 $Q_1 Q_2 \cdots Q_{2n+1}$ 是圆锥曲线外切 $2n+1$ 角形, $Q_i Q_{i+1}$ 所在直线与圆锥曲线的切点为 $P_i(i=1,2,\cdots,2n+1)$, 如果 $Q_1 Q_2 \cdots Q_{2n+1}$ 中形如 $P_i Q_{i+n+1}$ 的 $2n+1$ 条顶切线所在直线中有 $2n$ 条相交于一点, 则这 $2n+1$ 条顶切线所在直线相交于一点.

证明　如图 5.3.3 所示. 不妨设 $P_1 Q_{n+2}, P_2 Q_{n+3}, \cdots, P_{2n} Q_n$ 所在直线相交于 G 点, 则 $\mathrm{D}_{G P_1 Q_{n+2}} = \mathrm{D}_{G P_2 Q_{n+3}} = \cdots = \mathrm{D}_{G P_{2n} Q_n} = 0$. 代入式 (5.3.25) 并注意到 $c_{2n+1,n+1} \neq 0$, 得 $\mathrm{D}_{G P_{2n+1} Q_{n+1}} = 0$, 即 G 在 $P_{2n+1} Q_{n+1}$ 所在直线上. 从而 $P_1 Q_{n+2}, P_2 Q_{n+3}, \cdots, P_{2n} Q_n, P_{2n+1} Q_{n+1}$ 所在直线相交于一点.

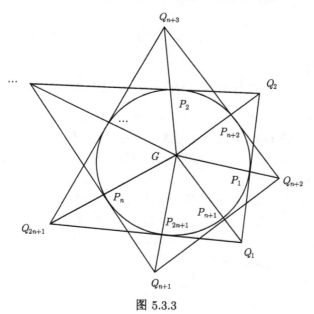

图 5.3.3

定理 5.3.11 (Brianchon 定理在圆锥曲线外切三角形中的情形)　设 $Q_1 Q_2 Q_3$ 是圆锥曲线外切三角形, $Q_1 Q_2, Q_2 Q_3, Q_3 Q_1$ 所在直线与圆锥曲线的切点分别为 P_1, P_2, P_3, 则 $Q_1 Q_2 Q_3$ 的三条顶切线 $P_1 Q_3, P_2 Q_1, P_3 Q_2$ 相交于一点.

证明　如图 5.3.4 所示. 注意到圆锥曲线外切三角形的任意两条顶切线所在直线相交于一点, 由定理 5.3.10 即知 $P_1 Q_3, P_2 Q_1, P_3 Q_2$ 所在直线相交于一点.

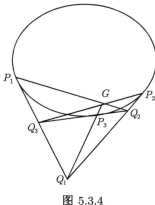

图 5.3.4

定理 5.3.12　设 $Q_1Q_2\cdots Q_5$ 是圆锥曲线外切五角形, Q_iQ_{i+1} 所在直线与圆锥曲线的切点为 $P_i(i=1,2,\cdots,5), M_1,M_2; N_1,N_2; R_1,R_2$ 分别是 $P_iQ_{i+3}, Q_iQ_{i+2}, Q_{i+1}Q_{i+4}$ 上任意两点, 则

$$a_{M_1Q_iQ_{i+2}} \cdot a_{M_2Q_{i+1}Q_{i+4}} = a_{M_1Q_{i+1}Q_{i+4}} \cdot a_{M_2Q_iQ_{i+2}} \quad (i=1,2,\cdots,5), \qquad (5.3.36)$$

$$a_{N_1P_iQ_{i+3}} \cdot a_{N_2Q_{i+1}Q_{i+4}} = a_{N_1Q_{i+1}Q_{i+4}} \cdot a_{N_2P_iQ_{i+3}} \quad (i=1,2,\cdots,5), \qquad (5.3.37)$$

$$a_{R_1P_iQ_{i+3}} \cdot a_{R_2Q_iQ_{i+2}} = a_{R_1Q_iQ_{i+2}} \cdot a_{R_2P_iQ_{i+3}} \quad (i=1,2,\cdots,5). \qquad (5.3.38)$$

证明　根据式 (5.3.29), 仿定理 5.3.9 证明, 可知式 (5.3.36)—(5.3.38) 成立.

定理 5.3.13　设 $Q_1Q_2\cdots Q_5$ 是圆锥曲线外切五角形, Q_iQ_{i+1} 所在直线与圆锥曲线的切点为 $P_i(i=1,2,\cdots,5)$, 则顶切线 P_iQ_{i+3} 和对角线 $Q_iQ_{i+2}, Q_{i+1}Q_{i+4}(i=1,2,\cdots,5)$ 所在直线相交于一点或相互平行.

证明　(1) 如图 5.3.5 所示. 若对角线 $Q_iQ_{i+2}, Q_{i+1}Q_{i+4}$ 所在直线相交, 设此交点为 M_i, 将 $\mathrm{D}_{M_iQ_iQ_{i+2}} = \mathrm{D}_{M_iQ_{i+1}Q_{i+4}} = 0$ 及 M_i 代入式 (5.3.29) 并注意到 $c_{i,i+3} \neq 0$ 得 $\mathrm{D}_{M_iP_iQ_{i+3}} = 0(i=1,2,\cdots,5)$, 即 M_i 在直线 P_iQ_{i+3} 上. 从而顶切线 P_iQ_{i+3} 和对角线 $Q_iQ_{i+2}, Q_{i+1}Q_{i+4}$ 所在直线相交于一点.

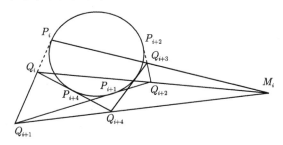

图 5.3.5

(2) 如图 5.3.6 所示. 若对角线 $Q_iQ_{i+2}, Q_{i+1}Q_{i+4}$ 所在直线相互平行, 即这两条直线相交于无穷远点 $M_{i\infty}$, 同样有 $\mathrm{D}_{M_{i\infty}Q_iQ_{i+2}} = \mathrm{D}_{M_{i\infty}Q_{i+1}Q_{i+4}} = 0$. 代入式 (5.3.29) 并注意到 $c_{i,i+3} \neq 0$ 得 $\mathrm{D}_{M_{i\infty}P_iQ_{i+3}} = 0 (i = 1, 2, \cdots, 5)$, 即 $M_{i\infty}$ 在直线 P_iQ_{i+3} 上. 从而顶切线 P_iQ_{i+3} 和对角线 $Q_iQ_{i+2}, Q_{i+1}Q_{i+4}$ 所在的三条直线相互平行.

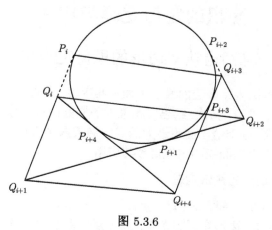

图 5.3.6

注 5.3.2 特别地, 当 $Q_1Q_2 \cdots Q_5$ 为圆锥曲线外切五边形时, 即得 Brianchon 定理在圆锥曲线外切五边形中的情形.

第6章 圆锥曲线内接、外切多角 (边) 形中有向面积的定值定理与应用

6.1 椭圆内接多边形的最值定理与应用

本节主要讨论椭圆内接多边的最值定理及其应用. 首先, 给出椭圆内接多边形的最值定理及其若干推论; 其次, 给出面积最大的椭圆内接六边形中有向面积的定值定理与应用; 再次, 分别给出面积最大的退化椭圆内接六边形 —— 椭圆内接五边形和椭圆四边形中有向面积的定值定理与应用.

6.1.1 椭圆内接多边形的最值定理

定理 6.1.1 内接于椭圆 $x^2/a^2 + y^2/b^2 = 1$ 的 n $(n \geqslant 3)$ 边形 $P_1P_2 \cdots P_n$ 中, 面积最大的 n $(n \geqslant 3)$ 边形有无穷多个, 其顶点的离心角分别为 $\theta, \theta + 2\pi/n, \theta + 4\pi/n, \theta + 6\pi/n, \cdots, \theta + 2(n-1)\pi/n$, 且其最大面积为 $\dfrac{nab}{2} \sin \dfrac{2\pi}{n}$.

证明 如图 6.1.1 所示. 不妨设 $P_1P_2 \cdots P_n$ 顶点的坐标为 $P_i(a\cos\theta_i, b\sin\theta_i)$ $(i = 1, 2, \cdots, n)$, 且 $0 \leqslant \theta_1 < \theta_2 < \theta_3 < \cdots < \theta_n < 2\pi$, 于是 n $(n \geqslant 3)$ 边形的面积

$$\mathrm{a}_{P_1P_2\cdots P_n} = \frac{1}{2}ab\sum_{i=1}^{n}\left(\cos\theta_i\sin\theta_{i+1} - \cos\theta_{i+1}\sin\theta_i\right) = \frac{1}{2}ab\sum_{i=1}^{n}\sin(\theta_{i+1} - \theta_i).$$

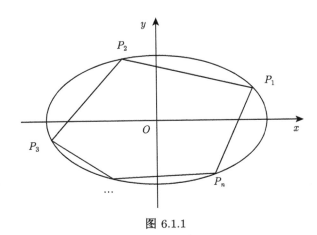

图 6.1.1

令 $f(\theta_1, \theta_2, \cdots, \theta_n) = \sum_{i=1}^{n} \sin(\theta_{i+1} - \theta_i)$, 于是由

$$
\begin{cases}
f_{\theta_1} = -\cos(\theta_2 - \theta_1) + \cos(\theta_1 - \theta_n) = 0, \\
f_{\theta_2} = -\cos(\theta_3 - \theta_2) + \cos(\theta_2 - \theta_1) = 0, \\
\qquad\qquad \cdots\cdots \\
f_{\theta_n} = -\cos(\theta_1 - \theta_n) + \cos(\theta_n - \theta_{n-1}) = 0
\end{cases}
$$

得

$$
\begin{cases}
-2\sin\dfrac{\theta_2 - \theta_n}{2}\sin\dfrac{2\theta_1 - \theta_2 - \theta_n}{2} = 0, \\
-2\sin\dfrac{\theta_3 - \theta_1}{2}\sin\dfrac{2\theta_2 - \theta_3 - \theta_1}{2} = 0, \\
\qquad\qquad \cdots\cdots \\
-2\sin\dfrac{\theta_1 - \theta_{n-1}}{2}\sin\dfrac{2\theta_n - \theta_1 - \theta_{n-1}}{2} = 0.
\end{cases}
$$

注意到 $-\pi < \dfrac{\theta_2 - \theta_n}{2} < 0, 0 < \dfrac{\theta_3 - \theta_1}{2} < \pi, \cdots, 0 < \dfrac{\theta_{n+1} - \theta_{n-1}}{2} < \pi$, 所以

$$
\sin\frac{\theta_2 - \theta_n}{2} \neq 0, \sin\frac{\theta_3 - \theta_1}{2} \neq 0, \cdots, \sin\frac{\theta_{n+1} - \theta_{n-1}}{2} \neq 0,
$$

故

$$
\begin{cases}
\sin\dfrac{2\theta_1 - \theta_2 - \theta_n}{2} = 0, \\
\sin\dfrac{2\theta_2 - \theta_3 - \theta_1}{2} = 0, \\
\qquad \cdots\cdots \\
\sin\dfrac{2\theta_n - \theta_1 - \theta_{n-1}}{2} = 0,
\end{cases}
\qquad
\begin{cases}
\dfrac{2\theta_1 - \theta_2 - \theta_n}{2} = 0, \\
\dfrac{2\theta_2 - \theta_3 - \theta_1}{2} = 0, \\
\qquad \cdots\cdots \\
\dfrac{2\theta_n - \theta_1 - \theta_{n-1}}{2} = 0,
\end{cases}
\qquad
\begin{cases}
2\theta_1 = \theta_2 + \theta_n, \\
2\theta_2 = \theta_3 + \theta_1, \\
\qquad \cdots\cdots \\
2\theta_n = \theta_1 + \theta_{n-1},
\end{cases}
$$

即 $\theta_1, \theta_2, \cdots, \theta_n$ 成等差数列. 令 $\theta_2 - \theta_1 = \theta_3 - \theta_2 = \cdots = \theta_n - \theta_{n-1} = \alpha$, 则 $n\alpha = \theta_n - \theta_1 = 2\pi$, $\alpha = 2\pi/n$. 于是 $P_1 P_2 \cdots P_n$ 顶点的离心角分别为

$$
\theta_1, \theta_1 + 2\pi/n, \theta_1 + 4\pi/n, \theta_1 + 6\pi/n, \cdots, \theta_1 + 2(n-1)\pi/n.
$$

故由问题的实际意义可知, 当 $P_1 P_2 \cdots P_n$ 顶点的离心角分别为

$$
\theta_1, \theta_1 + 2\pi/n, \theta_1 + 4\pi/n, \theta_1 + 6\pi/n, \cdots, \theta_1 + 2(n-1)\pi/n
$$

时, 函数 $f(\theta_1, \theta_2, \cdots, \theta_n) = \sum_{i=1}^{n} \sin(\theta_{i+1} - \theta_i)$ 取得最大值 $\sum_{i=1}^{n} \sin\dfrac{2\pi}{n} = n\sin\dfrac{2\pi}{n}$, 即

$a_{P_1P_2\cdots P_n}$ 取得最大值 $\dfrac{ab}{2}\displaystyle\sum_{i=1}^{n}\sin\dfrac{2\pi}{n}=\dfrac{nab}{2}\sin\dfrac{2\pi}{n}$.

特别地, 当 $a=b$ 时, 即得

定理 6.1.2 内接于圆 $x^2+y^2=a^2$ 的 $n\,(n\geqslant 3)$ 边形 $P_1P_2\cdots P_n$ 中, 面积最大的 $n\,(n\geqslant 3)$ 边形有无穷多个, 其顶点的离心角分别为 $\theta,\theta+2\pi/n,\theta+4\pi/n,\theta+6\pi/n,\cdots,\theta+2(n-1)\pi/n$, 且其最大面积为 $\dfrac{n}{2}a^2\sin\dfrac{2\pi}{n}$.

在定理 6.1.1 和定理 6.1.2 中, 分别令 $n=3,4,6,8,12$, 即得

推论 6.1.1 内接于椭圆 $x^2/a^2+y^2/b^2=1$(圆 $x^2+y^2=a^2$) 的三角形 $P_1P_2P_3$ 中, 面积最大的三角形有无穷多个, 其顶点的离心角分别为 $\theta,\theta+2\pi/3,\theta+4\pi/3$, 且其最大面积为 $\dfrac{\sqrt{3}}{2}ab\left(\dfrac{\sqrt{3}}{2}a^2\right)$.

推论 6.1.2 内接于椭圆 $x^2/a^2+y^2/b^2=1$(圆 $x^2+y^2=a^2$) 的四边形 $P_1P_2P_3P_4$ 中, 面积最大的四边形有无穷多个, 其顶点的离心角分别为 $\theta,\theta+\pi/2,\theta+\pi,\theta+3\pi/2$, 且其最大面积为 $2ab\,(2a^2)$.

推论 6.1.3 内接于椭圆 $x^2/a^2+y^2/b^2=1$(圆 $x^2+y^2=a^2$) 的六边形 $P_1P_2\cdots P_6$ 中, 面积最大的六边形有无穷多个, 其顶点的离心角分别为 $\theta,\theta+\pi/3,\theta+2\pi/3,\theta+\pi,\theta+4\pi/3,\theta+5\pi/3$, 且其最大面积为 $\dfrac{3\sqrt{3}}{2}ab\left(\dfrac{3\sqrt{3}}{2}a^2\right)$.

推论 6.1.4 内接于椭圆 $x^2/a^2+y^2/b^2=1$(圆 $x^2+y^2=a^2$) 的八边形 $P_1P_2\cdots P_8$ 中, 面积最大的八边形有无穷多个, 其顶点的离心角分别为 $\theta,\theta+\pi/4,\theta+\pi/2,\theta+3\pi/4,\cdots,\theta+7\pi/4$, 且其最大面积为 $2\sqrt{2}ab\,(2\sqrt{2}a^2)$.

推论 6.1.5 内接于椭圆 $x^2/a^2+y^2/b^2=1$(圆 $x^2+y^2=a^2$) 的十二边形 $P_1P_2\cdots P_n$ 中, 面积最大的十二边形有无穷多个, 其顶点的离心角分别为 $\theta,\theta+\pi/6,\theta+\pi/3,\theta+\pi/2,\cdots,\theta+11\pi/6$, 且其最大面积为 $3ab\,(3a^2)$.

6.1.2 面积最大的椭圆内接六边形中有向面积的定值定理与应用

定理 6.1.3 (喻德生, 2017) 设 $P_1P_2\cdots P_6$ 是面积最大的椭圆内接六边形, $Q_1,Q_2,\cdots,Q_6$ 依次是各边 $P_1P_2,P_2P_3,\cdots,P_6P_1$ 的中点, P 是 $P_1P_2\cdots P_6$ 所在平面上任意一点, 则

$$D_{PQ_1Q_4}-D_{PQ_2Q_5}+D_{PQ_3Q_6}=0. \tag{6.1.1}$$

证明 如图 6.1.2 所示. 不妨设 $P_1P_2\cdots P_6$ 为椭圆 $x^2/a^2+y^2/b^2=1$ 的面积最大的内接六边形, 则由定理 6.1.1 可知, $P_1P_2\cdots P_6$ 顶点的离心角分别为 $\theta,\theta+$

$\pi/3, \theta + 2\pi/3, \theta + \pi, \theta + 4\pi/3, \theta + 5\pi/3$, 于是由三角形有向面积公式, 可得

$$\begin{aligned}
\mathrm{D}_{P_1 P_3 P_5} = \frac{1}{2}ab\Bigg\{ &\left[\cos\theta\sin\left(\theta + \frac{2\pi}{3}\right) - \cos\left(\theta + \frac{2\pi}{3}\right)\sin\theta\right] \\
&+ \left[\cos\left(\theta + \frac{2\pi}{3}\right)\sin\left(\theta + \frac{4\pi}{3}\right) - \cos\left(\theta + \frac{4\pi}{3}\right)\sin\left(\theta + \frac{2\pi}{3}\right)\right] \\
&+ \left[\cos\left(\theta + \frac{4\pi}{3}\right)\sin\theta - \cos\theta\sin\left(\theta + \frac{4\pi}{3}\right)\right]\Bigg\} \\
= \frac{1}{2}ab&\left(\sin\frac{2\pi}{3} + \sin\frac{2\pi}{3} - \sin\frac{4\pi}{3}\right) = \frac{3}{2}ab\sin\frac{\pi}{3} = \frac{3\sqrt{3}}{4}ab,
\end{aligned}$$

$$\begin{aligned}
\mathrm{D}_{P_2 P_4 P_6} = \frac{1}{2}ab\Bigg\{ &\left[\cos\left(\theta + \frac{\pi}{3}\right)\sin(\theta + \pi) - \cos(\theta + \pi)\sin\left(\theta + \frac{\pi}{3}\right)\right] \\
&+ \left[\cos(\theta + \pi)\sin\left(\theta + \frac{5\pi}{3}\right) - \cos\left(\theta + \frac{5\pi}{3}\right)\sin(\theta + \pi)\right] \\
&+ \left[\cos\left(\theta + \frac{5\pi}{3}\right)\sin\left(\theta + \frac{\pi}{3}\right) - \cos\left(\theta + \frac{\pi}{3}\right)\sin\left(\theta + \frac{5\pi}{3}\right)\right]\Bigg\} \\
= \frac{1}{2}ab&\left(\sin\frac{2\pi}{3} + \sin\frac{2\pi}{3} - \sin\frac{4\pi}{3}\right) = \frac{3}{2}ab\sin\frac{\pi}{3} = \frac{3\sqrt{3}}{4}ab,
\end{aligned}$$

所以 $\mathrm{D}_{P_1 P_3 P_5} = \mathrm{D}_{P_2 P_4 P_6}$. 故由本书上册定理 4.3.1 可知, 式 (6.1.1) 成立.

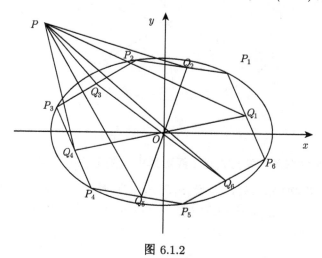

图 6.1.2

推论 6.1.6 设 $P_1 P_2 \cdots P_6$ 是面积最大的椭圆内接六边形, $Q_1, Q_2, \cdots, Q_6$ 依次是各边 $P_1 P_2, P_2 P_3, \cdots, P_6 P_1$ 的中点, P 是 $P_1 P_2 \cdots P_6$ 所在平面上任意一点, 则在三角形 $PQ_1 Q_4, PQ_2 Q_5, PQ_3 Q_6$ 中, 其中一个较大的三角形的面积等于另两个较小的三角形的面积的和.

证明 由式 (6.1.1) 即得.

推论 6.1.7　设 $P_1 P_2 \cdots P_6$ 是面积最大的椭圆内接六边形, $Q_1, Q_2, \cdots, Q_6$ 依次是各边 $P_1 P_2, P_2 P_3, \cdots, P_6 P_1$ 的中点, 则 P 是 $Q_{i+2} Q_{i+5}$ 所在直线上任意一点的充分必要条件是 $\mathrm{D}_{P Q_i Q_{i+3}} = \mathrm{D}_{P Q_{i+1} Q_{i+4}} (i = 1, 2, 3)$.

证明　由式 (6.1.1), 可知

$$P 是 Q_{i+2} Q_{i+5} 所在直线上任意一点 \Leftrightarrow \mathrm{D}_{P Q_{i+2} Q_{i+5}} = 0$$

$$\Leftrightarrow \mathrm{D}_{P Q_i Q_{i+3}} - \mathrm{D}_{P Q_{i+1} Q_{i+4}} = 0 \Leftrightarrow \mathrm{D}_{P Q_i Q_{i+3}} = \mathrm{D}_{P Q_{i+1} Q_{i+4}} \quad (i = 1, 2, 3).$$

定理 6.1.4 (喻德生, 2017)　设 $P_1 P_2 \cdots P_6$ 是面积最大的椭圆内接六边形, $Q_1, Q_2, \cdots, Q_6$ 依次是各边 $P_1 P_2, P_2 P_3, \cdots, P_6 P_1$ 的中点, 则 $Q_1 Q_4, Q_2 Q_5, Q_3 Q_6$ 所在直线相交于一点.

证明　如图 6.1.3 所示. 设 $Q_1 Q_4, Q_2 Q_5$ 相交于点 G, 则 $\mathrm{D}_{G Q_1 Q_4} = \mathrm{D}_{G Q_2 Q_5} = 0$. 代入式 (6.1.1), 得 $\mathrm{D}_{G Q_3 Q_6} = 0$, 故点 G 在 $Q_3 Q_6$ 所在直线上, 从而 $Q_1 Q_4, Q_2 Q_5,$ $Q_3 Q_6$ 所在直线相交于一点.

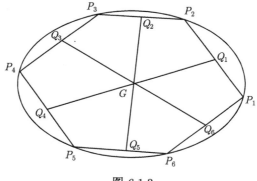

图 6.1.3

6.1.3　面积最大的椭圆内接五边形、四边形中有向面积的定值定理与应用

定理 6.1.5 (喻德生, 2017)　设 $P_1 P_2 P_3 P_4 P_5$ 是面积最大的椭圆内接五边形, $Q_1, Q_2, \cdots, Q_5$ 依次是各边 $P_1 P_2, P_2 P_3, \cdots, P_5 P_1$ 的中点, P 是 $P_1 P_2 P_3 P_4 P_5$ 所在平面上任意一点, 则

$$\mathrm{D}_{P P_i Q_{i+2}} - \mathrm{D}_{P Q_i Q_{i+3}} + \mathrm{D}_{P Q_{i+1} Q_{i+4}} = 0 \quad (i = 1, 2, \cdots, 5). \tag{6.1.2}$$

证明　如图 6.1.4 所示. 不妨设 $P_1 P_2 P_3 P_4 P_5$ 为椭圆 $x^2 / a^2 + y^2 / b^2 = 1$ 的面积最大的内接五边形, 则由定理 6.1.1 可知, $P_1 P_2 P_3 P_4 P_5$ 顶点的离心角分别为 $\theta, \theta + 2\pi/5, \theta + 4\pi/5, \theta + 6\pi/5, \theta + 8\pi/3$, 于是由三角形有向面积公式, 可得

$$\mathrm{D}_{P_1 P_3 P_5} = \frac{1}{2} a b \left\{ \left[\cos \theta \sin \left(\theta + \frac{4\pi}{5} \right) - \cos \left(\theta + \frac{4\pi}{5} \right) \sin \theta \right] \right.$$

$$+\left[\cos\left(\theta+\frac{4\pi}{5}\right)\sin\left(\theta+\frac{8\pi}{5}\right)-\cos\left(\theta+\frac{8\pi}{5}\right)\sin\left(\theta+\frac{4\pi}{5}\right)\right]$$

$$+\left[\cos\left(\theta+\frac{8\pi}{5}\right)\sin\theta-\cos\theta\sin\left(\theta+\frac{8\pi}{5}\right)\right]\Big\}$$

$$=\frac{1}{2}ab\left(\sin\frac{4\pi}{5}+\sin\frac{4\pi}{5}-\sin\frac{8\pi}{5}\right)=\frac{1}{2}ab\left(2\sin\frac{\pi}{5}+\sin\frac{2\pi}{5}\right),$$

$$\mathrm{D}_{P_1P_2P_4}=\frac{1}{2}ab\left\{\left[\cos\theta\sin\left(\theta+\frac{2\pi}{5}\right)-\cos\left(\theta+\frac{2\pi}{5}\right)\sin\theta\right]\right.$$

$$+\left[\cos\left(\theta+\frac{2\pi}{5}\right)\sin\left(\theta+\frac{6\pi}{5}\right)-\cos\left(\theta+\frac{6\pi}{5}\right)\sin\left(\theta+\frac{2\pi}{5}\right)\right]$$

$$+\left[\cos\left(\theta+\frac{6\pi}{5}\right)\sin\theta-\cos\theta\sin\left(\theta+\frac{6\pi}{5}\right)\right]\Big\}$$

$$=\frac{1}{2}ab\left(\sin\frac{2\pi}{5}+\sin\frac{4\pi}{5}-\sin\frac{6\pi}{5}\right)=\frac{1}{2}ab\left(2\sin\frac{\pi}{5}+\sin\frac{2\pi}{5}\right),$$

所以 $\mathrm{D}_{P_1P_3P_5}=\mathrm{D}_{P_2P_4P_6}$. 故由本书上册定理 4.4.1 可知, 当 $i=1$ 时, 式 (6.1.2) 成立.

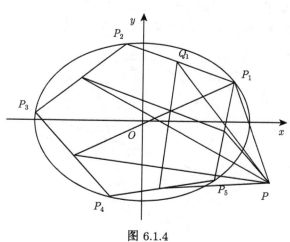

图 6.1.4

类似地, 可以证明, 当 $i=2,3,4,5$ 时, 式 (6.1.2) 成立.

推论 6.1.8 设 $P_1P_2P_3P_4P_5$ 是面积最大的椭圆内接五边形, $Q_1,Q_2,\cdots,Q_5$ 依次是各边 $P_1P_2,P_2P_3,\cdots,P_5P_1$ 的中点, P 是 $P_1P_2P_3P_4P_5$ 所在平面上任意一点, 则在三角形

$$PP_iQ_{i+2},PQ_iQ_{i+3},PQ_{i+1}Q_{i+4} \quad (i=1,2,3,4,5)$$

中, 其中一个较大的三角形的面积等于另两个较小的三角形的面积的和.

证明 由式 (6.1.2) 即得.

推论 6.1.9　设 $P_1P_2P_3P_4P_5$ 是面积最大的椭圆内接五边形, $Q_1, Q_2, \cdots, Q_5$ 依次是各边 $P_1P_2, P_2P_3, \cdots, P_5P_1$ 的中点, 则

(1) P 是 P_iQ_{i+2} 所在直线上任意一点的充分必要条件是

$$\mathrm{D}_{PQ_iQ_{i+3}} = \mathrm{D}_{PQ_{i+1}Q_{i+4}} \quad (i = 1, 2, 3, 4, 5).$$

(2) P 是 $Q_{i+1}Q_{i+4}$ 所在直线上任意一点的充分必要条件是

$$\mathrm{D}_{PP_iQ_{i+3}} = \mathrm{D}_{PQ_iQ_{i+3}} \quad (i = 1, 2, 3, 4, 5).$$

证明　由式 (6.1.2), 仿推论 6.1.7 的证明即得.

定理 6.1.6 (喻德生, 2017)　设 $P_1P_2P_3P_4P_5$ 是面积最大的椭圆内接五边形, $Q_1, Q_2, \cdots, Q_5$ 依次是各边 $P_1P_2, P_2P_3, \cdots, P_5P_1$ 的中点, 则 P_iQ_{i+2}, Q_iQ_{i+3}, $Q_{i+1}Q_{i+4}(i = 1, 2, 3, 4, 5)$ 所在直线相交于一点.

证明　如图 6.1.5 所示. 若 P_1Q_3, Q_1Q_4 相交于点 G_1, 则 $\mathrm{D}_{G_1P_1Q_3} = \mathrm{D}_{G_1Q_1Q_4} = 0$. 代入式 (6.1.2), 得 $\mathrm{D}_{G_1Q_2Q_5} = 0$, 故点 G_1 在 Q_2Q_5 所在直线上, 从而 P_1Q_3, Q_1Q_4, Q_2Q_5 所在直线相交于一点. 因此, 当 $i = 1$ 时, 定理 6.1.6 结论成立;

类似地, 可以证明, 当 $i = 2, 3, 4, 5$ 时, 定理 6.1.6 结论成立.

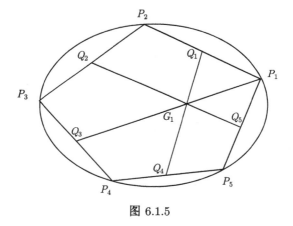

图 6.1.5

定理 6.1.7 (喻德生, 2017)　设 $P_1P_2P_3P_4$ 是面积最大的椭圆内接四边形, Q_1, Q_2, Q_3, Q_4 依次是各边 $P_1P_2, P_2P_3, P_3P_4, P_4P_1$ 的中点, P 是 $P_1P_2P_3P_4$ 所在平面上任意一点, 则

$$\mathrm{D}_{PP_iQ_{i+1}} - \mathrm{D}_{PQ_iQ_{i+2}} + \mathrm{D}_{PP_{i+1}Q_{i+3}} = 0 \quad (i = 1, 2, 3, 4). \tag{6.1.3}$$

证明　如图 6.1.6 所示. 不妨设 $P_1P_2P_3P_4$ 为椭圆 $x^2/a^2 + y^2/b^2 = 1$ 的面积最大的内接四边形, 则由定理 6.1.1 可知, $P_1P_2P_3P_4$ 顶点的离心角分别为 $\theta, \theta +$

$\pi/2, \theta+\pi, \theta+3\pi/2$, 于是由三角形有向面积公式, 可得

$$
\begin{aligned}
\mathrm{D}_{P_1P_2P_3} =& \frac{1}{2}ab\bigg\{\left[\cos\theta\sin\left(\theta+\frac{\pi}{2}\right)-\cos\left(\theta+\frac{\pi}{2}\right)\sin\theta\right]\\
&+\left[\cos\left(\theta+\frac{\pi}{2}\right)\sin\left(\theta+\pi\right)-\cos\left(\theta+\pi\right)\sin\left(\theta+\frac{\pi}{2}\right)\right]\\
&+\left[\cos\left(\theta+\pi\right)\sin\theta-\cos\theta\sin\left(\theta+\pi\right)\right]\bigg\}\\
=&\frac{1}{2}ab\left(\sin\frac{\pi}{2}+\sin\frac{\pi}{2}-\sin\pi\right)=ab,\\
\mathrm{D}_{P_1P_2P_4} =& \frac{1}{2}ab\bigg\{\left[\cos\theta\sin\left(\theta+\frac{\pi}{2}\right)-\cos\left(\theta+\frac{\pi}{2}\right)\sin\theta\right]\\
&+\left[\cos\left(\theta+\frac{\pi}{2}\right)\sin\left(\theta+\frac{3\pi}{2}\right)-\cos\left(\theta+\frac{3\pi}{2}\right)\sin\left(\theta+\frac{\pi}{2}\right)\right]\\
&+\left[\cos\left(\theta+\frac{3\pi}{2}\right)\sin\theta-\cos\theta\sin\left(\theta+\frac{3\pi}{2}\right)\right]\bigg\}\\
=&\frac{1}{2}ab\left(\sin\frac{\pi}{2}+\sin\pi-\sin\frac{3\pi}{2}\right)=ab,
\end{aligned}
$$

所以 $\mathrm{D}_{P_1P_2P_3}=\mathrm{D}_{P_1P_2P_4}$. 故由本书上册定理 4.4.6 可知, 当 $i=1$ 时, 式 (6.1.3) 成立.

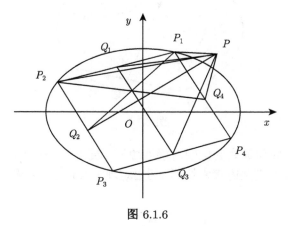

图 6.1.6

类似地, 可以证明, 当 $i=2,3,4$ 时, 式 (6.1.3) 成立.

推论 6.1.10 设 $P_1P_2P_3P_4$ 是面积最大的椭圆内接四边形, Q_1,Q_2,Q_3,Q_4 依次是各边 $P_1P_2, P_2P_3, P_3P_4, P_4P_1$ 的中点, P 是 $P_1P_2P_3P_4$ 所在平面上任意一点, 则在三角形

$$PP_iQ_{i+1}, PQ_iQ_{i+2}, PP_{i+1}Q_{i+3} \quad (i=1,2,3,4)$$

中, 其中一个较大的三角形的面积等于另两个较小的三角形的面积的和.

证明　由式 (6.1.3) 即得.

推论 6.1.11　设 $P_1P_2P_3P_4$ 是面积最大的椭圆内接四边形, Q_1, Q_2, Q_3, Q_4 依次是各边 $P_1P_2, P_2P_3, P_3P_4, P_4P_1$ 的中点, 则

(1) P 是 P_iQ_{i+1} 所在直线上任意一点的充分必要条件是

$$\mathrm{D}_{PQ_iQ_{i+2}} = \mathrm{D}_{PP_{i+1}Q_{i+3}} \quad (i = 1, 2, 3, 4);$$

(2) P 是 Q_iQ_{i+2} 所在直线上任意一点的充分必要条件是

$$\mathrm{D}_{PP_iQ_{i+1}} + \mathrm{D}_{PP_{i+1}Q_{i+3}} = 0 \quad (i = 1, 2, 3, 4).$$

证明　由式 (6.1.3), 仿推论 6.1.7 的证明即得.

定理 6.1.8　设 $P_1P_2P_3P_4$ 是面积最大的椭圆内接四边形, Q_1, Q_2, Q_3, Q_4 依次是各边 $P_1P_2, P_2P_3, P_3P_4, P_4P_1$ 的中点, 则 $P_iQ_{i+1}, Q_iQ_{i+2}, P_{i+1}Q_{i+3}(i = 1, 2, 3, 4)$ 所在直线相交于一点.

证明　如图 6.1.7 所示. 利用式 (6.1.7), 仿定理 6.1.6 的证明即得.

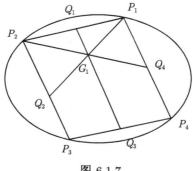

图 6.1.7

注 6.1.1　将面积最大的椭圆内接五边形 (四边形) 看成是有一个 (两个) 顶点重合的面积最大的椭圆内接六边形, 利用定理 6.1.3 也可以得出定理 6.1.5(定理 6.1.7) 的结论.

6.2　面积最大的椭圆内接多边形中有向面积的定值定理与应用

6.1 节给出了面积最大的椭圆内接六边形、五边形和四边形中有向面积的定值定理与应用, 在此基础上, 本节进一步讨论面积最大的椭圆内接多边形中有向面积

的定值定理及其应用. 首先, 给出面积最大的椭圆内接 $2n$ 边形的一个性质; 其次, 给出面积最大的椭圆内接 $4n$ 边形中点线三角形有向面积的定值定理与应用; 再次, 给出面积最大的椭圆内接 $4n + 2$ 边形中点线三角形有向面积的定值定理与应用; 最后, 给出面积最大的椭圆十二边形对角线三角形有向面积的定值定理与应用, 从而得出一道数学竞赛题的结论.

6.2.1 椭圆内接 $2n$ 边形的性质

定理 6.2.1 (喻德生, 2017) 设 $P_1 P_2 \cdots P_{2n}$ 是面积最大的椭圆内接 $2n$ 边形, 则 $P_1 P_2 \cdots P_{2n}$ 是平行 $2n$ 边形.

证明 不妨设 $P_1 P_2 \cdots P_{2n}$ 是椭圆 $x^2/a^2 + y^2/b^2 = 1$ 的内接 $2n$ 边形, 则由定理 6.1.1 可知, 其顶点的离心角分别为 $\theta, \theta + \pi/n, \theta + 2\pi/n, \cdots, \theta + 2(n-1)\pi/n$; $P_1 P_2 \cdots P_{2n}$ 顶点的坐标为 $P_k(a\cos(\theta + (k-1)\pi/n), b\sin(\theta + (k-1)\pi/n))$ $(k = 1, 2, \cdots, 2n)$. 故

$$
\begin{aligned}
k_{P_{n+i}P_{n+i+1}} &= \frac{b\sin(\theta + (n+i)\pi/n) - b\sin(\theta + (n+i-1)\pi/n)}{a\cos(\theta + (n+i)\pi/n) - a\cos(\theta + (n+i-1)\pi/n)} \\
&= \frac{b\sin(\theta + i\pi/n) + (-1)^{n+1}b\sin(\theta + (i-1)\pi/n)}{(-1)^n a\cos(\theta + i\pi/n) + (-1)^{n+1}a(\theta + (i-1)\pi/n)} \\
&= \frac{b\sin(\theta + i\pi/n) - b\sin(\theta + (i-1)\pi/n)}{a\cos(\theta + i\pi/n) - a\cos(\theta + (i-1)\pi/n)} \\
&= k_{P_i P_{i+1}},
\end{aligned}
$$

于是 $P_i P_{i+1} // P_{n+i}P_{n+i+1}$ $(i = 1, 2, \cdots, n)$, 即 $P_1 P_2 \cdots P_{2n}$ 是平行 $2n$ 边形.

6.2.2 面积最大的椭圆内接 $4n$ 边形中点线三角形有向面积的定值定理与应用

根据定理 6.2.1、定理 6.2.2 和本书上册定理 5.4.1—— 定理 5.4.5 及其推论, 可以得出定理 6.2.2—— 定理 6.2.6 及其推论, 兹列如下:

定理 6.2.2 (喻德生, 2017) 设 $Q_1, Q_2, \cdots, Q_{4n}$ 是面积最大的椭圆内接 $4n$ 边形 $P_1 P_2 \cdots P_{4n}$ 各边 $P_1 P_2, P_2 P_3, \cdots, P_{4n} P_1$ 的中点, P 是 $P_1 P_2 \cdots P_{4n}$ 所在平面上任意一点, 则

$$
\sum_{i=1}^{2n} (-1)^{i+j} \mathrm{D}_{PQ_{i+j-1}Q_{i+j+2n-1}} = \mathrm{D}_{PP_j P_{j+2n}} \quad (j = 1, 2, \cdots, 2n).
$$

定理 6.2.3 (喻德生, 2017) 设 $Q_1, Q_2, \cdots, Q_{4n}$ 是面积最大的椭圆内接 $4n$ 边形 $P_1 P_2 \cdots P_{4n}$ 各边 $P_1 P_2, P_2 P_3, \cdots, P_{4n} P_1$ 的中点, 则

(1) P 是 $P_j P_{j+2n}$ 所在直线上任意一点的充分必要条件是

$$
\sum_{i=1}^{2n} (-1)^{i+j} \mathrm{D}_{PQ_{i+j-1}Q_{i+j+2n-1}} = 0 \quad (j = 1, 2, \cdots, 2n);
$$

(2) P 是 $Q_{k+j-1}Q_{k+j+2n-1}$ 所在直线上任意一点的充分必要条件是

$$\sum_{i=1, i\neq k}^{2n} (-1)^{i+j}\mathrm{D}_{PQ_{i+j-1}Q_{i+j+2n-1}} = \mathrm{D}_{PP_jP_{j+2n}} \quad (j, k = 1, 2, \cdots, 2n).$$

定理 6.2.4 (喻德生, 2017) 设 $Q_1, Q_2, \cdots, Q_{4n}$ 是面积最大的椭圆内接 $4n$ 边形 $P_1P_2\cdots P_{4n}$ 各边 $P_1P_2, P_2P_3, \cdots, P_{4n}P_1$ 的中点.

(1) 若 G_{jk} 是 P_jP_{j+2n} 和 $Q_{k+j-1}Q_{k+j+2n-1}$ 所在直线的交点, 则

$$\sum_{i=1, i\neq k}^{2n} (-1)^{i+j}\mathrm{D}_{G_{jk}Q_{i+j-1}Q_{i+j+2n-1}} = 0 \quad (j, k = 1, 2, \cdots, 2n);$$

(2) 若 H_{kl} 是 $Q_{k+j-1}Q_{k+j+2n-1}$ 与 $Q_{l+j-1}Q_{l+j+2n-1}$ 所在直线的交点, 则

$$\sum_{i=1, i\neq k,l}^{2n} (-1)^{i+j}\mathrm{D}_{H_{kl}Q_{i+j-1}Q_{i+j+2n-1}} = \mathrm{D}_{H_jP_jP_{j+2n}},$$

其中 $j, k, l = 1, 2, \cdots, 2n; k < l$.

推论 6.2.1 设 $Q_1, Q_2, \cdots, Q_8$ 是面积最大的椭圆内接八边形 $P_1P_2\cdots P_8$ 各边 $P_1P_2, P_2P_3, \cdots, P_8P_1$ 的中点.

(1) 若 G_{jk} 是 P_jP_{j+4} 和 $Q_{k+j-1}Q_{k+j+3}$ 所在直线的交点, 则对每个确定的 $1 \leqslant j \leqslant 4$, 在三个三角形

$$G_{jk}Q_{i+j-1}Q_{i+j+3} \quad (i, k = 1, 2, 3, 4; i \neq k)$$

中, 其中一个三角形的面积等于另两个较小的三角形的面积的和;

(2) 若 H_{kl} 是 $Q_{k+j-1}Q_{k+j+3}$ 与 $Q_{l+j-1}Q_{l+j+3}$ 所在直线的交点, 则对每个确定的 $1 \leqslant j \leqslant 4$, 在三个三角形

$$H_{kl}P_jP_{j+4}, H_{kl}Q_{i+j-1}Q_{i+j+3} \quad (i, k, l = 1, 2, 3, 4; i \neq k, l; k < l)$$

中, 其中一个三角形的面积等于另两个较小的三角形的面积的和.

定理 6.2.5 设 $Q_1, Q_2, \cdots, Q_{4n}$ 是平行 $4n$ 边形 $P_1P_2\cdots P_{4n}$ 各边 P_1P_2, $P_2P_3, \cdots, P_{4n}P_1$ 的中点.

(1) 若 K_{jkl} 是 $P_jP_{j+2n}, Q_{k+j-1}Q_{k+j+2n-1}$ 和 $Q_{l+j-1}Q_{l+j+2n-1}$ 所在直线的交点, 则

$$\sum_{i=1, i\neq k,l}^{2n} (-1)^{i+j}\mathrm{D}_{K_{jkl}Q_{i+j-1}Q_{i+j+2n-1}} = 0 \quad (j, k, l = 1, 2, \cdots, 2n; k < l);$$

(2) 若 L_{klm} 是 $Q_{k+j-1}Q_{k+j+2n-1}, Q_{l+j-1}Q_{l+j+2n-1}$ 和 $Q_{m+j-1}Q_{m+j+2n-1}$ 所在直线的交点, 则

$$\sum_{i=1, i \neq k,l,m}^{2n} (-1)^{i+j} \mathrm{D}_{L_{klm}Q_{i+j-1}Q_{i+j+2n-1}} = \mathrm{D}_{L_{klm}P_jP_{j+2n}},$$

其中 $j,k,l,m = 1,2,\cdots,2n; k < l < m$.

推论 6.2.2 设 $Q_1, Q_2, \cdots, Q_8$ 是面积最大的椭圆内接八边形 $P_1P_2 \cdots P_8$ 各边 $P_1P_2, P_2P_3, \cdots, P_8P_1$ 的中点.

(1) 若 K_{jkl} 是 $P_jP_{j+4}, Q_{k+j-1}Q_{k+j+3}$ 和 $Q_{l+j-1}Q_{l+j+3}(j,k,l = 1,2,3,4; k < l)$ 所在直线的交点, 则对每个确定的 $1 \leqslant j \leqslant 4$, 三角形 $K_{jkl}Q_{i_1+j-1}Q_{i_1+j+3}$ 和 $K_{jkl}Q_{i_2+j-1}Q_{i_2+j+3}(i_1, i_2 = 1,2,3,4; i_1, i_2 \neq k,l)$ 的面积相等, 即

$$\mathrm{a}_{K_{jkl}Q_{i_1+j-1}Q_{i_1+j+3}} = \mathrm{a}_{K_{jkl}Q_{i_2+j-1}Q_{i_2+j+3}};$$

(2) 若 L_{klm} 是 $Q_{k+j-1}Q_{k+j+3}, Q_{l+j-1}Q_{l+j+3}$ 与 $Q_{m+j-1}Q_{m+j+3}(k,l,m = 1,2,3,4; k < l < m)$ 所在直线的交点, 则对每个确定的 $1 \leqslant j \leqslant 4$, 三角形 $L_{klm}P_jP_{j+4}$ 和 $L_{klm}Q_{i+j-1}Q_{i+j+3}(i = 1,2,3,4; i \neq k,l,m)$ 的面积相等, 即

$$\mathrm{a}_{L_{klm}P_jP_{j+4}} = \mathrm{a}_{L_{klm}Q_{i+j-1}Q_{i+j+3}}.$$

定理 6.2.6 (喻德生, 2017) 设 $Q_1, Q_2, \cdots, Q_{4n}$ 是面积最大的椭圆内接 $4n$ 边形 $P_1P_2 \cdots P_{4n}$ 各边 $P_1P_2, P_2P_3, \cdots, P_{4n}P_1$ 的中点. 若 $Q_1Q_{2n+1}, Q_2Q_{2n+2}, \cdots, Q_{2n}Q_{4n}, P_jP_{j+2n}(j = 1,2,\cdots,2n)$ 所在的 $2n+1$ 直线中有 $2n$ 条相交于一点, 则这 $2n+1$ 条直线相交于一点.

6.2.3 面积最大的椭圆内接 $4n+2$ 边形中点线三角形有向面积的定值定理与应用

根据定理 6.2.1 和本书上册定理 5.5.1—— 定理 5.5.8 及其推论, 可以得出定理 6.2.7—— 定理 6.2.11 及其推论, 兹列如下:

定理 6.2.7 (喻德生, 2017) 设 $Q_1, Q_2, \cdots, Q_{4n+2}$ 是面积最大的椭圆内接 $4n+2$ 边形 $P_1P_2 \cdots P_{4n+2}$ 各边 $P_1P_2, P_2P_3, \cdots, P_{4n+2}P_1$ 的中点, P 是 $P_1P_2 \cdots P_{4n+2}$ 所在平面上任意一点, 则

$$\sum_{i=1}^{2n+1} (-1)^{i-1} \mathrm{D}_{PQ_iQ_{i+2n+1}} = 0.$$

定理 6.2.8 (喻德生, 2017) 设 $Q_1, Q_2, \cdots, Q_{4n+2}$ 是面积最大的椭圆内接 $4n+2$ 边形 $P_1P_2 \cdots P_{4n+2}$ 的边 $P_1P_2, P_2P_3, \cdots, P_{4n+2}P_1$ 的中点, 则 P 是 Q_jQ_{j+2n+1} 所

在直线上任意一点的充分必要条件是

$$\sum_{i=1,i\neq j}^{2n+1}(-1)^{i-1}D_{PQ_iQ_{i+2n+1}}=0\quad(j=1,2,\cdots,2n+1).$$

定理 6.2.9　设 $Q_1,Q_2,\cdots,Q_{4n+2}$ 是面积最大的椭圆内接 $4n+2$ 边形 $P_1P_2\cdots P_{4n+2}$ 各边 $P_1P_2,P_2P_3,\cdots,P_{4n+2}P_1$ 的中点. 若 G_{jk} 是 $Q_jQ_{j+2n+1},Q_kQ_{k+2n+1}$ 所在直线的交点, 则

$$\sum_{i=1,i\neq j,k}^{2n+1}(-1)^{i-1}D_{G_{jk}Q_iQ_{i+2n+1}}=0\quad(j,k=1,2,\cdots,2n+1,j<k).$$

推论 6.2.3　设 $Q_1,Q_2,\cdots,Q_{10}$ 是面积最大的椭圆内接十边形 $P_1P_2\cdots P_{10}$ 各边 $P_1P_2,P_2P_3,\cdots,P_{10}P_1$ 的中点. 若 G_{jk} 是 $Q_jQ_{j+2n+1},Q_kQ_{k+2n+1}$ 所在直线的交点, 则在三个三角形

$$G_{jk}Q_iQ_{i+5}\quad(i,j,k=1,2,\cdots,5;i\neq j,k;j<k)$$

中, 其中一个较大的三角形的面积等于其余两个较小的三角形面积的和.

定理 6.2.10　设 $Q_1,Q_2,\cdots,Q_{4n+2}$ 是面积最大的椭圆内接 $4n+2(n>1)$ 边形 $P_1P_2\cdots P_{4n+2}$ 各边 $P_1P_2,P_2P_3,\cdots,P_{4n+2}P_1$ 的中点. 若 H_{jkl} 是 $Q_jQ_{j+2n+1},Q_kQ_{k+2n+1},Q_lQ_{l+2n+1}$ 所在直线的交点, 则

$$\sum_{i=1,i\neq j,k,l}^{2n+1}(-1)^{i-1}D_{H_{jkl}Q_iQ_{i+2n+1}}=0,$$

其中 $j,k,l=1,2,\cdots,2n+1;j<k<l$.

推论 6.2.4　设 $Q_1,Q_2,\cdots,Q_{10}$ 是平行十边形 $P_1P_2\cdots P_{10}$ 各边 $P_1P_2,P_2P_3,\cdots,P_{10}P_1$ 的中点. 若 H_{jkl} 是 $Q_jQ_{j+2n+1},Q_kQ_{k+2n+1},Q_lQ_{l+2n+1}(j,k,l=1,2,\cdots,5;j<k<l)$ 所在直线的交点, 则

$$a_{H_{jkl}Q_{i_1}Q_{i_1+2n+1}}=a_{H_{jkl}Q_{i_2}Q_{i_2+2n+1}}\quad(1\leqslant i_1\leqslant i_2\leqslant5;i_1,i_2\neq j,k,l).$$

定理 6.2.11 (喻德生, 2017)　设 $Q_1,Q_2,\cdots,Q_{4n+2}$ 是面积最大的椭圆内接 $4n+2$ 边形 $P_1P_2\cdots P_{4n+2}$ 的边 $P_1P_2,P_2P_3,\cdots,P_{4n+2}P_1$ 的中点. 若 Q_1Q_{2n+2}, $Q_2Q_{2n+3},\cdots,Q_{2n+1}Q_{4n+2}$ 所在的 $2n+1$ 条直线中有 $2n$ 条直线相交于一点, 则这 $2n+1$ 条直线相交于一点.

6.2.4 面积最大的椭圆内接十二边形对角线三角形有向面积的定值定理与应用

定理 6.2.12 (喻德生, 2017) 设 $P_1P_2\cdots P_{12}$ 是面积最大的椭圆内接十二边形, P 是 $P_1P_2\cdots P_{12}$ 所在平面上任意一点, 则

$$D_{PP_iP_{i+8}} - \sqrt{3}D_{PP_{i+1}P_{i+10}} + D_{PP_{i+3}P_{i+11}} = 0 \quad (i = 1, 2, \cdots, 12). \tag{6.2.1}$$

证明 如图 6.2.1 所示. 不妨设 $P_1P_2\cdots P_{12}$ 是椭圆 $x^2/a^2 + y^2/b^2 = 1$ 的内接十二边形, 则由定理 6.1.1 可知, 其顶点的离心角分别为 $\theta, \theta+\pi/6, \theta+\pi/3, \cdots, \theta+11\pi/6$; $P_1P_2\cdots P_{12}$ 顶点的坐标为

$$P_k\left(a\cos\left(\theta+(k-1)\pi/6\right), b\sin\left(\theta+(k-1)\pi/6\right)\right) \quad (k = 1, 2, \cdots, 12).$$

设 $P_1P_2\cdots P_{12}$ 所在平面上任意点的坐标为 $P(x, y)$, 则由三角形有向面积公式, 可得

$$2D_{PP_1P_9}$$
$$=(bx\sin\theta - ay\cos\theta) + ab\left[\cos\theta\sin\left(\theta+\frac{4\pi}{3}\right) - \cos\left(\theta+\frac{4\pi}{3}\right)\sin\theta\right]$$
$$+ \left[ay\cos\left(\theta+\frac{4\pi}{3}\right) - bx\sin\left(\theta+\frac{4\pi}{3}\right)\right]$$
$$=bx\left[\sin\theta - \sin\left(\theta+\frac{4\pi}{3}\right)\right] + ay\left[\cos\left(\theta+\frac{4\pi}{3}\right) - \sin\theta\right] + ab\sin\frac{4\pi}{3}$$
$$=-2bx\cos\left(\theta+\frac{2\pi}{3}\right)\sin\frac{2\pi}{3} - 2ay\sin\left(\theta+\frac{2\pi}{3}\right)\sin\frac{2\pi}{3} + ab\sin\frac{4\pi}{3}$$
$$=-\sqrt{3}bx\cos\left(\theta+\frac{2\pi}{3}\right) - \sqrt{3}ay\sin\left(\theta+\frac{2\pi}{3}\right) - \frac{\sqrt{3}}{2}ab, \tag{6.2.2}$$

$$2D_{PP_2P_{11}}$$
$$=bx\left[\sin\left(\theta+\frac{\pi}{6}\right) - \sin\left(\theta+\frac{5\pi}{3}\right)\right] + ay\left[\cos\left(\theta+\frac{5\pi}{3}\right) - \sin\left(\theta+\frac{\pi}{6}\right)\right] + ab\sin\frac{3\pi}{2}$$
$$=-2bx\cos\left(\theta+\frac{11\pi}{12}\right)\sin\frac{3\pi}{4} - 2ay\sin\left(\theta+\frac{11\pi}{12}\right)\sin\frac{3\pi}{4} - ab$$
$$=\sqrt{2}bx\sin\left(\theta+\frac{5\pi}{12}\right) - \sqrt{2}ay\cos\left(\theta+\frac{5\pi}{6}\right) - ab, \tag{6.2.3}$$

$$2D_{PP_4P_{12}}$$
$$=bx\left[\sin\left(\theta+\frac{\pi}{2}\right) - \sin\left(\theta+\frac{11\pi}{6}\right)\right] + ay\left[\cos\left(\theta+\frac{11\pi}{6}\right) - \sin\left(\theta+\frac{\pi}{2}\right)\right] + ab\sin\frac{4\pi}{3}$$
$$=-2bx\cos\left(\theta+\frac{7\pi}{6}\right)\sin\frac{2\pi}{3} - 2ay\sin\left(\theta+\frac{7\pi}{6}\right)\sin\frac{2\pi}{3} - \frac{\sqrt{3}}{2}ab$$
$$=\sqrt{3}bx\cos\left(\theta+\frac{\pi}{6}\right) + \sqrt{3}ay\sin\left(\theta+\frac{\pi}{6}\right) - \frac{\sqrt{3}}{2}ab. \tag{6.2.4}$$

式 (6.2.2)$-\sqrt{3}\times$(6.2.3)+(6.2.4), 得

$$2\mathrm{D}_{PP_1P_9} - 2\sqrt{3}\mathrm{D}_{PP_2P_{11}} + 2\mathrm{D}_{PP_4P_{12}}$$

$$=\sqrt{3}bx\left[\cos\left(\theta+\frac{\pi}{6}\right) - \cos\left(\theta+\frac{2\pi}{3}\right) - \sqrt{2}\sin\left(\theta+\frac{5\pi}{12}\right)\right]$$

$$+\sqrt{3}ay\left[\sin\left(\theta+\frac{\pi}{6}\right) - \sin\left(\theta+\frac{2\pi}{3}\right) + \sqrt{2}\cos\left(\theta+\frac{5\pi}{12}\right)\right] + ab\sqrt{3}\left(-\frac{1}{2}+1-\frac{1}{2}\right)$$

$$=\sqrt{3}bx\left[2\sin\left(\theta+\frac{5\pi}{6}\right)\sin\frac{\pi}{4} - \sqrt{2}\sin\left(\theta+\frac{5\pi}{12}\right)\right]$$

$$+\sqrt{3}ay\left[-2\cos\left(\theta+\frac{5\pi}{6}\right)\sin\frac{\pi}{4} + \sqrt{2}\cos\left(\theta+\frac{5\pi}{12}\right)\right]$$

$$=0,$$

因此, 当 $i=1$ 时, 式 (6.2.1) 成立.

类似地, 可以证明式 (6.2.1) 成立.

推论 6.2.5 设 $P_1P_2\cdots P_{12}$ 是面积最大的椭圆内接十二边形, 则

(1) P 是 P_iP_{i+8} 所在直线上任意一点的充分必要条件是

$$\mathrm{D}_{PP_{i+3}P_{i+11}} = \sqrt{3}\mathrm{D}_{PP_{i+1}P_{i+10}} \quad (i=1,2,\cdots,12); \tag{6.2.5}$$

(2) P 是 $P_{i+3}P_{i+11}$ 所在直线上任意一点的充分必要条件是

$$\mathrm{D}_{PP_iP_{i+8}} = \sqrt{3}\mathrm{D}_{PP_{i+1}P_{i+10}} \quad (i=1,2,\cdots,12); \tag{6.2.6}$$

(3) P 是 $P_{i+1}P_{i+10}$ 所在直线上任意一点的充分必要条件是

$$\mathrm{D}_{PP_iP_{i+8}} + \mathrm{D}_{PP_{i+3}P_{i+11}} = 0 \quad (i=1,2,\cdots,12). \tag{6.2.7}$$

证明 (1) 由式 (6.2.1), 可得

P 是 P_iP_{i+8} 所在直线上任意一点 $\Leftrightarrow \mathrm{D}_{PP_iP_{i+8}} = 0 \Leftrightarrow$ 式 (6.2.5) 成立.

类似地, 可以证明式 (6.2.6) 和 (6.2.7) 成立.

推论 6.2.6 设 $P_1P_2\cdots P_{12}$ 是面积最大的椭圆内接十二边形.

(1) 若 P 是 P_iP_{i+8} 所在直线上任意一点, 则 $\mathrm{a}_{PP_{i+3}P_{i+11}} = \sqrt{3}\mathrm{a}_{PP_{i+1}P_{i+10}}$ ($i=1,2,\cdots,12$);

(2) 若 P 是 $P_{i+3}P_{i+11}$ 所在直线上任意一点, 则 $\mathrm{a}_{PP_iP_{i+8}} = \sqrt{3}\mathrm{a}_{PP_{i+1}P_{i+10}}$ ($i=1,2,\cdots,12$);

(3) 若 P 是 $P_{i+1}P_{i+10}$ 所在直线上任意一点, 则 $\mathrm{a}_{PP_iP_{i+8}} = \mathrm{a}_{PP_{i+3}P_{i+11}}$ ($i=1,2,\cdots,12$).

证明 (1) 式 (6.2.5) 两边取绝对值, 即得 $\mathrm{a}_{PP_{i+3}P_{i+11}} = \sqrt{3}\mathrm{a}_{PP_{i+1}P_{i+10}}$ ($i=1,2,\cdots,12$).

类似地, 可以证明式 (2) 和 (3) 中结论成立.

定理 6.2.13 (喻德生, 2017) 设 $P_1P_2\cdots P_{12}$ 是面积最大的椭圆内接十二边形, 则对角线 $P_iP_{i+8}, P_{i+1}P_{i+10}, P_{i+3}P_{i+11}$ $(i = 1, 2, \cdots, 12)$ 均相交于一点.

证明 如图 6.2.2 所示. 当 $i = 1$ 时, 不妨设对角线 P_1P_9 和 P_2P_{11} 的交点为 G_{12}, 则 $\mathrm{D}_{G_{12}P_1P_9} = \mathrm{D}_{G_{12}P_2P_{11}} = 0$. 代入式 (6.2.1), 得 $\mathrm{D}_{G_{12}P_4P_{12}} = 0$, 因此 G_{12} 在对角线 P_4P_{12} 上, 从而对角线 P_1P_9, P_2P_{11} 和 P_4P_{12} 相交于一点. 因此, 当 $i = 1$ 时, 定理结论成立.

类似地, 可以证明, $i = 2, \cdots, 12$ 时定理结论成立.

6.3 椭圆内接多角形中有向面积的定值定理与应用

本节主要讨论椭圆内接多角形中有向面积的定值定理及其应用. 首先, 给出一类椭圆内接六角形的性质定理, 并据此推出这类椭圆内接角边形中点线三角形有向面积的定值定理, 同时讨论定值定理的应用; 其次, 给出一类椭圆内接十角形的性质定理, 并据此推出给出椭圆内接十角边形中点线三角形有向面积的定值定理, 同时讨论定值定理的应用.

6.3.1 一类椭圆内接六角形中点线三角形有向面积的定值定理与应用

定理 6.3.1 (喻德生,2017) 设 $P_1P_2\cdots P_6$ 是椭圆内接六角边形, 且其顶点的离心角分别为 $\alpha, \alpha+\pi/3, \alpha+\beta+\pi/3, \alpha+\beta+2\pi/3, \alpha+\beta+\gamma+2\pi/3, \alpha+\beta+\gamma+\pi$, 则

$$\mathrm{D}_{P_2P_4P_6} = \mathrm{D}_{P_1P_3P_5} \quad (\mathrm{a}_{P_2P_4P_6} = \mathrm{a}_{P_1P_3P_5}).$$

证明 如图 6.3.1 所示. 不妨设 $P_1P_2\cdots P_6$ 是椭圆 $x^2/a^2 + y^2/b^2 = 1$ 的内接六角边形, 故依题设 $P_1P_2\cdots P_6$ 顶点的坐标为

$$P_1(a\cos\alpha, b\sin\alpha), \quad P_2\left(a\cos\left(\alpha+\pi/3\right), b\sin\left(\alpha+\pi/3\right)\right),$$

$$P_3\left(a\cos\left(\alpha+\beta+\pi/3\right), b\sin\left(\alpha+\beta+\pi/3\right)\right),$$

$$P_4\left(a\cos\left(\alpha+\beta+2\pi/3\right), b\sin\left(\alpha+\beta+2\pi/3\right)\right),$$

$$P_5\left(a\cos\left(\alpha+\beta+\gamma+2\pi/3\right), b\sin\left(\alpha+\beta+\gamma+2\pi/3\right)\right),$$

$$P_5\left(a\cos\left(\alpha+\beta+\gamma+\pi\right), b\sin\left(\alpha+\beta+\gamma+\pi\right)\right).$$

于是由三角形有向面积公式, 可得

$$2\mathrm{D}_{P_1P_3P_5}$$
$$=ab\left[\cos\alpha\sin\left(\alpha+\beta+\pi/3\right) - \cos\left(\alpha+\beta+\pi/3\right)\sin\alpha\right]$$

$$+ ab\left[\cos\left(\alpha + \beta + \pi/3\right)\sin\left(\alpha + \beta + \gamma + 2\pi/3\right)\right.$$

$$\left. - \cos\left(\alpha + \beta + \gamma + 2\pi/3\right)\sin\left(\alpha + \beta + \pi/3\right)\right]$$

$$+ ab\left[\cos\left(\alpha + \beta + \gamma + 2\pi/3\right)\sin\alpha - \cos\alpha\sin\left(\alpha + \beta + \gamma + 2\pi/3\right)\right]$$

$$= ab\left[\sin\left(\beta + \pi/3\right) + \sin\left(\gamma + \pi/3\right) - \sin\left(\beta + \gamma + 2\pi/3\right)\right],$$

$$2\mathrm{D}_{P_2P_4P_6}$$

$$= ab\left[\cos\left(\alpha + \pi/3\right)\sin\left(\alpha + \beta + 2\pi/3\right) - \cos\left(\alpha + \beta + 2\pi/3\right)\sin\left(\alpha + \pi/3\right)\right]$$

$$+ ab\left[\cos\left(\alpha + \beta + 2\pi/3\right)\sin\left(\alpha + \beta + \gamma + \pi\right)\right.$$

$$\left. - \cos\left(\alpha + \beta + \gamma + \pi\right)\sin\left(\alpha + \beta + 2\pi/3\right)\right]$$

$$+ ab\left[\cos\left(\alpha + \beta + \gamma + \pi\right)\sin\left(\alpha + \pi/3\right) - \cos\left(\alpha + \pi/3\right)\sin\left(\alpha + \beta + \gamma + \pi\right)\right]$$

$$= ab\left[\sin\left(\beta + \pi/3\right) + \sin\left(\gamma + \pi/3\right) - \sin\left(\beta + \gamma + 2\pi/3\right)\right],$$

所以 $\mathrm{D}_{P_2P_4P_6} = \mathrm{D}_{P_1P_3P_5}$ $(\mathrm{a}_{P_2P_4P_6} = \mathrm{a}_{P_1P_3P_5})$.

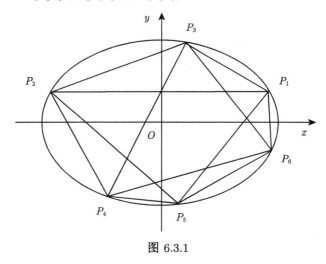

图 6.3.1

定理 6.3.2 (喻德生, 2017) 设 $Q_1Q_2\cdots Q_6$ 是椭圆内接六角形 $P_1P_2\cdots P_6$ 的中点角边形, $P_1P_2\cdots P_6$ 顶点的离心角分别为 $\alpha, \alpha+\pi/3, \alpha+\beta+\pi/3, \alpha+\beta+2\pi/3, \alpha+\beta+\gamma+2\pi/3, \alpha+\beta+\gamma+\pi$, P 是 $P_1P_2\cdots P_6$ 所在平面上任意一点, 则

$$\mathrm{D}_{PQ_1Q_4} - \mathrm{D}_{PQ_2Q_5} + \mathrm{D}_{PQ_3Q_6} = 0. \tag{6.3.1}$$

证明 如图 6.3.2 所示. 由定理 6.3.1 可知, 在该椭圆内接六角形 $P_1P_2\cdots P_6$ 中, 有 $\mathrm{D}_{P_2P_4P_6} = \mathrm{D}_{P_1P_3P_5}$. 故由本书上册定理 4.3.1 可知, 式 (6.3.1) 成立.

推论 6.3.1 设 $Q_1Q_2\cdots Q_6$ 是椭圆内接六角形 $P_1P_2\cdots P_6$ 的中点六边形, $P_1P_2\cdots P_6$ 顶点的离心角分别为 $\alpha, \alpha+\pi/3, \alpha+\beta+\pi/3, \alpha+\beta+2\pi/3, \alpha+\beta+\gamma+2\pi/3, \alpha+\beta+\gamma+\pi$, P 是 $P_1P_2\cdots P_6$ 所在平面上任意一点, 则在三角形 PQ_1Q_4, PQ_2Q_5, PQ_3Q_6 中, 其中一个较大的三角形的面积等于另两个较小的三角形的面积的和.

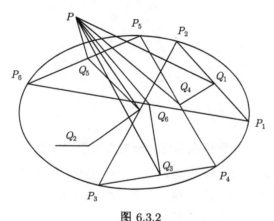

图 6.3.2

证明 由式 (6.3.1) 即得.

推论 6.3.2 设 $Q_1Q_2\cdots Q_6$ 是椭圆内接六角形 $P_1P_2\cdots P_6$ 的中点六边形, $P_1P_2\cdots P_6$ 顶点的离心角分别为 $\alpha, \alpha+\pi/3, \alpha+\beta+\pi/3, \alpha+\beta+2\pi/3, \alpha+\beta+\gamma+2\pi/3, \alpha+\beta+\gamma+\pi$, 则 P 是 $Q_{i+2}Q_{i+5}$ 所在直线上任意一点的充分必要条件是 $\mathrm{D}_{PQ_iQ_{i+3}} = \mathrm{D}_{PQ_{i+1}Q_{i+4}}(i=1,2,3)$.

证明 由式 (6.3.1), 可知

$$P\text{是}Q_{i+2}Q_{i+5}\text{所在直线上任意一点} \Leftrightarrow \mathrm{D}_{PQ_{i+2}Q_{i+5}} = 0$$

$$\Leftrightarrow \mathrm{D}_{PQ_iQ_{i+3}} - \mathrm{D}_{PQ_{i+1}Q_{i+4}} = 0 \Leftrightarrow \mathrm{D}_{PQ_iQ_{i+3}} = \mathrm{D}_{PQ_{i+1}Q_{i+4}} \quad (i=1,2,3).$$

定理 6.3.3 (喻德生, 2017) 设 $Q_1Q_2\cdots Q_6$ 是椭圆内接六角形 $P_1P_2\cdots P_6$ 的中点六角形, $P_1P_2\cdots P_6$ 顶点的离心角分别为 $\alpha, \alpha+\pi/3, \alpha+\beta+\pi/3, \alpha+\beta+2\pi/3, \alpha+\beta+\gamma+2\pi/3, \alpha+\beta+\gamma+\pi$, 则 Q_1Q_4, Q_2Q_5, Q_3Q_6 所在直线相交于一点.

证明 如图 6.3.3 所示. 设 Q_1Q_4, Q_2Q_5 所在直线相交于点 G, 则 $\mathrm{D}_{GQ_1Q_4} = \mathrm{D}_{GQ_2Q_5} = 0$. 代入式 (6.3.1), 得 $\mathrm{D}_{GQ_3Q_6} = 0$, 故点 G 在 Q_3Q_6 所在直线上, 从而 Q_1Q_4, Q_2Q_5, Q_3Q_6 所在直线相交于一点.

注 6.3.1 因为 $P_1P_2\cdots P_6$ 是椭圆内接六角边形, 所以定理 6.3.1— 定理 6.3.3 中的 α, β, γ 可以任意取值. 若限制 $0 < \beta < \beta+\gamma < \pi$, 则以上结论就是椭圆内接六边形的情形.

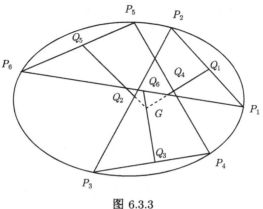

图 6.3.3

6.3.2　一类椭圆内接十角形中点线三角形有向面积的定值定理与应用

定理 6.3.4 (喻德生, 2017)　设 $P_1P_2\cdots P_{10}$ 是椭圆内接十角边形, 且其顶点的离心角分别为 $\alpha,\alpha+\pi/5,\,\alpha+\beta+\pi/5,\,\alpha+\beta+2\pi/5,\,\alpha+\beta+\gamma+2\pi/5,\,\alpha+\beta+\gamma+3\pi/5,$ $\alpha+\beta+\gamma+\mu+3\pi/5,\,\alpha+\beta+\gamma+\mu+4\pi/5,\,\alpha+\beta+\gamma+\mu+\nu+4\pi/5,\,\alpha+\beta+\gamma+\mu+\nu+\pi.$ 若 $P_1P_7P_3P_9P_5$ 和 $P_2P_6P_{10}P_4P_8$ 都是多边形, 则

$$\mathrm{D}_{P_1P_7P_3P_9P_5}+\mathrm{D}_{P_2P_6P_{10}P_4P_8}=0\quad(\mathrm{a}_{P_1P_7P_3P_9P_5}=\mathrm{a}_{P_2P_6P_{10}P_4P_8}).$$

证明　如图 6.3.4 所示. 不妨设 $P_1P_2\cdots P_{10}$ 是椭圆 $x^2/a^2+y^2/b^2=1$ 的内接十角边形, 故依题设 $P_1P_2\cdots P_{10}$ 顶点的坐标为

$$P_1(a\cos\alpha,b\sin\alpha),\quad P_2\left(a\cos\left(\alpha+\pi/5\right),b\sin\left(\alpha+\pi/5\right)\right),$$

$$P_3\left(a\cos\left(\alpha+\beta+\pi/5\right),b\sin\left(\alpha+\beta+\pi/5\right)\right),$$

$$P_4\left(a\cos\left(\alpha+\beta+2\pi/5\right),b\sin\left(\alpha+\beta+2\pi/5\right)\right),$$

$$P_5\left(a\cos\left(\alpha+\beta+\gamma+2\pi/5\right),b\sin\left(\alpha+\beta+\gamma+2\pi/5\right)\right),$$

$$P_6\left(a\cos\left(\alpha+\beta+\gamma+3\pi/5\right),b\sin\left(\alpha+\beta+\gamma+3\pi/5\right)\right),$$

$$P_7\left(a\cos\left(\alpha+\beta+\gamma+\mu+3\pi/5\right),b\sin\left(\alpha+\beta+\gamma+\mu+3\pi/5\right)\right)$$

$$P_8\left(a\cos\left(\alpha+\beta+\gamma+\mu+4\pi/5\right),b\sin\left(\alpha+\beta+\gamma+\mu+4\pi/5\right)\right),$$

$$P_9\left(a\cos\left(\alpha+\beta+\gamma+\mu+\nu+4\pi/5\right),b\sin\left(\alpha+\beta+\gamma+\mu+\nu+4\pi/5\right)\right),$$

$$P_{10}\left(a\cos\left(\alpha+\beta+\gamma+\mu+\nu+\pi\right),b\sin\left(\alpha+\beta+\gamma+\mu+\nu+\pi\right)\right).$$

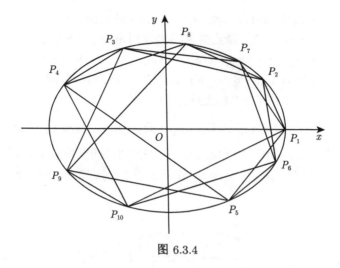

图 6.3.4

于是由多边形有向面积公式, 可得

$$2\mathrm{D}_{P_1 P_7 P_3 P_9 P_5}$$
$$= ab\left[\cos\alpha\sin\left(\alpha + \beta + \gamma + \mu + 3\pi/5\right) - \cos\left(\alpha + \beta + \gamma + \mu + 3\pi/5\right)\sin\alpha\right]$$
$$+ ab\left[\cos\left(\alpha + \beta + \gamma + \mu + 3\pi/5\right)\sin\left(\alpha + \beta + \pi/5\right)\right.$$
$$\left. - \cos\left(\alpha + \beta + \pi/5\right)\sin\left(\alpha + \beta + \gamma + \mu + 3\pi/5\right)\right]$$
$$+ ab\left[\cos\left(\alpha + \beta + \pi/5\right)\sin\left(\alpha + \beta + \gamma + \mu + \nu + 4\pi/5\right)\right.$$
$$\left. - \cos\left(\alpha + \beta + \gamma + \mu + \nu + 4\pi/5\right)\sin\left(\alpha + \beta + \pi/5\right)\right]$$
$$+ ab\left[\cos\left(\alpha + \beta + \gamma + \mu + \nu + 4\pi/5\right)\sin\left(\alpha + \beta + \gamma + 2\pi/5\right)\right.$$
$$\left. - \cos\left(\alpha + \beta + \gamma + 2\pi/5\right)\sin\left(\alpha + \beta + \gamma + \mu + \nu + 4\pi/5\right)\right]$$
$$+ ab\left[\cos\left(\alpha + \beta + \gamma + 2\pi/5\right)\sin\alpha - \cos\alpha\sin\left(\alpha + \beta + \gamma + 2\pi/5\right)\right]$$
$$= ab\left[\sin\left(\beta + \gamma + \mu + 3\pi/5\right) - \sin\left(\gamma + \mu + 2\pi/5\right) + \sin\left(\gamma + \mu + \nu + 3\pi\right.\right.$$
$$\left. - \sin\left(\mu + \nu + 2\pi/5\right) - \sin\left(\beta + \gamma + 2\pi/5\right)\right],$$

同理, 可以求得

$$2\mathrm{D}_{P_2 P_6 P_{10} P_4 P_8}$$
$$= ab\left[\sin\left(\beta + \gamma + 2\pi/5\right) + \sin\left(\mu + \nu + 2\pi/5\right) - \sin\left(\gamma + \mu + \nu\right.\right.$$
$$\left. + \sin\left(\gamma + \mu + 2\pi/5\right) - \sin\left(\beta + \gamma + \mu + 3\pi/5\right)\right],$$

所以 $\mathrm{D}_{P_1 P_7 P_3 P_9 P_5} + \mathrm{D}_{P_2 P_6 P_{10} P_4 P_8} = 0 \left(\mathrm{a}_{P_1 P_7 P_3 P_9 P_5} = \mathrm{a}_{P_2 P_6 P_{10} P_4}\right.$

定理 6.3.5 (喻德生, 2017)   设 $Q_1Q_2\cdots Q_{10}$ 是椭圆内接十角边形 $P_1P_2\cdots P_{10}$ 的中点十角形, 且 $P_1P_2\cdots P_{10}$ 顶点的离心角分别为 $\alpha, \alpha+\pi/5, \alpha+\beta+\pi/5, \alpha+\beta+2\pi/5, \alpha+\beta+\gamma+2\pi/5, \alpha+\beta+\gamma+3\pi/5, \alpha+\beta+\gamma+\mu+3\pi/5, \alpha+\beta+\gamma+\mu+4\pi/5, \alpha+\beta+\gamma+\mu+\nu+4\pi/5, \alpha+\beta+\gamma+\mu+\nu+\pi$. 若 $P_1P_7P_3P_9P_5$ 和 $P_2P_6P_{10}P_4P_8$ 都是多边形, P 是 $P_1P_2\cdots P_6$ 所在平面上任意一点, 则

$$D_{PQ_1Q_6} - D_{PQ_2Q_7} + D_{PQ_3Q_8} - D_{PQ_4Q_9} + D_{PQ_5Q_{10}} = 0. \qquad (6.3.2)$$

证明   如图 6.3.5 所示. 由定理 6.3.4 可知, 在该椭圆内接十边形 $P_1P_2\cdots P_{10}$ 中, 有 $D_{P_1P_7P_3P_9P_5} + D_{P_2P_6P_{10}P_4P_8} = 0$. 故由本书上册定理 4.5.1 可知, 式 (6.3.2) 成立.

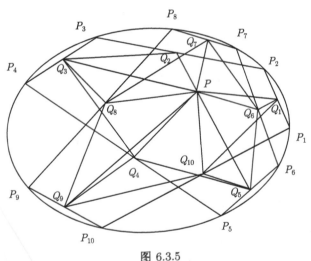

图 6.3.5

$P_1P_2\cdots P_{10}$ 是椭圆内接十角边形, 且其顶点的离心角分别为 $\cdots\beta+2\pi/5, \alpha+\beta+\gamma+2\pi/5, \alpha+\beta+\gamma+3\pi/5, \alpha+\beta+\gamma+\mu+3\pi/5, \cdots+\gamma+\mu+\nu+4\pi/5, \alpha+\beta+\gamma+\mu+\nu+\pi$. 若 $P_1P_7P_3P_9P_5$ 则 P 是 Q_jQ_{j+5} 所在直线上任意一点的充分必要条

$$D_{PQ_iQ_{i+5}} = 0 \quad (j = 1, 2, \cdots, 5). \qquad (6.3.3)$$

$\cdots \Leftrightarrow D_{PQ_jQ_{j+5}} = 0 \Leftrightarrow$ 式 (6.3.3) 成立.

内接十角边形, 且其顶点的离心角分别为 $\cdots+2\pi/5, \alpha+\beta+\gamma+3\pi/5, \alpha+\beta+\gamma+\mu+3\pi/5,$

$\alpha+\beta+\gamma+\mu+4\pi/5, \alpha+\beta+\gamma+\mu+\nu+4\pi/5, \alpha+\beta+\gamma+\mu+\nu+\pi$. 若 $P_1P_7P_3P_9P_5$ 和 $P_2P_6P_{10}P_4P_8$ 都是多边形, Q_jQ_{j+5}, Q_kQ_{k+5} 所在直线相交于一点 G_{jk}, 则

$$\sum_{i=1,i\neq j,k}^{5}(-1)^{i-1}\mathrm{D}_{G_{jk}Q_iQ_{i+5}}=0 \quad (j,k=1,2,\cdots,5;j<k). \tag{6.3.4}$$

证明 因为 G_{jk} 是 Q_jQ_{j+5} 与 Q_kQ_{k+5} 所在直线交点, 所以

$$\mathrm{D}_{G_{jk}Q_jQ_{j+5}}=\mathrm{D}_{G_{jk}Q_kQ_{k+5}}=0,$$

故由式 (6.3.2), 可知式 (6.3.4) 成立.

推论 6.3.5 设 $P_1P_2\cdots P_{10}$ 是椭圆内接十角边形, 且其顶点的离心角分别为 $\alpha, \alpha+\pi/5, \alpha+\beta+\pi/5, \alpha+\beta+2\pi/5, \alpha+\beta+\gamma+2\pi/5, \alpha+\beta+\gamma+3\pi/5, \alpha+\beta+\gamma+\mu+3\pi/5,$ $\alpha+\beta+\gamma+\mu+4\pi/5, \alpha+\beta+\gamma+\mu+\nu+4\pi/5, \alpha+\beta+\gamma+\mu+\nu+\pi$. 若 $P_1P_7P_3P_9P_5$ 和 $P_2P_6P_{10}P_4P_8$ 都是多边形, Q_jQ_{j+5}, Q_kQ_{k+5} 所在直线相交于一点 G_{jk}, 则在以下各组三个三角形

$$G_{jk}Q_iQ_{i+5} \quad (i,j,k=1,2,\cdots,5;i\neq j,k;j<k)$$

中, 其中一个较大的三角形的面积等于另两个较小的三角形的面积的和.

证明 由式 (6.3.4) 即得.

推论 6.3.6 设 $P_1P_2\cdots P_{10}$ 是椭圆内接十角边形, 且其顶点的离心角分别为 $\alpha, \alpha+\pi/5, \alpha+\beta+\pi/5, \alpha+\beta+2\pi/5, \alpha+\beta+\gamma+2\pi/5, \alpha+\beta+\gamma+3\pi/5, \alpha+\beta+\gamma+\mu+3\pi/5,$ $\alpha+\beta+\gamma+\mu+4\pi/5, \alpha+\beta+\gamma+\mu+\nu+4\pi/5, \alpha+\beta+\gamma+\mu+\nu+\pi$. 若 $P_1P_7P_3P_9P_5$ 和 $P_2P_6P_{10}P_4P_8$ 都是多边形, $Q_jQ_{j+5}, Q_kQ_{k+5}, Q_lQ_{l+5}$ 所在直线相交于一点 G_{jkl}, 则

$$\mathrm{D}_{G_{jkl}Q_{i_1}Q_{i_1+5}}=(-1)^{i_2-i_1+1}\mathrm{D}_{G_{jkl}Q_{i_2}Q_{i_2+5}} \quad (\mathrm{a}_{G_{jkl}Q_{i_1}Q_{i_1+5}}=\mathrm{a}_{G_{jkl}Q_{i_2}Q_{i_2+5}}), \tag{6.3.5}$$

其中 $i_1,i_2,j,k,l=1,2,3,4,5;i_1<i_2;i_1,i_2\neq j,k,l;j<k<l$.

证明 因为 G_{jkl} 是 $Q_jQ_{j+5}, Q_kQ_{k+5}, Q_lQ_{l+5}$ 所在直线的交点, 故

$$\mathrm{D}_{G_{jkl}Q_jQ_{j+5}}=\mathrm{D}_{G_{jkl}Q_kQ_{k+5}}=\mathrm{D}_{G_{jkl}Q_lQ_{l+5}}=0,$$

由式 (6.3.2), 可得

$$(-1)^{i_1-1}\mathrm{D}_{G_{jkl}Q_{i_1}Q_{i_1+5}}+(-1)^{i_2-1}\mathrm{D}_{G_{jkl}Q_{i_2}Q_{i_2+5}}=0,$$

从而, 式 (6.3.5) 成立.

定理 6.3.6 (喻德生, 2017) 设 $P_1P_2\cdots P_{10}$ 是椭圆内接十角边形, 且其顶点的离心角分别为 $\alpha, \alpha+\pi/5, \alpha+\beta+\pi/5, \alpha+\beta+2\pi/5, \alpha+\beta+\gamma+2\pi/5, \alpha+\beta+\gamma+3\pi/5, \alpha+\beta+\gamma+\mu+3\pi/5, \alpha+\beta+\gamma+\mu+4\pi/5, \alpha+\beta+\gamma+\mu+\nu+4\pi/5, \alpha+\beta+\gamma+\mu+\nu+\pi$, 且 $P_1P_7P_3P_9P_5$ 和 $P_2P_6P_{10}P_4P_8$ 都是多边形. 若 $Q_1Q_2\cdots Q_{10}$ 五对对顶点的连线 $Q_1Q_6, Q_2Q_7, Q_3Q_8, Q_4Q_9, Q_5Q_{10}$ 所在的五条直线中有四条相交于一点, 则这五条直线相交于一点.

证明 如图 6.3.6 所示. 不妨设 $Q_1Q_6, Q_2Q_7, Q_3Q_8, Q_4Q_9$ 相交于点 G, 则 $\mathrm{D}_{GQ_1Q_6}=\mathrm{D}_{GQ_2Q_7}=\mathrm{D}_{GQ_3Q_8}=\mathrm{D}_{GQ_4Q_9}=0$. 代入式 (6.3.2), 得 $\mathrm{D}_{GQ_5Q_{10}}=0$, 故点 G 在 Q_5Q_{10} 所在直线上, 从而 $Q_1Q_6, Q_2Q_7, Q_3Q_8, Q_4Q_9, Q_5Q_{10}$ 所在直线相交于一点.

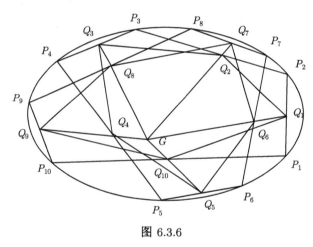

图 6.3.6

注 6.3.2 因为要求 $P_1P_7P_3P_9P_5$ 和 $P_2P_6P_{10}P_4P_8$ 都是多边形, 所以除 α 可以任意取值外, 定理 6.3.4— 定理 6.3.6 中的 β, γ, μ, ν 都要受这一条件限制. 此外, 与椭圆内接六角形的情形不同, 不可以限制 β, γ, μ, ν, 使 $P_1P_2\cdots P_{10}$ 为椭圆内接十边形.

6.4 圆锥曲线内接多角形中几个定理的证明

本节主要讨论有向面积公式在圆锥曲线内接多角形几个定理证明中的应用. 首先, 给出三角循环式的一个引理, 并根据该引理和三角形有向面积公式, 给出著名的圆锥曲线内接六角形的 Pascal 定理的证明; 其次, 给出退化圆锥曲线内接六角形的 Pascal 定理的证明. 通过这些定理的证明, 不仅可以发现三角循环式优美的对称性, 而且可以揭示 Pascal 定理的深刻背景.

6.4.1 圆锥曲线内接六角形的 Pascal 定理及其证明

引理 6.4.1 设

$$\sigma_i(\theta) = \sin\frac{\theta_{i+3}-\theta_{i+5}}{2}\cos\frac{\theta_{i+1}-\theta_i}{2}\cos\frac{\theta_{i+2}-\theta_{i+1}}{2}$$
$$+\sin\frac{\theta_{i+2}+\theta_{i+1}-\theta_{i+4}-\theta_{i+3}}{2}\cos\frac{\theta_{i+1}-\theta_i}{2}\cos\frac{\theta_{i+5}-\theta_{i+4}}{2}$$
$$+\sin\frac{\theta_{i+5}+\theta_{i+4}-\theta_{i+1}-\theta_i}{2}\cos\frac{\theta_{i+2}-\theta_{i+1}}{2}\cos\frac{\theta_{i+4}-\theta_{i+3}}{2}$$
$$+\sin\frac{\theta_i-\theta_{i+2}}{2}\cos\frac{\theta_{i+5}+\theta_{i+4}}{2}\cos\frac{\theta_{i+4}-\theta_{i+3}}{2},$$

$\theta_{i+6}=\theta_i$, 则

(1) $\displaystyle\sum_{i=1}^{3}\sin\frac{\theta_i+\theta_{i+5}}{2}\cos\frac{\theta_{i+3}-\theta_{i+2}}{2}\cdot\sigma_i(\theta) = \sum_{i=1}^{3}\sin\frac{\theta_{i+3}+\theta_{i+2}}{2}\cos\frac{\theta_i-\theta_{i+5}}{2}\cdot\sigma_i(\theta)$;

(2) $\displaystyle\sum_{i=1}^{3}\sin\frac{\theta_i+\theta_{i+5}-\theta_{i+3}-\theta_{i+2}}{2}\cdot\sigma_i(\theta)=0.$

证明 (1) $\displaystyle\sum_{i=1}^{3}\sin\frac{\theta_i+\theta_{i+5}}{2}\cos\frac{\theta_{i+3}-\theta_{i+2}}{2}\cdot\sigma_i(\theta)$

$$=\sum_{i=1}^{3}\sin\frac{\theta_i+\theta_{i+5}}{2}\cos\frac{\theta_{i+3}-\theta_{i+2}}{2}\sin\frac{\theta_{i+3}-\theta_{i+5}}{2}$$
$$\cdot\cos\frac{\theta_{i+1}-\theta_i}{2}\cos\frac{\theta_{i+2}-\theta_{i+1}}{2}$$
$$+\sum_{i=1}^{3}\sin\frac{\theta_i+\theta_{i+5}}{2}\cos\frac{\theta_{i+3}-\theta_{i+2}}{2}\sin\frac{\theta_i-\theta_{i+2}}{2}$$
$$\cdot\cos\frac{\theta_{i+5}-\theta_{i+4}}{2}\cos\frac{\theta_{i+4}-\theta_{i+3}}{2}$$
$$+\sum_{i=1}^{3}\sin\frac{\theta_i+\theta_{i+5}}{2}\cos\frac{\theta_{i+3}-\theta_{i+2}}{2}\sin\frac{\theta_{i+2}+\theta_{i+1}-\theta_{i+4}-\theta_{i+3}}{2}$$
$$\cdot\cos\frac{\theta_{i+1}-\theta_i}{2}\cos\frac{\theta_{i+5}-\theta_{i+4}}{2}$$
$$+\sum_{i=1}^{3}\sin\frac{\theta_i+\theta_{i+5}}{2}\cos\frac{\theta_{i+3}-\theta_{i+2}}{2}\sin\frac{\theta_{i+5}+\theta_{i+4}-\theta_{i+1}-\theta_i}{2}$$
$$\cdot\cos\frac{\theta_{i+2}-\theta_{i+1}}{2}\cos\frac{\theta_{i+4}-\theta_{i+3}}{2}$$
$$=\sum_{i=1}^{3}\sin\frac{\theta_{i+3}+\theta_{i+2}}{2}\cos\frac{\theta_i-\theta_{i+5}}{2}\sin\frac{\theta_i-\theta_{i+2}}{2}$$

$$\cdot \cos \frac{\theta_{i+4} - \theta_{i+3}}{2} \cos \frac{\theta_{i+5} - \theta_{i+4}}{2}$$

$$+ \sum_{i=1}^{3} \sin \frac{\theta_{i+3} + \theta_{i+2}}{2} \cos \frac{\theta_i - \theta_{i+5}}{2}$$

$$\cdot \sin \frac{\theta_{i+3} - \theta_{i+5}}{2} \cos \frac{\theta_{i+2} - \theta_i}{2} \cos \frac{\theta_{i+1} - \theta_i}{2}$$

$$+ \sum_{i=1}^{3} \sin \frac{\theta_{i+3} + \theta_{i+2}}{2} \cos \frac{\theta_i - \theta_{i+5}}{2} \sin \frac{\theta_{i+5} + \theta_{i+4} - \theta_{i+1} - \theta_i}{2}$$

$$\cdot \cos \frac{\theta_{i+4} - \theta_{i+3}}{2} \cos \frac{\theta_{i+2} - \theta_{i+1}}{2}$$

$$+ \sum_{i=1}^{3} \sin \frac{\theta_{i+3} + \theta_{i+2}}{2} \cos \frac{\theta_i - \theta_{i+5}}{2} \sin \frac{\theta_{i+2} + \theta_{i+1} - \theta_{i+4} - \theta_{i+3}}{2}$$

$$\cdot \cos \frac{\theta_{i+5} - \theta_{i+4}}{2} \cos \frac{\theta_{i+1} - \theta_i}{2}$$

$$= \sum_{i=1}^{3} \sin \frac{\theta_{i+3} + \theta_{i+2}}{2} \cos \frac{\theta_i - \theta_{i+5}}{2} \cdot \sigma_i(\theta).$$

(2) 类似地可以证明 (2) 中的结论.

定理 6.4.1 (Pascal 定理) 设 $P_1 P_2 \cdots P_6$ 是圆锥曲线内接六角形, 则其三对对边 $P_1 P_2$ 与 $P_4 P_5$, $P_2 P_3$ 与 $P_5 P_6$, $P_3 P_4$ 与 $P_6 P_1$ 所在直线的交点 Q_1, Q_2, Q_3 共线.

证明 如图 6.4.1 所示. 不妨设圆锥曲线的极坐标方程为

$$\rho = \frac{a}{1 - e \cos \theta} \quad (e \geqslant 0, a > 0),$$

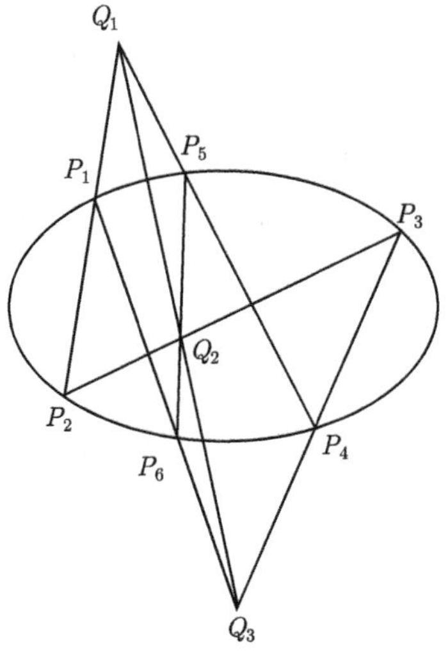

图 6.4.1

$P_1 P_2 \cdots P_6$ 顶点的坐标为

$$P_i\left(\frac{a\cos\theta_i}{1-e\cos\theta_i}, \frac{a\sin\theta_i}{1-e\cos\theta_i}\right) \quad (i=1,2,\cdots,6; \theta_{6+i}=\theta_i).$$

于是求得 $P_i P_{i+1}$ 和 $P_{i+3} P_{i+4}$ 的方程

$$\left(\cos\frac{\theta_{i+1}+\theta_i}{2} - e\cos\frac{\theta_{i+1}-\theta_i}{2}\right) x - \sin\frac{\theta_{i+1}+\theta_i}{2}\cdot y = a\cos\frac{\theta_{i+1}-\theta_i}{2}, \quad (6.4.1)$$

$$\left(\cos\frac{\theta_{i+4}+\theta_{i+3}}{2} - e\cos\frac{\theta_{i+4}-\theta_{i+3}}{2}\right) x - \sin\frac{\theta_{i+4}+\theta_{i+3}}{2}\cdot y = a\cos\frac{\theta_{i+4}-\theta_{i+3}}{2}.$$

$$(6.4.2)$$

式 (6.4.1) 与 (6.4.2) 联立, 求得

$$\Delta_i = \begin{vmatrix} \cos\dfrac{\theta_{i+1}+\theta_i}{2} - e\cos\dfrac{\theta_{i+1}-\theta_i}{2} & -\sin\dfrac{\theta_{i+1}+\theta_i}{2} \\ \cos\dfrac{\theta_{i+4}+\theta_{i+3}}{2} - e\cos\dfrac{\theta_{i+4}-\theta_{i+3}}{2} & -\sin\dfrac{\theta_{i+4}+\theta_{i+3}}{2} \end{vmatrix}$$

$$= e\left(\sin\frac{\theta_{i+4}+\theta_{i+3}}{2}\cos\frac{\theta_{i+1}-\theta_i}{2} - \sin\frac{\theta_{i+1}+\theta_i}{2}\cos\frac{\theta_{i+4}-\theta_{i+3}}{2}\right)$$

$$- \sin\frac{\theta_{i+4}+\theta_{i+3}-\theta_{i+1}-\theta_i}{2},$$

$$\Delta_{iX} = \begin{vmatrix} a\cos\dfrac{\theta_{i+1}-\theta_i}{2} & -\sin\dfrac{\theta_{i+1}+\theta_i}{2} \\ a\cos\dfrac{\theta_{i+4}-\theta_{i+3}}{2} & -\sin\dfrac{\theta_{i+4}+\theta_{i+3}}{2} \end{vmatrix}$$

$$= a\left(\sin\frac{\theta_{i+1}+\theta_i}{2}\sin\frac{\theta_{i+4}-\theta_{i+3}}{2} - \cos\frac{\theta_{i+1}-\theta_i}{2}\sin\frac{\theta_{i+4}+\theta_{i+3}}{2}\right),$$

$$\Delta_{iY} = \begin{vmatrix} \cos\dfrac{\theta_{i+1}+\theta_i}{2} - e\cos\dfrac{\theta_{i+1}-\theta_i}{2} & a\cos\dfrac{\theta_{i+1}-\theta_i}{2} \\ \cos\dfrac{\theta_{i+4}+\theta_{i+3}}{2} - e\cos\dfrac{\theta_{i+4}-\theta_{i+3}}{2} & a\cos\dfrac{\theta_{i+4}-\theta_{i+3}}{2} \end{vmatrix}$$

$$= a\left(\cos\frac{\theta_{i+1}+\theta_i}{2}\cos\frac{\theta_{i+4}-\theta_{i+3}}{2} - \cos\frac{\theta_{i+1}-\theta_i}{2}\cos\frac{\theta_{i+4}+\theta_{i+3}}{2}\right).$$

所以 $P_i P_{i+1}$ 与 $P_{i+3} P_{i+4}$ 交点 $Q_i(x_i, y_i)$ $(i=1,2,3)$ 的坐标

$$x_i = \frac{\Delta_{iX}}{\Delta_i} = \frac{a}{\Delta_i}\left(\sin\frac{\theta_{i+1}+\theta_i}{2}\cos\frac{\theta_{i+4}-\theta_{i+3}}{2} - \cos\frac{\theta_{i+1}-\theta_i}{2}\sin\frac{\theta_{i+4}+\theta_{i+3}}{2}\right),$$

$$y_i = \frac{\Delta_{iY}}{\Delta_i} = \frac{a}{\Delta_i}\left(\cos\frac{\theta_{i+1}+\theta_i}{2}\cos\frac{\theta_{i+4}-\theta_{i+3}}{2} - \cos\frac{\theta_{i+1}-\theta_i}{2}\cos\frac{\theta_{i+4}+\theta_{i+3}}{2}\right).$$

由三角形有向面积公式得

$$2\Delta_1\Delta_2\Delta_3 D_{Q_1Q_2Q_3}$$

$$=a^2\sum_{i=1}^{3}\Delta_{i+2}\left[\left(\sin\frac{\theta_{i+1}+\theta_i}{2}\cos\frac{\theta_{i+4}-\theta_{i+3}}{2}-\cos\frac{\theta_{i+1}-\theta_i}{2}\sin\frac{\theta_{i+4}+\theta_{i+3}}{2}\right)\right.$$

$$\times\left(\cos\frac{\theta_{i+2}+\theta_{i+1}}{2}\cos\frac{\theta_{i+5}-\theta_{i+4}}{2}-\cos\frac{\theta_{i+5}+\theta_{i+4}}{2}\cos\frac{\theta_{i+2}-\theta_{i+1}}{2}\right)$$

$$-\left(\sin\frac{\theta_{i+2}+\theta_{i+1}}{2}\cos\frac{\theta_{i+5}-\theta_{i+4}}{2}-\cos\frac{\theta_{i+2}-\theta_{i+1}}{2}\sin\frac{\theta_{i+5}+\theta_{i+4}}{2}\right)$$

$$\left.\times\left(\cos\frac{\theta_{i+1}+\theta_i}{2}\cos\frac{\theta_{i+4}-\theta_{i+3}}{2}-\cos\frac{\theta_{i+1}-\theta_i}{2}\cos\frac{\theta_{i+4}+\theta_{i+3}}{2}\right)\right]$$

$$=a^2\sum_{i=1}^{3}\Delta_{i+2}\left(\sin\frac{\theta_{i+3}-\theta_{i+5}}{2}\cos\frac{\theta_{i+1}-\theta_i}{2}\cos\frac{\theta_{i+2}-\theta_{i+1}}{2}\right.$$

$$+\sin\frac{\theta_{i+2}+\theta_{i+1}-\theta_{i+4}-\theta_{i+3}}{2}\cos\frac{\theta_{i+1}-\theta_i}{2}\cos\frac{\theta_{i+5}-\theta_{i+4}}{2}$$

$$+\sin\frac{\theta_{i+5}+\theta_{i+4}-\theta_{i+1}-\theta_i}{2}\cos\frac{\theta_{i+2}-\theta_{i+1}}{2}\cos\frac{\theta_{i+4}-\theta_{i+3}}{2}$$

$$\left.+\sin\frac{\theta_i-\theta_{i+2}}{2}\cos\frac{\theta_{i+5}+\theta_{i+4}}{2}\cos\frac{\theta_{i+4}-\theta_{i+3}}{2}\right)$$

$$=a^2\sum_{i=1}^{3}\Delta_{i+2}\sigma_i(\theta),$$

其中

$$\Delta_{i+2}=e\left(\sin\frac{\theta_i+\theta_{i+5}}{2}\cos\frac{\theta_{i+3}-\theta_{i+2}}{2}-\sin\frac{\theta_{i+3}+\theta_{i+2}}{2}\cos\frac{\theta_i-\theta_{i+5}}{2}\right)$$

$$-\sin\frac{\theta_i+\theta_{i+5}-\theta_{i+3}-\theta_{i+2}}{2}.$$

由引理 6.4.1 易知

$$D_{Q_1Q_2Q_3}=\frac{a^2}{2\Delta_1\Delta_2\Delta_3}\sum_{i=1}^{3}\Delta_{i+2}\sigma_i(\theta)=0,$$

从而 P_1P_2 与 P_4P_5, P_2P_3 与 P_5P_6, P_3P_4 与 P_6P_1 的交点 Q_1,Q_2,Q_3 共线.

6.4.2　退化圆锥曲线内接六角形中的 Pascal 定理及其证明

定理 6.4.2 (Pascal 定理在圆锥曲线内接五角形中的情形)　设 $P_1P_2\cdots P_5$ 是圆锥曲线内接五角形, t_i 是 $P_i(i=1,2,\cdots,5)$ 处的切线, 则边 P_iP_{i+1} 与 P_{i+3} 处的切线 t_{i+3} 以及 $P_{i+1}P_{i+2}$ 与 $P_{i+3}P_{i+4}$, $P_{i+2}P_{i+3}$ 与 $P_{i+4}P_i$ 所在直线的交点 $T_i,Q_{i+1},Q_{i+2}(i=1,2,\cdots,5)$ 均三点共线.

证明   如图 6.4.2 所示. 当 $i = 1$ 时, 将 $P_1 P_2 \cdots P_5$ 看成是有一个顶点重合的圆锥曲线内接六角形 $P_1 P_2 P_3 P_4 P_4 P_5$, 则由定理 6.4.1 可知, $P_1 P_2$ 与 $P_4 P_4$ 所在直线, 即 $P_1 P_2$ 所在直线与 P_4 处的切线 t_4 的交点 T_1, 以及 $P_2 P_3$ 与 $P_4 P_5$, $P_3 P_4$ 与 $P_5 P_1$ 所在直线的交点 Q_2, Q_3 三点共线. 因此, $i = 1$ 时定理 6.4.2 成立.

类似地, 可以证明当 $i = 2, 3, 4, 5$ 时, 定理 6.4.2 成立.

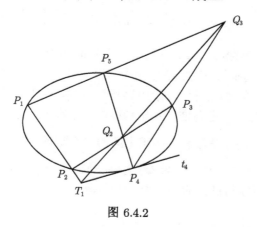

图 6.4.2

定理 6.4.3 (Pascal 定理在圆锥曲线内接四角形中的情形)   设 $P_1 P_2 P_3 P_4$ 是圆锥曲线内接四角形, t_i 是 $P_i (i = 1, 2, 3, 4)$ 处的切线, 则边 $P_i P_{i+1}$ 与 $P_{i+2} P_{i+3}$, $P_{i+1} P_{i+2}$ 与 $P_{i+3} P_i$ 所在直线的交点 Q_i, Q_{i+1}, 以及 P_{i+1} 与 P_{i+3} 处的切线 t_{i+1}, t_{i+3} 的交点 $T_{i+1} (i = 1, 2, 3, 4)$ 均三点共线.

证明   如图 6.4.3 所示. 当 $i = 1$ 时, 将 $P_1 P_2 P_3 P_4$ 看成是有两个顶点重合的圆锥曲线内接六角形 $P_1 P_2 P_2 P_3 P_4 P_4$, 则由定理 6.4.1 可知, $P_1 P_2$ 与 $P_3 P_4$, $P_2 P_3$ 与 $P_4 P_1$ 所在直线的交点 Q_1, Q_2, 以及 P_2 与 P_4 处的切线 t_2, t_4 的交点 T_2 三点共线. 因此, $i = 1$ 时定理 6.4.3 成立.

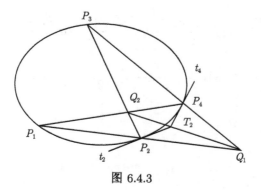

图 6.4.3

类似地, 可以证明当 $i = 2, 3, 4$ 时, 定理 6.4.3 成立.

注 6.4.1　将圆锥曲线内接三角形 $P_1P_2P_3$ 看成是有三个顶点重合的圆锥曲线内接六角形 $P_1P_1P_2P_2P_3P_3$, 也可以得到定理 4.3.2 的结论, 因此 Lemoine 线定理也是 Pascal 定理的特殊情形.

6.5　圆锥曲线内接、外切多边形有向面积之间的关系定理

本节主要讨论圆锥曲线内接、外切多边形有向面积之间的关系. 首先, 给出椭圆内接、外切三角形有向面积之间的关系定理; 其次, 给出双曲线内接、外切三角形有向面积之间的关系定理; 再次, 给出抛物线内接、外切 n 边形有向面积之间的关系定理, 从而将 Möbius 定理推广到抛物线内接、外切 n 边形的情形.

6.5.1　椭圆内接、外切三角形有向面积之间的关系定理

定理 6.5.1 (喻德生, 2017)　设 $Q_1Q_2Q_3$ 是椭圆 $x^2/a^2 + y^2/b^2 = 1$ 的外切三角形, Q_iQ_{i+1} 所在直线与椭圆的切点为 $P_i(a\cos\theta_i, b\sin\theta_i)(i = 1, 2, 3)$, 则

$$2\mathrm{D}_{Q_1Q_2Q_3}\prod_{i=1}^{3}\cos\frac{\theta_i - \theta_{i+1}}{2} + \mathrm{D}_{P_1P_2P_3} = 0. \tag{6.5.1}$$

证明　依题设, 由定理 4.2.1 的证明可知, 外切三角形 $Q_1Q_2Q_3$ 顶点的坐标为

$$Q_i\left(a\cos\frac{\alpha_i + \alpha_{i+2}}{2}\Big/\cos\frac{\alpha_i - \alpha_{i+2}}{2}, b\sin\frac{\alpha_i + \alpha_{i+2}}{2}\Big/\cos\frac{\alpha_i - \alpha_{i+2}}{2}\right)\quad(i = 1, 2, 3).$$

于是由三角形有向面积公式, 可得

$$2\mathrm{D}_{Q_1Q_2Q_3}\prod_{i=1}^{3}\cos\frac{\theta_i - \theta_{i+1}}{2}$$

$$= ab\sum_{i=1}^{3}\left(\cos\frac{\theta_i + \theta_{i+2}}{2}\sin\frac{\theta_{i+1} + \theta_i}{2} - \cos\frac{\theta_{i+1} + \theta_i}{2}\sin\frac{\theta_i + \theta_{i+2}}{2}\right)\cos\frac{\theta_{i+2} - \theta_{i+1}}{2}$$

$$= -ab\sum_{i=1}^{3}\sin\frac{\theta_{i+2} - \theta_{i+1}}{2}\cos\frac{\theta_{i+2} - \theta_{i+1}}{2} = -\frac{1}{2}ab\sum_{i=1}^{3}\sin(\theta_{i+2} - \theta_{i+1})$$

$$= -\frac{1}{2}ab\sum_{i=1}^{3}\sin(\theta_{i+1} - \theta_i);$$

$$2\mathrm{D}_{P_1P_2P_3} = ab\sum_{i=1}^{3}(\cos\theta_i\sin\theta_{i+1} - \cos\theta_{i+1}\sin\theta_i) = ab\sum_{i=1}^{3}\sin(\theta_{i+1} - \theta_i).$$

因此, 式 (6.5.1) 成立.

6.5.2 双曲线内接、外切三角形有向面积之间的关系定理

定理 6.5.2 (喻德生, 2017)　设 $Q_1Q_2Q_3$ 是双曲线 $x^2/a^2 - y^2/b^2 = 1$ 的外切三角形, Q_iQ_{i+1} 所在直线与双曲线的切点为 $P_i(a\sec\theta_i, b\tan\theta_i)(i = 1, 2, 3)$, 则

$$2\mathrm{D}_{Q_1Q_2Q_3}\prod_{i=1}^{3}\cos\frac{\theta_i + \theta_{i+1}}{2} + \mathrm{D}_{P_1P_2P_3}\prod_{i=1}^{3}\cos\theta_i = 0. \tag{6.5.2}$$

证明　依题设, 由定理 4.2.2 的证明可知, 外切三角形 $Q_1Q_2Q_3$ 顶点的坐标为

$$Q_i\left(a\cos\frac{\alpha_{i+2} - \alpha_i}{2}\bigg/\cos\frac{\alpha_i + \alpha_{i+2}}{2}, b\sin\frac{\alpha_i + \alpha_{i+2}}{2}\bigg/\cos\frac{\alpha_i + \alpha_{i+2}}{2}\right) \quad (i = 1, 2, 3).$$

于是由三角形有向面积公式, 可得

$$2\mathrm{D}_{Q_1Q_2Q_3}\prod_{i=1}^{3}\cos\frac{\theta_i + \theta_{i+1}}{2}$$

$$=ab\sum_{i=1}^{3}\left(\cos\frac{\theta_{i+2} - \theta_i}{2}\sin\frac{\theta_{i+1} + \theta_i}{2} - \cos\frac{\theta_i - \theta_{i+1}}{2}\sin\frac{\theta_i + \theta_{i+2}}{2}\right)\cos\frac{\theta_{i+2} + \theta_{i+1}}{2}$$

$$=\frac{ab}{2}\sum_{i=1}^{3}\left(\sin\frac{\theta_{i+1} + \theta_{i+2}}{2} + \sin\frac{2\theta_i + \theta_{i+1} - \theta_{i+2}}{2}\right.$$

$$\left. - \sin\frac{2\theta_i + \theta_{i+2} - \theta_{i+1}}{2} - \sin\frac{\theta_{i+2} + \theta_{i+1}}{2}\right)\cos\frac{\theta_{i+2} + \theta_{i+1}}{2}$$

$$=ab\sum_{i=1}^{3}\cos\theta_i\sin\frac{\theta_{i+1} - \theta_{i+2}}{2}\cos\frac{\theta_{i+2} + \theta_{i+1}}{2} = \frac{ab}{2}\sum_{i=1}^{3}\cos\theta_i(\sin\theta_{i+1} - \sin\theta_{i+2})$$

$$=\frac{ab}{2}\sum_{i=1}^{3}(\sin\theta_{i+1}\cos\theta_i - \sin\theta_{i+2}\cos\theta_i) = \frac{ab}{2}\sum_{i=1}^{3}(\sin\theta_{i+1}\cos\theta_i - \sin\theta_i\cos\theta_{i+1})$$

$$=\frac{ab}{2}\sum_{i=1}^{3}\sin(\theta_{i+1} - \theta_i);$$

$$2\mathrm{D}_{P_1P_2P_3}\prod_{i=1}^{3}\cos\theta_i$$

$$=ab\sum_{i=1}^{3}(\sin\theta_{i+1} - \sin\theta_i)\cos\theta_{i+2} = ab\sum_{i=1}^{3}(\sin\theta_{i+1}\cos\theta_{i+2} - \sin\theta_i\cos\theta_{i+2})$$

$$=ab\sum_{i=1}^{3}(\sin\theta_i\cos\theta_{i+1} - \sin\theta_{i+1}\cos\theta_i) = -ab\sum_{i=1}^{3}\sin(\theta_{i+1} - \theta_i),$$

因此, 式 (6.5.2) 成立.

6.5.3 Möbius 定理的推广与证明

定理 6.5.3　如图 6.5.1 所示. 设 $P_1P_2\cdots P_n$ 是抛物线内接 n 边形, l_i 是抛物线上过 P_i 点的切线, Q_i 是 l_i 与 $l_{i+1}(i=1,2,\cdots,n; l_{n+1}=l_1)$ 的交点. 证明:

$$a_{P_1P_2\cdots P_n} = 2a_{Q_1Q_2\cdots Q_n}.$$

证明　不妨设抛物线的参数坐标方程为

$$L: x = \frac{a\cos\theta}{1-\cos\theta}, y = \frac{a\sin\theta}{1-\cos\theta},$$

切点的坐标为

$$P_i\left(\frac{a\cos\theta_i}{1-\cos\theta_i}, \frac{a\sin\theta_i}{1-\cos\theta_i}\right) = P_i\left(\frac{a}{2}\left(\cot^2\frac{\theta_i}{2}-1\right), a\cot\frac{\theta_i}{2}\right) \quad (i=1,2,\cdots,n).$$

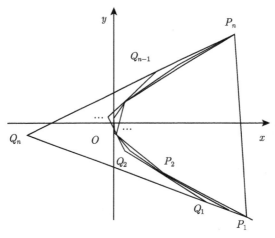

图 6.5.1

于是

$$y'_x = \frac{\mathrm{d}}{\mathrm{d}\theta}\left(\frac{a\sin\theta}{1-\cos\theta}\right)\bigg/\frac{\mathrm{d}}{\mathrm{d}\theta}\left(\frac{a\cos\theta}{1-\cos\theta}\right) = \frac{1-\cos\theta}{\sin\theta} = \tan\frac{\theta}{2}.$$

故求得切线 l_i 和 l_{i+1} 的方程分别为

$$y = \tan\frac{\theta_i}{2}\cdot x + \frac{a}{2}\left(\cot\frac{\theta_i}{2}-\tan\frac{\theta_i}{2}\right) \quad \text{和} \quad y = \tan\frac{\theta_{i+1}}{2}\cdot x + \frac{a}{2}\left(\cot\frac{\theta_{i+1}}{2}-\tan\frac{\theta_{i+1}}{2}\right).$$

两式联立求得交点的坐标

$$Q_i\left(\frac{a}{2}\left(\cot\frac{\theta_i}{2}\cot\frac{\theta_{i+1}}{2}-1\right), \frac{a}{2}\left(\cot\frac{\theta_i}{2}+\cot\frac{\theta_{i+1}}{2}\right)\right) \quad (i=1,2,\cdots,n).$$

由多边形有向面积公式, 得

$$4D_{P_1P_2\cdots P_n} = a^2 \sum_{i=1}^{n} \left[\left(\cot^2 \frac{\theta_i}{2} - 1 \right) \cot \frac{\theta_{i+1}}{2} - \left(\cot^2 \frac{\theta_{i+1}}{2} - 1 \right) \cot \frac{\theta_i}{2} \right]$$

$$= a^2 \sum_{i=1}^{n} \left(\cot^2 \frac{\theta_i}{2} \cot \frac{\theta_{i+1}}{2} - \cot \frac{\theta_i}{2} \cot^2 \frac{\theta_{i+1}}{2} \right) + a^2 \sum_{i=1}^{n} \left(\cot \frac{\theta_i}{2} - \cot \frac{\theta_{i+1}}{2} \right)$$

$$= a^2 \sum_{i=1}^{n} \cot \frac{\theta_i}{2} \cot \frac{\theta_{i+1}}{2} \left(\cot \frac{\theta_i}{2} - \cot \frac{\theta_{i+1}}{2} \right);$$

$$8D_{Q_1Q_2\cdots Q_n} = a^2 \sum_{i=1}^{n} \left[\left(\cot \frac{\theta_i}{2} \cot \frac{\theta_{i+1}}{2} - 1 \right) \left(\cot \frac{\theta_{i+1}}{2} + \cot \frac{\theta_{i+2}}{2} \right) \right.$$

$$\left. - \left(\cot \frac{\theta_{i+1}}{2} \cot \frac{\theta_{i+2}}{2} - 1 \right) \left(\cot \frac{\theta_i}{2} + \cot \frac{\theta_{i+1}}{2} \right) \right]$$

$$= a^2 \sum_{i=1}^{n} \left(\cot \frac{\theta_i}{2} \cot^2 \frac{\theta_{i+1}}{2} - \cot^2 \frac{\theta_{i+1}}{2} \cot \frac{\theta_{i+2}}{2} \right)$$

$$+ a^2 \sum_{i=1}^{n} \left(\cot \frac{\theta_i}{2} - \cot \frac{\theta_{i+2}}{2} \right)$$

$$= a^2 \sum_{i=1}^{n} \left(\cot \frac{\theta_i}{2} \cot^2 \frac{\theta_{i+1}}{2} - \cot^2 \frac{\theta_i}{2} \cot \frac{\theta_{i+1}}{2} \right)$$

$$= a^2 \sum_{i=1}^{n} \cot \frac{\theta_i}{2} \cot \frac{\theta_{i+1}}{2} \left(\cot \frac{\theta_{i+1}}{2} - \cot \frac{\theta_i}{2} \right).$$

于是

$$4\mathrm{D}_{P_1P_2\cdots P_n} + 8\mathrm{D}_{Q_1Q_2\cdots Q_n} = 0,$$

所以

$$\mathrm{a}_{P_1P_2\cdots P_n} = 2\mathrm{a}_{Q_1Q_2\cdots Q_n}.$$

注 6.5.1 当 $n = 3$ 时, 即为著名的**Möbius 定理**.

第7章　线型三角形有向面积公式与应用

7.1　线型三角形有向面积公式

在本书上册 1.2 节中, 给出了三角形关于三个顶点坐标的有向面积公式. 现在的问题是, 给定三角形三边所在直线的方程, 如何直接求出三角形的有向面积呢? 这就是本节要讨论的问题. 首先, 给出三直线组一、二阶行列式的概念, 以及一、二阶行列式的两个性质定理; 其次, 给出线形三角形有向面积公式及其推论, 并利用该公式解答几个数学竞赛题.

7.1.1　三直线组一、二阶行列式的概念与性质

定义 7.1.1　设 $l_i : a_i x + b_i y + c_i = 0 \, (i = 1, 2, 3)$ 为任意三条平面直线, 则称

$$\Delta_1 = \begin{vmatrix} a_1 & b_1 & c_1 \\ a_2 & b_2 & c_2 \\ a_3 & b_3 & c_3 \end{vmatrix}, \quad \Delta_2 = \begin{vmatrix} b_1 c_2 - b_2 c_1 & c_1 a_2 - c_2 a_1 & a_1 b_2 - a_2 b_1 \\ b_2 c_3 - b_3 c_2 & c_2 a_3 - c_3 a_2 & a_2 b_3 - a_3 b_2 \\ b_3 c_1 - b_1 c_3 & c_3 a_1 - c_1 a_3 & a_3 b_1 - a_1 b_3 \end{vmatrix}$$

分别为三直线 l_1, l_2, l_3 的一、二级行列式.

定义 7.1.2　依次经过两点 $P_i(x_i, y_i), P_j(x_j, y_j)(i \neq j)$ 的如下形式的直线方程

$$(y_i - y_j)x + (x_j - x_i)y + (x_i y_j - x_j y_i) = 0 \tag{7.1.1}$$

叫做直线 $P_i P_j$ 的两点式标准方程.

显然, 直线的两点式标准方程不仅可以由直线的两点式方程

$$\frac{x - x_i}{x_j - x_i} = \frac{y - y_i}{y_j - y_i}$$

化简得到, 还与两点 $P_i(x_i, y_i), P_j(x_j, y_j)(i \neq j)$ 的顺序有关. 可见, 给定两点的直线的两点式标准方程不是唯一的, 它还与两点的次序有关.

定义 7.1.3　设 $l_1, l_2, \cdots, l_n$ 为 n 条直线, l_i 与 l_{i+1} 的交点为 $P_i(i = 1, 2, \cdots, n; l_{n+1} = l_1)$. 若 $P_1, P_2, \cdots, P_n$ 依次构成 n 边形 $P_1 P_2 \cdots P_n$, 则称该 n 边形为 $l_1, l_2, \cdots, l_n$ 所围成的 n 边形, 该多边形及其有向面积分别记为多边形 $l_1 l_2 \cdots l_n$ 和 $\mathrm{D}_{l_1 l_2 \cdots l_n}$.

显然, 任意 n 条两两依次相交的直线未必可以构成一个 n 边形, 但三条两两相交的直线可以构成一个三角形. 特别地, 我们把三线相交于一点的情形看成是线型三角形的特殊情形.

定理 7.1.1 (喻德生, 2014) 设直线 l_i 与 l_{i+1} 的交点为 $P_i(x_i, y_i)(i = 1, 2, 3)$, 则三角形 $l_1 l_2 l_3$ 的面积 (有向面积) 和由交点 $P_i(x_i, y_i)(i = 1, 2, 3)$ 所确定的这三条直线的两点式标准方程的行列式之间的关系是

$$\Delta_1 = 4\mathrm{D}_{l_1 l_2 l_3}^2. \tag{7.1.2}$$

证明 将行列式的第 2, 3 行加到第 1 行, 并由三角形有向面积公式, 可得

$$\Delta_1 = \begin{vmatrix} y_1 - y_2 & x_2 - x_1 & x_1 y_2 - x_2 y_1 \\ y_2 - y_3 & x_3 - x_2 & x_2 y_3 - x_3 y_2 \\ y_3 - y_1 & x_1 - x_3 & x_3 y_1 - x_1 y_3 \end{vmatrix} = \begin{vmatrix} 0 & 0 & 2\mathrm{D}_{P_1 P_2 P_3} \\ y_2 - y_3 & x_3 - x_2 & x_2 y_3 - x_3 y_2 \\ y_3 - y_1 & x_1 - x_3 & x_3 y_1 - x_1 y_3 \end{vmatrix}$$

$$= 2\mathrm{D}_{l_1 l_2 l_3} \begin{vmatrix} y_2 - y_3 & x_3 - x_2 \\ y_3 - y_1 & x_1 - x_3 \end{vmatrix} = 2\mathrm{D}_{l_1 l_2 l_3} \sum_{i=1}^{3} (x_i y_{i+1} - x_{i+1} y_i) = 4\mathrm{D}_{l_1 l_2 l_3}^2,$$

因此式 (7.1.2) 成立.

定理 7.1.2 (喻德生, 2014) 设 $l_i : a_i x + b_i y + c_i = 0 \, (i = 1, 2, 3)$ 为任意三条平面直线, 则这三条直线的一、二阶行列式满足如下关系:

$$\Delta_2 = \Delta_1^2. \tag{7.1.3}$$

证明 $\Delta_2 = \begin{vmatrix} b_1 c_2 - b_2 c_1 & c_1 a_2 - c_2 a_1 & a_1 b_2 - a_2 b_1 \\ b_2 c_3 - b_3 c_2 & c_2 a_3 - c_3 a_2 & a_2 b_3 - a_3 b_2 \\ b_3 c_1 - b_1 c_3 & c_3 a_1 - c_1 a_3 & a_3 b_1 - a_1 b_3 \end{vmatrix}$

$$= \sum_{i=1}^{3} [(a_{i+2} b_i - a_i b_{i+2})(b_i c_{i+1} - b_{i+1} c_i)(c_{i+1} a_{i+2} - c_{i+2} a_{i+1})$$
$$\quad - (a_i b_{i+1} - a_{i+1} b_i)(b_{i+2} c_i - b_i c_{i+2})(c_{i+1} a_{i+2} - c_{i+2} a_{i+1})]$$
$$= \sum_{i=1}^{3} (a_{i+2}^2 b_i^2 c_{i+1}^2 + a_{i+1}^2 b_i^2 c_{i+2}^2 - 2a_{i+2}^2 b_i b_{i+1} c_i c_{i+1}$$
$$\quad - 2a_{i+1} a_{i+2} b_i^2 c_{i+1} c_{i+2} - 2a_i a_{i+1} b_i b_{i+1} c_{i+2}^2 + a_i a_{i+1} b_i b_{i+2} c_{i+1} c_{i+2}$$
$$\quad + a_{i+1} a_{i+2} b_i b_{i+1} c_i c_{i+1} + a_i a_{i+2} b_i b_{i+1} c_{i+1} c_{i+2} + a_{i+1} a_{i+2} b_i b_{i+2} c_i c_{i+1})$$
$$= a_1^2 b_2^2 c_3^2 + a_2^2 b_3^2 c_1^2 + a_3^2 b_1^2 c_2^2 + a_3^2 b_2^2 c_1^2 + a_2^2 b_1^2 c_3^2 + a_1^2 b_3^2 c_2^2$$
$$\quad + 2a_1 a_2 b_2 b_3 c_1 c_2 + 2a_1 a_3 b_1 b_2 c_2 c_3 + 2a_2 a_3 b_1 b_3 c_1 c_2$$
$$\quad + 2a_2 a_3 b_1 b_2 c_1 c_3 + 2a_1 a_2 b_1 b_3 c_2 c_3 + 2a_1 a_3 b_2 b_3 c_1 c_2$$
$$\quad - 2a_1^2 b_2 b_3 c_2 c_3 - 2a_2^2 b_1 b_3 c_1 c_3 - 2a_3^2 b_1 b_2 c_1 c_2 - 2a_2 a_3 b_1^2 c_2 c_3 - 2a_1 a_3 b_2^2 c_1 c_3$$
$$\quad - 2a_1 a_2 b_3^2 c_1 c_2 - 2a_2 a_3 b_2 b_3 c_1^2 - 2a_1 a_3 b_1 b_3 c_2^2 - 2a_1 a_2 b_1 b_2 c_3^2,$$

$$=(a_1b_2c_3 + a_2b_3c_1 + a_3b_1c_2 - a_3b_2c_1 - a_2b_1c_3 - a_1b_3c_2)^2 = \Delta_1^2,$$

故式 (7.1.3) 成立.

7.1.2　线型三角形有向面积公式

定理 7.1.3 (喻德生, 2014)　三条两两相交的直线 $l_i : a_ix + b_iy + c_i = 0\,(i = 1, 2, 3)$ 所构成的三角形 $l_1l_2l_3$ 的有向面积

$$D_{l_1l_2l_3} = \frac{\Delta_1^2}{2\Delta_{13}\Delta_{23}\Delta_{33}} = \frac{\Delta_1\Delta_1'}{2\Delta_{13}\Delta_{23}\Delta_{33}} = \frac{\left[\displaystyle\sum_{i=1}^{3}(a_ib_{i+1}c_{i+2} - a_{i+2}b_{i+1}c_i)\right]^2}{2\displaystyle\prod_{i=1}^{3}(a_ib_{i+1} - a_{i+1}b_i)}, \quad (7.1.4)$$

其中 $\Delta_{(i+2)3} = a_ib_{i+1} - a_{i+1}b_i$ 表示 Δ_1 第 3 列第 $i+2$ 行元素的代数余子式.

证明　设直线 l_i 与 l_{i+1} 的交点为 $P_i(x_i, y_i)$, 则

$$x_i = \frac{\begin{vmatrix} -c_i & b_i \\ -c_{i+1} & b_{i+1} \end{vmatrix}}{\begin{vmatrix} a_i & b_i \\ a_{i+1} & b_{i+1} \end{vmatrix}} = \frac{b_ic_{i+1} - b_{i+1}c_i}{a_ib_{i+1} - a_{i+1}b_i}\,(i = 1, 2, 3),$$

$$y_i = \frac{\begin{vmatrix} a_i & -c_i \\ a_{i+1} & -c_{i+1} \end{vmatrix}}{\begin{vmatrix} a_i & b_i \\ a_{i+1} & b_{i+1} \end{vmatrix}} = \frac{c_ia_{i+1} - c_{i+1}a_i}{a_ib_{i+1} - a_{i+1}b_i} \quad (i = 1, 2, 3),$$

于是

$$D_{l_1l_2l_3} = \frac{1}{2}\begin{vmatrix} \dfrac{b_1c_2 - b_2c_1}{a_1b_2 - a_2b_1} & \dfrac{c_1a_2 - c_2a_1}{a_1b_2 - a_2b_1} & 1 \\[3mm] \dfrac{b_2c_3 - b_3c_2}{a_2b_3 - a_3b_2} & \dfrac{c_2a_3 - c_3a_2}{a_2b_3 - a_3b_2} & 1 \\[3mm] \dfrac{b_3c_1 - b_1c_3}{a_3b_1 - a_1b_3} & \dfrac{c_3a_1 - c_1a_3}{a_3b_1 - a_1b_3} & 1 \end{vmatrix}$$

$$= \frac{1}{2\Delta_{13}\Delta_{23}\Delta_{33}}\begin{vmatrix} b_1c_2 - b_2c_1 & c_1a_2 - c_2a_1 & a_1b_2 - a_2b_1 \\ b_2c_3 - b_3c_2 & c_2a_3 - c_3a_2 & a_2b_3 - a_3b_2 \\ b_3c_1 - b_1c_3 & c_3a_1 - c_1a_3 & a_3b_1 - a_1b_3 \end{vmatrix}$$

$$= \frac{\Delta_2}{2\Delta_{13}\Delta_{23}\Delta_{33}} = \frac{\Delta_1^2}{2\Delta_{13}\Delta_{23}\Delta_{33}} = \frac{\Delta_1\Delta_1'}{2\Delta_{13}\Delta_{23}\Delta_{33}}$$

$$= \frac{\left[\sum_{i=1}^{3}(a_i b_{i+1} c_{i+2} - a_{i+2} b_{i+1} c_i)\right]^2}{2\prod_{i=1}^{3}(a_i b_{i+1} - a_{i+1} b_i)},$$

因此, 式 (7.1.4) 成立.

特别地, 分别当 $a_1 = a_2 = a_3 = 1; b_1 = b_2 = b_3 = 1; c_1 = c_2 = c_3 = 1$ 时, 即得

推论 7.1.1 三条两两相交的直线 $l_i : x + b_i y + c_i = 0 (i = 1, 2, 3)$ 所构成的三角形 $l_1 l_2 l_3$ 的有向面积

$$D_{l_1 l_2 l_3} = \frac{\left[\sum_{i=1}^{3}(b_i c_{i+1} - b_{i+1} c_i)\right]^2}{2\prod_{i=1}^{3}(b_{i+1} - b_i)}. \tag{7.1.5}$$

推论 7.1.2 三条两两相交的直线 $l_i : a_i x + y + c_i = 0 (i = 1, 2, 3)$ 所构成的三角形 $l_1 l_2 l_3$ 的有向面积

$$D_{l_1 l_2 l_3} = \frac{\left[\sum_{i=1}^{3}(a_i c_{i+1} - a_{i+1} c_i)\right]^2}{2\prod_{i=1}^{3}(a_{i+1} - a_i)}. \tag{7.1.6}$$

推论 7.1.3 三条两两相交的直线 $l_i : a_i x + b_i y + 1 = 0 (i = 1, 2, 3)$ 所构成的三角形 $l_1 l_2 l_3$ 的有向面积

$$D_{l_1 l_2 l_3} = \frac{\left[\sum_{i=1}^{3}(a_i b_{i+1} - a_{i+1} b_i)\right]^2}{2\Delta_{13}\Delta_{23}\Delta_{33}}. \tag{7.1.7}$$

注意, 应用以上公式求线型三角形 $l_1 l_2 l_3$ 的有向面积 $D_{l_1 l_2 l_3}$ 时, 直线 l_1, l_2, l_3 是有方向的, 应注意直线方程的选择; 但若应用这些公式求三角形 $l_1 l_2 l_3$ 的面积 $a_{l_1 l_2 l_3}$ 时, 可不考虑 l_1, l_2, l_3 的方向. 下面通过例子来说明用这些公式解决面积问题的思想方法.

例 7.1.1 (1987 年第 5 届美国数学邀请赛) 求方程 $|x - 60| + |y| = |x/4|$ 表示的图形所围成的区域的面积.

解 以 $-y$ 代方程中的 y, 仍得原方程, 故方程所围成的图形关于 x 轴对称. 现求其一半, 即 x 轴上方的面积. 此部分由三条直线 $l_1 : y = 0$ 及 l_2, l_3 所围成 (图 7.1.1).

当 $0 \leqslant x \leqslant 60$ 时, 原方程为 $60 - x + y = x/4$, 即

$$l_2 : 5x - 4y - 240 = 0;$$

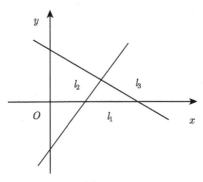

图 7.1.1

当 $x > 60$ 时, 原方程为 $x - 60 + y = x/4$, 即

$$l_3 : 3x + 4y - 240 = 0.$$

故根据线型三角形面积公式 (7.1.4), 可得

$$D_{l_1 l_2 l_3} = \begin{vmatrix} 0 & 1 & 0 \\ 5 & -4 & -240 \\ 3 & 4 & -240 \end{vmatrix}^2 \bigg/ 2 \begin{vmatrix} 0 & 1 \\ 5 & -4 \end{vmatrix} \begin{vmatrix} 5 & -4 \\ 3 & 4 \end{vmatrix} \begin{vmatrix} 3 & 4 \\ 0 & 1 \end{vmatrix}$$

$$= \frac{240^2 \cdot 2^2}{2 \cdot (-5) \cdot 32 \cdot 3} = 240,$$

故所求面积 $a = 2|D_{l_1 l_2 l_3}| = 480$.

例 7.1.2 (1978 年中国高中数学联赛试题)　已知直线 $l_1 : y = 4x$ 和点 $P(6, 4)$, 在直线 l_1 上求一点 Q, 使过 PQ 的直线与 l_1, 以及 x 轴在第 I 象限内围成的三角形面积最小.

解　如图 7.1.2 所示. 所求三角形面积最小, 即三角形的有向面积等于三角形的面积 (面积的负值) 时, 三角形的有向面积最小 (最大). 因此, 三角形面积的最值, 可以转化成三角形有向面积的最值. 设 Q 点的坐标为 $Q(t, 4t)$, 于是 PQ 的直线方程为

$$l_2 : (4 - 4t)x + (t - 6)y + (24t - 4t) = 0,$$

即

$$l_3 : 4(1-t)x + (t-6)y + 20t = 0.$$

又记 $l_3 : y = 0$, 于是三角形 $l_1l_2l_3$ 的有向面积

$$\mathrm{a}(t) = \mathrm{D}_{l_1l_2l_3}$$

$$= \left| \begin{array}{ccc} 4 & -1 & 0 \\ 4(1-t) & t-6 & 20t \\ 0 & 1 & 0 \end{array} \right|^2 \Bigg/ 2 \left| \begin{array}{cc} 4 & -1 \\ 4(1-t) & t-6 \end{array} \right| \left| \begin{array}{cc} 4(1-t) & t-6 \\ 0 & 1 \end{array} \right| \left| \begin{array}{cc} 0 & 1 \\ 4 & -1 \end{array} \right|$$

$$= \frac{(-80t)^2}{2 \times (-20) \times 4(1-t) \times (-4)} = \frac{10t^2}{1-t}.$$

令

$$\mathrm{a}'(t) = 10 \cdot \frac{2t(1-t) - t^2 \times (-1)}{(1-t)^2} = 10 \cdot \frac{t(2-t)}{(1-t)^2} = 0,$$

得 $t = 2$, 故由问题的实际意义知, 当 $t = 2$, 即所求点为 $Q(2,8)$ 时, 三角形 $l_1l_2l_3$ 的面积最小.

例 7.1.3 设 Q_i, R_i 是三角形 $P_1P_2P_3$ 各边 P_iP_{i+1} $(i = 1,2,3)$ 的三等分点, P_iQ_{i+1} 与 $P_{i+2}Q_i$ 的交点为 S_i, P_iR_{i+1} 与 $P_{i+1}R_{i+2}$ 的交点为 T_i, 求 $\mathrm{a}_{P_iQ_iS_i}, \mathrm{a}_{P_iT_iR_{i+2}}$ $(i = 1,2,3)$.

证明 如图 7.1.3 所示. 以 P_1 为坐标原点, P_1P_2 为 x 轴建立平面直角坐标系. 设三角形顶点的坐标为 $P_1(0,0), P_2(a,0), P_3(b,c)$, 于是三等分点 Q_1, Q_2 的坐标分别为

$$Q_1\left(\frac{1}{3}a, 0\right), \quad Q_2\left(\frac{2a+b}{3}, \frac{c}{3}\right).$$

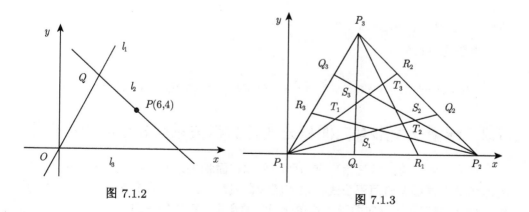

图 7.1.2

图 7.1.3

有向直线 P_1P_2 的方程为

$$y = 0;$$

Q_1P_3 的方程为

$$-3cx + (3b - a)y + ac = 0;$$

Q_2P_1 的方程为

$$cx - (2a + b)y = 0.$$

该直线组的一级行列式

$$\Delta_1 = \begin{vmatrix} 0 & 1 & 0 \\ -3c & 3b-a & ac \\ c & -(2a+b) & 0 \end{vmatrix} = ac^2;$$

Δ_1 的代数余子式

$$\Delta_{13} = \begin{vmatrix} -3c & 3b-a \\ c & -(2a+b) \end{vmatrix} = 7ac, \quad \Delta_{23} = \begin{vmatrix} c & -(2a+b) \\ 0 & 1 \end{vmatrix} = c,$$

$$\Delta_{33} = \begin{vmatrix} 0 & 1 \\ -3c & 3b-a \end{vmatrix} = 3c.$$

故由三角形有向面积公式, 得

$$\mathrm{D}_{P_1Q_1S_1} = \frac{\Delta_1^2}{2\Delta_{13}\Delta_{23}\Delta_{33}} = \frac{(ac^2)^2}{2(7ac)c(3c)} = \frac{1}{42}ac = \frac{1}{21}\mathrm{D}_{P_1P_2P_3},$$

所以 $\mathrm{a}_{P_1Q_1S_1} = \dfrac{1}{21}\mathrm{a}_{P_1P_2P_3}$.

类似地, 可得

$$\mathrm{a}_{P_iQ_iS_i} = \frac{1}{21}\mathrm{a}_{P_1P_2P_3} \quad (i = 2,3), \quad \mathrm{a}_{P_iT_iR_{i+2}} = \frac{1}{21}\mathrm{a}_{P_1P_2P_3} \quad (i = 1,2,3).$$

7.2　线型三角形有向面积公式在面积关系问题证明中的应用

本节主要讨论线型三角形有向面积公式在面积关系问题证明中的应用. 首先, 给出线型三角形有向面积公式在求解圆锥曲线法线三角形有向面积中的应用; 其次, 给出线型三角形有向面积公式在证明数学竞赛题有关的有向面积关系式中的应用, 从而把一些数学竞赛题推广到更一般的情形.

7.2.1 线型三角形有向面积公式在圆锥曲线法线三角形面积求解中的应用

定理 7.2.1 设 l_i 是椭圆 $x^2/a^2 + y^2/b^2 = 1$ 上的点 $P_i(a\cos\alpha_i, b\sin\alpha_i)(i = 1, 2, 3)$ 处的法线, 则

$$a_{l_1 l_2 l_3} = \frac{(a+b)^2(a-b)^2}{4ab\prod\limits_{i=1}^{3}|\sin(\alpha_{i+1}-\alpha_i)|}\left[\sum_{i=1}^{3}\sin(\alpha_{i+1}-\alpha_i)\sin 2\alpha_{i+2}\right]^2. \tag{7.2.1}$$

证明 椭圆 $x^2/a^2 + y^2/b^2 = 1$ 在 $P_i(a\cos\alpha_i, b\sin\alpha_i)$ 处的切线的方程为

$$b\cos\alpha_i \cdot x + a\sin\alpha_i \cdot y - ab = 0.$$

不妨设 l_i 的方程为

$$a\sin\alpha_i \cdot x - b\cos\alpha_i \cdot y + c_i = 0,$$

将 $P_i(a\cos\alpha_i, b\sin\alpha_i)$ 的坐标代入求得 $c_i = \dfrac{1}{2}(b^2 - a^2)\sin 2\alpha_i$, 故 l_i 的方程为

$$a\sin\alpha_i \cdot x - b\cos\alpha_i \cdot y + \frac{1}{2}(b^2 - a^2)\sin 2\alpha_i = 0.$$

根据线型三角形有向面积公式, 得

$$D_{l_1 l_2 l_3} = \frac{a^2(-b)^2(b^2-a^2)^2}{8a^3b^3\prod\limits_{i=1}^{3}\sin(\alpha_{i+1}-\alpha_i)}\begin{vmatrix} \sin\alpha_1 & \cos\alpha_1 & \sin 2\alpha_1 \\ \sin\alpha_2 & \cos\alpha_2 & \sin 2\alpha_2 \\ \sin\alpha_3 & \cos\alpha_3 & \sin 2\alpha_3 \end{vmatrix}^2$$

$$= \frac{(a+b)^2(a-b)^2}{8ab\prod\limits_{i=1}^{3}\sin(\alpha_{i+1}-\alpha_i)}\left[\sum_{i=1}^{3}\sin(\alpha_{i+1}-\alpha_i)\sin 2\alpha_{i+2}\right]^2.$$

从而, 式 (7.2.1) 成立.

推论 7.2.1 椭圆 $x^2/a^2 + y^2/b^2 = 1(a \neq b)$ 上三点 $P_i(a\cos\alpha_i, b\sin\alpha_i)(i = 1, 2, 3)$ 处的法线 $l_i(i = 1, 2, 3)$ 相交于一点的充分必要条件是

$$\sum_{i=1}^{3}\sin(\alpha_{i+1}-\alpha_i)\sin 2\alpha_{i+2} = 0. \tag{7.2.2}$$

证明 由式 (7.2.1) 得, 三条直线 $l_i(i = 1, 2, 3)$ 相交于一点 $\Leftrightarrow a_{l_1 l_2 l_3} = 0 \Leftrightarrow$ 式 (7.2.2) 成立.

定理 7.2.2　设 l_i 是双曲线 $x^2/a^2 - y^2/b^2 = 1$ 上点 $P_i(a\sec\alpha_i, b\tan\alpha_i)(i = 1, 2, 3)$ 处的法线, 则

$$\mathrm{a}_{l_1 l_2 l_3} = \frac{(a^2 + b^2)^2}{2ab \prod\limits_{i=1}^{3} |\sin\alpha_i - \sin\alpha_{i+1}|} \left[\sum_{i=1}^{3} (\sin\alpha_i - \sin\alpha_{i+1})\tan\alpha_{i+2} \right]^2. \qquad (7.2.3)$$

证明　双曲线 $x^2/a^2 - y^2/b^2 = 1$ 在 $P_i(a\sec\alpha_i, b\tan\alpha_i)$ 处的切线的方程为

$$bx - a\sin\alpha_i \cdot y - ab\cos\alpha_i = 0.$$

不妨设 l_i 的方程为

$$a\sin\alpha_i \cdot x + by + c_i = 0,$$

将 $P_i(a\sec\alpha_i, b\tan\alpha_i)$ 的坐标代入求得 $c_i = -(a^2 + b^2)\tan\alpha_i$, 故

$$a\sin\alpha_i \cdot x + by - (a^2 + b^2)\tan\alpha_i = 0.$$

根据线型三角形有向面积公式, 得

$$\begin{aligned}
\mathrm{D}_{l_1 l_2 l_3} &= \frac{a^2 b^2 [-(a^2 + b^2)]^2}{2a^3 b^3 \prod\limits_{i=1}^{3} (\sin\alpha_i - \sin\alpha_{i+1})} \left| \begin{array}{ccc} \sin\alpha_1 & 1 & \tan\alpha_1 \\ \sin\alpha_2 & 1 & \tan\alpha_2 \\ \sin\alpha_3 & 1 & \tan\alpha_3 \end{array} \right|^2 \\
&= \frac{(a^2 + b^2)^2}{2ab \prod\limits_{i=1}^{3} (\sin\alpha_i - \sin\alpha_{i+1})} \left[\sum_{i=1}^{3} (\sin\alpha_i - \sin\alpha_{i+1})\tan\alpha_{i+2} \right]^2.
\end{aligned}$$

因此, 式 (7.2.3) 成立.

推论 7.2.2　双曲线 $x^2/a^2 - y^2/b^2 = 1$ 上三点 $P_i(a\sec\alpha_i, b\tan\alpha_i)(i = 1, 2, 3)$ 处的法线 $l_i(i = 1, 2, 3)$ 相交于一点的充分必要条件是

$$\sum_{i=1}^{3} (\sin\alpha_i - \sin\alpha_{i+1})\tan\alpha_{i+2} = 0. \qquad (7.2.4)$$

证明　由式 (7.2.3) 得, 三条直线 $l_i(i = 1, 2, 3)$ 相交于一点 $\Leftrightarrow \mathrm{a}_{l_1 l_2 l_3} = 0 \Leftrightarrow$ 式 (7.2.4) 成立.

定理 7.2.3　设 l_i 是抛物线 $x^2 = 2py$ 上点 $P_i(2pu_i, 2pu_i^2)(i = 1, 2, 3)$ 处的法线, 则

$$\mathrm{a}_{l_1 l_2 l_3} = \frac{4p^2}{\prod\limits_{i=1}^{3} |u_{i+1} - u_i|} \left[\sum_{i=1}^{3} u_i u_{i+1}(u_{i+1}^2 - u_i^2) \right]^2. \qquad (7.2.5)$$

证明   抛物线 $x^2 = 2py$ 在 $P_i(2pu_i, 2pu_i^2)(i = 1, 2, 3)$ 处的切线的方程为

$$2u_i x - y - 2pu_i^2 = 0.$$

于是不妨设 l_i 的方程为

$$x + 2u_i y + c_i = 0,$$

将 $P_i(2pu_i, 2pu_i^2)$ 的坐标代入求得 $c_i = -2pu_i(2u_i^2 + 1)$, 故

$$x + 2u_i y - 2pu_i(2u_i^2 + 1) = 0.$$

根据线型三角形面积公式, 得

$$D_{l_1 l_2 l_3} = \frac{2^2(-2p)^2}{16 \prod_{i=1}^{3}(u_{i+1} - u_i)} \begin{vmatrix} 1 & u_1 & u_1(2u_1^2 + 1) \\ 1 & u_2 & u_2(2u_2^2 + 1) \\ 1 & u_3 & u_3(2u_3^2 + 1) \end{vmatrix}^2$$

$$= \frac{4p^2}{\prod_{i=1}^{3}(u_{i+1} - u_i)} \left[\sum_{i=1}^{3} u_i u_{i+1}(u_{i+1}^2 - u_i^2) \right]^2$$

因此, 式 (7.2.5) 成立.

推论 7.2.3   抛物线 $x^2 = 2py$ 上三点 $P_i(2pu_i, 2pu_i^2)(i = 1, 2, 3)$ 处的法线 $l_i(i = 1, 2, 3)$ 相交于一点的充分必要条件是

$$\sum_{i=1}^{3} u_i u_{i+1}(u_{i+1}^2 - u_i^2) = 0. \tag{7.2.6}$$

证明   由式 (7.2.5) 得, 三条直线 $l_i(i = 1, 2, 3)$ 相交于一点 $\Leftrightarrow a_{l_1 l_2 l_3} = 0 \Leftrightarrow$ 式 (7.2.6) 成立.

7.2.2   线型三角形有向面积公式在数学竞赛题面积关系式证明中的应用

定理 7.2.4   设三角形 $Q_1 Q_2 Q_3$ 是三角形 $P_1 P_2 P_3$ 的 λ-等分点三角形, 依次连接 $P_1 Q_2, P_2 Q_3, P_3 Q_1$ 所成的三角形为 $R_1 R_2 R_3$, 则

$$\frac{a_{R_1 R_2 R_3}}{a_{P_1 P_2 P_3}} = \frac{(\lambda - 1)^2}{\lambda^2 + \lambda + 1}. \tag{7.2.7}$$

证明   如图 7.2.1 所示. 设三角形 $P_1 P_2 P_3$ 顶点的坐标为 $P_i(x_i, y_i)$, 于是等分点的坐标为 $Q_i\left(\dfrac{x_i + \lambda x_{i+1}}{1 + \lambda}, \dfrac{y_i + \lambda y_{i+1}}{1 + \lambda}\right)(i = 1, 2, 3)$. 故有向直线 $P_1 Q_2, P_2 Q_3, P_3 Q_1$ 的方程分别为

$$\left(y_1 - \frac{y_2 + \lambda y_3}{1 + \lambda}\right) x + \left(\frac{x_2 + \lambda x_3}{1 + \lambda} - x_1\right) y + \frac{(x_1 y_2 - x_2 y_1) + \lambda(x_1 y_3 - x_3 y_1)}{1 + \lambda} = 0,$$

$$\left(y_2 - \frac{y_3 + \lambda y_1}{1 + \lambda}\right) x + \left(\frac{x_3 + \lambda x_1}{1 + \lambda} - x_2\right) y + \frac{(x_2 y_3 - x_3 y_2) + \lambda(x_2 y_1 - x_1 y_2)}{1 + \lambda} = 0,$$

$$\left(y_3 - \frac{y_1 + \lambda y_2}{1 + \lambda}\right) x + \left(\frac{x_1 + \lambda x_2}{1 + \lambda} - x_3\right) y + \frac{(x_3 y_1 - x_1 y_3) + \lambda(x_3 y_2 - x_2 y_3)}{1 + \lambda} = 0.$$

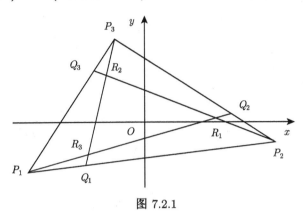

图 7.2.1

于是该直线组一级行列式

$$\Delta_1 = \begin{vmatrix} y_1 - \dfrac{y_2 + \lambda y_3}{1 + \lambda} & \dfrac{x_2 + \lambda x_3}{1 + \lambda} - x_1 & \dfrac{x_1 y_2 - x_2 y_1 + \lambda(x_1 y_3 - x_3 y_1)}{1 + \lambda} \\[2mm] y_2 - \dfrac{y_3 + \lambda y_1}{1 + \lambda} & \dfrac{x_3 + \lambda x_1}{1 + \lambda} - x_2 & \dfrac{x_2 y_3 - x_3 y_2 + \lambda(x_2 y_1 - x_1 y_2)}{1 + \lambda} \\[2mm] y_3 - \dfrac{y_1 + \lambda y_2}{1 + \lambda} & \dfrac{x_1 + \lambda x_2}{1 + \lambda} - x_3 & \dfrac{x_3 y_1 - x_1 y_3 + \lambda(x_3 y_2 - x_2 y_3)}{1 + \lambda} \end{vmatrix}$$

$$= \begin{vmatrix} 0 & 0 & \dfrac{1 - \lambda}{1 + \lambda} \displaystyle\sum_{i=1}^{3} (x_i y_{i+1} - x_{i+1} y_i) \\[2mm] y_2 - \dfrac{y_3 + \lambda y_1}{1 + \lambda} & \dfrac{x_3 + \lambda x_1}{1 + \lambda} - x_2 & \dfrac{x_2 y_3 - x_3 y_2 + \lambda(x_2 y_1 - x_1 y_2)}{1 + \lambda} \\[2mm] y_3 - \dfrac{y_1 + \lambda y_2}{1 + \lambda} & \dfrac{x_1 + \lambda x_2}{1 + \lambda} - x_3 & \dfrac{x_3 y_1 - x_1 y_3 + \lambda(x_3 y_2 - x_2 y_3)}{1 + \lambda} \end{vmatrix}$$

$$= \frac{2(1 - \lambda)}{1 + \lambda} \Delta_{13} \mathrm{D}_{P_1 P_2 P_3};$$

同理

$$\Delta_1 = \frac{2(1 - \lambda)}{1 + \lambda} \Delta_{23} \mathrm{D}_{P_1 P_2 P_3}.$$

又 Δ_1 第 3 行第 3 列元素的代数余子式

$$\Delta_{33} = \frac{1}{(1 + \lambda)^2} \begin{vmatrix} (1 + \lambda) y_1 - y_2 - \lambda y_3 & x_2 + \lambda x_3 - (1 + \lambda) x_1 \\[2mm] (1 + \lambda) y_2 - y_3 - \lambda y_1 & x_3 + \lambda x_1 - (1 + \lambda) x_2 \end{vmatrix}$$

$$=\frac{1+\lambda+\lambda^2}{(1+\lambda)^2}\sum_{i=1}^{3}(x_iy_{i+1}-x_{i+1}y_i)=\frac{2(1+\lambda+\lambda^2)}{(1+\lambda)^2}D_{P_1P_2P_3},$$

故由三角形有向面积公式, 得

$$D_{R_1R_2R_3}=\frac{\Delta_1^2}{2\Delta_{13}\Delta_{23}\Delta_{33}}=\frac{4(1-\lambda)^2D_{P_1P_2P_3}^2}{2(1+\lambda)^2}\cdot\frac{(1+\lambda)^2}{2(1+\lambda+\lambda^2)D_{P_1P_2P_3}}$$
$$=\frac{(1-\lambda)^2}{1+\lambda+\lambda^2}D_{P_1P_2P_3},$$

从而式 (7.2.7) 成立.

注 7.2.1 当 $\lambda>1$ 时, 定理 7.2.4 即 1951 年波兰数学奥林匹克竞赛题; 当 λ 为正数时为第 23 届美国数学竞赛题. 又由于 $(1-\lambda)^2/(1+\lambda+\lambda^2)\geqslant 0$, 故三角形 $P_1P_2P_3$ 与三角形 $R_1R_2R_3$ 是同向三角形.

特别地, 当 $\lambda=2$ 时, 即得

推论 7.2.4 在三角形 ABC 的边 BC,CA,AB 上有三点 A_1,B_1,C_1, 使 $D_{AC_1}=2D_{C_1B}$, $D_{BA_1}=2D_{A_1C}$, $D_{CB_1}=2D_{B_1A}$. 求证: AA_1,BB_1,CC_1 所围成的三角形的面积是三角形 ABC 面积的 1 / 7.

注 7.2.2 特别地, 当 ABC 为正三角形时, 推论 6.2.1 即为 1942 年匈牙利数学奥林匹克竞赛题.

推论 7.2.5 三角形 $P_1P_2P_3$ 的三条中线 P_1Q_2,P_2Q_3,P_3Q_1 相交于一点.

证明 在式 (7.2.7) 中, 令 $\lambda=1$ 得 $D_{R_1R_2R_3}=0$. 因为 R_1,R_2,R_3 不共线, 故三点必重合, 即得三角形 $P_1P_2P_3$ 的三条中线 P_1Q_2,P_2Q_3,P_3Q_1 相交于一点.

定理 7.2.5 如图 7.2.2 所示. 设 A,B,C,D 是一条直线上依次排列的四个不同的点, $\odot O_1,\odot O_2$ 分别是以 AC,BD 为直径的两圆. 若 $\odot O_1,\odot O_2$ 相交于点 X 和 Y, M 和 N 分别是 $\odot O_1,\odot O_2$ 上异于 X,Y 的两点, $\angle MO_1D=\alpha$, $\angle NO_2D=\beta$. 记 $b=d_{AB},c=d_{AC},d=d_{AD}$; 依次经过 X 和 Y,A 和 M,D 和 N,C 和 M,B 和 N 的直线分别为 l_1,l_2,l_3,l_4,l_5, 则

$$D_{l_1l_2l_3}=\frac{d^2\left[b\sin\frac{\alpha}{2}\cos\frac{\beta}{2}+(d-c)\cos\frac{\alpha}{2}\sin\frac{\beta}{2}\right]^2}{2(c-b-d)^2\sin\frac{\alpha-\beta}{2}\cos\frac{\alpha}{2}\cos\frac{\beta}{2}}, \tag{7.2.8}$$

$$D_{l_1l_4l_5}=\frac{(b-c)^2\left[b\sin\frac{\alpha}{2}\cos\frac{\beta}{2}+(d-c)\cos\frac{\alpha}{2}\sin\frac{\beta}{2}\right]^2}{2(c-b-d)^2\sin\frac{\alpha}{2}\sin\frac{\beta}{2}\sin\frac{\alpha-\beta}{2}}. \tag{7.2.9}$$

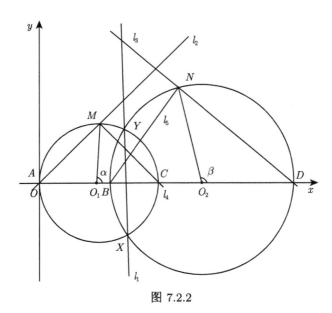

图 7.2.2

证明　以 A 为坐标原点, 已知直线为 x 轴建立坐标系, 直线上各点的坐标为 $A(0,0), B(b,0), C(c,0), D(d,0)$. 于是以 AC, BD 为直径的两个圆的方程分别为

$$\left(x - \frac{c}{2}\right)^2 + y^2 = \left(\frac{c}{2}\right)^2 \quad \text{和} \quad \left(x - \frac{b+d}{2}\right)^2 + y^2 = \left(\frac{b-d}{2}\right)^2,$$

两式相减即得有向直线 XY 的方程

$$l_1 : (c - b - d)x + bd = 0.$$

又设 M, N 的坐标分别为

$$M\left(\frac{c}{2}(1 + \cos\alpha), \frac{c}{2}\sin\alpha\right) \quad \text{和} \quad N\left(\frac{b+d}{2} + \frac{b-d}{2}\cos\beta, \frac{b-d}{2}\sin\beta\right),$$

即

$$M\left(c\cos^2\frac{\alpha}{2}, c\sin\frac{\alpha}{2}\cos\frac{\alpha}{2}\right) \quad \text{和} \quad N\left(b\cos^2\frac{\beta}{2} + d\sin^2\frac{\beta}{2}, (b-d)\sin\frac{\beta}{2}\cos\frac{\beta}{2}\right).$$

从而求得有向直线 AM, DN, CM, BN 的方程依次为

$$l_2 : -\sin\frac{\alpha}{2} \cdot x + \cos\frac{\alpha}{2} \cdot y = 0,$$

$$l_3 : \sin\frac{\beta}{2} \cdot x - \cos\frac{\beta}{2} \cdot y - d\sin\frac{\beta}{2} = 0,$$

$$l_4 : -\cos\frac{\alpha}{2} \cdot x - \sin\frac{\alpha}{2} \cdot y + c\cos\frac{\alpha}{2} = 0,$$

$$l_5: \cos\frac{\beta}{2} \cdot x + \sin\frac{\beta}{2} \cdot y - b\cos\frac{\beta}{2} = 0.$$

于是三直线 l_1, l_2, l_3 和 l_1, l_4, l_5 的一级行列式分别为

$$\Delta_1' = \begin{vmatrix} c-b-d & 0 & bd \\ -\sin\dfrac{\alpha}{2} & \cos\dfrac{\alpha}{2} & 0 \\ \sin\dfrac{\beta}{2} & -\cos\dfrac{\beta}{2} & -d\sin\dfrac{\beta}{2} \end{vmatrix} = d\left[b\sin\frac{\alpha}{2}\cos\frac{\beta}{2} + (d-c)\cos\frac{\alpha}{2}\sin\frac{\beta}{2} \right],$$

$$\Delta_1'' = \begin{vmatrix} c-b-d & 0 & bd \\ -\cos\dfrac{\alpha}{2} & -\sin\dfrac{\alpha}{2} & c\cos\dfrac{\alpha}{2} \\ \cos\dfrac{\beta}{2} & \sin\dfrac{\beta}{2} & -b\cos\dfrac{\beta}{2} \end{vmatrix} = (c-b)\left[b\sin\frac{\alpha}{2}\cos\frac{\beta}{2} + (d-c)\cos\frac{\alpha}{2}\sin\frac{\beta}{2} \right].$$

Δ_1', Δ_1'' 第 3 列元素的代数余子式依次为

$$\Delta_{13}' = \begin{vmatrix} -\sin\dfrac{\alpha}{2} & \cos\dfrac{\alpha}{2} \\ \sin\dfrac{\beta}{2} & -\cos\dfrac{\beta}{2} \end{vmatrix} = \sin\frac{\alpha-\beta}{2},$$

$$\Delta_{23}' = \begin{vmatrix} \sin\dfrac{\beta}{2} & -\cos\dfrac{\beta}{2} \\ c-b-d & 0 \end{vmatrix} = (c-b-d)\cos\frac{\beta}{2},$$

$$\Delta_{33}' = \begin{vmatrix} c-b-d & 0 \\ -\sin\dfrac{\alpha}{2} & \cos\dfrac{\alpha}{2} \end{vmatrix} = (c-b-d)\cos\frac{\alpha}{2};$$

$$\Delta_{13}'' = \begin{vmatrix} -\cos\dfrac{\alpha}{2} & -\sin\dfrac{\alpha}{2} \\ \cos\dfrac{\beta}{2} & \sin\dfrac{\beta}{2} \end{vmatrix} = \sin\frac{\alpha-\beta}{2},$$

$$\Delta_{23}'' = \begin{vmatrix} \cos\dfrac{\beta}{2} & \sin\dfrac{\beta}{2} \\ c-b-d & 0 \end{vmatrix} = (b+d-c)\sin\frac{\beta}{2},$$

$$\Delta_{33}'' = \begin{vmatrix} c-b-d & 0 \\ -\cos\dfrac{\alpha}{2} & -\sin\dfrac{\alpha}{2} \end{vmatrix} = (b+d-c)\sin\frac{\alpha}{2}.$$

所以

$$D_{l_1 l_2 l_3} = \frac{\Delta_1'^2}{2\Delta_{13}'\Delta_{23}'\Delta_{33}'} = \frac{d^2\left[b\sin\dfrac{\alpha}{2}\cos\dfrac{\beta}{2} + (d-c)\cos\dfrac{\alpha}{2}\sin\dfrac{\beta}{2} \right]^2}{2(c-b-d)^2\sin\dfrac{\alpha-\beta}{2}\cos\dfrac{\alpha}{2}\cos\dfrac{\beta}{2}},$$

$$D_{l_1l_4l_5} = \frac{\Delta_1''^2}{2\Delta_{13}''\Delta_{23}''\Delta_{33}''} = \frac{(b-c)^2\left[b\sin\frac{\alpha}{2}\cos\frac{\beta}{2} + (d-c)\cos\frac{\alpha}{2}\sin\frac{\beta}{2}\right]^2}{2(c-b-d)^2\sin\frac{\alpha}{2}\sin\frac{\beta}{2}\sin\frac{\alpha-\beta}{2}},$$

式 (7.2.8) 和式 (7.2.9) 成立.

推论 7.2.6　如图 7.2.2 所示. 设 A, B, C, D 是一条直线上依次排列的四个不同的点, $\odot O_1, \odot O_2$ 分别是以 AC, BD 为直径的两圆. 若 $\odot O_1, \odot O_2$ 相交于点 X 和 Y, M 和 N 分别是 $\odot O_1, \odot O_2$ 上异于 X, Y 的两点, $\angle MO_1D = \alpha, \angle NO_2D = \beta$. 记 $b = d_{AB}, c = d_{AC}, d = d_{AD}$; 依次经过 X 和 Y, A 和 M, D 和 N, C 和 M, B 和 N 的直线分别为 l_1, l_2, l_3, l_4, l_5, 则

$$D_{l_1l_2l_3} = \left(\frac{d}{b-c}\right)^2\tan\frac{\alpha}{2}\tan\frac{\beta}{2}D_{l_1l_4l_5}. \tag{7.2.10}$$

证明　由式 (7.2.8) 和 (7.2.9), 易知式 (7.2.10) 成立.

推论 7.2.7　设 A, B, C, D 是一条直线上依次排列的四个不同的点, $\odot O_1, \odot O_2$ 分别是以 AC, BD 为直径的两圆. 若 $\odot O_1, \odot O_2$ 相交于点 X 和 Y, M 和 N 分别是 $\odot O_1, \odot O_2$ 上异于 X, Y 的两点, $\angle MO_1D = \alpha, \angle NO_2D = \beta$. 则直线 $XY, AM, DN(XY, BN, CM)$ 相交于一点的充分必要条件是 $b\tan\frac{\alpha}{2} = (c-d)\tan\frac{\beta}{2}$.

证明　由式 (7.2.8) 和 (7.2.9) 可知,

$$直线 XY, AM, DN(XY, BN, CM) 相交于一点 \Leftrightarrow D_{l_1l_2l_3} = 0(D_{l_1l_4l_5} = 0)$$

$$\Leftrightarrow b\sin\frac{\alpha}{2}\cos\frac{\beta}{2} + (d-c)\cos\frac{\alpha}{2}\sin\frac{\beta}{2} = 0 \Leftrightarrow b\tan\frac{\alpha}{2} = (c-d)\tan\frac{\beta}{2}.$$

推论 7.2.8　设 A, B, C, D 是一条直线上依次排列的四个不同的点, $\odot O_1, \odot O_2$ 分别是以 AC, BD 为直径的两圆. 若 $\odot O_1, \odot O_2$ 相交于点 X 和 Y, M 和 N 分别是 $\odot O_1, \odot O_2$ 上异于 X, Y 的两点, 则直线 XY, AM, DN 相交于一点的充分必要条件 直线 XY, BN, CM 相交于一点.

注 7.2.3　推论 7.2.8 的充分性即为第 36 届国际数学奥林匹克竞赛题.

定理 7.2.6　设 $OABC$ 是平行四边形, E, F, M, N 分别是 AB, OC, OA, BC 所在直线的分点, 且 $D_{BE}/D_{EA} = \lambda_1, D_{OF}/D_{FC} = \lambda_2, D_{AM}/D_{MO} = \mu_1, D_{CN}/D_{NB} = \mu_2$. OE, AF, CE, BF, MN 所在的直线方程分别记为 $l_1, l_2, l_1', l_2', l_3$, 则

$$a_{l_1l_2l_3} = \frac{(1 + \mu_2 - \lambda_2\mu_1 + \lambda_2\mu_2 - \lambda_1\lambda_2\mu_1 - \lambda_1\lambda_2\mu_1\mu_2)^2}{2|(1 + 2\lambda_2 + \lambda_1\lambda_2)(\lambda_2\delta_1 + \delta_2)(\delta_1' + \lambda_1\delta_2)|}a_{OABC}, \tag{7.2.11}$$

$$a_{l_1'l_2'l_3} = \frac{(1 + \mu_1 + \lambda_1\mu_1 - \lambda_1\mu_2 - \lambda_1\lambda_2\mu_2 - \lambda_1\lambda_2\mu_1\mu_2)^2}{2|(1 + 2\lambda_1 + \lambda_1\lambda_2)(\delta_1' + \lambda_2\delta_2)(\lambda_1\delta_1 + \delta_2)|}a_{OABC}, \tag{7.2.12}$$

其中 $\delta_1 = \mu_1 + \mu_2 + 2\mu_1\mu_2, \delta_1' = 2 + \mu_1 + \mu_2, \delta_2 = (1 + \mu_1)(1 + \mu_2)$.

证明　　如图 7.2.3 所示. 设平行四边形顶点的坐标为 $O(0,0), A(a,0), B(a+b,c), C(b,c)$, 于是各分点的坐标为

$$E\left(\frac{a+b+\lambda_1 a}{1+\lambda_1}, \frac{c}{1+\lambda_1}\right), \quad F\left(\frac{\lambda_2 b}{1+\lambda_2}, \frac{\lambda_2 c}{1+\lambda_2}\right),$$

$$M\left(\frac{a}{1+\mu_1}, 0\right), \quad N\left(\frac{b+\mu_2(a+b)}{1+\mu_2}, c\right).$$

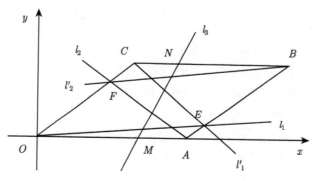

图 7.2.3

求得各直线的方程

$$l_1 : cx - (a+b+\lambda_1 a)y = 0,$$

$$l_2 : \lambda_2 cx + (a+\lambda_2 a - \lambda_2 b)y - \lambda_2 ac = 0,$$

$$l_1' : \lambda_1 cx + (a+\lambda_1 a - \lambda_1 b)y - (1+\lambda_1)ac = 0,$$

$$l_2' : cx - (a+b+\lambda_2 a)y + \lambda_2 ac = 0,$$

$$l_3 : \delta_2 cx + [(1-\mu_1\mu_2)a - \delta_2 b]y - (1+\mu_2)ac = 0.$$

因为

$$\Delta_1 \xrightarrow{c_2+bc_1} -ac^2 \begin{vmatrix} 1 & -a-b-\lambda_1 a & 0 \\ \lambda_2 & a+\lambda_2 a - \lambda_2 b & \lambda_2 \\ \delta_2 & (1-\mu_1\mu_2)a - \delta_2 b & 1+\mu_2 \end{vmatrix}$$

$$\xrightarrow[c_2-c_3]{c_1-c_3} -a^2 c^2 \begin{vmatrix} 1 & -1-\lambda_1 & 0 \\ \lambda_2 & 1+\lambda_2 & \lambda_2 \\ \delta_2 & 1-\mu_1\mu_2 & 1+\mu_2 \end{vmatrix}$$

$$= -a^2 c^2 \begin{vmatrix} 1 & -1-\lambda_1 & 0 \\ 0 & 1 & \lambda_2 \\ \mu_1(1+\mu_2) & -\mu_2(1+\mu_1) & 1+\mu_2 \end{vmatrix}$$

$$= -a^2c^2(1 + \mu_2 - \lambda_2\mu_1 + \lambda_2\mu_2 - \lambda_1\lambda_2\mu_1 - \lambda_1\lambda_2\mu_1\mu_2),$$

$$\Delta_{13} = c\begin{vmatrix} \lambda_2 & a + \lambda_2 a - \lambda_2 b \\ \delta_2 & (1 - \mu_1\mu_2)a - \delta_2 b \end{vmatrix} = ac\begin{vmatrix} \lambda_2 & 1 \\ \delta_2 & -\delta_1 \end{vmatrix} = -ac(\lambda_2\delta_1 + \delta_2),$$

$$\Delta_{23} = c\begin{vmatrix} \delta_2 & (1 - \mu_1\mu_2)a - \delta_2 b \\ 1 & -a - b - \lambda_1 a \end{vmatrix} = ac\begin{vmatrix} \delta_2 & 1 - \mu_1\mu_2 \\ 1 & -1 - \lambda_1 \end{vmatrix} = -ac(\delta_1' + \lambda_1\delta_2),$$

$$\Delta_{33} = c\begin{vmatrix} 1 & -a - b - \lambda_1 a) \\ \lambda_2 & a + \lambda_2 a - \lambda_2 b \end{vmatrix} = ac(1 + 2\lambda_1 + \lambda_1\lambda_2);$$

$$\Delta_1' = -ac^2\begin{vmatrix} \lambda_1 & a + \lambda_1 a - \lambda_1 b & 1 + \lambda_1 \\ 1 & -a - \lambda_2 a - b & -\lambda_2 \\ \delta_2 & (1 - \mu_1\mu_2)a - \delta_2 b & 1 + \mu_2 \end{vmatrix}$$

$$\xlongequal{c_2 + bc_1} -a^2c^2\begin{vmatrix} \lambda_1 & 1 + \lambda_1 & 1 + \lambda_1 \\ 1 & -1 - \lambda_2 & -\lambda_2 \\ \delta_2 & 1 - \mu_1\mu_2 & 1 + \mu_2 \end{vmatrix}$$

$$\xlongequal{c_1 + c_2} -a^2c^2\begin{vmatrix} \lambda_1 & 0 & 1 + \lambda_1 \\ 0 & -1 & -\lambda_2 \\ 1 + \mu_1 & -(1 + \mu_1)\mu_2 & 1 + \mu_2 \end{vmatrix}$$

$$= -a^2c^2(1 + \mu_1 + \lambda_1\mu_1 - \lambda_1\mu_2 - \lambda_1\lambda_2\mu_2 - \lambda_1\lambda_2\mu_1\mu_2),$$

$$\Delta_{13}' = c\begin{vmatrix} 1 & -a - \lambda_2 a - b \\ \delta_2 & (1 - \mu_1\mu_2)a - \delta_2 b \end{vmatrix} = ac\begin{vmatrix} 1 & -1 - \lambda_2 \\ \delta_2 & 1 - \mu_1\mu_2 \end{vmatrix} = ac(\delta_1' + \lambda_2\delta_2),$$

$$\Delta_{23}' = c\begin{vmatrix} \delta_2 & (1 - \mu_1\mu_2)a - \delta_2 b \\ \lambda_1 & a + \lambda_1 a - \lambda_1 b \end{vmatrix} = ac\begin{vmatrix} \delta_2 & 1 - \mu_1\mu_2 \\ \lambda_1 & 1 + \lambda_1 \end{vmatrix} = ac(\lambda_1\delta_1 + \delta_2),$$

$$\Delta_{33}' = c\begin{vmatrix} \lambda_1 & a + \lambda_1 a - \lambda_1 b \\ 1 & -a - \lambda_2 a - b \end{vmatrix} = -ac(1 + 2\lambda_1 + \lambda_1\lambda_2),$$

故由线型三角形有向面积公式, 得

$$D_{l_1 l_2 l_3} = \frac{(1 + \mu_2 - \lambda_2\mu_1 + \lambda_2\mu_2 - \lambda_1\lambda_2\mu_1 - \lambda_1\lambda_2\mu_1\mu_2)^2}{2(1 + 2\lambda_2 + \lambda_1\lambda_2)(\lambda_2\delta_1 + \delta_2)(\delta_1' + \lambda_1\delta_2)} D_{OABC},$$

$$D_{l_1' l_2' l_3} = -\frac{(1 + \mu_1 + \lambda_1\mu_1 - \lambda_1\mu_2 - \lambda_1\lambda_2\mu_2 - \lambda_1\lambda_2\mu_1\mu_2)^2}{2(1 + 2\lambda_1 + \lambda_1\lambda_2)(\delta_1' + \lambda_2\delta_2)(\lambda_1\delta_1 + \delta_2)} D_{OABC},$$

从而, 式 (7.2.11) 和 (7.2.12) 成立.

推论 7.2.9 设 $OABC$ 是平行四边形, E, F, M, N 分别是 AB, OC, OA, BC 所在直线的分点, 且 $D_{BE}/D_{EA} = \lambda_1, D_{OF}/D_{FC} = \lambda_2, D_{AM}/D_{MO} = \mu_1, D_{CN}/D_{NB} = \mu_2$. 记 OE, AF, CF, BF, MN 所在的直线方程分别为 $l_1, l_2, l_1', l_2', l_3$. 若 l_3 过 l_1, l_2 的交点和 l_1', l_2' 的交点, 则 $\mu_1 = \mu_2$.

证明 由 l_3 过 l_1, l_2 和 l_1', l_2' 两交点, 得

根据定理 7.2.6

$$\begin{cases} a_{l_1 l_2 l_3} = 0, \\ a_{l_1' l_2' l_3} = 0 \end{cases} \Rightarrow \begin{cases} 1 + \mu_2 - \lambda_2 \mu_1 + \lambda_2 \mu_2 - \lambda_1 \lambda_2 \mu_1 - \lambda_1 \lambda_2 \mu_1 \mu_2 = 0, \\ 1 + \mu_1 + \lambda_1 \mu_1 - \lambda_1 \mu_2 - \lambda_1 \lambda_2 \mu_2 - \lambda_1 \lambda_2 \mu_1 \mu_2 = 0. \end{cases}$$

两方程相减, 得

$$(\mu_2 - \mu_1)(1 + \lambda_1)(1 + \lambda_2) = 0,$$

注意到 $(1 + \lambda_1)(1 + \lambda_2) \neq 0$, 得 $\mu_1 = \mu_2$, 从而推论 7.2.8 成立.

注 7.2.4 当 M, N 分别为线段 OA, BC 的中点时, 推论 7.2.8 即是 1994 年澳大利亚数学奥林匹克试题.

定理 7.2.7 在菱形 $ABCD$ 的边 BC 所在直线上任取异于 B, C 的点 M, 由 M 分别作对角线 BD, AC 的垂线, 与直线 AD 相交于点 P, Q. 若 $D_{BM}/D_{MC} = \lambda$, 则

$$a_{l_1 l_2 l_3} = \frac{(2\lambda - 1)^2}{4|\lambda(\lambda - 1)|} a_{ABCD}, \tag{7.2.13}$$

其中 l_1, l_2, l_3 表示 AM, PB 和 QC 所在的有向直线.

证明 如图 7.2.4 所示. 设菱形顶点的坐标为 $A(-a, 0), B(0, -b), C(a, 0)$, $D(0, b)(a, b, c, d > 0)$, 于是 BC 所在直线上任意点的坐标为 $M\left(\dfrac{\lambda a}{1 + \lambda}, -\dfrac{b}{1 + \lambda}\right)$, 故 $y_P = -\dfrac{b}{1 + \lambda}, x_Q = \dfrac{\lambda a}{1 + \lambda}$. 分别代入直线 AD 的方程 $-\dfrac{x}{a} + \dfrac{y}{b} = 1$, 得

$$x_P = -a\left(1 - \frac{y}{b}\right) = -a\left(1 + \frac{1}{1 + \lambda}\right) = -\frac{2 + \lambda}{1 + \lambda}a,$$

$$y_Q = b\left(1 + \frac{x}{a}\right) = a\left(1 + \frac{\lambda}{1 + \lambda}\right) = \frac{1 + 2\lambda}{1 + \lambda}b.$$

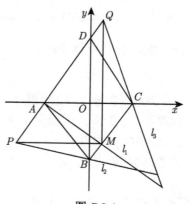

图 7.2.4

于是 AM 的直线方程为

$$\left(0 + \frac{b}{1+\lambda}\right)x + \left(\frac{\lambda a}{1+\lambda} + a\right)y + \frac{ab}{1+\lambda} = 0,$$

即

$$bx + (1+2\lambda)ay + ab = 0.$$

同理 PB, QC 所在的直线方程分别为

$$\lambda bx + (2+\lambda)ay + (2+\lambda)ab = 0,$$

$$(1+2\lambda)bx + ay - (1+2\lambda)ab = 0.$$

因为

$$\Delta_1 = a^2b^2 \begin{vmatrix} 1 & 1+2\lambda & 1 \\ \lambda & 2+\lambda & 2+\lambda \\ 1+2\lambda & 1 & -1-2\lambda \end{vmatrix} \xlongequal[c_2-c_3]{c_1+c_3} a^2b^2 \begin{vmatrix} 2 & 2\lambda & 1 \\ 2+2\lambda & 0 & 2+\lambda \\ 0 & 2+2\lambda & -1-2\lambda \end{vmatrix}$$

$$= 4a^2b^2[(1+\lambda)^2 + \lambda(1+\lambda)(1+2\lambda) - (1+\lambda)(2+\lambda)] = 4a^2b^2(1+\lambda)^2(2\lambda-1),$$

$$\Delta_{13} = ab \begin{vmatrix} \lambda & 2+\lambda \\ 1+2\lambda & 1 \end{vmatrix} = -2ab(\lambda+1)^2,$$

$$\Delta_{23} = ab \begin{vmatrix} 1+2\lambda & 1 \\ 1 & (1+2\lambda)a \end{vmatrix} = 4ab\lambda(\lambda+1),$$

$$\Delta_{33} = ab \begin{vmatrix} 1 & 1+2\lambda \\ \lambda & 2+\lambda \end{vmatrix} = 2ab(1-\lambda^2),$$

所以

$$D_{l_1l_2l_3} = \frac{\Delta_1^2}{2\Delta_{13}\Delta_{23}\Delta_{33}} = \frac{16a^4b^4(1+\lambda)^4(2\lambda-1)^2}{-4ab(1+\lambda)^2 \cdot 4ab\lambda(1+\lambda) \cdot 2ab(1-\lambda^2)} = \frac{ab(2\lambda-1)^2}{2\lambda(\lambda-1)}.$$

又因为 $D_{ABCD} = \dfrac{1}{2} \cdot 2a \cdot 2b = 2ab$, 所以 $D_{l_1l_2l_3} = \dfrac{(2\lambda-1)^2}{4\lambda(\lambda-1)} D_{ABCD}$. 从而式 (7.2.13) 成立.

推论 7.2.10　在菱形 $ABCD$ 的边 BC 所在直线上任取异于 B, C 的点 M, 由 M 分别作对角线 BD, AC 的垂线, 与直线 AD 相交于 P, Q 两点, 则直线 AM, PB 和 DC 共线的充分条件是 M 是 BC 的中点.

证明　直线 AM, PB 和 DC 共线 $\Leftrightarrow a_{l_1l_2l_3} = 0 \Leftrightarrow 2\lambda - 1 = 0 \Leftrightarrow \lambda = 1/2 \Leftrightarrow M$ 是 BC 的中点.

注 7.2.5　当 M 是菱形 $ABCD$ 的边 BC 上异于 B, C 的点时, 推论 7.2.9 的必要性即 2007 年俄罗斯数学奥林匹克竞赛试题.

7.3 三线共点的充要条件与应用

在几何中, 往往会遇到三线共点的问题. 根据 7.1 节的知识, 只要知道三条直线的方程, 就可以把三直线是否共点的问题转化成线形三角形 (有向) 面积是否为零的问题. 本节主要讨论线型三角形有向面积公式在三线共点证明中的应用. 首先, 给出三直线共点的充要条件, 以及平行四边中两组三直线一级行列式与平行四边形面积之间的一个关系定理, 从而将一道数学竞赛题推广到极为广泛的情形; 其次, 阐述三线共点的充要条件在三直线共点证明中的应用, 包括著名的高线定理、中线定理、Neuberg 定理和 Ceva 定理和一些数学竞赛题等结论的证明或推广; 再次, 给出三线共点的充要条件在三点共线证明中的应用; 最后, 给出三线共点的充要条件在两线垂直证明中的应用.

7.3.1 三直线共点的充要条件

定理 7.3.1 三条两两相交的直线 $l_i : a_i x + b_i y + c_i = 0 \, (i = 1, 2, 3)$ 共点的充要条件是其一级行列式

$$\Delta_1 = 0. \tag{7.3.1}$$

证明 根据式 (7.1.2) 知, 三条两两相交的三条直线 $l_i : a_i x + b_i y + c_i = 0 \, (i = 1, 2, 3)$ 共点 $\Leftrightarrow D_{l_1 l_2 l_3} = 0 \Leftrightarrow$ 式 (7.3.1) 成立.

推论 7.3.1 若三条两两相交的直线 $l_i : a_i x + b_i y + c_i = 0 \, (i = 1, 2, 3)$ 满足如下两个条件之一:

$$k_1 a_1 + k_2 a_2 + k_3 a_3 = k_1 b_1 + k_2 b_2 + k_3 b_3 = k_1 c_1 + k_2 c_2 + k_3 c_3 = 0 \quad (k_1 k_2 k_3 \neq 0), \tag{7.3.2}$$

$$k_1 a_1 + k_2 b_1 + k_3 c_1 = k_1 a_2 + k_2 b_2 + k_3 c_2 = k_1 a_3 + k_2 b_3 + k_3 c_3 = 0 \quad (k_1 k_2 k_3 \neq 0), \tag{7.3.3}$$

则这三条直线共点.

证明 若三条两两相交的直线 $l_i : a_i x + b_i y + c_i = 0 \, (i = 1, 2, 3)$ 满足式 (7.3.2), 则

$$\Delta_1 \xrightarrow{\frac{k_1 r_1 + k_2 r_2 + k_3 r_3}{}} \frac{1}{k_1} \begin{vmatrix} k_1 a_1 + k_2 a_2 + k_3 a_3 & k_1 b_1 + k_2 b_2 + k_3 b_3 & k_1 c_1 + k_2 c_2 + k_3 c_3 \\ a_2 & b_2 & c_2 \\ a_3 & b_3 & c_3 \end{vmatrix}$$

$$= \frac{1}{k_1} \begin{vmatrix} 0 & 0 & 0 \\ a_2 & b_2 & c_2 \\ a_3 & b_3 & c_3 \end{vmatrix} = 0,$$

所以三条直线 $l_i : a_ix + b_iy + c_i = 0\,(i = 1, 2, 3)$ 共点.

　　类似地, 可以证明三条两两相交的直线 $l_i : a_ix + b_iy + c_i = 0\,(i = 1, 2, 3)$ 满足式 (7.3.3) 的情形.

　　从以上的讨论中可以看出, 三条直线相交于一点的条件与直线的方向无关. 因此, 除非必要, 我们在利用以上结论讨论三线共点问题中, 未必要求有向直线的方程.

　　注 7.3.1　若三条直线 $l_i : a_ix + b_iy + c_i = 0\,(i = 1, 2, 3)$ 不两两相交, 则仅当这三条直线两两平行时 $\Delta_1 = 0$. 因此, 对三条方程不同的直线而言, 式 (7.3.1) 成立的充分必要条件是三条直线 $l_i : a_ix + b_iy + c_i = 0\,(i = 1, 2, 3)$ 共点或相互平行.

　　定理 7.3.2 (喻德生, 2017)　设平行四边形 $ABCD$ 中, E, F 分别是两对边 AB, CD 所在直线上任意一点, M, N 分别是两对边 DA, BC 所在直线的分点, 且 $\mathrm{D}_{AM}/\mathrm{D}_{MD} = \lambda, \mathrm{D}_{BN}/\mathrm{D}_{NC} = \mu$, 则

$$\Delta_1' = \frac{1 - \lambda\mu}{(1 + \lambda)(1 + \mu)} \mathrm{D}_{ABCD}^2 + \Delta_1, \tag{7.3.4}$$

其中 Δ_1 和 Δ_1' 分别是两三直线组 AF, DE, MN 和 EC, BF, MN 的一级行列式.

　　证明　如图 7.3.1 所示. 设平行四边形顶点的坐标分别为 $A(a, b), B(a + c, b),$ $C(c, 0), D(0, 0), AB, CD$ 所在直线上任意点的坐标分别为 $E(e, b), F(f, 0)$, 于是 $AD,$ BC 所在直线的分点的坐标为 $M\left(\dfrac{a}{1 + \lambda}, \dfrac{b}{1 + \lambda}\right), N\left(\dfrac{a + c + \mu c}{1 + \mu}, \dfrac{b}{1 + \mu}\right).$ 于是求得各有向直线的方程为

$$MN : \frac{b(\mu - \lambda)}{(1 + \lambda)(1 + \mu)}x + \frac{a(\lambda - \mu) + (1 + \lambda)(1 + \mu)c}{(1 + \lambda)(1 + \mu)}y - \frac{bc(1 + \mu)}{(1 + \lambda)(1 + \mu)} = 0,$$

$$AF : bx + (f - a)y - bf = 0,$$

$$DE : -bx + ey = 0,$$

$$EC : bx + (c - e)y - bc = 0,$$

$$BF : bx + (f - a - c)y - bf = 0.$$

三直线组 AF, DE, MN 的一级行列式

$$\Delta_1 = -\frac{b^2}{(1 + \lambda)(1 + \mu)} \begin{vmatrix} 1 & f - a & f \\ -1 & e & 0 \\ \mu - \lambda & a(\lambda - \mu) + (1 + \lambda)(1 + \mu)c & (1 + \mu)c \end{vmatrix}$$

$$= -\frac{b^2}{(1+\lambda)(1+\mu)}\begin{vmatrix} 1 & -a-\lambda f & f \\ -1 & e & 0 \\ \mu-\lambda & a(\lambda-\mu) & (1+\mu)c \end{vmatrix}$$

$$= -\frac{b^2}{(1+\lambda)(1+\mu)}\begin{vmatrix} 0 & e-a-\lambda f & f \\ -1 & e & 0 \\ \mu-\lambda & a(\lambda-\mu) & (1+\mu)c \end{vmatrix}$$

$$= -\frac{b^2}{(1+\lambda)(1+\mu)}[(\mu-\lambda)(a-e)f - (1+\mu)(a-e+\lambda f)c].$$

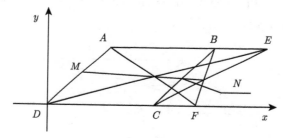

图 7.3.1

类似地, 求得三直线 EC, BF, MN 的一级行列式

$$\Delta_1' = -\frac{b^2}{(1+\lambda)(1+\mu)}\begin{vmatrix} 1 & c-e & c \\ 1 & f-a-c & f \\ \mu-\lambda & a(\lambda-\mu)+(1+\lambda)(1+\mu)c & (1+\mu)c \end{vmatrix}$$

$$= -\frac{b^2}{(1+\lambda)(1+\mu)}[(\lambda\mu-1)c^2 + (\mu-\lambda)(a-e)f - (1+\mu)(a-e+\lambda f)c].$$

又因为 $D_{ABCD} = -bc$, 故

$$\Delta_1' = \frac{1-\lambda\mu}{(1+\lambda)(1+\mu)}b^2c^2 + \Delta_1 = \frac{1-\lambda\mu}{(1+\lambda)(1+\mu)}D_{ABCD}^2 + \Delta_1,$$

即式 (7.3.4) 成立.

推论 7.3.2　设平行四边形 $ABCD$ 中, E, F 分别是两对边 AB, CD 所在直线上任意一点, M, N 分别是两对边 AD, BC 所在直线的分点, 且 $D_{AM}/D_{MD} = \lambda, D_{BN}/D_{NC} = \mu$.

(1) 若直线 MN 与两组直线 AF, DE 和 BF, CE 均共点, 则 $\lambda\mu = 1$;

(2) 若 $\lambda\mu = 1$, 且直线 MN 与两直线组 AF, DE 和 BF, CE 之一共点, 则直线 MN 与两组直线 AF, DE 和 BF, CE 均共点.

证明 (1) 若直线 MN 与两组直线 AF, DE 和 BF, CE 均共点, 则 $\Delta_1' = \Delta_1 = 0$. 代入式 (6.2.4) 得, $(\lambda\mu - 1)b^2c^2 = 0$, 所以 $\lambda\mu = 1$.

(2) 若 $\lambda\mu = 1$, 且直线 MN 与两直线组 AF, DE 和 BF, CE 之一共点, 则 $\Delta_1' = 0$(或 $\Delta_1 = 0$). 代入式 (7.3.4), 得 $\Delta_1 = 0$(或 $\Delta_1' = 0$), 所以 $\Delta_1' = \Delta_1 = 0$. 故直线 MN 与两组直线 AF, DE 和 BF, CE 均共点.

推论 7.3.3 若 E, F 分别是平行四边形 $ABCD$ 两对边 AB, CD 所在直线上任意一点, AF 交 DE 于 G, CE 交 BF 于 H, 直线 GH 分别交 AD, BC 所在直线于 M, N, 则 $\mathrm{D}_{AM}/\mathrm{D}_{MD} = \mathrm{D}_{CN}/\mathrm{D}_{NB}$.

证明 如图 7.3.2 所示. 设 $\mathrm{D}_{AM}/\mathrm{D}_{MD} = \lambda, \mathrm{D}_{BN}/\mathrm{D}_{NC} = \mu$, 则由推论 7.3.2(1) 得 $\lambda\mu = 1$, 即 $\mathrm{D}_{AM}/\mathrm{D}_{MD} = \mathrm{D}_{CN}/\mathrm{D}_{NB}$.

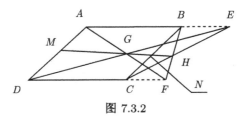

图 7.3.2

推论 7.3.4 (1994 年澳大利亚数学奥林匹克竞赛题) 设 E, F 分别是平行四边形 $ABCD$ 两对边 AB, CD 上任意一点, AF 交 AF 于 G, CE 交 BF 于 H. 连接 G, H 并延长分别交 AD, BC 于 M, N, 则 $\mathrm{d}_{DM} = \mathrm{d}_{BN}$.

证明 如图 7.3.3 所示. 将 E, F 限制在平行四边形 $ABCD$ 两对边 AB, CD 上, 由推论 7.3.3 即得.

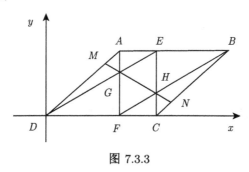

图 7.3.3

7.3.2 三线共点充要条件在三直线共点证明中的应用

例 7.3.1 已知两平行四边形 $ABCD, AMNP$, 其中 M, P 分别在直线 AB, AD 上. 证明: 直线 MD, BP, NC 相交于一点.

证明 如图 7.3.4 所示. 不妨设平行四边形 $ABCD, AMNP$ 顶点的坐标分别

为 $A(0,0), B(a,0), C(a+c,d), D(c,d), M(b,0), N(b+e,f), P(e,f)$. 注意到 $ed=cf$, 求得直线 BP, MD, NC 的方程分别为

$$-fx+(e-a)y+af=0,$$
$$-dx+(c-b)y+bd=0,$$
$$(f-d)x+(a+c-b-e)y+(bd-af)=0.$$

因为

$$\Delta_1 = \begin{vmatrix} -f & e-a & af \\ -d & c-b & bd \\ f-d & a+c-b-c & bd-af \end{vmatrix} \xlongequal{r_3+r_1-r_2} \begin{vmatrix} -f & e-a & af \\ -d & c-b & bd \\ 0 & 0 & 0 \end{vmatrix} = 0,$$

故由定理 7.3.1 知, 直线 BP, MD, NC 相交于一点.

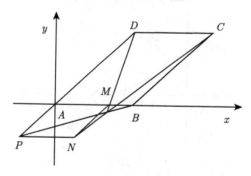

图 7.3.4

例 7.3.2 (高线定理) 三角形 $P_1P_2P_3$ 的三条高线 $P_{i+2}H_i$ 所在直线 h_i 相交于一点, 其中 $P_{i+2}H_i \perp P_iP_{i+1}$ 于 $H_i(i=1,2,3)$.

证明 如图 7.3.5 所示. 设三角形 $P_1P_2P_3$ 顶点的坐标为 $P_i(x_i, y_i)$. 于是由直线 P_iP_{i+1} 的方程

$$(y_i-y_{i+1})x+(x_{i+1}-x_i)y+(x_iy_{i+1}-x_{i+1}y_i)=0$$

可得 h_i 的方程

$$(x_{i+1}-x_i)x+(y_{i+1}-y_i)y+c_i=0,$$

其中 $c_i=(x_i-x_{i+1})x_{i+2}+(y_i-y_{i+1})y_{i+2}$. 因为

$$\sum_{i=1}^{3}(x_{i+1}-x_i)=\sum_{i=1}^{3}(y_{i+1}-y_i)=0,$$
$$\sum_{i=1}^{n}c_i=\sum_{i=1}^{n}[(x_i-x_{i+1})x_{i+2}+(y_i-y_{i+1})y_{i+2}]$$

$$= \sum_{i=1}^{n}(x_i x_{i+2} - x_{i+1}x_{i+2} + y_i y_{i+2} - y_{i+1}y_{i+2})$$

$$= \sum_{i=1}^{n}(x_i x_{i+2} - x_{i+2}x_i + y_i y_{i+2} - y_{i+2}y_i) = 0,$$

故由推论 7.3.1 知, 三角形 $P_1 P_2 P_3$ 的三条高线 $P_{i+2}H_i$ 所在直线 $h_i(i = 1, 2, 3)$ 相交于一点.

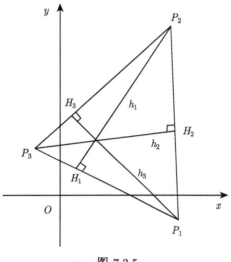

图 7.3.5

例 7.3.3 (中线定理)　三角形 $P_1 P_2 P_3$ 的三条中线 $P_{i+2}M_i$ 所在直线 m_i 相交于一点, 其中 M_i 是 $P_i P_{i+1}(i = 1, 2, 3)$ 的中点.

证明　如图 7.3.6 所示. 设三角形 $P_1 P_2 P_3$ 顶点的坐标为 $P_i(x_i, y_i)$, 于是三角形各边中点的坐标为

$$M_i\left(\frac{x_i + x_{i+1}}{2}, \frac{y_i + y_{i+1}}{2}\right)\quad(i = 1, 2, 3).$$

中线 m_i 的方程为

$$\left(y_{i+2} - \frac{y_i + y_{i+1}}{2}\right)x + \left(\frac{x_{i+1} + x_i}{2} - x_{i+2}\right)y + \frac{1}{2}[x_{i+2}(y_i + y_{i+1}) - (x_i + x_{i+1})y_{i+2}] = 0,$$

即

$$(2y_{i+2} - y_i - y_{i+1})x + (x_{i+1} + x_i - 2x_{i+2})y + c_i = 0,$$

其中 $c_i = (x_{i+2}y_i - x_i y_{i+2}) + (x_{i+2}y_{i+1} - x_{i+1}y_{i+2}).$

显然

$$\sum_{i=1}^{3}(2y_{i+2}-y_i-y_{i+1})=0, \quad \sum_{i=1}^{3}(x_{i+1}+x_i-2x_{i+2})=0, \quad \sum_{i=1}^{3}c_i=0,$$

故由推论 7.3.1 知, 三角形 $P_1P_2P_3$ 的三条中线 $P_{i+2}M_i$ 所在直线 $m_i(i=1,2,3)$ 相交于一点.

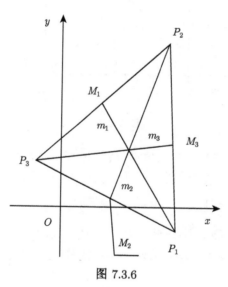

图 7.3.6

例 7.3.4 (Neuberg 定理)　过三角形 $P_1P_2P_3$ 各顶点向一直线 L 作垂线, 再过它们的垂足分别作其对边的垂线, 则这三条垂线共点.

证明　如图 7.3.7 所示. 不妨设 L 为 x 轴, $P_iQ_i\perp L$ 于 Q_i, 三角形 $P_1P_2P_3$ 顶点的坐标为 $P_i(x_i,y_i)$, 于是 Q_i 的坐标为 $Q_i(x_i,0)(i=1,2,3)$.

设 Q_{i+2} 到 P_iP_{i+1} 垂线 h_i 的方程为

$$(x_{i+1}-x_i)x+(y_{i+1}-y_i)y+c_i=0,$$

将 Q_{i+2} 的坐标代入得

$$c_i=(x_i-x_{i+1})x_{i+2}.$$

因为

$$\sum_{i=1}^{3}c_i=\sum_{i=1}^{3}(x_i-x_{i+1})x_{i+2}=\sum_{i=1}^{3}(x_ix_{i+2}-x_{i+1}x_{i+2})$$

$$=\sum_{i=1}^{3}(x_ix_{i+2}-x_{i+2}x_i)=0,$$

故由推论 7.3.1 知, 结论成立.

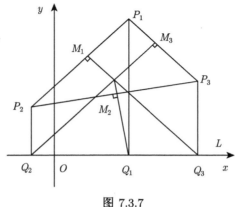

图 7.3.7

例 7.3.5 (Ceva 定理)　　在三角形 $P_1P_2P_3$ 的三边 P_1P_2, P_2P_3, P_3P_1 所在直线上依次取点 Q_1, Q_2, Q_3. 试证: P_1Q_2, P_2Q_3, P_3Q_1 交于一点的充分必要条件是
$$\frac{\mathrm{D}_{P_1Q_1}}{\mathrm{D}_{Q_1P_2}} \cdot \frac{\mathrm{D}_{P_2Q_2}}{\mathrm{D}_{Q_2P_3}} \cdot \frac{\mathrm{D}_{P_3Q_3}}{\mathrm{D}_{Q_3P_1}} = 1.$$

证明　　如图 7.3.8 所示. 不妨设三角形 $P_1P_2P_3$ 顶点的坐标为 $P_1(0,0), P_2(a,0),$ $P_3(b,c), \mathrm{D}_{P_1Q_1}/\mathrm{D}_{Q_1P_2} = \lambda_1, \mathrm{D}_{P_2Q_2}/\mathrm{D}_{Q_2P_3} = \lambda_2, \mathrm{D}_{P_3Q_3}/\mathrm{D}_{Q_3P_1} = \lambda_3$, 则 Q_1, Q_2, Q_3 的坐标为

$$Q_1\left(\frac{a\lambda_1}{1+\lambda_1}, 0\right), \quad Q_2\left(\frac{a+b\lambda_2}{1+\lambda_2}, \frac{c\lambda_2}{1+\lambda_2}\right), \quad Q_3\left(\frac{b}{1+\lambda_3}, \frac{c}{1+\lambda_3}\right).$$

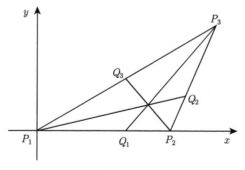

图 7.3.8

于是求得 P_1Q_2 的方程为

$$-c\lambda_2 x + (a+b\lambda_2)y = 0,$$

P_2Q_3 的方程为

$$-cx + [(b-a) - a\lambda_3]y + ac = 0,$$

P_3Q_1 的方程为

$$c(1+\lambda_1)x + [a\lambda_1 - b(1+\lambda_1)]y - \lambda_1 ac = 0.$$

于是三直线组 P_1Q_2, P_2Q_3, P_3Q_1 的一级行列式

$$\Delta_1 = \begin{vmatrix} -c\lambda_2 & a+b\lambda_1 & 0 \\ -c & b-a(1+\lambda_3) & ac \\ c(1+\lambda_1) & (a-b)\lambda_1 - b & -ac\lambda_1 \end{vmatrix} = ac^2 \begin{vmatrix} -\lambda_2 & a+b\lambda_1 & 0 \\ -1 & b-a(1+\lambda_3) & 1 \\ 1+\lambda_1 & (a-b)\lambda_1 - b & -\lambda_1 \end{vmatrix}$$

$$= ac^2 \begin{vmatrix} -\lambda_2 & a+b\lambda_1 & 0 \\ 0 & b-a(1+\lambda_3) & 1 \\ 1 & (a-b)\lambda_1 - b & -\lambda_1 \end{vmatrix} = a^2c^2(1-\lambda_1\lambda_2\lambda_3),$$

因为 $ac \neq 0$, 故由定理 7.3.1 知

$$P_1Q_2, P_2Q_3, P_3Q_1 \text{交于一点} \Leftrightarrow 1-\lambda_1\lambda_2\lambda_3 = 0 \Leftrightarrow \frac{\mathrm{D}_{P_1Q_1}}{\mathrm{D}_{Q_1P_2}} \cdot \frac{\mathrm{D}_{P_2Q_2}}{\mathrm{D}_{Q_2P_3}} \cdot \frac{\mathrm{D}_{P_3Q_3}}{\mathrm{D}_{Q_3P_1}} = 1.$$

例 7.3.6 (2003 年考研题) 已知平面上三条不同直线的方程分别为

$$l_1 : ax + 2by + 3c = 0, \quad l_2 : bx + 2cy + 3a = 0, \quad l_3 : cx + 2ay + 3b = 0,$$

证明: 这三条直线相交于一点的充分必要条件为 $a+b+c = 0$.

证明 $\Delta_1 = \begin{vmatrix} a & 2b & 3c \\ b & 2c & 3a \\ c & 2a & 3b \end{vmatrix} \xlongequal[c_3 \div 3]{c_2 \div 2} 6 \begin{vmatrix} a & b & c \\ b & c & a \\ c & a & b \end{vmatrix} \xlongequal{r_1+r_2+r_3} 6 \begin{vmatrix} a+b+c & a+b+c & a+b+c \\ b & c & a \\ c & a & b \end{vmatrix}$

$$= (a+b+c) \begin{vmatrix} 1 & 1 & 1 \\ b & c & a \\ c & a & b \end{vmatrix} \xlongequal[c_3-c_1]{c_2-c_1} (a+b+c) \begin{vmatrix} 1 & 0 & 0 \\ b & c-b & a-b \\ c & a-c & b-c \end{vmatrix}$$

$$= (a+b+c)(a^2+b^2+c^2-ab-bc-ca)$$

$$= (a+b+c)[(a-b)^2 + (b-c)^2 + (c-a)^2],$$

因为 $(a-b)^2 + (b-c)^2 + (c-a)^2 \neq 0$, 故由定理 7.3.1 知

$$l_1, l_2, l_3 \text{相交于一点} \Leftrightarrow \Delta_1 = 0 \Leftrightarrow a+b+c = 0.$$

例 7.3.7 (1997 年美国数学竞赛题) 分别以三角形 $P_1P_2P_3$ 的三边 $P_1P_2, P_2P_3,$ P_3P_1 为底边向三角形外作等腰三角形 $P_1P_2Q_1, P_2P_3Q_2, P_3P_1Q_3$, 求证: 分别过 P_1, P_2, P_3 作 Q_3Q_1, Q_1Q_2, Q_2Q_3 的垂线 l_1, l_2, l_3 相交于一点.

证明　如图 7.3.9 所示. 设三角形 $P_1P_2P_3$ 顶点的坐标为 $P_i(x_i, y_i)$, $\mathrm{d}_{Q_{i-P_iP_{i+1}}}/$ $\mathrm{d}_{P_iP_{i+1}} = \mu_i(i = 1, 2, 3)$. 于是由引理 1.1.1 知各等腰三角形顶点的坐标为

$$Q_i\left(\frac{x_i + x_{i+1}}{2} + \mu_i(y_{i+1} - y_i), \frac{y_i + y_{i+1}}{2} - \mu_i(x_{i+1} - x_i)\right) \quad (i = 1, 2, 3).$$

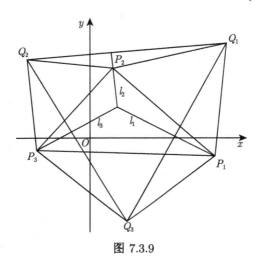

图 7.3.9

记

$$a_i = (x_{i+2} - x_i) + 2\mu_{i+1}(y_{i+2} - y_{i+1}) - 2\mu_i(y_{i+1} - y_i),$$

$$b_i = (y_{i+2} - y_i) + 2\mu_i(x_{i+1} - x_i) - 2\mu_{i+1}(x_{i+2} - x_{i+1}),$$

则

$$k_{Q_iQ_{i+1}} = b_i/a_i, \quad i = 1, 2, 3,$$

垂线 l_{i+1} 的方程为

$$y - y_{i+1} = -\frac{a_i}{b_i}(x - x_{i+1}),$$

即

$$a_ix + b_iy + c_i = 0,$$

其中 $c_i = x_{i+1}(x_i - x_{i+2}) + y_{i+1}(y_i - y_{i+2}) + 2\mu_{i+1}(x_{i+2}y_{i+1} - x_{i+1}y_{i+2}) + 2\mu_i(x_iy_{i+1} - x_{i+1}y_i)$.

因为

$$\sum_{i=1}^{3} a_i = \sum_{i=1}^{3} [(x_{i+2} - x_i) + 2\mu_{i+1}(y_{i+2} - y_{i+1}) - 2\mu_i(y_{i+1} - y_i)] = 0,$$

$$\sum_{i=1}^{3} b_i = \sum_{i=1}^{3} c_i = 0,$$

故由推论 7.3.1 知, l_1, l_2, l_3 相交于一点.

例 7.3.8 (1966 年基辅数学奥林匹克竞赛题的推广) 以三角形 ABC 的边 AB 为直径作一圆. 设 M_1 和 M_2 分别是圆与 AC, BC 的交点, 过 M_1, M_2 分别作圆的切线 t_1, t_2. 证明: 切线 t_1, t_2 与三角形 ABC 的高 CD 所在直线相交于一点.

证明 如图 7.3.10 所示. 设三角形 ABC 顶点的坐标为 $A(-a, 0), B(a, 0)$, $C(b, c)(a > 0)$, 于是以 AB 为直径的圆的方程为 $x^2 + y^2 = a^2$. 显然, 当 ABC 为直角三角形时, 结论成立.

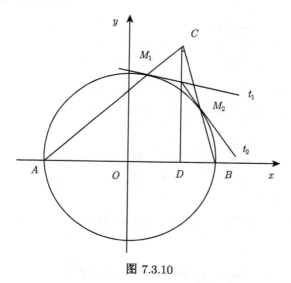

图 7.3.10

当 ABC 为锐角三角形时, $\angle BOM_1 = 2A$, $\angle BOM_2 = \pi - 2B$; 当 ABC 为钝角三角形时, 不妨设 A 为钝角, 则 $\angle BOM_1 = \pi + \angle AOM_1 = 2\pi - 2\angle OAM_1 = 2\pi - 2(\pi - A) = 2A$, $\angle BOM_2 = \pi - 2B$. 由于

$$\cos 2A = 1 - 2\sin^2 A = 1 - \frac{2c^2}{(a+b)^2 + c^2} = \frac{(a+b)^2 - c^2}{(a+b)^2 + c^2}, \quad \cos 2B = \frac{(a-b)^2 - c^2}{(a-b)^2 + c^2};$$

$$\sin 2A = 2\sin A \cos A = \frac{2(a+b)c}{(a+b)^2 + c^2}, \quad \sin 2B = \frac{2(a-b)c}{(a-b)^2 + c^2}.$$

于是切点的坐标为

$$M_1(a\cos \angle BOM_1, a\sin \angle BOM_1) = M_1(a\cos 2A, a\sin 2A);$$

$$M_2(a\cos \angle BOM_2, a\sin \angle BOM_2) = M_2(a\cos 2A, a\sin 2A),$$

即

$$M_1\left(\frac{a[(a+b)^2-c^2]}{(a+b)^2+c^2}, \frac{2ac(a-b)}{(a+b)^2+c^2}\right); \quad M_2\left(-\frac{a[(a+b)^2-c^2]}{(a+b)^2+c^2}, \frac{2ac(a-b)}{(a+b)^2+c^2}\right).$$

故求得圆在 M_1, M_2 处的切线及 CD 的直线方程分别为

$$t_1 : [(a+b)^2-c^2]x + 2(a+b)cy - a[(a+b)^2+c^2] = 0,$$

$$t_2 : [c^2-(a-b)^2]x + 2(a-b)cy - a[(a-b)^2+c^2] = 0,$$

$$CD : x - b = 0.$$

因为

$$\Delta_1 = \begin{vmatrix} (a+b)^2-c^2 & 2(a+b)c & -a[(a+b)^2+c^2] \\ c^2-(a-b)^2 & 2(a-b)c & -a[(a-b)^2+c^2] \\ 1 & 0 & -b \end{vmatrix}$$

$$= -2c\begin{vmatrix} (a+b)^2-c^2 & a+b & a[(a+b)^2+c^2] \\ c^2-(a-b)^2 & a-b & a[(a-b)^2+c^2] \\ 1 & 0 & b \end{vmatrix}$$

$$= -4ac\begin{vmatrix} (a+b)^2-c^2 & a+b & a[(a+b)^2+c^2] \\ 2b & 1 & a^2+b^2+c^2 \\ 1 & 0 & b \end{vmatrix}$$

$$= -4ac[b(a+b)^2 - bc^2 + (a+b)(a^2+b^2+c^2) - a(a+b)^2 - ac^2 - 2(a+b)b^2]$$

$$= 0,$$

故由定理 7.3.1 知, 两条切线 t_1, t_2 和三角形 ABC 的高 CD 所在直线相交于一点.

注 7.3.2　1966 年基辅数学奥林匹克竞赛题为: 以三角形 ABC 的边 AB 为直径作一圆. 设 M_1 和 M_2 分别是圆与 AC, BC 的交点, 过 M_1, M_2 分别作圆的切线. 证明: 这两条切线的交点落在三角形 ABC 的高 CD 上.

例 7.3.9 (第一届国际数学奥林匹克题)　已知平面上一线段 AB, M 为 AB 上任意一点, 在 AB 的一侧分别以 AM 与 BM 为一边作正方形 $AMCD$ 与 $BMEF$. 这两个正方形的外接圆除相交于点 M 外, 还相交于点 N. 求证: 直线 AE 与 BC 相交于点 N.

证明　如图 7.3.11 所示. 不妨设正方形 $AMCD$ 与 $BMEF$ 顶点的坐标为 $A(0,0), M(2a,0), C(2a,2a), D(0,2a); B(2a+2b,0), M(2a,0), E(2a,2b), F(2a+2b,2b)$. 于是 $AMCD$ 与 $BMEF$ 的外接圆的方程分别为

$$(x-a)^2 + (y-a)^2 = 2a^2 \quad \text{和} \quad (x-2a-b)^2 + (y-b)^2 = 2b^2,$$

两方程相减, 得 MN 的直线方程

$$(a+b)x + (b-a)y - 2a^2 - 2ab = 0.$$

又 AE, BC 的直线方程分别为

$$bx - ay = 0,$$

$$ax + by - 2a^2 - 2ab = 0.$$

由于

$$\Delta_1 = \begin{vmatrix} a+b & b-a & -2a(a+b) \\ b & -a & 0 \\ a & b & -2a(a+b) \end{vmatrix} = \begin{vmatrix} 0 & 0 & 0 \\ b & -a & 0 \\ a & b & -2a(a+b) \end{vmatrix} = 0,$$

故由定理 7.3.1 知, 三直线 MN, AE, BC 相交于点 N'.

因为 $AM = MC, EM = BM, \angle AMC = \angle BMC = 90°$, 所以三角形 AME 和三角形 BMC 全等, 于是 $\angle N'AM = \angle BCM$. 故 A, M, N', C 共圆, 从而 $A, M, N',$ C, D 共圆, 即 N' 在正方形 $AMCD$ 的外接圆上, 所以 N' 与 N 重合.

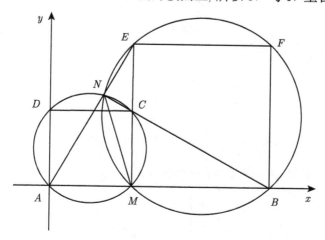

图 7.3.11

例 7.3.10 (第 25 届全苏联数学奥林匹克竞赛题)　在矩形 $ABCD$ 的边 AB, BC, CD, DA 上分别取异于顶点的点 K, L, M, N. 已知 $KL // MN, KM \perp NL$, 求证: KM 和 LN 的交点在矩形的对角线 BD 上.

证明　如图 7.3.12 所示. 设矩形 $ABCD$ 顶点的坐标为 $A(0,0), B(a,0), C(a,b),$ $D(0,b)$, KM 和 LN 的直线方程分别为

$$y = kx + c \quad \text{和} \quad y = -x/k + d,$$

即

$$kx - y + c = 0 \quad 和 \quad x/k + y - d = 0,$$

于是求得 BD 的方程及 K, L, M, N 的坐标分别为

$$x/a + y/b - 1 = 0,$$

$$K(-c/k, 0), \quad L(a, d - a/k), \quad M((b-c)/k, b), \quad N(0, d).$$

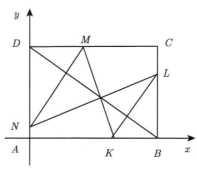

图 7.3.12

又由 $KL // MN$ 得

$$\frac{b-d}{(b-c)/k} = \frac{d - a/k}{a + c/k},$$

化简得

$$k^2 a(b-d) + kb(c-d) + a(b-c) = 0.$$

于是三直线 KM, LN 和 BD 的一级行列式

$$\Delta_1 = \begin{vmatrix} k & -1 & c \\ 1/k & 1 & -d \\ 1/a & 1/b & -1 \end{vmatrix} = -k + \frac{c}{bk} + \frac{d}{a} - \frac{c}{a} - \frac{1}{k} + \frac{kd}{b}$$

$$= \frac{k^2 a(d-b) + kb(d-c) + a(c-b)}{kab} = 0,$$

故由定理 7.3.1 知, 三直线 KM, LN 和 BD 相交于一点, 即 KM 和 LN 的交点在矩形的对角线 BD 上.

例 7.3.11 (第 18 届全苏联数学奥林匹克竞赛题)　设 $\odot O$ 内切于三角形 $Q_1 Q_2 Q_3$, $Q_i Q_{i+1}$ 与 $\odot O$ 的切点为 P_i, $Q_i O$ 与 $\odot O$ 的交点为 $R_i (i = 1, 2, 3)$. 求证: $R_1 P_2, R_2 P_3, R_3 P_1$ 相交于一点.

证明   如图 7.3.13 所示. 以圆心 O 为坐标原点建立平面直角坐标系, 设 $\odot O$ 的半径为 a, Q_iQ_{i+1} 与 $\odot O$ 切点的坐标为 $P_i(a\cos\alpha_i, a\sin\alpha_i)(i=1,2,3)$, 于是 $\odot O$ 的方程为 $x^2 + y^2 = a^2$. 由 $Q_{i+2}Q_i$ 和 Q_iQ_{i+1} 的方程

$$\cos\alpha_{i+2}\cdot x + \sin\alpha_{i+2}\cdot y = a \quad \text{和} \quad \cos\alpha_i\cdot x + \sin\alpha_i\cdot y = a$$

求得三角形 $Q_1Q_2Q_3$ 顶点的坐标

$$Q_i\left(a\cos\frac{\alpha_i+\alpha_{i+2}}{2}\bigg/\cos\frac{\alpha_i-\alpha_{i+2}}{2}, a\sin\frac{\alpha_i+\alpha_{i+2}}{2}\bigg/\cos\frac{\alpha_i-\alpha_{i+2}}{2}\right) \quad (i=1,2,3).$$

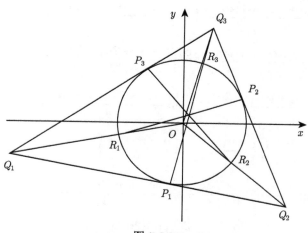

图 7.3.13

于是直线 Q_iO 的方程

$$\sin\frac{\alpha_i+\alpha_{i+2}}{2}\cdot x - \cos\frac{\alpha_i+\alpha_{i+2}}{2}\cdot y = 0, \quad \text{即} \quad y = \tan\frac{\alpha_i+\alpha_{i+2}}{2}\cdot x.$$

将其代入 $\odot O$ 的方程, 求得线段 Q_iO 与 $\odot O$ 的交点为

$$R_i\left(-a\cos\frac{\alpha_i+\alpha_{i+2}}{2}, -a\sin\frac{\alpha_i+\alpha_{i+2}}{2}\right) \quad (i=1,2,3).$$

R_iP_{i+1} 的方程为

$$\left(\sin\frac{\alpha_i+\alpha_{i+2}}{2}+\sin\alpha_{i+1}\right)x - \left(\cos\frac{\alpha_i+\alpha_{i+2}}{2}+\cos\alpha_{i+1}\right)y$$

$$- a\sin\left(\frac{\alpha_i+\alpha_{i+2}}{2}-\alpha_{i+1}\right) = 0,$$

即

$$\sin\frac{\alpha_i+\alpha_{i+2}+2\alpha_{i+1}}{4}\cdot x - \cos\frac{\alpha_i+\alpha_{i+2}+2\alpha_{i+1}}{4}\cdot y - a\sin\frac{\alpha_i+\alpha_{i+2}-2\alpha_{i+1}}{4} = 0,$$

其中 $i = 1, 2, 3$.

于是三直线组 R_1P_2, R_2P_3, R_3P_1 的一级行列式

$$\Delta_1 = -(-a) \begin{vmatrix} \sin\dfrac{\alpha_1+\alpha_3+2\alpha_2}{4} & \cos\dfrac{\alpha_1+\alpha_3+2\alpha_2}{4} & \sin\dfrac{\alpha_1+\alpha_3-2\alpha_2}{4} \\[2mm] \sin\dfrac{\alpha_2+\alpha_1+2\alpha_3}{4} & \cos\dfrac{\alpha_2+\alpha_1+2\alpha_3}{4} & \sin\dfrac{\alpha_2+\alpha_1-2\alpha_3}{4} \\[2mm] \sin\dfrac{\alpha_3+\alpha_2+2\alpha_1}{4} & \cos\dfrac{\alpha_3+\alpha_2+2\alpha_1}{4} & \sin\dfrac{\alpha_3+\alpha_2-2\alpha_1}{4} \end{vmatrix}$$

$$= a\sum_{i=1}^{3} \sin\frac{\alpha_i+\alpha_{i+2}+2\alpha_{i+1}}{4}\left(\sin\frac{\alpha_{i+2}+\alpha_{i+1}-2\alpha_i}{4}\cos\frac{\alpha_{i+1}+\alpha_i+2\alpha_{i+2}}{4}\right.$$

$$\left. -\cos\frac{\alpha_{i+2}+\alpha_{i+1}+2\alpha_i}{4}\sin\frac{\alpha_{i+1}+\alpha_i-2\alpha_{i+2}}{4}\right)$$

$$= \frac{a}{2}\sum_{i=1}^{3}\sin\frac{\alpha_i+\alpha_{i+2}+2\alpha_{i+1}}{4}\left(\sin\frac{3\alpha_{i+2}+2\alpha_{i+1}-\alpha_i}{4}+\sin\frac{3\alpha_i+\alpha_{i+2}}{4}\right.$$

$$\left. -\sin\frac{3\alpha_i+2\alpha_{i+1}-\alpha_{i+2}}{4}-\sin\frac{\alpha_i+3\alpha_{i+2}}{4}\right)$$

$$= \frac{a}{2}\sum_{i=1}^{3}\left(\sin\frac{\alpha_i+\alpha_{i+2}+2\alpha_{i+1}}{4}\sin\frac{3\alpha_{i+2}+2\alpha_{i+1}-\alpha_i}{4}\right.$$

$$\left. -\sin\frac{\alpha_{i+1}+\alpha_i+2\alpha_{i+2}}{4}\sin\frac{3\alpha_{i+1}+2\alpha_{i+2}-\alpha_i}{4}\right)$$

$$+ \frac{a}{2}\sum_{i=1}^{3}\left(\sin\frac{\alpha_i+\alpha_{i+2}+2\alpha_{i+1}}{4}\sin\frac{3\alpha_i+\alpha_{i+2}}{4}\right.$$

$$\left. -\sin\frac{\alpha_{i+1}+\alpha_i+2\alpha_{i+2}}{4}\sin\frac{\alpha_{i+1}+3\alpha_i}{4}\right)$$

$$= -\frac{a}{4}\sum_{i=1}^{3}\left[\cos(\alpha_{i+2}+\alpha_{i+1})-\cos\frac{\alpha_i-\alpha_{i+2}}{2}\right.$$

$$\left. -\cos(\alpha_{i+2}+\alpha_{i+1})+\cos\frac{\alpha_i-\alpha_{i+1}}{2}\right]$$

$$- \frac{a}{4}\sum_{i=1}^{3}\left(\cos\frac{2\alpha_i+\alpha_{i+2}+\alpha_{i+1}}{2}-\cos\frac{\alpha_{i+1}-\alpha_i}{2}\right.$$

$$\left. -\cos\frac{2\alpha_i+\alpha_{i+1}+\alpha_{i+2}}{2}+\cos\frac{\alpha_{i+2}-\alpha_i}{2}\right)$$

$$= -\frac{a}{4}\sum_{i=1}^{3}\left(-\cos\frac{\alpha_{i+1}-\alpha_i}{2}+\cos\frac{\alpha_i-\alpha_{i+1}}{2}\right)$$

$$-\frac{a}{4}\sum_{i=1}^{3}\left(-\cos\frac{\alpha_{i+1}-\alpha_i}{2}+\cos\frac{\alpha_i-\alpha_{i+1}}{2}\right)$$
$$=0,$$

故由定理 7.3.1 知, R_1P_2, R_2P_3, R_3P_1 相交于一点.

例 7.3.12 (1988 年加拿大数学奥林匹克竞赛训练题) 设 O 是三角形 $Q_1Q_2Q_3$ 的内心, 三角形 $Q_1Q_2Q_3$ 的内切圆 $\odot O$ 与 Q_iQ_{i+1} 的切点为 P_i, Q_iQ_{i+1} 的中点为 $R_i(i=1,2,3)$, 证明三角形的内心线 Q_iO 与 $P_iP_{i+1}, R_{i+1}R_{i+2}$ 共点 $(i=1,2,3)$.

证明 如图 7.3.14 所示. 以三角形 $Q_1Q_2Q_3$ 的内心 O 为坐标原点建立直角坐标系, 设三角形 $Q_1Q_2Q_3$ 各边与其内切圆 $\odot O$ 的切点的坐标为 $P_i(a\cos\alpha_i, a\sin\alpha_i)$ $(i=1,2,3)$. 于是直线 P_iP_{i+1} 的方程为

$$\cos\frac{\alpha_{i+1}+\alpha_i}{2}\cdot x + \sin\frac{\alpha_{i+1}+\alpha_i}{2}\cdot y - a\cos\frac{\alpha_{i+1}-\alpha_i}{2} = 0,$$

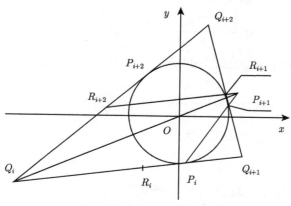

图 7.3.14

三角形 $Q_1Q_2Q_3$ 顶点的坐标为

$$Q_i\left(a\cos\frac{\alpha_i+\alpha_{i+2}}{2}\Big/\cos\frac{\alpha_i-\alpha_{i+2}}{2}, a\sin\frac{\alpha_i+\alpha_{i+2}}{2}\Big/\cos\frac{\alpha_i-\alpha_{i+2}}{2}\right) \quad (i=1,2,3),$$

三角形 $Q_1Q_2Q_3$ 各边中点的坐标为

$$R_i\left(\frac{a}{2}\left(\frac{\cos\dfrac{\alpha_i+\alpha_{i+2}}{2}}{\cos\dfrac{\alpha_i-\alpha_{i+2}}{2}}+\frac{\cos\dfrac{\alpha_{i+1}+\alpha_i}{2}}{\cos\dfrac{\alpha_{i+1}-\alpha_i}{2}}\right), \frac{a}{2}\left(\frac{\sin\dfrac{\alpha_i+\alpha_{i+2}}{2}}{\cos\dfrac{\alpha_i-\alpha_{i+2}}{2}}+\frac{\sin\dfrac{\alpha_{i+1}+\alpha_i}{2}}{\cos\dfrac{\alpha_{i+1}-\alpha_i}{2}}\right)\right),$$

其中 $i=1,2,3$.

从而求得三角形内心线 Q_iO 的方程为

$$\sin\frac{\alpha_i+\alpha_{i+2}}{2}\cdot x - \cos\frac{\alpha_i+\alpha_{i+2}}{2}\cdot y = 0,$$

直线 $R_{i+1}R_{i+2}$ 的方程为

$$\sin(\alpha_{i+1} - \alpha_{i+2})[\cos\alpha_i \cdot x + \sin\alpha_i \cdot y]$$
$$+ \frac{a}{2}[\sin(\alpha_{i+2} - \alpha_i) + \sin(\alpha_{i+2} - \alpha_{i+1}) + \sin(\alpha_i - \alpha_{i+1})] = 0,$$

即

$$\cos\alpha_i \cos\frac{\alpha_{i+1} - \alpha_{i+2}}{2} \cdot x + \sin\alpha_i \cos\frac{\alpha_{i+1} - \alpha_{i+2}}{2} \cdot y - a\cos\frac{\alpha_{i+1} - \alpha_i}{2}\cos\frac{\alpha_{i+2} - \alpha_i}{2} = 0.$$

由于三直线 P_iP_{i+1}, Q_iO 和 $R_{i+1}R_{i+2}$ 的一级行列式

$$\Delta_1 = -a\cos\frac{\alpha_{i+1} - \alpha_i}{2} \begin{vmatrix} \cos\dfrac{\alpha_{i+1} + \alpha_i}{2} & \sin\dfrac{\alpha_{i+1} + \alpha_i}{2} & 1 \\[2mm] \sin\dfrac{\alpha_i + \alpha_{i+2}}{2} & -\cos\dfrac{\alpha_i + \alpha_{i+2}}{2} & 0 \\[2mm] \cos\alpha_i\cos\dfrac{\alpha_{i+1} - \alpha_{i+2}}{2} & \sin\alpha_i\cos\dfrac{\alpha_{i+1} - \alpha_{i+2}}{2} & \cos\dfrac{\alpha_{i+2} - \alpha_i}{2} \end{vmatrix}$$

$$= -a\cos\frac{\alpha_{i+1} - \alpha_i}{2}\left[\cos\frac{\alpha_{i+1} - \alpha_{i+2}}{2}\left(\cos\alpha_i\cos\frac{\alpha_i + \alpha_{i+2}}{2} + \sin\alpha_i\sin\frac{\alpha_i + \alpha_{i+2}}{2}\right)\right.$$
$$\left. - \cos\frac{\alpha_{i+2} - \alpha_i}{2}\left(\cos\frac{\alpha_i + \alpha_{i+1}}{2}\cos\frac{\alpha_i + \alpha_{i+2}}{2} + \sin\frac{\alpha_i + \alpha_{i+1}}{2}\sin\frac{\alpha_i + \alpha_{i+2}}{2}\right)\right]$$

$$= -a\cos\frac{\alpha_{i+1} - \alpha_i}{2}\left(\cos\frac{\alpha_{i+1} - \alpha_{i+2}}{2}\cos\frac{\alpha_i - \alpha_{i+2}}{2}\right.$$
$$\left. - \cos\frac{\alpha_{i+2} - \alpha_i}{2}\cos\frac{\alpha_{i+1} - \alpha_{i+2}}{2}\right)$$

$$= 0,$$

所以三直线 Q_iO, P_iP_{i+1} 和 $R_{i+1}R_{i+2}$ 相交于一点.

例 7.3.13　设 O_j 为三角形 $Q_1Q_2Q_3$ 的旁心, 三角形 $Q_1Q_2Q_3$ 的旁切圆 $\odot O_j$ 与 Q_iQ_{i+1} 的切点为 P_i, Q_iQ_{i+1} 的中点为 R_i, 证明三角形的内心线 Q_iO_j 与直线 P_iP_{i+1}、$R_{i+1}R_{i+2}$ 共点 $(i, j = 1, 2, 3)$.

证明　如图 7.3.15 所示. 以三角形 $Q_1Q_2Q_3$ 的旁心 O_1 为坐标原点建立直角坐标系, 设三角形 $Q_1Q_2Q_3$ 各边与旁切圆 $\odot O_1$ 的切点的坐标为 $P_i(a\cos\alpha_i, a\sin\alpha_i)(i = 1, 2, 3)$. 仿例 7.3.11 的证明, 可知三直线 Q_iO_1, P_iP_{i+1} 和 $R_{i+1}R_{i+2}(i = 1, 2, 3)$ 相交于一点.

类似地, 可以证明三直线 Q_iO_2, P_iP_{i+1} 和 $R_{i+1}R_{i+2}$ 及 Q_iO_3, P_iP_{i+1} 和 $R_{i+1}R_{i+2}(i = 1, 2, 3)$ 相交于一点.

例 7.3.14 (1997 年中国国家集训队测试题的推广)　在菱形 $ABCD$ 中, $\angle A = 60°$, E 为三角形 ABD 外接圆上异于 B, D 的任意点, 直线 DE 与 AB 交于点 F, 求证: AD, BE, CF 三线共点.

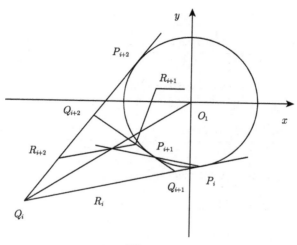

图 7.3.15

证明 如图 7.3.16 所示. 设菱形顶点的坐标为 $A(-a,0), C(a,0), B(0,-a/\sqrt{3})$, $D(0,a/\sqrt{3})$, 于是求得三角形 ABD 外接圆的方程为 $\left(x+\dfrac{a}{3}\right)^2+y^2=\dfrac{4}{9}a^2$, 直线 AB 的方程为

$$x+\sqrt{3}y=-a, \tag{7.3.5}$$

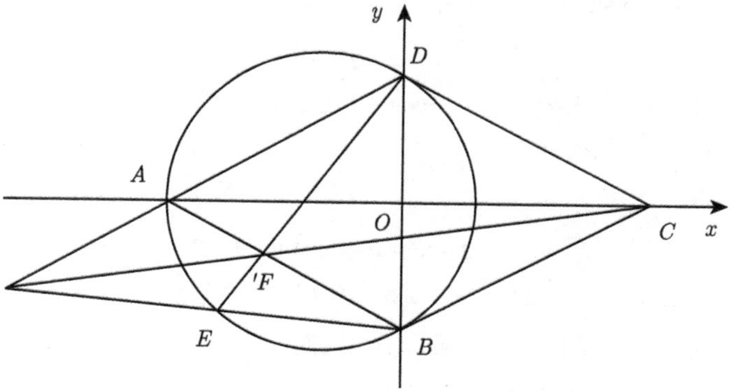

图 7.3.16

又设 E 点的坐标为 $E\left(\dfrac{a}{3}(-1+2\cos\theta),\dfrac{2a}{3}\sin\theta\right)$, 于是求得 DE 的直线方程

$$(3-2\sqrt{3}\sin\theta)x+\sqrt{3}(2\cos\theta-1)y=a(2\cos\theta-1). \tag{7.3.6}$$

式 (7.3.5) 和 (7.3.6) 联立, 求得 AB, DE 的交点 F 的坐标

$$x_F = \frac{\begin{vmatrix} -a & \sqrt{3} \\ a(2\cos\theta - 1) & \sqrt{3}(2\cos\theta - 1) \end{vmatrix}}{\begin{vmatrix} 1 & \sqrt{3} \\ 3 - 2\sqrt{3}\sin\theta & \sqrt{3}(2\cos\theta - 1) \end{vmatrix}} = \frac{2\cos\theta - 1}{2 - \cos\theta - \sqrt{3}\sin\theta}a,$$

$$y_F = \frac{\begin{vmatrix} 1 & -a \\ 3 - 2\sqrt{3}\sin\theta & a(2\cos\theta - 1) \end{vmatrix}}{\begin{vmatrix} 1 & \sqrt{3} \\ 3 - 2\sqrt{3}\sin\theta & \sqrt{3}(2\cos\theta - 1) \end{vmatrix}} = -\frac{1 + \cos\theta - \sqrt{3}\sin\theta}{\sqrt{3}(2 - \cos\theta - \sqrt{3}\sin\theta)}a;$$

依次求得直线 AB, BE, FC 的方程

$x - \sqrt{3}y + a = 0,$

$(3 + 2\sqrt{3}\sin\theta)x + \sqrt{3}(1 - 2\cos\theta)y + (1 - 2\cos\theta)a = 0,$

$(1 + \cos\theta - \sqrt{3}\sin\theta)x + (3\sin\theta + 3\sqrt{3}\cos\theta - 3\sqrt{3})y + (\sqrt{3}\sin\theta - \cos\theta - 1)a = 0.$

因为三直线组的一级行列式

$$\Delta_1 = a \begin{vmatrix} 1 & -\sqrt{3} & 1 \\ 3 + 2\sqrt{3}\sin\theta & \sqrt{3}(1 - 2\cos\theta) & 1 - 2\cos\theta \\ 1 + \cos\theta - \sqrt{3}\sin\theta & 3\sin\theta + 3\sqrt{3}\cos\theta - 3\sqrt{3} & \sqrt{3}\sin\theta - \cos\theta - 1 \end{vmatrix}$$

$$= 4\sqrt{3}a \begin{vmatrix} 1 & 0 & 1 \\ 3 + 2\sqrt{3}\sin\theta & 2 - \cos\theta + \sqrt{3}\sin\theta & 2 - \cos\theta + \sqrt{3}\sin\theta \\ 1 + \cos\theta - \sqrt{3}\sin\theta & 2\cos\theta - 1 & 0 \end{vmatrix}$$

$$= 4\sqrt{3}a \begin{vmatrix} 0 & 0 & 1 \\ 1 + \cos\theta + \sqrt{3}\sin\theta & 2 - \cos\theta + \sqrt{3}\sin\theta & 2 - \cos\theta + \sqrt{3}\sin\theta \\ 1 + \cos\theta - \sqrt{3}\sin\theta & 2\cos\theta - 1 & 0 \end{vmatrix}$$

$$= 4\sqrt{3}a \begin{vmatrix} 2 + 2\cos\theta & 1 + \cos\theta + \sqrt{3}\sin\theta \\ 1 + \cos\theta - \sqrt{3}\sin\theta & 2\cos\theta - 1 \end{vmatrix}$$

$$= 4\sqrt{3}a[2(1 + \cos\theta)(2\cos\theta - 1) - (1 + \cos\theta + \sqrt{3}\sin\theta)(1 + \cos\theta - \sqrt{3}\sin\theta)] = 0,$$

故由定理 7.3.1 知, AD, BE, CF 三直线共点.

　　注 7.3.3　当把 E 点限制在三角形 ABD 外接圆的劣弧 BD 上时, 例 7.3.14 即为 1997 年中国国家队集训队测试题的结论.

　　例 7.3.15 (1974 年第 6 届加拿大数学奥林匹克竞赛题)　已知: 直径为 AB 的圆和圆上另一点 X, 设 t_A, t_B, t_X 分别是这个圆在 A, B, X 处的切线, Z 是直线

AX 与 t_B 的交点, Y 是直线 BX 与 t_A 的交点. 求证: 直线 YZ, t_X, AB 相交于一点或相互平行.

证明　如图 7.3.17 所示. 以 AB 的中点为坐标原点, AB 所在直线为 x 轴建立平面直角坐标系. 设圆的方程为 $x^2 + y^2 = a^2$, 三切点的坐标为 $A(-a, 0), B(a, 0),$ $X(a\cos\alpha, a\sin\alpha)$. 于是切线的方程分别为

$$t_A : x = -a; \quad t_B : x = a; \quad t_X : \cos\alpha \cdot x + \sin\alpha \cdot y = a.$$

直线 AX 的方程为

$$-a\sin\alpha \cdot x + a(\cos\alpha + 1)y - a^2\sin\alpha = 0,$$

即

$$\sin\frac{\alpha}{2} \cdot x - \cos\frac{\alpha}{2} \cdot y = -a\sin\frac{\alpha}{2}.$$

令 $x = a$, 求得 AX 与 t_B 交点的坐标 $Z\left(a, 2a\tan\frac{\alpha}{2}\right)$.

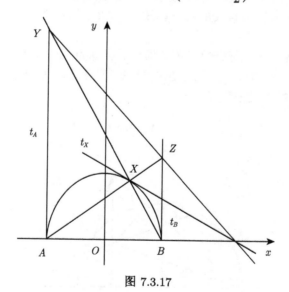

图 7.3.17

类似地, 可以求得 BX 与 t_A 交点的坐标 $Y\left(-a, 2a\cot\frac{\alpha}{2}\right)$.

因为直线 AB, YZ 的方程分别为

$$y = 0, \quad \left(\cot\frac{\alpha}{2} - \tan\frac{\alpha}{2}\right)x + y - a\left(\tan\frac{\alpha}{2} + \cot\frac{\alpha}{2}\right) = 0,$$

所以三直线组 t_X, AB, YZ 的一级行列式

$$\Delta_1 = -a \begin{vmatrix} \cos\alpha & \sin\alpha & 1 \\ 0 & 1 & 0 \\ \cot\dfrac{\alpha}{2} - \tan\dfrac{\alpha}{2} & 1 & \tan\dfrac{\alpha}{2} + \cot\dfrac{\alpha}{2} \end{vmatrix}$$

$$= -a\left[\left(\tan\frac{\alpha}{2} + \cot\frac{\alpha}{2}\right)\cos\alpha - \left(\cot\frac{\alpha}{2} - \tan\frac{\alpha}{2}\right)\right]$$

$$= -a\left[(1+\cos\alpha)\tan\frac{\alpha}{2} - (1-\cos\alpha)\cot\frac{\alpha}{2}\right]$$

$$= -2a\left[\cos^2\frac{\alpha}{2}\tan\frac{\alpha}{2} - \sin^2\frac{\alpha}{2}\cot\frac{\alpha}{2}\right]$$

$$= -2a\left[\cos\frac{\alpha}{2}\sin\frac{\alpha}{2} - \sin\frac{\alpha}{2}\cos\frac{\alpha}{2}\right] = 0.$$

故由定理 7.3.1 和注 7.3.1 知, 当 t_X 与 AB 不平行时, 直线 YZ, t_X, AB 相交于一点; 当 t_X 与 AB 平行时, 直线 YZ, t_X, AB 相互平行.

7.3.3 三线共点充要条件在三点共线证明中的应用

例 7.3.16 (第 11 届中国中学生数学冬令营题的推广) 设 H 是三角形 ABC 的垂心, 由 C 向以 AB 为直径的圆作切线 CP, CQ, 切点为 P, Q, 求证 P, H, Q 三点共线.

证明 如图 7.3.18 所示. 设三角形顶点的坐标为 $A(-a, 0), B(a, 0), C(b, c)$, 过 C 作 $CD \perp AB$ 于 D, 过 A 作 $AE \perp BC$ 于 E. 于是以 AB 为直径的圆的方程为 $x^2 + y^2 = a^2$, CD 的直线方程为

$$x - b = 0.$$

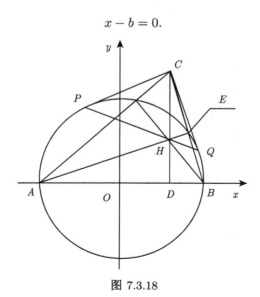

图 7.3.18

因为 $k_{AE} = -1/k_{BC} = (a - b)/c$, 故 AE 的直线方程为

$$(a - b)x - cy + a(a - b) = 0.$$

又因为 P, Q 在以 OC 为直径的圆 $x^2 - bx + y^2 - cy = 0$ 上, 两圆方程相减便得过两圆交点 P, Q 的曲线方程

$$bx + cy - a^2 = 0.$$

这是一直线方程, 因此为直线 PQ 的方程.

因为三条直线 PQ, AE, CD 的一级行列式

$$\Delta_1 = \begin{vmatrix} b & c & -a^2 \\ a - b & -c & a(a - b) \\ 1 & 0 & -b \end{vmatrix} \xrightarrow{r_2 + r_1} \begin{vmatrix} b & c & -a^2 \\ a & 0 & -ab \\ 1 & 0 & b \end{vmatrix} = 0,$$

故由定理 7.3.1 知, 这三条直线相交于 H 点, 即 P, H, Q 三点共线.

注 7.3.4 当 ABC 为锐角三角形时, 例 7.3.16 即为第 11 届中国中学生数学冬令营题.

引理 7.3.1 由圆 $(x - x_0)^2 + (y - y_0)^2 = a^2$ 外一点 $P_1(x_1, y_1)$, 作圆的两条切线, 则过两切点 T_1, T_2 的直线方程为 $(x_1 - x_0)(x - x_0) + (y_1 - y_0)(y - y_0) = a^2$.

例 7.3.17 (1997 年第 12 届中国学生冬令营) 四边形 $ABCD$ 内接于 $\odot O$, 其边 AB 与 DC 的延长线相交于点 E, AD 与 BC 的延长线相交于点 F, 过 F 作 $\odot O$ 的切线, 切点分别为 G, H, 则 E, G, H 三点共线.

证明 如图 7.3.19 所示. 以 O 为坐标原点建立平面直角坐标系. 设四边形顶点的坐标为 $A(a \cos \alpha_1, a \sin \alpha_1), B(a \cos \alpha_2, a \sin \alpha_2), C(a \cos \alpha_3, a \sin \alpha_3), D(a \cos \alpha_4, a \sin \alpha_4)$, $\odot O$ 的方程为 $x^2 + y^2 = a^2$, 于是直线 AB 的方程为

$$(\sin \alpha_1 - \sin \alpha_2)x + (\cos \alpha_2 - \cos \alpha_1)y + a \sin(\alpha_2 - \alpha_1) = 0,$$

和差化积后消除非零因子 $\sin \dfrac{\alpha_1 - \alpha_2}{2}$, 得

$$\cos \frac{\alpha_1 + \alpha_2}{2} \cdot x + \sin \frac{\alpha_1 + \alpha_2}{2} \cdot y - a \cos \frac{\alpha_2 - \alpha_1}{2} = 0;$$

类似地, 可得

$$BC : \cos \frac{\alpha_2 + \alpha_3}{2} \cdot x + \sin \frac{\alpha_2 + \alpha_3}{2} \cdot y - a \cos \frac{\alpha_3 - \alpha_2}{2} = 0;$$

$$CD : \cos \frac{\alpha_3 + \alpha_4}{2} \cdot x + \sin \frac{\alpha_3 + \alpha_4}{2} \cdot y - a \cos \frac{\alpha_4 - \alpha_3}{2} = 0;$$

$$AD : \cos \frac{\alpha_4 + \alpha_1}{2} \cdot x + \sin \frac{\alpha_4 + \alpha_1}{2} \cdot y - a \cos \frac{\alpha_1 - \alpha_4}{2} = 0.$$

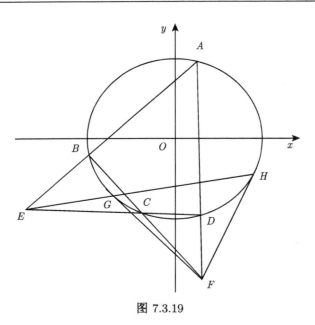

图 7.3.19

直线 BC, AD 的方程联立, 求得交点 F 的坐标

$$x_F = a \left| \begin{matrix} \cos \dfrac{\alpha_3 - \alpha_2}{2} & \sin \dfrac{\alpha_3 + \alpha_2}{2} \\ \cos \dfrac{\alpha_1 - \alpha_4}{2} & \sin \dfrac{\alpha_4 + \alpha_1}{2} \end{matrix} \right| \bigg/ \left| \begin{matrix} \cos \dfrac{\alpha_3 + \alpha_2}{2} & \sin \dfrac{\alpha_3 + \alpha_2}{2} \\ \cos \dfrac{\alpha_4 + \alpha_1}{2} & \sin \dfrac{\alpha_4 + \alpha_1}{2} \end{matrix} \right|$$

$$= a \left(\sin \frac{\alpha_4 + \alpha_1}{2} \cos \frac{\alpha_3 - \alpha_2}{2} - \cos \frac{\alpha_1 - \alpha_4}{2} \sin \frac{\alpha_3 + \alpha_2}{2} \right) \bigg/ \sin \frac{\alpha_1 + \alpha_4 - \alpha_2 - \alpha_3}{2}$$

$$= a \left(\sin \frac{\alpha_4 + \alpha_1 + \alpha_3 - \alpha_2}{2} + \sin \frac{\alpha_4 + \alpha_1 + \alpha_2 - \alpha_3}{2} \right.$$

$$\left. - \sin \frac{\alpha_2 + \alpha_3 + \alpha_4 - \alpha_1}{2} - \sin \frac{\alpha_2 + \alpha_3 + \alpha_1 - \alpha_4}{2} \right) \bigg/ 2 \sin \frac{\alpha_1 + \alpha_4 - \alpha_2 - \alpha_3}{2}$$

$$= a \left(\cos \frac{\alpha_3 + \alpha_4}{2} \sin \frac{\alpha_1 - \alpha_2}{2} + \cos \frac{\alpha_1 + \alpha_2}{2} \sin \frac{\alpha_4 - \alpha_3}{2} \right) \bigg/ \sin \frac{\alpha_1 + \alpha_4 - \alpha_2 - \alpha_3}{2}$$

$$y_F = a \left| \begin{matrix} \cos \dfrac{\alpha_3 + \alpha_2}{2} & \cos \dfrac{\alpha_3 - \alpha_2}{2} \\ \cos \dfrac{\alpha_4 + \alpha_1}{2} & \cos \dfrac{\alpha_1 - \alpha_4}{2} \end{matrix} \right| \bigg/ \left| \begin{matrix} \cos \dfrac{\alpha_3 + \alpha_2}{2} & \sin \dfrac{\alpha_3 + \alpha_2}{2} \\ \cos \dfrac{\alpha_4 + \alpha_1}{2} & \sin \dfrac{\alpha_4 + \alpha_1}{2} \end{matrix} \right|$$

$$= a \left(\sin \frac{\alpha_3 + \alpha_4}{2} \sin \frac{\alpha_1 - \alpha_2}{2} + \sin \frac{\alpha_1 + \alpha_2}{2} \sin \frac{\alpha_4 - \alpha_3}{2} \right) \bigg/ \sin \frac{\alpha_1 + \alpha_4 - \alpha_2 - \alpha_3}{2}.$$

又由引理 7.3.1 求得过两切点 GH 的直线方程

$$x_F x + y_F y = a^2.$$

于是三直线组 GH, AB, CD 的一级行列式

$$\Delta_1 \sin \frac{\alpha_1 + \alpha_4 - \alpha_2 - \alpha_3}{2}$$

$$= \sin \frac{\alpha_1 + \alpha_4 - \alpha_2 - \alpha_3}{2} \begin{vmatrix} x_F & y_F & -a^2 \\ \cos \dfrac{\alpha_1 + \alpha_2}{2} & \sin \dfrac{\alpha_2 + \alpha_1}{2} & -\cos \dfrac{\alpha_2 - \alpha_1}{2} \\ \cos \dfrac{\alpha_3 + \alpha_4}{2} & \sin \dfrac{\alpha_3 + \alpha_4}{2} & -a\cos \dfrac{\alpha_4 - \alpha_3}{2} \end{vmatrix}$$

$$= \sin \frac{\alpha_1 + \alpha_4 - \alpha_2 - \alpha_3}{2} \left(x_F \begin{vmatrix} \sin \dfrac{\alpha_2 + \alpha_1}{2} & -a\cos \dfrac{\alpha_2 - \alpha_1}{2} \\ \sin \dfrac{\alpha_3 + \alpha_4}{2} & -a\cos \dfrac{\alpha_4 - \alpha_3}{2} \end{vmatrix} \right.$$

$$\left. -y_F \begin{vmatrix} \cos \dfrac{\alpha_2 + \alpha_1}{2} & -a\cos \dfrac{\alpha_2 - \alpha_1}{2} \\ \cos \dfrac{\alpha_3 + \alpha_4}{2} & -a\cos \dfrac{\alpha_4 - \alpha_3}{2} \end{vmatrix} - a^2 \begin{vmatrix} \cos \dfrac{\alpha_2 + \alpha_1}{2} & \sin \dfrac{\alpha_2 + \alpha_1}{2} \\ \cos \dfrac{\alpha_3 + \alpha_4}{2} & \sin \dfrac{\alpha_3 + \alpha_4}{2} \end{vmatrix} \right)$$

$$= a^2 \left[\left(\cos \frac{\alpha_3 + \alpha_4}{2} \sin \frac{\alpha_1 - \alpha_2}{2} + \cos \frac{\alpha_1 + \alpha_2}{2} \sin \frac{\alpha_4 - \alpha_3}{2} \right) \right.$$

$$\cdot \left(\sin \frac{\alpha_3 + \alpha_4}{2} \cos \frac{\alpha_2 - \alpha_1}{2} - \cos \frac{\alpha_4 - \alpha_3}{2} \sin \frac{\alpha_1 + \alpha_2}{2} \right)$$

$$+ \left(\sin \frac{\alpha_3 + \alpha_4}{2} \sin \frac{\alpha_1 - \alpha_2}{2} + \sin \frac{\alpha_1 + \alpha_2}{2} \sin \frac{\alpha_4 - \alpha_3}{2} \right)$$

$$\left. \cdot \left(\cos \frac{\alpha_2 + \alpha_1}{2} \cos \frac{\alpha_4 - \alpha_3}{2} - \cos \frac{\alpha_2 - \alpha_1}{2} \cos \frac{\alpha_3 + \alpha_4}{2} \right) \right]$$

$$- a^2 \sin \frac{\alpha_1 + \alpha_4 - \alpha_2 - \alpha_3}{2} \sin \frac{\alpha_3 + \alpha_4 - \alpha_1 - \alpha_2}{2}$$

$$= a^2 \left[\sin \frac{\alpha_1 - \alpha_2}{2} \cos \frac{\alpha_4 - \alpha_3}{2} \left(\sin \frac{\alpha_3 + \alpha_4}{2} \cos \frac{\alpha_1 + \alpha_2}{2} - \cos \frac{\alpha_3 + \alpha_4}{2} \sin \frac{\alpha_1 + \alpha_2}{2} \right) \right.$$

$$\left. + \cos \frac{\alpha_2 - \alpha_1}{2} \sin \frac{\alpha_4 - \alpha_3}{2} \left(\sin \frac{\alpha_3 + \alpha_4}{2} \cos \frac{\alpha_1 + \alpha_2}{2} - \cos \frac{\alpha_3 + \alpha_4}{2} \sin \frac{\alpha_1 + \alpha_2}{2} \right) \right]$$

$$- a^2 \sin \frac{\alpha_1 + \alpha_4 - \alpha_2 - \alpha_3}{2} \sin \frac{\alpha_3 + \alpha_4 - \alpha_1 - \alpha_2}{2}$$

$$= a^2 \left(\sin \frac{\alpha_1 - \alpha_2}{2} \cos \frac{\alpha_4 - \alpha_3}{2} + \cos \frac{\alpha_2 - \alpha_1}{2} \sin \frac{\alpha_4 - \alpha_3}{2} \right) \sin \frac{\alpha_3 + \alpha_4 - \alpha_1 - \alpha_2}{2}$$

$$- a^2 \sin \frac{\alpha_1 + \alpha_4 - \alpha_2 - \alpha_3}{2} \sin \frac{\alpha_3 + \alpha_4 - \alpha_1 - \alpha_2}{2}$$

$$= a^2 \sin \frac{\alpha_1 + \alpha_4 - \alpha_2 - \alpha_3}{2} \sin \frac{\alpha_3 + \alpha_4 - \alpha_1 - \alpha_2}{2}$$

$$- a^2 \sin \frac{\alpha_1 + \alpha_4 - \alpha_2 - \alpha_3}{2} \sin \frac{\alpha_3 + \alpha_4 - \alpha_1 - \alpha_2}{2}$$

$$= 0,$$

因为 $\sin \dfrac{\alpha_1 + \alpha_4 - \alpha_2 - \alpha_3}{2} \neq 0$, 所以 $\Delta_1 = 0$, 故由定理 7.3.1 知, 直线 GH, AB, CD 相交于一点 E, 即 E, G, H 三点共线.

7.3.4　三线共点充要条件在两线垂直证明中的应用

例 7.3.18 (1990 年第 31 届国际数学奥林匹克竞赛候选题)　设 AB, AC 为 $\odot O$ 的两条弦, 垂直于 BC 的直径分别交 AB, BC, CA 于 $D, E, F(F$ 在圆外), 过 F 作 $\odot O$ 的切线, 切点为 $G(H)$, 则 D 是 $G(H)$ 在 OF 上的正射影.

证明　如图 7.3.20 所示. 以 O 为坐标原点, 平行于 BC 的直线为 x 轴建立平面直角坐标系. 设 $\odot O$ 的方程为 $x^2 + y^2 = a^2$, 三角形顶点的坐标为 $A(a\cos\alpha, a\sin\alpha)$, $B(a\cos\beta, a\sin\beta)$, $C(-a\cos\beta, a\sin\beta)$, 于是 E 点的坐标为 $E(0, a\sin\beta)$, 直线 AC 的方程为

$$(\sin\alpha - \sin\beta)x - (\cos\beta + \cos\alpha)y + a\sin(\beta + \alpha) = 0,$$

令 $x = 0$, 得 F 的坐标 $F(0, a\sin(\beta + \alpha)/(\cos\beta + \cos\alpha))$.

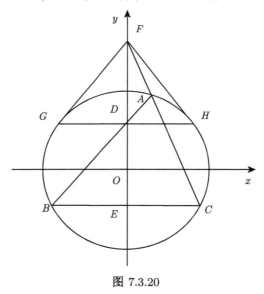

图 7.3.20

于是直线 EF 的方程为

$$x = 0;$$

直线 AB 的方程为

$$(\sin\alpha - \sin\beta)x + (\cos\beta - \cos\alpha)y + a\sin(\beta - \alpha) = 0.$$

又由引理 7.3.1 及 $F(0, a\sin(\beta + \alpha)/(\cos\beta + \cos\alpha))$, 求得 GH 的直线方程

$$(0 - 0)x + [a\sin(\beta + \alpha)/(\cos\beta + \cos\alpha) - 0]y = a^2,$$

即

$$\sin(\beta + \alpha)y - a(\cos\alpha + \cos\beta) = 0.$$

所以三直线组 AB, GH, EF 的一级行列式

$$\begin{aligned}
\Delta_1 &= \begin{vmatrix}
\sin\alpha - \sin\beta & \cos\beta - \cos\alpha & a\sin(\beta - \alpha) \\
0 & \sin(\beta + \alpha) & -a(\cos\alpha + \cos\beta) \\
1 & 0 & 0
\end{vmatrix} \\
&= -a\left[\sin(\beta - \alpha)\sin(\beta + \alpha) + (\cos\beta + \cos\alpha)(\cos\beta - \cos\alpha)\right] \\
&= \frac{1}{2}a\left[-\cos 2\beta + \cos 2\alpha + (1 + \cos 2\beta) - (1 + \cos 2\alpha)\right] \\
&= 0,
\end{aligned}$$

于是直线 AB, GH, EF 相交于一点 D. 因为 $GH \perp EF$, 所以 D 是 $G(H)$ 在 OF 上的正射影.

例 7.3.19 (1982 年第 23 届国际数学奥林匹克竞赛候选题) 在凸五边形 $ABCDE$ 中, 顶点为 B, E 的角是直角, 又 $\angle BAC = \angle EAD$. 若对角线 BD 和 CE 交于点 G, 则直线 AG 与 BE 垂直.

证明 如图 7.3.21 所示. 以 DC 所在直线为 x 轴, 过 A 的直线为 y 轴建立平面直角坐标系. 设五边形顶点的坐标 $A(0, a), D(b, 0), C(c, 0)$; $\angle ACB = \angle ADE = \alpha, \angle BAC = \angle EAD = \beta$, 于是 $\alpha + \beta = \pi/2, \tan\alpha\tan\beta = 1$. 由线段右 (左) 侧点坐标公式 (1.2.1) 和 (1.2.2), 可以求得五边形两直角顶点的坐标

$$B\left(\frac{c\tan\alpha + a}{\tan\alpha + \tan\beta}, \frac{a\tan\beta + c}{\tan\alpha + \tan\beta}\right), \quad E\left(\frac{b\tan\alpha - a}{\tan\alpha + \tan\beta}, \frac{a\tan\beta - b}{\tan\alpha + \tan\beta}\right).$$

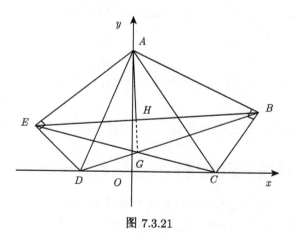

图 7.3.21

作 $AH \perp BE$, 则

$$k_{AH} = -1/k_{BE} = -(x_E - x_B)/(y_E - y_B) = [(b-c)\tan\alpha - 2a]/(b+c),$$

于是求得 AH 的直线方程

$$y - a = \frac{(b-c)\tan\alpha - 2a}{b+c} x,$$

即

$$[2a - (b-c)\tan\alpha] x + (b+c)y - a(b+c) = 0.$$

又直线 BD 的方程为

$$\frac{a\tan\beta + c}{\tan\alpha + \tan\beta} x + \left(b - \frac{c\tan\beta + a}{\tan\alpha + \tan\beta}\right) y - \frac{b(a\tan\beta + c)}{\tan\alpha + \tan\beta} = 0,$$

即

$$(a\tan\beta + c) x + [b(\tan\alpha + \tan\beta) - c\tan\beta - a] y - b(a\tan\beta + c) = 0.$$

同理可得直线 EC 的方程

$$(a\tan\beta - b) x + [c(\tan\alpha + \tan\beta) - b\tan\alpha + a] y - c(a\tan\beta - b) = 0.$$

由于三直线组 AH, BD, EC 的一级行列式

$$\Delta_1 = \begin{vmatrix} 2a - (b-c)\tan\alpha & b+c & -a(b+c) \\ a\tan\beta + c & b(\tan\alpha + \tan\beta) - c\tan\beta - a & -b(a\tan\beta + c) \\ a\tan\beta - b & c(\tan\alpha + \tan\beta) - b\tan\alpha + a & -c(a\tan\beta - b) \end{vmatrix}$$

$$\xlongequal{r_2 + r_3} \begin{vmatrix} 2a - (b-c)\tan\alpha & b+c & -a(b+c) \\ 2a\tan\beta + c - b & (b+c)\tan\beta & -a(b+c)\tan\beta \\ a\tan\beta - b & c(\tan\alpha + \tan\beta) - b\tan\alpha + a & -c(a\tan\beta - b) \end{vmatrix}$$

$$\xlongequal{r_2 - r_1\tan\beta} \begin{vmatrix} 2a - (b-c)\tan\alpha & b+c & -a(b+c) \\ 0 & 0 & 0 \\ a\tan\beta - b & c(\tan\alpha + \tan\beta) - b\tan\alpha + a & -c(a\tan\beta - b) \end{vmatrix}$$

$$= 0,$$

所以直线 AH, BD, EC 相交于一点 G. 因为 $AH \perp BE$, 所以 $AG \perp BE$.

7.4　平面六点组坐标行列式的一个性质与应用

本节主要讨论平面六点组坐标行列式的性质与应用. 首先, 给出平面六点组坐标行列式的的概念; 其次, 给出平面六点组行列式的一个性质, 并据此推出著名的二、三重透视定理, 从而进一步揭示透视定理的本质.

7.4.1 平面六点组坐标行列式的概念

给定平面上的六点, 将其任意分成 P_1, P_2, P_3 和 Q_1, Q_2, Q_3 两组. 设两组点的坐标分别为 $P_i(x_i, y_i)(i = 1, 2, 3)$ 和 $Q_i(u_i, v_i)(i = 1, 2, 3)$, 记

$$\Delta_1 = \begin{vmatrix} y_1 - v_1 & u_1 - x_1 & x_1 v_1 - u_1 y_1 \\ y_2 - v_2 & u_2 - x_2 & x_2 v_2 - u_2 y_2 \\ y_3 - v_3 & u_3 - x_3 & x_3 v_3 - u_3 y_3 \end{vmatrix}, \quad \Delta_2 = \begin{vmatrix} y_1 - v_2 & u_2 - x_1 & x_1 v_2 - u_2 y_1 \\ y_2 - v_3 & u_3 - x_2 & x_2 v_3 - u_3 y_2 \\ y_3 - v_1 & u_1 - x_3 & x_3 v_1 - u_1 y_3 \end{vmatrix},$$

$$\Delta_3 = \begin{vmatrix} y_2 - v_1 & u_1 - x_2 & x_2 v_1 - u_1 y_2 \\ y_3 - v_2 & u_2 - x_3 & x_3 v_2 - u_2 y_3 \\ y_1 - v_3 & u_3 - x_1 & x_1 v_3 - u_3 y_1 \end{vmatrix}, \quad \Delta_4 = \begin{vmatrix} y_1 - v_1 & u_1 - x_1 & x_1 v_1 - u_1 y_1 \\ y_2 - v_3 & u_3 - x_2 & x_2 v_3 - u_3 y_2 \\ y_3 - v_2 & u_2 - x_3 & x_3 v_2 - u_2 y_3 \end{vmatrix},$$

$$\Delta_5 = \begin{vmatrix} y_1 - v_3 & u_3 - x_1 & x_1 v_3 - u_3 y_1 \\ y_2 - v_2 & u_2 - x_2 & x_2 v_2 - u_2 y_2 \\ y_3 - v_1 & u_1 - x_3 & x_3 v_1 - u_1 y_3 \end{vmatrix}, \quad \Delta_6 = \begin{vmatrix} y_1 - v_2 & u_2 - x_1 & x_1 v_2 - u_2 y_1 \\ y_2 - v_1 & u_1 - x_2 & x_2 v_1 - u_1 y_2 \\ y_3 - v_3 & u_3 - x_3 & x_3 v_3 - u_3 y_3 \end{vmatrix}.$$

定义 7.4.1 上述行列式 $\Delta_1, \Delta_2, \Delta_3, \Delta_4, \Delta_5, \Delta_6$ 称为该六点组 $P_i(x_i, y_i)(i = 1, 2, 3)$ 和 $Q_i(u_i, v_i)(i = 1, 2, 3)$ 坐标的行列式.

定义 7.4.2 给定三条直线 $a_i x + b_i y + c_i = 0 \ (i = 1, 2, 3)$, 则称该三直线组系数构成的行列式

$$\Delta = \begin{vmatrix} a_1 & b_1 & c_1 \\ a_2 & b_2 & c_2 \\ a_3 & b_3 & c_3 \end{vmatrix}$$

为该直线组的行列式.

显然, $\Delta_1, \Delta_2, \Delta_3, \Delta_4, \Delta_5, \Delta_6$ 分别是直线组 $P_1 Q_1, P_2 Q_2, P_3 Q_3$; $P_1 Q_2, P_2 Q_3$, $P_3 Q_1$; $P_2 Q_1, P_3 Q_2, P_1 Q_3$; $P_1 Q_1, P_2 Q_3, P_3 Q_2$; $P_1 Q_3, P_2 Q_2, P_3 Q_1$; $P_1 Q_2, P_2 Q_1, P_3 Q_3$ 的行列式.

7.4.2 平面六点组坐标行列式的性质

定理 7.4.1 六点组 $P_i(x_i, y_i)(i = 1, 2, 3)$ 和 $Q_i(u_i, v_i)(i = 1, 2, 3)$ 坐标的行列式满足如下关系:

$$\Delta_1 + \Delta_2 + \Delta_3 = 0, \tag{7.4.1}$$

$$\Delta_4 + \Delta_5 + \Delta_6 = 0. \tag{7.4.2}$$

证明 将 (7.4.1) 式中的三个行列式展开得

$$\Delta_1 = \sum_{i=1}^{3} [(y_i - v_i)(u_{i+1} - x_{i+1})(x_{i+2} v_{i+2} - u_{i+2} y_{i+2})$$

$$- (y_{i+2} - v_{i+2})(u_{i+1} - x_{i+1})(x_i v_i - u_i y_i)]$$

$$= \sum_{i=1}^{3} (u_{i+1} - x_{i+1})(x_{i+2} y_i v_{i+2} - y_i y_{i+2} u_{i+2}$$

$$- x_{i+2} v_i v_{i+2} + y_{i+2} u_{i+2} v_i - x_i y_{i+2} v_i + y_i y_{i+2} u_i + x_i v_i v_{i+2} - y_i u_i v_{i+2})$$

$$= \sum_{i=1}^{3} (x_{i+2} y_i u_{i+1} v_{i+2} - y_i y_{i+2} u_{i+1} u_{i+2} - x_{i+2} u_{i+1} v_i v_{i+2}$$

$$+ y_{i+2} u_{i+1} u_{i+2} v_i - x_i y_{i+2} u_{i+1} v_i + y_i y_{i+2} u_i u_{i+1}$$

$$+ x_i u_{i+1} v_i v_{i+2} - y_i u_i u_{i+1} v_{i+2} - x_{i+1} x_{i+2} y_i v_{i+2}$$

$$+ x_{i+1} y_i y_{i+2} u_{i+2} + x_{i+1} x_{i+2} v_i v_{i+2} - x_{i+1} y_{i+2} u_{i+2} v_i$$

$$+ x_i x_{i+1} y_{i+2} v_i - x_{i+1} y_i y_{i+2} u_i - x_i x_{i+1} v_i v_{i+2} + x_{i+1} y_i u_i v_{i+2})$$

$$= \sum_{i=1}^{3} (x_i y_{i+1} u_{i+2} v_i - y_i y_{i+1} u_i u_{i+2} - x_i u_{i+2} v_i v_{i+1} + y_i u_i u_{i+2} v_{i+1}$$

$$- x_i y_{i+2} u_{i+1} v_i + y_i y_{i+1} u_{i+1} u_{i+2} + x_i u_{i+1} v_i v_{i+2} - y_i u_i u_{i+1} v_{i+2}$$

$$- x_i x_{i+1} y_{i+2} v_{i+1} + x_i y_{i+1} y_{i+2} u_{i+1} + x_i x_{i+1} v_{i+1} v_{i+2} - x_i y_{i+1} u_{i+1} v_{i+2}$$

$$+ x_i x_{i+1} y_{i+2} v_i - x_i y_{i+1} y_{i+2} u_{i+1} - x_i x_{i+1} v_i v_{i+2} + x_i y_{i+2} u_{i+2} v_{i+1}), \quad (7.4.3)$$

类似地,

$$\Delta_2 = \sum_{i=1}^{3} (x_i y_{i+1} u_i v_{i+1} - y_i y_{i+1} u_i u_{i+1} - x_i x_{i+1} y_{i+2} v_{i+2} + x_i y_{i+1} y_{i+2} u_{i+2}$$

$$- x_i u_i v_{i+1} v_{i+2} + y_i u_i u_{i+1} v_{i+2} + x_i x_{i+1} v_i v_{i+2} - x_i y_{i+1} u_{i+2} v_i$$

$$- x_i y_{i+2} u_{i+2} v_{i+1} + y_i y_{i+1} u_i u_{i+2} + x_i x_{i+1} y_{i+2} v_{i+1} - x_i y_{i+1} y_{i+2} u_i$$

$$+ x_i u_{i+2} v_i v_{i+1} - y_i u_{i+1} u_{i+2} v_i - x_i x_{i+1} v_i v_{i+1} + x_i y_{i+2} u_i v_{i+2}), \quad (7.4.4)$$

$$\Delta_3 = \sum_{i=1}^{3} (x_i y_{i+1} u_{i+1} v_{i+2} - y_i y_{i+1} u_{i+1} v_{i+2} - x_i x_{i+1} y_{i+2} v_i$$

$$+ x_i y_{i+1} y_{i+2} u_i - x_i u_{i+1} v_i v_{i+2} + y_i u_{i+1} u_{i+2} v_i + x_i x_{i+1} v_i v_{i+1} - x_i y_{i+1} u_i v_{i+1}$$

$$- x_i y_{i+2} u_i v_{i+2} + y_i y_{i+1} u_i u_{i+1} + x_i x_{i+1} y_{i+2} v_{i+2} - x_i y_{i+1} y_{i+2} u_{i+1}$$

$$+ x_i u_i v_{i+1} v_{i+2} - y_i u_i u_{i+2} v_{i+1} - x_i x_{i+1} v_{i+1} v_{i+2} + x_i y_{i+2} u_{i+1} v_i). \quad (7.4.5)$$

式 (7.4.3)+(7.4.4)+(7.4.5), 即得式 (7.4.1).

又记 $M_1 = \sum_{i=1}^{3} (y_i - v_i) \begin{vmatrix} u_{i+2} - x_{i+1} & x_{i+1} v_{i+2} - u_{i+2} y_{i+1} \\ u_{i+1} - x_{i+2} & x_{i+2} v_{i+1} - u_{i+1} y_{i+2} \end{vmatrix}$,

$$M_2 = \sum_{i=1}^{3} (x_i - u_i) \begin{vmatrix} y_{i+1} - v_{i+2} & x_{i+1}v_{i+2} - u_{i+2}y_{i+1} \\ y_{i+2} - x_{i+1} & x_{i+2}v_{i+1} - u_{i+1}y_{i+2} \end{vmatrix},$$

$$M_3 = \sum_{i=1}^{3} (x_iv_i - u_iy_i) \begin{vmatrix} y_{i+1} - v_{i+2} & u_{i+2} - x_{i+1} \\ y_{i+2} - v_{i+1} & v_{i+1} - x_{i+2} \end{vmatrix}.$$

将式 (6.4.2) 右边的三个行列式展开, 得

$$\Delta_4 + \Delta_5 + \Delta_6 = M_1 + M_2 + M_3.$$

由于

$$\begin{aligned}
M_1 &= \sum_{i=1}^{3} (y_i - v_i)[(u_{i+2} - x_{i+1})(x_{i+2}v_{i+1} - u_{i+1}y_{i+2}) \\
&\quad - (u_{i+1} - x_{i+2})(x_{i+1}v_{i+2} - u_{i+2}y_{i+1})] \\
&= \sum_{i=1}^{3} (y_i - v_i)(x_{i+2}u_{i+2}v_{i+1} - y_{i+2}u_{i+1}u_{i+2} \\
&\quad - x_{i+1}x_{i+2}v_{i+1} + x_{i+1}y_{i+2}u_{i+1} - x_{i+1}u_{i+1}v_{i+2} \\
&\quad + y_{i+1}u_{i+1}u_{i+2} + x_{i+1}x_{i+2}v_{i+2} - x_{i+2}y_{i+1}u_{i+2}) \\
&= \sum_{i=1}^{3} (x_{i+2}y_iu_{i+2}v_{i+1} - y_iy_{i+2}u_{i+1}u_{i+2} - x_{i+1}x_{i+2}y_iv_{i+1} \\
&\quad + x_{i+1}y_iy_{i+2}u_{i+1} - x_{i+1}y_iu_{i+1}v_{i+2} + y_iy_{i+1}u_{i+1}u_{i+2} + x_{i+1}x_{i+2}y_iv_{i+2} \\
&\quad - x_{i+2}y_iy_{i+1}u_{i+2} - x_{i+2}u_{i+2}v_iv_{i+1} + y_{i+2}u_{i+1}u_{i+2}v_i \\
&\quad + x_{i+1}x_{i+2}v_iv_{i+1} - x_{i+1}y_{i+2}u_{i+1}v_i + x_{i+1}u_{i+1}v_iv_{i+2} \\
&\quad - y_{i+1}u_{i+1}u_{i+2}v_i - x_{i+1}x_{i+2}v_iv_{i+2} + x_{i+2}y_{i+1}u_{i+2}v_i) \\
&= \sum_{i=1}^{3} (x_iy_{i+1}u_iv_{i+2} - y_iy_{i+1}u_iu_{i+2} - x_ix_{i+1}y_{i+2}v_i + x_iy_{i+1}y_{i+2}u_i \\
&\quad - x_iy_{i+2}u_iv_{i+1} + y_iy_{i+1}u_{i+1}u_{i+2} + x_ix_{i+1}y_{i+2}v_{i+1} - x_iy_{i+1}y_{i+2}u_i \\
&\quad - x_iu_iv_{i+1}v_{i+2} + y_iu_iu_{i+2}v_{i+1} + x_ix_{i+1}v_iv_{i+2} - x_iy_{i+1}u_iv_{i+2} \\
&\quad + x_iu_iv_{i+1}v_{i+2} - y_iu_iu_{i+1}v_{i+2} - x_ix_{i+1}v_{i+1}v_{i+2} + x_iy_{i+2}u_iv_{i+1}) \\
&= \sum_{i=1}^{3} (-y_iy_{i+1}u_iu_{i+2} - x_ix_{i+1}y_{i+2}v_i + y_iy_{i+1}u_{i+1}u_{i+2} + x_ix_{i+1}y_{i+2}v_{i+1} \\
&\quad + y_iu_iu_{i+2}v_{i+1} + x_ix_{i+1}v_iv_{i+2} - y_iu_iu_{i+1}v_{i+2} - x_ix_{i+1}v_{i+1}v_{i+2}), \quad (7.4.6)
\end{aligned}$$

同理

$$M_2 = \sum_{i=1}^{3}(-x_i y_{i+1} y_{i+2} u_{i+1} - x_i x_{i+1} v_i v_{i+2} + x_i y_{i+1} y_{i+2} u_{i+2} + x_i x_{i+1} v_{i+1} v_{i+2}$$
$$+ y_i y_{i+1} u_i u_{i+2} + x_i u_{i+1} v_i v_{i+2} - y_i y_{i+1} u_{i+1} u_{i+2} - x_i u_{i+2} v_i v_{i+1}), \tag{7.4.7}$$

$$M_3 = \sum_{i=1}^{3}(-x_i x_{i+1} y_{i+2} v_{i+1} - x_i u_{i+1} v_i v_{i+2} + x_i x_{i+1} y_{i+2} v_i + x_i u_{i+2} v_i v_{i+1}$$
$$+ x_i y_{i+1} y_{i+2} u_{i+1} + y_i u_i u_{i+1} v_{i+2} - x_i y_{i+1} y_{i+2} u_{i+2} - y_i u_i u_{i+2} v_{i+1}). \tag{7.4.8}$$

式 (7.4.6)+(7.4.7)+(7.4.8) 得 $M_1 + M_2 + M_3 = 0$, 因此式 (7.4.2) 成立.

7.4.3   平面六点组坐标行列式性质的应用

定理 7.4.2 (双重透视定理)   设 $P_1 P_2 P_3, Q_1 Q_2 Q_3$ 是两个给定的三角形. 若直线 $P_1 Q_1, P_2 Q_2, P_3 Q_3$ 相交于 O, 直线 $P_1 Q_2, P_2 Q_3, P_3 Q_1$ 相交于 O_1, 则直线 $P_2 Q_1, P_3 Q_2, P_1 Q_3$ 相交于一点 O_2.

证明   如图 7.4.1 所示. 设三角形 $P_1 P_2 P_3, Q_1 Q_2 Q_3$ 顶点的坐标分别为 $P_i(x_i, y_i)$ $(i = 1, 2, 3)$ 和 $Q_i(u_i, v_i)(i = 1, 2, 3)$. 因为直线 $P_1 Q_1, P_2 Q_2, P_3 Q_3$ 相交于 O, 直线 $P_1 Q_2, P_2 Q_3, P_3 Q_1$ 相交于 O_1, 故由定理 7.3.1 知, 这两组直线的一级行列式均为零, 即 $\Delta_1 = \Delta_2 = 0$, 于是由式 (7.4.1) 知, 直线 $P_2 Q_1, P_3 Q_2, P_1 Q_3$ 的一级行列式 $\Delta_3 = 0$, 因此由定理 7.3.1 和注 7.3.1 知, 当 $P_2 Q_1, P_3 Q_2, P_1 Q_3$ 中有两线相交于一点时, 这三条直线相交于一点; 当 $P_2 Q_1, P_3 Q_2, P_1 Q_3$ 中有两线相互平行时, 这三条直线相互平行. 因此, $P_2 Q_1, P_3 Q_2, P_1 Q_3$ 相交于一点 O_2 或相互平行.

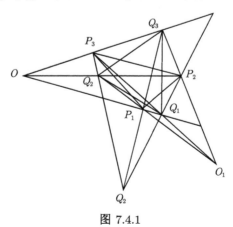

图 7.4.1

注 7.4.1   将定理 7.4.2 条件和结论中的 Q_2 和 Q_3 互换, 利用式 (7.4.2) 也可以证明二重透视定理.

定理 7.4.3 (三重透视定理) 设 $P_1P_2P_3, Q_1Q_2Q_3$ 是两个给定的三角形. 若直线 P_1Q_1, P_2Q_2, P_3Q_3 相交于 O, 直线 P_1Q_1, P_2Q_3, P_3Q_2 相交于 O_1', 直线 P_1Q_3, P_2Q_2, P_3Q_1 相交于 O_2', 则直线 P_1Q_2, P_2Q_1, P_3Q_3 相交于一点 O_3'.

证明 如图 7.4.2 所示. 因为直线 P_1Q_1, P_2Q_2, P_3Q_3 相交于 O, 直线 P_1Q_1, P_2Q_3, P_3Q_2 相交于 O_1', 直线 P_1Q_3, P_2Q_2, P_3Q_1 相交于 O_2', 故由定理 7.3.1 知这三组直线的行列式均为零, 即 $\Delta_1 = \Delta_4 = \Delta_5 = 0$. 于是由式 (7.4.2) 知, 直线 P_1Q_2, P_2Q_1, P_3Q_3 的一级行列式 $\Delta_6 = 0$, 因此由定理 7.3.1 和注 7.3.1 知, 当 P_2Q_1, P_3Q_2, P_1Q_3 中有两线相交于一点时, 这三条直线相交于一点; 当 P_2Q_1, P_3Q_2, P_1Q_3 中有两线相互平行时, 这三条直线相互平行. 因此, 直线 P_2Q_1, P_3Q_2, P_1Q_3 相交于一点 O_3' 或相互平行.

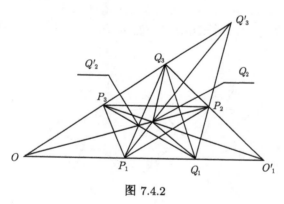

图 7.4.2

注 7.4.2 由定理证明可知, 直线 P_1Q_1, P_2Q_2, P_3Q_3 相交于 O 与 P_2Q_1, P_3Q_2, P_1Q_3 相交于一点 O_3' 没有直接联系, 但没有该条件只能推出二重透视定理, 而不能推出三重透视定理. 因此三重透视只是二重透视 "加一个" 一重透视得到的.

综上所述, 定理 7.4.1 揭示了平面六点组坐标行列式之间的关系, 它是平面六点组坐标对称性的某种必然的反映, 而多重透视定理正是源于这种必然性. 二重透视并不是两个单重透视的简单叠加, 它们需要通过式 (7.4.1) 的关系才能得到二重透视; 而三重透视则可以视为一个二重透视与一个单重透视叠加的结果, 它是由关系式 (7.4.2) 和 $\Delta_1 = 0$ 推出的, 前者与一个二重透视有关, 后者与单重透视相连, 它们 "各行其是", 一起得出一个三重透视.

7.5 两三角形的垂三角形有向面积的定值定理及应用

两个三角形的透视性是几何学中一个十分有趣的问题, 很多数学家都对这个问题进行过研究, 并得到了不同形式的透视的充要条件. 本节用有向面积的观点探讨这个问题. 首先, 论述与两三角形的垂三角形有关的概念; 其次, 给出两三角形及其垂三角形有向面积的一个关系定理及其推论, 包括著名的共点线的施泰纳定理; 最后, 分别给出两三角形的顶点向量数量积、两三角形顶点距离之间和两个三角形外正方形中心三角形有向面积之间的定值定理, 并据此推出两三角形垂直透射的几个充分必要条件, 包括两个著名的 Zvonko Cerin's 定理. 我们发现, 这些充分必要条件都和两三角形的坐标的某种对称性有关.

7.5.1　两三角形的垂三角形有关的概念

定义 7.5.1　设 $P_1P_2P_3, Q_1Q_2Q_3$ 是平面三角形, 过三角形 $P_1P_2P_3(Q_1Q_2Q_3)$ 的顶点 $P_i(Q_i)$ 作三角形 $Q_1Q_2Q_3(P_1P_2P_3)$ 的边 $Q_{i+1}Q_{i+2}(P_{i+1}P_{i+2})$ 的垂线 $h_i(h_i')$ $(i = 1, 2, 3)$, 则称三垂线 h_1, h_2, h_3 (h_1', h_2', h_3') 依次构成的三角形 $h_1h_2h_3(h_1'h_2'h_3')$ 为三角形 $P_1P_2P_3(Q_1Q_2Q_3)$ 对三角形 $Q_1Q_2Q_3(P_1P_2P_3)$ 的垂三角形 (图 7.5.1).

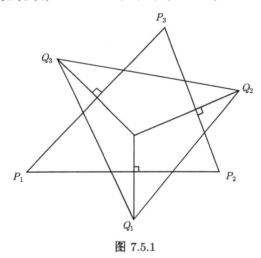

图 7.5.1

特别地, 当三垂线 $h_1, h_2, h_3(h_1', h_2', h_3')$ 共点时, 我们把其交点看成是三角形 $P_1P_2P_3(Q_1Q_2Q_3)$ 对三角形 $Q_1Q_2Q_3(P_1P_2P_3)$ 的垂三角形的特殊情形.

显然, 三角形 $P_1P_2P_3$ 对其自身的垂三角形, 就是三角形 $P_1P_2P_3$ 的垂心.

定义 7.5.2　设 $h_i(h_i')$ 是 $P_1P_2P_3(Q_1Q_2Q_3)$ 的顶点 $P_i(Q_i)$ 到三角形 $Q_1Q_2Q_3$ $(P_1P_2P_3)$ 的边 $Q_{i+1}Q_{i+2}(P_{i+1}P_{i+2})(i = 1, 2, 3)$ 的垂线. 若 $h_1, h_2, h_3(h_1', h_2', h_3')$ 三线共点, 则称三角形 $P_1P_2P_3$ 与 $Q_1Q_2Q_3$(三角形 $Q_1Q_2Q_3$ 与 $P_1P_2P_3$) 是垂直透射的.

显然, 三角形 $P_1P_2P_3$ 与其自身是垂直透射的, 因此三角形的垂直透射关系是自反的.

又根据三角形的高线定理, 即得三角形 $P_1P_2P_3$ 与其垂足三角形 $Q_1Q_2Q_3$ 是垂直透射的.

定义 7.5.3 以三角形所在平面上一点为起点、三角形的一个顶点为终点的向量称为三角形的顶点向量.

显然, 终点为三角形顶点的向径和三角形的边向量都是三角形的顶点向量的特殊情形.

7.5.2 两三角形及其垂三角形有向面积的关系定理及其应用

定理 7.5.1 (喻德生, 2012) 设非退化三角形 $P_1P_2P_3(Q_1Q_2Q_3)$ 顶点的坐标分别为 $P_i(x_i, y_i)(Q_i(u_i, v_i))$, $h_i(h_i')$ 是三角形 $P_1P_2P_3(Q_1Q_2Q_3)$ 的顶点 $P_i(Q_i)$ 到三角形 $Q_1Q_2Q_3(P_1P_2P_3)$ 的边 $Q_{i+1}Q_{i+2}(P_{i+1}P_{i+2})(i = 1, 2, 3)$ 的垂线, $C_i = (u_{i+1} - u_{i+2})x_i + (v_{i+1} - v_{i+2})y_i(i = 1, 2, 3)$, 则

$$D_{Q_1Q_2Q_3}D_{h_1h_2h_3} = D_{P_1P_2P_3}D_{h_1'h_2'h_3'} = \frac{1}{4}\left(\sum_{i=1}^{3} C_i\right)^2. \tag{7.5.1}$$

证明 如图 7.5.2 所示. 直线 $Q_{i+1}Q_{i+2}$ 的方程为

$$(v_{i+1} - v_{i+2})x + (u_{i+2} - u_{i+1})y + (u_{i+1}v_{i+2} - u_{i+2}y_{i+1}) = 0,$$

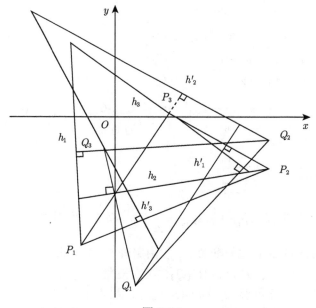

图 7.5.2

设垂线 h_i 的方程为

$$(u_{i+2} - u_{i+1})x + (v_{i+2} - v_{i+1})y + C_i' = 0,$$

将 $P_i(x_i, y_i)$ 的坐标代入求得 $C_i' = C_i (i = 1, 2, 3)$. 于是

$$(u_{i+2} - u_{i+1})x + (u_{r+2} - u_{i+1})y + C_i = 0.$$

由于直线组 h_1, h_2, h_3 一级行列式第三列代数余子式方程

$$\begin{aligned}
\Delta_{31}\Delta_{32}\Delta_{33} &= \prod_{i=1}^{3}[(u_{i+2} - u_{i+1})(v_i - v_{i+2}) - (u_i - u_{i+2})(v_{i+2} - v_{i+1})] \\
&= \prod_{i=1}^{3}[(u_i v_{i+1} - u_{i+1}v_i) + (u_{i+1}v_{i+2} - u_{i+2}v_{i+1}) + (u_{i+2}v_i - u_i v_{i+2})] \\
&= 8\mathrm{D}_{Q_1 Q_2 Q_3}^3,
\end{aligned}$$

故由公式 (7.1.4) 得

$$\begin{aligned}
&\mathrm{D}_{h_1 h_2 h_3} \\
&= \frac{1}{16\mathrm{D}_{Q_1 Q_2 Q_3}^3}\begin{vmatrix} u_3 - u_2 & v_3 - v_2 & C_1 \\ u_1 - u_3 & v_1 - v_3 & C_2 \\ u_2 - u_1 & v_2 - v_1 & C_3 \end{vmatrix}^2 \\
&= \frac{1}{16\mathrm{D}_{Q_1 Q_2 Q_3}^3}\begin{vmatrix} 0 & 0 & C_1 + C_2 + C_3 \\ u_1 - u_3 & v_1 - v_3 & C_2 \\ u_2 - u_1 & v_2 - v_1 & C_2 \end{vmatrix}^2 \\
&= \frac{(C_1 + C_2 + C_3)^2}{16\mathrm{D}_{Q_1 Q_2 Q_3}^3}\begin{vmatrix} u_1 - u_3 & v_1 - v_3 \\ u_2 - u_1 & v_2 - v_1 \end{vmatrix}^2 = \frac{(C_1 + C_2 + C_3)^2}{16\mathrm{D}_{Q_1 Q_2 Q_3}^3} \cdot 4\mathrm{D}_Q^2 = \frac{(C_1 + C_2 + C_3)^2}{4\mathrm{D}_{Q_1 Q_2 Q_3}},
\end{aligned}$$

因此 $\mathrm{D}_{Q_1 Q_2 Q_3}\mathrm{D}_{h_1 h_2 h_3} = \dfrac{1}{4}\left(\displaystyle\sum_{i=1}^{3} C_i\right)^2$.

类似地, 可以证明 $\mathrm{D}_{P_1 P_2 P_3}\mathrm{D}_{h_1' h_2' h_3'} = \dfrac{1}{4}\left(\displaystyle\sum_{i=1}^{3} C_i\right)^2$, 所以式 (7.5.1) 式成立.

注意到式 (7.5.1) 的右边是非负的, 故由定理 7.5.1 即得

推论 7.5.1　三角形 $P_1 P_2 P_3 (Q_1 Q_2 Q_3)$ 对三角形 $Q_1 Q_2 Q_3 (P_1 P_2 P_3)$ 的垂三角形 $h_1 h_2 h_3 (h_1' h_2' h_3')$ 与三角形 $Q_1 Q_2 Q_3 (P_1 P_2 P_3)$ 是同向三角形.

推论 7.5.2　非退化三角形 $P_1 P_2 P_3, Q_1 Q_2 Q_3$ 的垂直透射关系是对称的.

证明　由定理 7.5.1 知, $\mathrm{D}_{h_1 h_2 h_3} = 0 \Leftrightarrow \mathrm{D}_{h_1' h_2' h_3'} = 0$, 即 h_1, h_2, h_3 相交于一点的充分必要条件是 h_1', h_2', h_3' 相交于一点, 因此两三角形 $P_1 P_2 P_3, Q_1 Q_2 Q_3$ 的垂直透射关系是对称的.

推论 7.5.3 (共点线的施泰纳定理)　设 $h_i(h_i')$ 是 $P_1P_2P_3(Q_1Q_2Q_3)$ 的顶点 $P_i(Q_i)$ 到三角形 $Q_1Q_2Q_3(P_1P_2P_3)$ 的边 $Q_{i+1}Q_{i+2}(P_{i+1}P_{i+2})(i=1,2,3)$ 的垂线, 则 h_1,h_2,h_3 三线共点的充要条件是 h_1',h_2',h_3' 三线共点.

证明　如图 7.5.3 所示. 当三角形 $P_1P_2P_3,Q_1Q_2Q_3$ 均为非退化三角形时, 根据推论 7.5.2 即得.

当三角形 $P_1P_2P_3$ 或 $Q_1Q_2Q_3$ 退化成一线段时, 根据例 7.3.4 知结论成立.

当三角形 $P_1P_2P_3,Q_1Q_2Q_3$ 退化成两线段时, $h_1,h_2,h_3;h_1',h_2',h_3'$ 是两组平行的直线, 它们均相交于无穷远点, 结论亦成立.

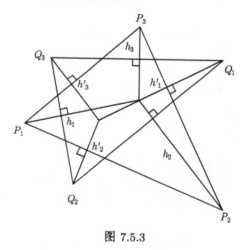

图 7.5.3

推论 7.5.4　非退化的三角形 $P_1P_2P_3,Q_1Q_2Q_3$ 垂直透射的充分必要条件是

$$\sum_{i=1}^{3} C_i = 0.$$

证明　由式 (7.5.1) 即得.

7.5.3　两三角形的顶点向量数量积的定值定理及其应用

定理 7.5.2 (喻德生, 2012)　设 $P_1P_2P_3,Q_1Q_2Q_3$ 是同一平面上的两个三角形, 它们顶点的坐标分别为 $P_i(x_i,y_i),Q_i(u_i,v_i)(i=1,2,3),P$ 是三角形所在平面上任意一点, $C_i=(u_{i+1}-u_{i+2})x_i+(v_{i+1}-v_{i+2})y_i(i=1,2,3)$, 则

$$\sum_{i=1}^{3}\overrightarrow{PP_i}\cdot\overrightarrow{Q_{i+1}Q_{i+2}}=\sum_{i=1}^{3}\overrightarrow{PQ_i}\cdot\overrightarrow{P_{i+1}P_{i+2}}=\sum_{i=1}^{3}C_i \quad (为定值). \tag{7.5.2}$$

证明　设三角形所在平面上任意点的坐标为 $P(x,y)$, 则

$$\overrightarrow{PP_i}=\{x_i-x,y_i-y\},\quad \overrightarrow{Q_iQ_{i+1}}=\{u_{i+1}-u_i,v_{i+1}-v_i\} \quad (i=1,2,3),$$

于是

$$\sum_{i=1}^{3} \overrightarrow{PP_i} \cdot \overrightarrow{Q_{i+1}Q_{i+2}}$$

$$= \sum_{i=1}^{3} [(x_i - x)(u_{i+2} - u_{i+1}) + (y_i - y)(v_{i+2} - v_{i+1})]$$

$$= \sum_{i=1}^{3} [(x_i u_{i+2} - x_i u_{i+1}) - x(u_{i+2} - u_{i+1}) + (y_i v_{i+2} - y_i v_{i+1}) - y(v_{i+2} - v_{i+1})]$$

$$= \sum_{i=1}^{3} [(x_{i+1} u_i - x_i u_{i+1}) + (y_{i+1} v_i - y_i v_{i+1})] = \sum_{i=1}^{3} C_i.$$

同理可证 $\sum_{i=1}^{3} \overrightarrow{PQ_i} \cdot \overrightarrow{P_{i+1}P_{i+2}} = \sum_{i=1}^{3} C_i$,

因此, 式 (7.5.2) 成立.

由定理 7.5.1 和定理 7.5.2 即得

推论 7.5.5　设 $P_1P_2P_3, Q_1Q_2Q_3$ 是同一平面上的两个三角形, $h_i(h_i')$ 是三角形 $P_1P_2P_3(Q_1Q_2Q_3)$ 的顶点 $P_i(Q_i)$ 到三角形 $Q_1Q_2Q_3(P_1P_2P_3)$ 的边 $Q_{i+1}Q_{i+2}(P_{i+1}P_{i+2})(i = 1, 2, 3)$ 的重线, P 是三角形所在平面上任意一点, 则

$$\left(\sum_{i=1}^{3} \overrightarrow{PQ_i} \cdot \overrightarrow{P_{i+1}P_{i+2}} \right)^2 = 4D_{Q_1Q_2Q_3}D_{h_1h_2h_3} = 4D_{P_1P_2P_3}D_{h_1'h_2'h_3'} \quad \text{(为定值)}.$$

推论 7.5.6(廖小勇, 2003)　设 $P_1P_2P_3, Q_1Q_2Q_3$ 是同一平面上的两个三角形, P 是三角形所在平面上任意一点, 则非退化的三角形 $P_1P_2P_3, Q_1Q_2Q_3$ 垂直透射的充分必要条件是

$$\sum_{i=1}^{3} \overrightarrow{PP_i} \cdot \overrightarrow{Q_{i+1}Q_{i+2}} = 0 \quad \text{或} \quad \sum_{i=1}^{3} \overrightarrow{PQ_i} \cdot \overrightarrow{P_{i+1}P_{i+2}} = 0.$$

证明　由推论 7.5.5 和式 (7.5.2) 即得.

7.5.4　两三角形顶点间距离的关系定理及其应用

定理 7.5.3 (喻德生, 2012)　设 $P_1P_2P_3, Q_1Q_2Q_3$ 是同一平面上的两个三角形, 它们顶点的坐标分别为 $P_i(x_i, y_i), Q_i(u_i, v_i)(i = 1, 2, 3), C_i = (u_{i+1} - u_{i+2})x_i + (v_{i+1} - v_{i+2})y_i(i = 1, 2, 3)$, 则

$$\sum_{i=1}^{3} (\mathrm{d}_{P_{i+1}Q_i}^2 - \mathrm{d}_{Q_{i+1}P_i}^2) = 2 \sum_{i=1}^{3} C_i. \tag{7.5.3}$$

证明　如图 7.5.4 所示. 根据两点间的距离公式, 得

$$\sum_{i=1}^{3} (\mathrm{d}_{P_{i+1}Q_i}^2 - \mathrm{d}_{Q_{i+1}P_i}^2)$$

$$= \sum_{i=1}^{3} [(x_{i+1} - u_i)^2 + (y_{i+1} - v_i)^2 - (u_{i+1} - x_i)^2 - (v_{i+1} - y_i)^2]$$

$$= 2\sum_{i=1}^{3} [(x_i u_{i+1} - x_{i+1} u_i) + (y_i v_{i+1} - y_{i+1} v_i)] = 2\sum_{i=1}^{3} C_i.$$

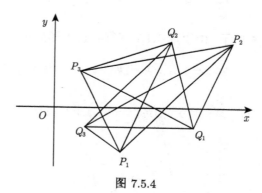

图 7.5.4

推论 7.5.7　设 $P_1 P_2 P_3, Q_1 Q_2 Q_3$ 是同一平面上的两个三角形, $h_i(h_i')$ 是三角形 $P_1 P_2 P_3 (Q_1 Q_2 Q_3)$ 的顶点 $P_i(Q_i)$ 到 $Q_1 Q_2 Q_3 (P_1 P_2 P_3)$ 的边 $Q_{i+1}Q_{i+2}(P_{i+1}P_{i+2})(i = 1, 2, 3)$ 的垂线, 则

$$\mathrm{D}_{Q_1 Q_2 Q_3} \mathrm{D}_{h_1 h_2 h_3} = \mathrm{D}_{P_1 P_2 P_3} \mathrm{D}_{h_1' h_2' h_3'} = \left[\sum_{i=1}^{3} (\mathrm{d}_{P_{i+1}Q_i}^2 - \mathrm{d}_{Q_{i+1}P_i}^2)\right]^2.$$

证明　由式 (7.5.1) 及 (7.5.3) 即得.

推论 7.5.8　设 $P_1 P_2 P_3, Q_1 Q_2 Q_3$ 是同一平面上的两个三角形, P 是平面上任意一点, 则

$$\sum_{i=1}^{3} \overrightarrow{PP_i} \cdot \overrightarrow{Q_{i+1}Q_{i+2}} = \sum_{i=1}^{3} \overrightarrow{PQ_i} \cdot \overrightarrow{P_{i+1}P_{i+2}} = \frac{1}{2}\sum_{i=1}^{3} (\mathrm{d}_{P_{i+1}Q_i}^2 - \mathrm{d}_{Q_{i+1}P_i}^2) \quad \text{(为定值)}.$$

证明　由式 (7.5.2) 及 (7.5.3) 即得.

推论 7.5.9 (Cerin, 2009)　两个非退化的三角形 $P_1 P_2 P_3, Q_1 Q_2 Q_3$ 垂直透射的充分必要条件是

$$\sum_{i=1}^{3} \mathrm{d}_{P_{i+1}Q_i}^2 = \sum_{i=1}^{3} \mathrm{d}_{Q_{i+1}P_i}^2.$$

证明   由式 (7.5.3) 及推论 7.5.7 即得.

7.5.5   两个三角形外正方形中心三角形有向面积的关系定理及其应用

定理 7.5.4 (喻德生, 2012)   设 $P_1P_2P_3, Q_1Q_2Q_3$ 是同一平面上的两个三角形, 它们的顶点坐标分别为 $P_i(x_i, y_i)$, $Q_i(u_i, v_i)(i = 1, 2, 3)$, $C_i = (u_{i+1} - u_{i+2})x_i + (v_{i+1} - v_{i+2})y_i (i = 1, 2, 3)$. 以 $P_iQ_{i+2}(Q_{i+2}P_{i+1})(i = 1, 2, 3)$ 为边向外分别作正方形, 正方形中心分别为 $M_i(N_i)(i = 1, 2, 3)$, 则

$$D_{M_1M_2M_3} - D_{N_1N_2N_3} = \frac{1}{4}\sum_{i=1}^{3} C_i. \tag{7.5.4}$$

证明   如图 7.5.5 所示. 由引理 1.1.1 求得各正方形的中心的坐标分别为

$$M_i\left(\frac{1}{2}(x_i + u_{i+2} + v_{i+2} - y_i), \frac{1}{2}(x_i + y_i + v_{i+2} - u_{i+2})\right) \quad (i = 1, 2, 3),$$

$$N_i\left(\frac{1}{2}(x_{i+1} + y_{i+1} + u_{i+2} - v_{i+2}), \frac{1}{2}(y_{i+1} + u_{i+2} + v_{i+2} - x_{i+1})\right) \quad (i = 1, 2, 3).$$

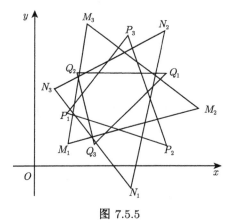

图 7.5.5

于是

$$D_{M_1M_2M_3}$$
$$= \frac{1}{8}\sum_{i=1}^{3}[(x_i + u_{i+2} + v_{i+2} - y_i)(x_{i+1} + y_{i+1} + v_i - u_i)$$
$$- (x_{i+1} + u_i + v_i - y_{i+1})(x_i + y_i + v_{i+2} - u_{i+2})]$$
$$= \frac{1}{8}\sum_{i=1}^{3}[(x_iy_{i+1} - x_{i+1}y_i) + (x_iv_i - x_{i+1}v_{i+2}) + (x_{i+1}u_{i+2} - x_iu_i)$$
$$+ (x_{i+1}u_{i+2} - x_iu_i) + (y_{i+1}u_{i+2} - y_iu_i) + (u_{i+2}v_i - u_iv_{i+2})$$

$$+ (x_{i+1}v_{i+2} - x_iv_i) + (y_{i+1}v_{i+2} - y_iv_i) + (u_{i+2}v_i - u_iv_{i+2})$$

$$+ (x_iy_{i+1} - x_{i+1}y_i) + (y_{i+1}v_{i+2} - y_iv_i) + (y_iu_i - u_{i+2}y_{i+1})]$$

$$= \frac{1}{2}\mathrm{D}_{P_1P_2P_3} + \frac{1}{2}\mathrm{D}_{Q_1Q_2Q_3} + \frac{1}{4}\sum_{i=1}^{3}[(x_{i+1}u_{i+2} - x_iu_i) + (y_{i+1}v_{i+2} - y_iv_i)]$$

$$= \frac{1}{2}\mathrm{D}_{P_1P_2P_3} + \frac{1}{2}\mathrm{D}_{Q_1Q_2Q_3} + \frac{1}{4}\sum_{i=1}^{3}(x_iu_{i+1} - x_iu_i + y_iv_{i+1} - y_iv_i),$$

类似地,

$$\mathrm{D}_{N_1N_2N_3} = \frac{1}{2}\mathrm{D}_{P_1P_2P_3} + \frac{1}{2}\mathrm{D}_{Q_1Q_2Q_3} + \frac{1}{4}\sum_{i=1}^{3}(x_{i+1}u_i - x_iu_i + y_{i+1}v_i - y_iv_i).$$

于是

$$\mathrm{D}_{M_1M_2M_3} - \mathrm{D}_{N_1N_2N_3} = \frac{1}{4}\sum_{i=1}^{3}[(x_iu_{i+1} - x_{i+1}u_i) + (y_iv_{i+1} - y_{i+1}v_i)] = \frac{1}{4}\sum_{i=1}^{3}C_i.$$

推论 7.5.10 设 $P_1P_2P_3, Q_1Q_2Q_3$ 是同一平面上的两个三角形, $h_i(h_i')$ 是三角形 $P_1P_2P_3(Q_1Q_2Q_3)$ 的顶点 $P_i(Q_i)$ 到 $Q_1Q_2Q_3(P_1P_2P_3)$ 的边 $Q_{i+1}Q_{i+2}(P_{i+1}P_{i+2})$ $(i = 1, 2, 3)$ 的垂线, 则

$$\mathrm{D}_{Q_1Q_2Q_3}\mathrm{D}_{h_1h_2h_3} = \mathrm{D}_{P_1P_2P_3}\mathrm{D}_{h_1'h_2'h_3'} = 4(\mathrm{D}_{M_1M_2M_3} - \mathrm{D}_{N_1N_2N_3})^2.$$

证明 由式 (7.5.1) 及 (7.5.4) 即得.

推论 7.5.11 设 $P_1P_2P_3, Q_1Q_2Q_3$ 是同一平面上的两个三角形, P 是平面上任意一点, 则

$$\sum_{i=1}^{3}\overrightarrow{PP_i} \cdot \overrightarrow{Q_{i+1}Q_{i+2}} = \sum_{i=1}^{3}\overrightarrow{PQ_i} \cdot \overrightarrow{P_{i+1}P_{i+2}} = 4(\mathrm{D}_{M_1M_2M_3} - \mathrm{D}_{N_1N_2N_3}) \quad (\text{为定值}).$$

证明 由式 (7.5.2) 及 (7.5.4) 即得.

推论 7.5.12 (Cerin, 2009) 设 $P_1P_2P_3, Q_1Q_2Q_3$ 是同一平面上的两个三角形. 以 $P_iQ_{i+2}(Q_{i+2}P_{i+1})(i = 1, 2, 3)$ 为边向外分别作正方形, 正方形中心分别为 $M_i(N_i)(i = 1, 2, 3)$, 则两三角形 $P_1P_2P_3, Q_1Q_2Q_3$ 垂直透射的充分必要条件是

$$\mathrm{D}_{M_1M_2M_3} = \mathrm{D}_{N_1N_2N_3}.$$

证明 由式 (7.1.4) 及推论 7.5.10 即得.

7.6　三角形与圆锥曲线交点的垂线三角形 (有向) 面积公式及应用

我们知道, 三角形与圆交点有如下有趣的一个性质: "自三角形各边与圆的交点作交点所在边的垂线, 若其中三垂线相交于一点, 则另外三垂线也相交于一点." 这个性质可以根据圆的某种对称性给出证明, 但这种方法对一般的二次曲线不能适用. 本节用有向面积的观点探讨这个问题, 分别给出三角形与各类圆锥曲线和圆锥曲线交点的垂线三角形 (有向) 面积公式, 并根据这些公式得到两垂线三角形面积之间的关系定理等结论, 从而把三角形与圆的交点的垂线三角形定理推广到圆锥曲线的情形.

7.6.1　三角形各边所在直线与椭圆交点的垂线三角形 (有向) 面积公式及其应用

定理 7.6.1 (喻德生, 2014)　设三角形 $P_1P_2P_3$ 各边 $P_iP_{i+1}(i=1,2,3)$ 所在直线与椭圆 $x^2/a^2 + y^2/b^2 = 1$ 的交点为 $Q_i(a\cos\alpha_i, b\sin\alpha_i)$, $R_i\,(a\cos\beta_i, b\sin\beta_i)$, 过 $Q_i(R_i)$ 作 P_iP_{i+1} 的垂线 $s_i\,(t_i)(i=1,2,3)$, 则

$$a_{s_1 s_2 s_3} = \frac{1}{a^2 b^2}\left(\frac{\delta_1 C_3' + \delta_2 C_1' + \delta_3 C_2'}{\delta_1 C_3 + \delta_2 C_1 + \delta_3 C_2}\right)^2 a_{P_1 P_2 P_3}, \tag{7.6.1}$$

$$a_{t_1 t_2 t_3} = \frac{1}{a^2 b^2}\left(\frac{\delta_1 C_3'' + \delta_2 C_1'' + \delta_3 C_2''}{\delta_1 C_3 + \delta_2 C_1 + \delta_3 C_2}\right)^2 a_{P_1 P_2 P_3}, \tag{7.6.2}$$

其中 $\delta_i = \sin\dfrac{\alpha_{i+1}+\beta_{i+1}-\alpha_i-\beta_i}{2}, C_i' = b^2\sin\alpha_i\cos\dfrac{\alpha_i+\beta_i}{2} - a^2\cos\alpha_i\sin\dfrac{\alpha_i+\beta_i}{2}$,
$C_i'' = b^2\sin\beta_i\cos\dfrac{\alpha_i+\beta_i}{2} - a^2\cos\beta_i\sin\dfrac{\alpha_i+\beta_i}{2}, C_i = \cos\dfrac{\alpha_i-\beta_i}{2}$.

证明　如图 7.6.1 所示. 由 Q_i, R_i 的坐标, 求得 P_iP_{i+1} 的直线方程为

$$b(\sin\alpha_i - \sin\beta_i)x + a(\cos\beta_i - \cos\alpha_i)y + ab\sin(\beta_i - \alpha_i) = 0,$$

即

$$b\cos\frac{\alpha_i+\beta_i}{2}\cdot x + a\sin\frac{\alpha_i+\beta_i}{2}\cdot y - abC_i = 0 \quad (i=1,2,3).$$

于是由线型三角形有向面积公式, 得

$$D_{P_1 P_2 P_3} = \frac{(ba)^2(-ab)^2}{2(ab)^3 \prod\limits_{i=1}^{3}\delta_i}\left|\begin{array}{ccc} \cos\dfrac{\alpha_1+\beta_1}{2} & \sin\dfrac{\alpha_1+\beta_1}{2} & C_1 \\[2mm] \cos\dfrac{\alpha_2+\beta_2}{2} & \sin\dfrac{\alpha_2+\beta_2}{2} & C_2 \\[2mm] \cos\dfrac{\alpha_3+\beta_3}{2} & \sin\dfrac{\alpha_3+\beta_3}{2} & C_3 \end{array}\right|^2$$

$$= \frac{ab\,(\delta_1 C_3 + \delta_2 C_1 + \delta_3 C_2)^2}{2\displaystyle\prod_{i=1}^{3}\delta_i}. \tag{7.6.3}$$

设 $s_i(t_i)$ 的方程为

$$a\sin\frac{\alpha_i+\beta_i}{2}\cdot x - b\cos\frac{\alpha_i+\beta_i}{2}\cdot y + c_i = 0 \quad (i=1,2,3),$$

分别将 $Q_i(a\cos\alpha_i, b\sin\alpha_i)$, $R_i\,(a\cos\beta_i, b\sin\beta_i)$ 的坐标代入, 求得 $c_i = C_i'$ 和 $c_i = C_i''$.

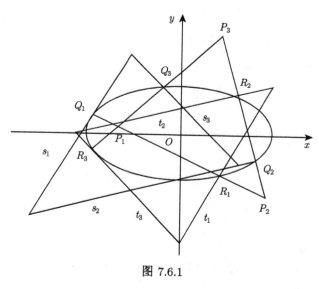

图 7.6.1

于是

$$s_i : a\sin\frac{\alpha_i+\beta_i}{2}\cdot x - b\cos\frac{\alpha_i+\beta_i}{2}\cdot y + C_i' = 0,$$

$$t_i : a\sin\frac{\alpha_i+\beta_i}{2}\cdot x - b\cos\frac{\alpha_i+\beta_i}{2}\cdot y + C_i'' = 0.$$

所以

$$D_{s_1 s_2 s_3} = \frac{a^2(-b)^2}{2(ab)^3\displaystyle\prod_{i=1}^{3}\delta_i}\left|\begin{matrix} \sin\dfrac{\alpha_1+\beta_1}{2} & \cos\dfrac{\alpha_1+\beta_1}{2} & C_1' \\[2mm] \sin\dfrac{\alpha_2+\beta_2}{2} & \cos\dfrac{\alpha_2+\beta_2}{2} & C_2' \\[2mm] \sin\dfrac{\alpha_3+\beta_3}{2} & \cos\dfrac{\alpha_3+\beta_3}{2} & C_3' \end{matrix}\right|^2 = \frac{(\delta_1 C_3' + \delta_2 C_1' + \delta_3 C_2')^2}{2ab\displaystyle\prod_{i=1}^{3}\delta_i},$$

$$\tag{7.6.4}$$

类似地,

$$\mathrm{D}_{t_1 t_2 t_3} = \frac{(\delta_1 C_3'' + \delta_2 C_1'' + \delta_3 C_2'')^2}{2ab \prod_{i=1}^{3} \delta_i}, \tag{7.6.5}$$

因此式 (7.6.4)÷(7.6.3), 式 (7.6.5)÷(7.6.3), 等式两边取绝对值并化简即得式 (7.6.1) 和 (7.6.2).

推论 7.6.1 设三角形 $P_1 P_2 P_3$ 各边 $P_i P_{i+1}(i = 1, 2, 3)$ 所在直线与 $\odot O : x^2 + y^2 = a^2$ 的交点为 $Q_i(a\cos(\theta_i - \gamma_i), a\sin(\theta_i - \gamma_i))$, R_i $(a\cos(\theta_i + \gamma_i), a\sin(\theta_i + \gamma_i))(i = 1, 2, 3; 0 < \gamma_i \leqslant \pi/2)$, 三过 $Q_i(R_i)$ 作 $P_i P_{i+1}$ 的垂线 s_i $(t_i)(i = 1, 2, 3)$, 则

$$a_{s_1 s_2 s_3} = a_{t_1 t_2 t_3} = \left(\frac{\sum\limits_{i=1}^{3} \sin(\theta_{i+1} - \theta_i) \sin \gamma_{i+2}}{\sum\limits_{i=1}^{3} \sin(\theta_{i+1} - \theta_i) \cos \gamma_{i+2}} \right)^2 a_{P_1 P_2 P_3}$$

$$= \frac{a^2 \left(\sum\limits_{i=1}^{3} \sin(\theta_{i+1} - \theta_i) \sin \gamma_{i+2} \right)^2}{2 \prod\limits_{i=1}^{3} |\sin(\theta_{i+1} - \theta_i)|}.$$

证明 令 $\alpha_i = \theta_i - \gamma_i, \beta_i = \theta_i + \gamma_i$ $(i = 1, 2, 3)$, 由定理 7.6.1 结论及证明化简即得.

定理 7.6.2 (喻德生, 2014) 设三角形 $P_1 P_2 P_3$ 各边 $P_i P_{i+1}(i = 1, 2, 3)$ 所在直线与椭圆 $x^2/a^2 + y^2/b^2 = 1$ 的交点为 $Q_i(a\cos\alpha_i, b\sin\alpha_i)$, R_i $(a\cos\beta_i, b\sin\beta_i)$, 过 $Q_i(R_i)$ 作 $P_i P_{i+1}$ 的垂线 s_i $(t_i)(i = 1, 2, 3)$, 则

$$a_{s_1 s_2 s_3} = \left(\frac{\delta_1 C_3' + \delta_2 C_1' + \delta_3 C_2'}{\delta_1 C_3'' + \delta_2 C_1'' + \delta_3 C_2''} \right)^2 a_{t_1 t_2 t_3}. \tag{7.6.6}$$

证明 由式 (7.6.1)÷(7.6.2), 化简即得式 (7.6.6).

推论 7.6.2 设三角形 $P_1 P_2 P_3$ 各边 $P_i P_{i+1}(i = 1, 2, 3)$ 所在直线与椭圆的交点为 Q_i, R_i, 过 $Q_i(R_i)$ 作 $P_i P_{i+1}$ 的垂线 s_i $(t_i)(i = 1, 2, 3)$, 则 s_1, s_2, s_3 相交于一点的充分必要条件是 t_1, t_2, t_3 相交于一点.

证明 不妨设椭圆的方程及三角形各边与椭圆交点的坐标均如定理 7.6.1. 根据定理 7.6.2 可知, s_1, s_2, s_3 相交于一点 $\Leftrightarrow a_{s_1 s_2 s_3} = 0 \Leftrightarrow a_{t_1 t_2 t_3} = 0 \Leftrightarrow t_1, t_2, t_3$ 相交于一点.

推论 7.6.3 设三角形 $P_1 P_2 P_3$ 的边 $P_i P_{i+1}$ 与圆的交点依次为 Q_i, R_i $(i = 1, 2, 3)$. 则过 Q_i 作 $P_i P_{i+1}(i = 1, 2, 3)$ 的垂线相交于一点的充分必要条件是过 R_i 作 $P_i P_{i+1}(i = 1, 2, 3)$ 的垂线相交于一点.

注 7.6.1 推论 7.6.3 的必要性即 1914 年匈牙利数学奥林匹克竞赛题.

7.6.2 三角形各边所在直线与双曲线交点的垂线三角形 (有向) 面积公式及其应用

定理 7.6.3 (喻德生, 2014) 设三角形 $P_1P_2P_3$ 各边 $P_iP_{i+1}(i = 1, 2, 3)$ 所在直线与双曲线 $x^2/a^2 - y^2/b^2 = 1$ 的交点为 $Q_i(a\sec\alpha_i, b\tan\alpha_i)$, R_i $(a\sec\beta_i, b\tan\beta_i)$, 过 $Q_i(R_i)$ 作 P_iP_{i+1} 的垂线 s_i $(t_i)(i = 1, 2, 3)$,

$$a_{s_1s_2s_3} = \frac{1}{a^2b^2}\left(\frac{\delta_1C_3' + \delta_2C_1' + \delta_3C_2'}{\delta_1C_3 + \delta_2C_1 + \delta_3C_2}\right)^2 a_{P_1P_2P_3}, \tag{7.6.7}$$

$$a_{t_1t_2t_3} = \frac{1}{a^2b^2}\left(\frac{\delta_1C_3'' + \delta_2C_1'' + \delta_3C_2''}{\delta_1C_3 + \delta_2C_1 + \delta_3C_2}\right)^2 a_{P_1P_2P_3}, \tag{7.6.8}$$

其中 $\delta_i = \sin\dfrac{\alpha_{i+1} - \alpha_j}{2}\cos\dfrac{\beta_{i+1} + \beta_j}{2} + \cos\dfrac{\alpha_{j+1} + \alpha_j}{2}\sin\dfrac{\beta_{i+1} - \beta_j}{2}$, $C_i' = b^2\tan\alpha_i$ $\cos\dfrac{\alpha_i - \beta_i}{2} + a^2\sec\alpha_i\sin\dfrac{\alpha_i + \beta_i}{2}$, $C_i'' = b^2\tan\beta_i\cos\dfrac{\alpha_i - \beta_i}{2} + a^2\sec\beta_i\sin\dfrac{\alpha_i + \beta_i}{2}$, $C_i = \cos\dfrac{\alpha_i - \beta_i}{2}$.

证明 如图 7.6.2 所示. 由 Q_i, R_i 的坐标, 求得 P_iP_{i+1} 的直线方程为

$$b(\tan\alpha_i - \tan\beta_i)x + a(\sec\beta_i - \sec\alpha_i)y + ab(\sec\alpha_i\tan\beta_i - \tan\alpha_i\sec\beta_i) = 0,$$

即

$$b\cos\frac{\alpha_i - \beta_i}{2}\cdot x - a\sin\frac{\alpha_i + \beta_i}{2}\cdot y - abC_i = 0 \quad (i = 1, 2, 3).$$

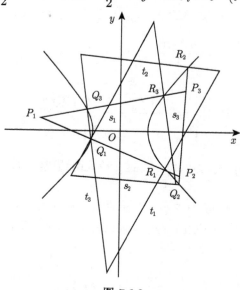

图 7.6.2

于是由线型三角形有向面积公式, 得

$$
D_{P_1P_2P_3} = \frac{(-ab)^4}{2(-ab)^3\prod\limits_{i=1}^{3}\delta_i}
\begin{vmatrix}
\cos\dfrac{\alpha_1-\beta_1}{2} & \sin\dfrac{\alpha_1+\beta_1}{2} & C_1 \\[2mm]
\cos\dfrac{\alpha_2-\beta_2}{2} & \sin\dfrac{\alpha_2+\beta_2}{2} & C_2 \\[2mm]
\cos\dfrac{\alpha_3-\beta_3}{2} & \sin\dfrac{\alpha_3+\beta_3}{2} & C_3
\end{vmatrix}^2
$$

$$
= -\frac{ab\,(\delta_1 C_3 + \delta_2 C_1 + \delta_3 C_2)^2}{2\prod\limits_{i=1}^{3}\delta_i}. \tag{7.6.9}
$$

设 $s_i(t_i)$ 的方程为

$$
a\sin\frac{\alpha_i+\beta_i}{2}\cdot x + b\cos\frac{\alpha_i-\beta_i}{2}\cdot y + c_i = 0 \quad (i=1,2,3),
$$

分别将 $Q_i(a\sec\alpha_i, b\tan\alpha_i)$, $R_i\,(a\sec\beta_i, b\tan\beta_i)$ 的坐标代入, 求得 $c_i = -C_i'$ 和 $c_i = -C_i''$. 于是

$$
s_i : a\sin\frac{\alpha_i+\beta_i}{2}\cdot x + b\cos\frac{\alpha_i-\beta_i}{2}\cdot y - C_i' = 0,
$$

$$
t_i : a\sin\frac{\alpha_i+\beta_i}{2}\cdot x + b\cos\frac{\alpha_i-\beta_i}{2}\cdot y - C_i'' = 0.
$$

所以

$$
D_{s_1s_2s_3} = \frac{(ab)^2(-1)^2}{2(ab)^3\prod\limits_{i=1}^{3}(-\delta_i)}
\begin{vmatrix}
\sin\dfrac{\alpha_1+\beta_1}{2} & \cos\dfrac{\alpha_1-\beta_1}{2} & C_1' \\[2mm]
\sin\dfrac{\alpha_2+\beta_2}{2} & \cos\dfrac{\alpha_2-\beta_2}{2} & C_2' \\[2mm]
\sin\dfrac{\alpha_3+\beta_3}{2} & \cos\dfrac{\alpha_3-\beta_3}{2} & C_3'
\end{vmatrix}^2
= -\frac{(\delta_1 C_3' + \delta_2 C_1' + \delta_3 C_2')^2}{2ab\prod\limits_{i=1}^{3}\delta_i},
$$
$$\tag{7.6.10}$$

类似地,

$$
D_{t_1t_2t_3} = -\frac{(\delta_1 C_3'' + \delta_2 C_1'' + \delta_3 C_2'')^2}{2ab\prod\limits_{i=1}^{3}\delta_i}, \tag{7.6.11}
$$

因此式 (7.6.10)÷(7.6.9), 式 (7.6.11)÷(7.6.9), 等式两边取绝对值并化简即得式 (7.6.7) 和 (7.6.8).

推论 7.6.4　设三角形 $P_1P_2P_3$ 各边 $P_iP_{i+1}(i=1,2,3)$ 所在直线与等轴双曲线 $x^2 - y^2 = a^2$ 的交点为 $Q_i(a\sec\alpha_i, a\tan\alpha_i)$, $R_i(a\sec\beta_i, a\tan\beta_i)$, 过 $Q_i(R_i)$ 作 P_iP_{i+1} 的垂线 $s_i\,(t_i)(i=1,2,3)$, 则

$$
a_{s_1s_2s_3} = a_{t_1t_2t_3} = \left(\frac{\delta_1\tilde{C}_3 + \delta_2\tilde{C}_1 + \delta_3\tilde{C}_2}{\delta_1 C_3 + \delta_2 C_1 + \delta_3 C_2}\right)^2 a_{P_1P_2P_3} = \frac{(\delta_1\tilde{C}_3 + \delta_2\tilde{C}_1 + \delta_3\tilde{C}_2)^2}{2ab\delta_1\delta_2\delta_3},
$$

其中 $\tilde{C}_i = \sin \dfrac{\alpha_i - \beta_i}{2}$.

证明 令 $a = b$, 则 $C_i' = -C_i'' = a^2\tilde{C}_i$, 由定理 7.6.2 结论及其证明化简即得.

定理 7.6.4 (喻德生, 2014) 设三角形 $P_1P_2P_3$ 各边 $P_iP_{i+1}(i=1,2,3)$ 所在直线与双曲线 $x^2/a^2 - y^2/b^2 = 1$ 的交点为 $Q_i(a\sec\alpha_i, b\tan\alpha_i)$, $R_i\,(a\sec\beta_i, b\tan\beta_i)$, 过 $Q_i(R_i)$ 作 P_iP_{i+1} 的垂线 $s_i\,(t_i)(i=1,2,3)$, 则

$$\mathrm{a}_{s_1s_2s_3} = \left(\frac{\delta_1 C_1' + \delta_2 C_2' + \delta_3 C_3'}{\delta_1 C_1'' + \delta_2 C_2'' + \delta_3 C_3''} \right)^2 \mathrm{a}_{t_1t_2t_3}. \tag{7.6.12}$$

证明 由式 (7.6.7)÷(7.6.8), 化简即得式 (7.6.12).

推论 7.6.5 设三角形 $P_1P_2P_3$ 各边 $P_iP_{i+1}(i=1,2,3)$ 所在直线与双曲线的交点为 Q_i, R_i, 过 $Q_i(R_i)$ 作 P_iP_{i+1} 的垂线 $s_i\,(t_i)(i=1,2,3)$, 则 s_1, s_2, s_3 相交于一点的充分必要条件是 t_1, t_2, t_3 相交于一点.

证明 不妨设双曲线的方程及三角形各边与双曲线的交点均如定理 7.6.3, 根据定理 7.6.4 可知, s_1, s_2, s_3 相交于一点 $\Leftrightarrow \mathrm{a}_{s_1s_2s_3} = 0 \Leftrightarrow \mathrm{a}_{t_1t_2t_3} = 0 \Leftrightarrow t_1, t_2, t_3$ 相交于一点.

7.6.3 三角形各边所在直线与抛物线交点的垂线三角形 (有向) 面积公式及其应用

定理 7.6.5 (喻德生, 2014) 设三角形 $P_1P_2P_3$ 各边 $P_iP_{i+1}(i=1,2,3)$ 所在直线与抛物线 $x^2 = 2py$ 的交点为 $Q_i(2pu_i, 2pu_i^2)$, $R_i\,(2pv_i, 2pv_i^2)$, 过 $Q_i(R_i)$ 作 P_iP_{i+1} 的垂线 $s_i\,(t_i)(i=1,2,3)$, 则

$$\mathrm{a}_{s_1s_2s_3} = \left(\frac{\displaystyle\sum_{i=1}^{3} (\Delta u_i + \Delta v_i)C_{i+2}'}{\displaystyle\sum_{i=1}^{3} (\Delta u_i + \Delta v_i)u_{i+2}v_{i+2}} \right)^2 \mathrm{a}_{P_1P_2P_3}, \tag{7.6.13}$$

$$\mathrm{a}_{t_1t_2t_3} = \left(\frac{\displaystyle\sum_{i=1}^{3} (\Delta u_i + \Delta v_i)C_{i+2}''}{\displaystyle\sum_{i=1}^{3} (\Delta u_i + \Delta v_i)u_{i+2}v_{i+2}} \right)^2 \mathrm{a}_{P_1P_2P_3}, \tag{7.6.14}$$

其中 $\Delta u_i = u_{i+1} - u_i, \Delta v_i = v_{i+1} - v_i, C_i' = u_i[1+(u_i+v_i)u_i], C_i'' = v_i[1+(u_i+v_i)v_i]$.

证明 如图 7.6.3 所示. 由 Q_i, R_i 的坐标, 求得 P_iP_{i+1} 的方程为

$$2p(u_i^2 - v_i^2)x + 2p(v_i - u_i)y + 4p^2(u_iv_i^2 - u_i^2v_i) = 0,$$

即

$$(u_i + v_i) \cdot x - y - 2pu_iv_i = 0 \quad (i = 1, 2, 3).$$

于是由线型三角形有向面积公式, 得

$$D_{P_1P_2P_3} = \frac{(-2p)^2}{2\prod\limits_{i=1}^{3}(\Delta u_i + \Delta v_i)} \begin{vmatrix} u_1 + v_1 & -1 & u_1v_1 \\ u_2 + v_2 & -1 & u_2v_2 \\ u_3 + v_3 & -1 & u_3v_3 \end{vmatrix}^2$$

$$= \frac{2p^2 \left[\sum\limits_{i=1}^{3}(\Delta u_i + \Delta v_i)u_{i+2}v_{i+2}\right]^2}{\prod\limits_{i=1}^{3}(\Delta u_i + \Delta v_i)}. \tag{7.6.15}$$

设 $s_i(t_i)$ 的方程为

$$x + (u_i + v_i)y + c_i = 0 \quad (i = 1, 2, 3),$$

分别将 $Q_i(2pu_i, 2pu_i^2)$, $R_i(2pv_i, 2pv_i^2)$ 的坐标代入, 求得 $c_i = -2pC_i'$ 和 $c_i = -2pC_i''$.

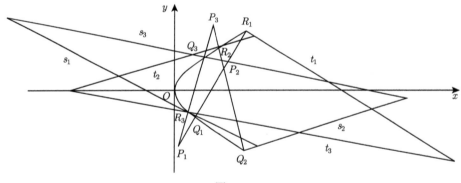

图 7.6.3

于是

$$s_i : x + (u_i + v_i)y - 2pC_i' = 0,$$
$$t_i : x + (u_i + v_i)y - 2pC_i'' = 0.$$

所以

$$D_{s_1s_2s_3} = \frac{(-2p)^2}{2\prod\limits_{i=1}^{3}(\Delta u_i + \Delta v_i)} \begin{vmatrix} 1 & u_1 + v_1 & C_1' \\ 1 & u_2 + v_2 & C_2' \\ 1 & u_3 + v_3 & C_3' \end{vmatrix}^2 = \frac{2p^2 \left[\sum\limits_{i=1}^{3}(\Delta u_i + \Delta v_i)C_{i+2}'\right]^2}{\prod\limits_{i=1}^{3}(\Delta u_i + \Delta v_i)},$$

$$\tag{7.6.16}$$

类似地,

$$D_{t_1 t_2 t_3} = \frac{2p^2 \left[\sum\limits_{i=1}^{3} (\Delta u_i + \Delta v_i) C''_{i+2} \right]^2}{\prod\limits_{i=1}^{3} (\Delta u_i + \Delta v_i)}, \tag{7.6.17}$$

因此式 (7.6.16)÷(7.6.15), 式 (7.6.17)÷(7.6.15), 等式两边取绝对值并化简即得式 (7.6.13) 和 (7.6.14).

定理 7.6.6 (喻德生, 2014) 设三角形 $P_1 P_2 P_3$ 各边 $P_i P_{i+1}(i=1,2,3)$ 所在直线与抛物线 $x^2 = 2py$ 的交点为 $Q_i(2pu_i, 2pu_i^2), R_i(2pv_i, 2pv_i^2)$, 过 $Q_i(R_i)$ 作 $P_i P_{i+1}$ 的垂线 $s_i(t_i)(i=1,2,3)$, 则

$$a_{s_1 s_2 s_3} = \left(\frac{\sum\limits_{i=1}^{3} (\Delta u_i + \Delta v_i) C'_{i+2}}{\sum\limits_{i=1}^{3} (\Delta u_i + \Delta v_i) C''_{i+23}} \right)^2 a_{t_1 t_2 t_3}. \tag{7.6.18}$$

证明 由式 (7.6.16)÷(7.6.17), 化简即得式 (7.6.18).

推论 7.6.6 设三角形 $P_1 P_2 P_3$ 各边 $P_i P_{i+1}(i=1,2,3)$ 所在直线与抛物线的交点为 Q_i, R_i, 过 $Q_i(R_i)$ 作 $P_i P_{i+1}$ 的垂线 $s_i(t_i)(i=1,2,3)$, 则 s_1, s_2, s_3 相交于一点的充分必要条件是 t_1, t_2, t_3 相交于一点.

证明 不妨设抛物线的方程及三角形各边与抛物线交点的坐标均如定理 7.6.5, 根据定理 7.6.6 可知, s_1, s_2, s_3 相交于一点 $\Leftrightarrow a_{s_1 s_2 s_3} = 0 \Leftrightarrow a_{t_1 t_2 t_3} = 0 \Leftrightarrow t_1, t_2, t_3$ 相交于一点.

7.6.4 三角形各边所在直线与圆锥曲线交点的垂线三角形 (有向) 面积公式及其应用

定理 7.6.7 (喻德生, 2014) 设三角形 $P_1 P_2 P_3$ 各边 $P_i P_{i+1}(i=1,2,3)$ 所在直线与圆锥曲线 $\rho = \dfrac{a}{1 - e\cos\theta}$ 的交点为 $Q_i\left(\dfrac{a\cos\alpha_i}{1 - e\cos\alpha_i}, \dfrac{a\sin\alpha_i}{1 - e\cos\alpha_i} \right)$, $R_i\left(\dfrac{a\cos\beta_i}{1 - e\cos\beta_i}, \dfrac{a\sin\beta_i}{1 - e\cos\beta_i} \right)(i=1,2,3)$, 过 $Q_i(R_i)$ 作 $P_i P_{i+1}$ 的垂线 $s_i(t_i)(i=1,2,3)$, 则

$$a_{s_1 s_2 s_3} = \left(\frac{\delta_1 C'_3 + \delta_2 C'_1 + \delta_3 C'_2}{\delta_1 C_3 + \delta_2 C_1 + \delta_3 C_2} \right)^2 a_{P_1 P_2 P_3}, \tag{7.6.19}$$

$$a_{t_1 t_2 t_3} = \left(\frac{\delta_1 C''_3 + \delta_2 C''_1 + \delta_3 C''_2}{\delta_1 C_3 + \delta_2 C_1 + \delta_3 C_2} \right)^2 a_{P_1 P_2 P_3}, \tag{7.6.20}$$

其中 $\delta_i = \sin \dfrac{\alpha_{i+1} + \beta_{i+1} - \alpha_i - \beta_i}{2} + e \left(\cos \dfrac{\alpha_{i+1} + \alpha_i}{2} \sin \dfrac{\beta_{i+1} - \beta_i}{2} + \sin \dfrac{\alpha_{i+1} - \alpha_i}{2} \right.$

$\left. \cos \dfrac{\beta_{i+1} + \beta_i}{2} \right), \quad C_i = \cos \dfrac{\alpha_i - \beta_i}{2}, C_i' = \dfrac{\sin \dfrac{\alpha_i - \beta_i}{2} + e C_i \sin \alpha_i}{1 - e \cos \alpha_i}, C_i'' =$

$\dfrac{\sin \dfrac{\beta_i - \alpha_i}{2} + e C_i \sin \beta_i}{1 - e \cos \alpha_i}.$

证明　由 Q_i, R_i 的坐标, 求得 $P_i P_{i+1}$ 的直线方程为

$$\left(\frac{\sin \alpha_i}{1 - e \cos \alpha_i} - \frac{\sin \beta_i}{1 - e \cos \beta_i} \right) x + \left(\frac{\cos \beta_i}{1 - e \cos \beta_i} - \frac{\cos \alpha_i}{1 - e \cos \alpha_i} \right) y$$

$$+ \frac{a \sin(\beta_i - \alpha_i)}{(1 - e \cos \alpha_i)(1 - e \cos \beta_i)} = 0,$$

即

$$\left(\cos \frac{\alpha_i + \beta_i}{2} + e C_i \right) x + \sin \frac{\alpha_i + \beta_i}{2} \cdot y - a C_i = 0 \quad (i = 1, 2, 3).$$

于是由线型三角形有向面积公式, 得

$$D_{P_1 P_2 P_3} = \frac{(-a)^2}{2 \prod\limits_{i=1}^{3} (-\delta_i)} \begin{vmatrix} \cos \dfrac{\alpha_1 + \beta_1}{2} + e C_1 & \sin \dfrac{\alpha_1 + \beta_1}{2} & C_1 \\ \cos \dfrac{\alpha_2 + \beta_2}{2} + e C_2 & \sin \dfrac{\alpha_2 + \beta_2}{2} & C_2 \\ \cos \dfrac{\alpha_3 + \beta_3}{2} + e C_3 & \sin \dfrac{\alpha_3 + \beta_3}{2} & C_3 \end{vmatrix}^2$$

$$= -\frac{a^2 (\delta_1 C_3 + \delta_2 C_1 + \delta_3 C_2)^2}{2 \prod\limits_{i=1}^{3} \delta_i}. \tag{7.6.21}$$

设 $s_i(t_i)$ 的方程为

$$\sin \frac{\alpha_i + \beta_i}{2} \cdot x - \left(\cos \frac{\alpha_i + \beta_i}{2} + e C_i \right) y + c_i = 0 \quad (i = 1, 2, 3),$$

分别将 $Q_i \left(\dfrac{a \cos \alpha_i}{1 - e \cos \alpha_i}, \dfrac{a \sin \alpha_i}{1 - e \cos \alpha_i} \right)$, $R_i \left(\dfrac{a \cos \beta_i}{1 - e \cos \beta_i}, \dfrac{a \sin \beta_i}{1 - e \cos \beta_i} \right)$ 的坐标代入,
求得 $c_i = a C_i'$ 和 $c_i = a C_i''$.

于是

$$s_i : \sin \frac{\alpha_i + \beta_i}{2} \cdot x - \left(\cos \frac{\alpha_i + \beta_i}{2} + e C_i \right) y + a C_i' = 0,$$

$$t_i : \sin \frac{\alpha_i + \beta_i}{2} \cdot x - \left(\cos \frac{\alpha_i + \beta_i}{2} + e C_i \right) y + a C_i'' = 0.$$

所以

$$
\mathrm{D}_{s_1 s_2 s_3} = \frac{(-1)^2 a^2}{2 \prod\limits_{i=1}^{3} \delta_i} \begin{vmatrix} \sin\dfrac{\alpha_1+\beta_1}{2} & \cos\dfrac{\alpha_1+\beta_1}{2} + eC_1 & C_1' \\ \sin\dfrac{\alpha_2+\beta_2}{2} & \cos\dfrac{\alpha_2+\beta_2}{2} + eC_2 & C_2' \\ \sin\dfrac{\alpha_3+\beta_3}{2} & \cos\dfrac{\alpha_3+\beta_3}{2} + eC_3 & C_3' \end{vmatrix}^2
$$

$$
= \frac{a^2(\delta_1 C_3' + \delta_2 C_1' + \delta_3 C_2')^2}{2 \prod\limits_{i=1}^{3} \delta_i}, \tag{7.6.22}
$$

类似地,

$$
\mathrm{D}_{t_1 t_2 t_3} = \frac{a^2(\delta_1 C_3'' + \delta_2 C_1'' + \delta_3 C_2'')^2}{2 \prod\limits_{i=1}^{3} \delta_i}, \tag{7.6.23}
$$

因此式 (7.6.22)÷(7.6.21), 式 (7.6.23)÷(7.6.21), 等式两边取值绝对值并化简即得式 (7.6.19) 和 (7.6.20).

定理 7.6.8 (喻德生, 2014) 设三角形 $P_1 P_2 P_3$ 各边 $P_i P_{i+1}(i=1,2,3)$ 所在直线与圆锥曲线 $\rho = \dfrac{a}{1-e\cos\theta}$ 的交点为 $Q_i\left(\dfrac{a\cos\alpha_i}{1-e\cos\alpha_i}, \dfrac{a\sin\alpha_i}{1-e\cos\alpha_i}\right)$, $R_i\left(\dfrac{a\cos\beta_i}{1-e\cos\beta_i}, \dfrac{a\sin\beta_i}{1-e\cos\beta_i}\right)$ $(i=1,2,3)$, 过 $Q_i(R_i)$ 作 $P_i P_{i+1}$ 的垂线 $s_i\,(t_i)(i=1,2,3)$, 则

$$
\mathrm{a}_{s_1 s_2 s_3} = \left(\frac{\delta_1 C_3' + \delta_2 C_1' + \delta_3 C_2'}{\delta_1 C_3'' + \delta_2 C_1'' + \delta_3 C_2''}\right)^2 \mathrm{a}_{t_1 t_2 t_3}. \tag{7.6.24}
$$

证明 式 (7.6.22)÷(7.6.23), 化简即得式 (7.6.24).

推论 7.6.7 设三角形 $P_1 P_2 P_3$ 各边 $P_i P_{i+1}(i=1,2,3)$ 所在直线与圆锥曲线的交点为 Q_i, R_i, 过 $Q_i(R_i)$ 作 $P_i P_{i+1}$ 的垂线 $s_i\,(t_i)(i=1,2,3)$, 则 s_1, s_2, s_3 相交于一点的充分必要条件是 t_1, t_2, t_3 相交于一点.

证明 不妨设圆锥线的方程及三角形各边与圆锥曲线交点的坐标均如定理 7.6.7, 根据推论 7.6.8 可知, s_1, s_2, s_3 相交于一点 $\Leftrightarrow \mathrm{a}_{s_1 s_2 s_3} = 0 \Leftrightarrow \mathrm{a}_{t_1 t_2 t_3} = 0 \Leftrightarrow t_1, t_2, t_3$ 相交于一点.

第 8 章 有向面积公式在不等式证明中的应用

8.1 三角形有向面积公式在几何不等式证明中的应用

本节主要论述三角形有向面积公式在几何不等式证明中的思想与方法. 首先, 给出三角形与其 λ- 分点三角形面积关系不等式与应用; 其次, 给出三角形有向面积公式在数学竞赛题证明中的应用.

8.1.1 三角形与其 λ- 分点三角形面积关系不等式与应用

定理 8.1.1 设 $Q_1Q_2Q_3$ 是三角形 $P_1P_2P_3$ 的 λ- 分点三角形 $(\lambda > 0)$, 则

$$a_{Q_1Q_2Q_3} \geqslant \frac{\lambda^2}{(1+\lambda)^2} a_{P_1P_2P_3}. \tag{8.1.1}$$

证明 如图 8.1.1 所示. 依题设, 三角形 $P_1P_2P_3$ 的三条顶分点线 $P_1Q_2, P_2Q_3,$ P_3Q_1 所围成的区域非空, 在此区域上取一点为坐标原点, 建立平面直角坐标系. 设三角形 $P_1P_2P_3$ 顶点的坐标为 $P_i(x_i, y_i)$ $(i = 1, 2, 3)$, 则其 λ- 分点三角形 $Q_1Q_2Q_3$ 顶点的坐标为

$$Q_i\left(\frac{x_i + \lambda x_{i+1}}{1+\lambda}, \frac{y_i + \lambda y_{i+1}}{1+\lambda}\right) \quad (i = 1, 2, 3).$$

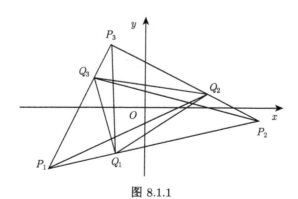

图 8.1.1

不妨设 $P_1P_2P_3$ 为正向三角形, 则 $Q_1Q_2Q_3, OP_1Q_2, OP_2Q_3, OP_3Q_1$ 均为正向三角形 (线段可看成是正向三角形的特殊情形), 故由三角形有向面积的定义与公

式, 可得

$$\sum_{i=1}^{3} a_{OP_iQ_{i+1}} = \sum_{i=1}^{3} D_{OP_iQ_{i+1}}$$

$$= \frac{1}{2(1+\lambda)} \sum_{i=1}^{3} [x_i(y_{i+1}+\lambda y_{i+2}) - (x_{i+1}+\lambda x_{i+2})y_i]$$

$$= \frac{1}{2(1+\lambda)} \sum_{i=1}^{3} [(x_i y_{i+1} - x_{i+1} y_i) + \lambda(x_i y_{i+2} - x_{i+2} y_i)],$$

于是

$$a_{Q_1Q_2Q_3} = D_{Q_1Q_2Q_3}$$

$$= \frac{1}{2(1+\lambda)^2} \sum_{i=1}^{3} [(x_i + \lambda x_{i+1})(y_{i+1}+\lambda y_{i+2}) - (x_{i+1}+\lambda x_{i+2})(y_i + \lambda y_{i+1})]$$

$$= \frac{1}{2(1+\lambda)^2} \sum_{i=1}^{3} [(x_i y_{i+1} - x_{i+1} y_{i+1}) + \lambda(x_i y_{i+2} - x_{i+2} y_i)$$

$$+ \lambda^2(x_{i+1} y_{i+2} - x_{i+2} y_{i+1})]$$

$$= \frac{\lambda^2}{2(1+\lambda)^2} \sum_{i=1}^{3} (x_i y_{i+1} - x_{i+1} y_{i+1})$$

$$+ \frac{1}{2(1+\lambda)^2} \sum_{i=1}^{3} [(x_i y_{i+1} - x_{i+1} y_{i+1}) + \lambda(x_i y_{i+2} - x_{i+2} y_i)]$$

$$= \frac{\lambda^2}{(1+\lambda)^2} D_{P_1P_2P_3} + \frac{1}{1+\lambda} \sum_{i=1}^{3} D_{OP_iQ_{i+1}}$$

$$= \frac{\lambda^2}{(1+\lambda)^2} a_{P_1P_2P_3} + \frac{1}{1+\lambda} \sum_{i=1}^{3} a_{OP_iQ_{i+1}}$$

$$\geqslant \frac{\lambda^2}{(1+\lambda)^2} a_{P_1P_2P_3},$$

因此, 式 (8.1.1) 成立.

推论 8.1.1 设 $Q_1Q_2Q_3$ 是三角形 $P_1P_2P_3$ 中点三角形, 则

$$a_{Q_1Q_2Q_3} = \frac{1}{4} a_{P_1P_2P_3}. \tag{8.1.2}$$

证明 因为三角形 $P_1P_2P_3$ 的三条中线 P_1Q_2, P_2Q_3, P_3Q_1 相交于一点, 故定理 8.1.1 证明中的坐标原点 O 就是 P_1Q_2, P_2Q_3, P_3Q_1 的交点, 于是 $a_{OP_1Q_2} = a_{OP_2Q_3} = a_{OP_3Q_1} = 0$, 故由定理 8.1.1 的证明可知, 此时式 (8.1.1) 等号成立, 故将 $\lambda = 1$ 代入式 (8.1.1), 即得式 (8.1.2).

8.1.2　三角形有向面积公式在数学竞赛题证明中的应用

例 8.1.1 (1983 年第 17 届全苏联数学奥林匹克竞赛题)　在三角形 $P_1P_2P_3$ 中, Q_1 是 P_1P_2 的中点, Q_2, Q_3 分别是 P_2P_3, P_3P_1 上的点, 则

$$a_{Q_1Q_2Q_3} \leqslant a_{P_1Q_1Q_3} + a_{P_2Q_1Q_2}. \tag{8.1.3}$$

证明　如图 8.1.2 所示. 以 P_1P_2 为 x 轴, P_1P_2 的中垂线为 y 轴建立平面直角坐标系. 不妨设 $P_1P_2P_3$ 为正向三角形, 且其顶点的坐标为 $P_1(-a,0), P_2(a,0), P_3(b,c)$ $(a,c>0)$, 各边分点的坐标为

$$Q_1(0,0), \quad Q_2\left(\frac{a+\lambda b}{1+\lambda}, \frac{\lambda c}{1+\lambda}\right), \quad Q_3\left(\frac{b-\mu a}{1+\mu}, \frac{c}{1+\mu}\right) \quad (\lambda, \mu \geqslant 0).$$

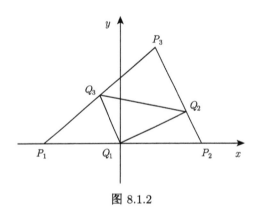

图 8.1.2

于是由三角形有向面积的定义与公式, 可得

$$a_{Q_1Q_2Q_3} = D_{Q_1Q_2Q_3} = \frac{1}{2(1+\lambda)(1+\mu)}[(a+\lambda b)c - (b-\mu a)\lambda c] = \frac{1+\lambda\mu}{2(1+\lambda)(1+\mu)}ac;$$

$$a_{P_1Q_1Q_3} = D_{P_1Q_1Q_3} = \frac{1}{2(1+\mu)}ac; \quad a_{P_2Q_1Q_2} = D_{P_2Q_2Q_1} = \frac{\lambda}{2(1+\lambda)}ac.$$

所以

$$\begin{aligned}
&a_{Q_1Q_2Q_3} - a_{P_1Q_1Q_3} - a_{P_2Q_1Q_2} \\
&= \frac{1+\lambda\mu}{(1+\lambda)(1+\mu)}ac - \frac{1}{2(1+\mu)}ac - \frac{\lambda}{2(1+\lambda)}ac = -\frac{\lambda}{(1+\lambda)(1+\mu)}ac \leqslant 0,
\end{aligned}$$

因此, 式 (8.1.3) 成立.

例 8.1.2　在三角形 $P_1P_2P_3$ 中, Q_2 为边 P_2P_3 上任意一点, $Q_2Q_3//P_1P_2$ 交 P_3P_1 于 Q_3, $Q_2Q_1//P_3P_1$ 交 P_1P_2 于 Q_1. 若 $a_{P_1P_2P_3} = 1$, 证明:

(1) (1984 年中国数学联赛题) 在 $a_{Q_1P_2Q_2}, a_{Q_2P_3Q_3}$ 和 $a_{Q_1Q_2Q_3P_1}$ 中, 至少有一个不小于 4/9, 即

$$\max\{a_{Q_1P_2Q_2}, a_{Q_2P_3Q_3}, a_{Q_1Q_2Q_3P_1}\} \geqslant \frac{4}{9}; \tag{8.1.4}$$

(2) 在 $a_{Q_1P_2Q_2}, a_{Q_2P_3Q_3}$ 和 $a_{Q_1Q_2Q_3P_1}$ 中, 至少有一个不大于 $\dfrac{1}{4\sqrt[3]{2}}$, 即

$$\min\{a_{Q_1P_2Q_2}, a_{Q_2P_3Q_3}, a_{Q_1Q_2Q_3P_1}\} \leqslant \frac{1}{4\sqrt[3]{2}}. \tag{8.1.5}$$

证明 如图 8.1.3 所示. 以 P_2P_3 所在直线为 x 轴, P_2P_3 边上的高所在直线为 y 轴建立平面直角坐标系. 不妨设 $P_1P_2P_3$ 为正向三角形, 则三角形 $Q_1P_2Q_2, Q_2P_3Q_3$ 和平行四边形 $Q_1Q_2Q_3P_1$ 都是正向的. 设三角形 $P_1P_2P_3$ 顶点的坐标为 $P_1(0, a)$, $P_2(b, 0), P_3(c, 0)(a > 0, b < 0)$, 边 P_2P_3 上任意点的坐标为

$$Q_2(sb + (1-s)c, 0) \quad (0 < s < 1),$$

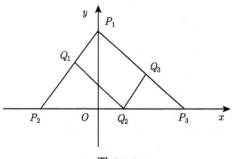

图 8.1.3

于是由 P_1P_2 和 Q_2Q_1 的方程

$$x/b + y/a = 1 \quad \text{和} \quad x/c + y/a = [sb + (1-s)c]/c$$

求得两直线交点的坐标 $Q_1(bs, (1-s)a)$; 由 P_3P_1 和 Q_2Q_3 的方程

$$x/c + y/a = 1 \quad \text{和} \quad x/b + y/a = [sb + (1-s)c]/b$$

求得两直线交点的坐标 $Q_3((1-s)c, as)$. 故由三角形有向面积的定义与公式, 可得

$$2a_{Q_1P_2Q_2} = 2D_{Q_1P_2Q_2}$$
$$= [0 - (1-s)ab] + [sb + (1-s)c](1-s)a$$
$$= (1-s)^2 a(c-b) = 2(1-s)^2 D_{P_1P_2P_3} = 2(1-s)^2 a_{P_1P_2P_3} = 2(1-s)^2,$$

$$2a_{Q_2P_3Q_3} = 2D_{Q_2P_3Q_3}$$
$$= (sac - 0) - [sb + (1 - s)c] sa = s^2 a(c - b) = 2s^2 D_{P_1P_2P_3}$$
$$= 2s^2 a_{P_1P_2P_3} = 2s^2,$$

所以

$$a_{Q_1P_2Q_2} = (1 - s)^2, \quad a_{Q_2P_3Q_3} = s^2,$$
$$a_{Q_1Q_2Q_3P_1} = a_{P_1P_2P_3} - a_{Q_1P_2Q_2} - a_{Q_2P_3Q_3} = 1 - (1 - s)^2 - s^2 = 2s(1 - s).$$

故

(1) 当 $0 < s \leqslant 1/3$ 时, $a_{Q_1P_2Q_2} = (1 - s)^2 \geqslant (1 - 1/3)^2 = 4/9$; 当 $2/3 \leqslant s < 1$ 时, $a_{Q_2P_3Q_3} = s^2 \geqslant (2/3)^2 = 4/9$; 当 $1/3 < s < 2/3$ 时,

$$a_{Q_1Q_2Q_3P_1} = 2s(1 - s) = 2[1/4 - (1/2 - s)^2] > 2[1/4 - (1/2 - 1/3)^2] = 4/9,$$

因此, 式 (8.1.4) 成立.

(2) 因为 $s + (1 - s) = 1$, 所以 $s = 1 - s$, 即 $s = 1/2$ 时, $\max[s(1 - s)] = \dfrac{1}{4}$. 于是

$$a_{Q_1P_2Q_2} a_{Q_2P_3Q_3} a_{Q_1Q_2Q_3P_1} = (1 - s)^2 \cdot s^2 \cdot 2s(1 - s) = 2[s(1 - s)]^3 \leqslant 2 \cdot (1/4)^3 = 1/128,$$

所以 $\min\{a_{Q_1P_2Q_2}, a_{Q_2P_3Q_3}, a_{Q_1Q_2Q_3P_1}\} \leqslant (1/128)^{1/3}$, 即式 (8.1.5) 成立.

例 8.1.3 已知四边形 $Q_1Q_2Q_3Q_4$ 的四个顶点位于三角形 $P_1P_2P_3$ 的边上, 证明: 三个三角形 $Q_4P_1Q_1, Q_2P_2Q_3, Q_3P_3Q_4$ 中, 至少有一个三角形的面积小于三角形 $P_1P_2P_3$ 面积的四分之一, 即

$$\min\{a_{Q_4P_1Q_1}, a_{Q_2P_2Q_3}, a_{Q_3P_3Q_4}\} < \frac{1}{4} a_{P_1P_2P_3}. \tag{8.1.6}$$

证明 如图 8.1.4 所示. 不妨设 $Q_4P_1Q_1, Q_2P_2Q_3, Q_3P_3Q_4$ 均为正向三角形, 且 Q_1, Q_2 在边 P_1P_2 上, Q_3, Q_4 分别在边 P_2P_3, P_3P_1 上. 设三角形 $P_1P_2P_3$ 顶点的坐标为 $P_i(x_i, y_i)(i = 1, 2, 3)$, 四边形 $Q_1Q_2Q_3Q_4$ 顶点的坐标为

$$Q_1\left(s_1x_1 + (1 - s_1)x_2, s_1y_1 + (1 - s_1)y_2\right), \quad Q_2\left(s_2x_1 + (1 - s_2)x_2, s_2y_1 + (1 - s_2)y_2\right),$$

$$Q_3\left(s_3x_2 + (1 - s_3)x_3, s_3y_2 + (1 - s_3)y_3\right), \quad Q_4\left(s_4x_3 + (1 - s_4)x_1, s_4y_3 + (1 - s_4)y_1\right),$$

其中 $0 \leqslant s_1, s_2, s_3, s_4 \leqslant 1; s_2 < s_1$.

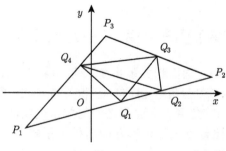

图 8.1.4

由三角形有向面积的定义与公式, 可得

$$
\begin{aligned}
2\mathrm{a}_{Q_4P_1Q_1} &= 2\mathrm{D}_{Q_4P_1Q_1} \\
&= [s_4x_3 + (1-s_4)x_1]\,y_1 - x_1\,[s_4y_3 + (1-s_4)y_1] \\
&\quad - x_1\,[s_1y_1 + (1-s_1)y_2] - [s_1x_1 + (1-s_1)y_2]\,y_1 \\
&\quad + [s_1x_1 + (1-s_1)x_2]\,[s_4y_3 + (1-s_4)y_1] \\
&\quad - [s_4x_3 + (1-s_4)x_1]\,[s_1y_1 + (1-s_1)y_2] \\
&= s_4(x_3y_1 - x_1y_3) + (1-s_1)(x_1y_2 - x_2y_1) + s_1s_4(x_1y_3 - x_3y_1) \\
&\quad + s_4(1-s_1)(x_2y_3 - x_3y_2) + (1-s_1)(1-s_4)(x_2y_1 - x_1y_2) \\
&= s_4(1-s_1)(x_1y_2 - x_2y_1) + s_4(1-s_1)(x_2y_3 - x_3y_2) \\
&\quad + s_4(1-s_1)(x_3y_1 - x_1y_3) \\
&= s_4(1-s_1)\,[(x_1y_2 - x_2y_1) + (x_2y_3 - x_3y_2) + (x_3y_1 - x_1y_3)] \\
&= 2s_4(1-s_1)\mathrm{D}_{P_1P_2P_3} = 2s_4(1-s_1)\mathrm{a}_{P_1P_2P_3},
\end{aligned}
$$

所以

$$
\mathrm{a}_{Q_4P_1Q_1} = s_4(1-s_1)\mathrm{a}_{P_1P_2P_3}.
$$

类似地, 可得

$$
\mathrm{a}_{Q_2P_2Q_3} = s_2(1-s_3)\mathrm{a}_{P_1P_2P_3},
$$

$$
\mathrm{a}_{Q_3P_3Q_4} = s_3(1-s_4)\mathrm{a}_{P_1P_2P_3}.
$$

因为 $s_i + (1-s_i) = 1$, 所以当 $s_i = 1-s_i$, 即 $s_i = 1/2$ 时, $\max\,[s_i(1-s_i)] = 1/4$. 故

$$
\begin{aligned}
\mathrm{a}_{Q_4P_1Q_1}\mathrm{a}_{Q_2P_2Q_3}\mathrm{a}_{Q_3P_3Q_4} &= (1-s_1)s_2s_3(1-s_3)s_4(1-s_4)\mathrm{a}_{P_1P_2P_3}^3 \\
&< s_1(1-s_1)s_3(1-s_3)s_4(1-s_4)\mathrm{a}_{P_1P_2P_3}^3 \leqslant \frac{1}{64}\mathrm{a}_{P_1P_2P_3}^3,
\end{aligned}
$$

因此, 式 (8.1.6) 成立.

8.2　三角形 (有向) 面积关系式在几何不等式证明中的应用

本节主要论述三角形有向面积关系式在几何不等式证明中的应用. 首先, 给出三角形诸心、诸点三角形和三角形 (有向) 面积关系式在不等式证明中的应用; 其次, 给出椭圆内接、外切三角形有向面积之间的关系式在证明不等式中的应用; 最后, 给出三角形与其定比分点线三角形有向面积关系式及其在不等式证明中的应用, 从而得出若干数学竞赛题的结论.

8.2.1　三角形诸心、诸点三角形 (有向) 面积公式在不等式证明中的应用

定理 8.2.1　设三角形 $P_1P_2P_3$ 各边 $P_{i+1}P_{i+2}$ 所在直线与其外角平分线 $P_iQ'_{i+1}$ 相交于 $Q'_{i+1}(i = 1, 2, 3)$, 则外角平分点三角形 $Q'_1Q'_2Q'_3$ 的面积大于三角形 $P_1P_2P_3$ 面积的两倍, 即

$$a_{Q'_1Q'_2Q'_3} > 2a_{P_1P_2P_3}. \tag{8.2.1}$$

证明　由本书上册定理 7.3.4, 可得

$$a_{Q'_1Q'_2Q'_3} = \frac{2d_{P_1P_2}d_{P_2P_3}d_{P_3P_1}}{\sigma'_1\sigma'_2\sigma'_3}a_{P_1P_2P_3}, \tag{8.2.2}$$

其中 $\sigma'_i = d_{P_{i+1}P_{i+2}} - d_{P_{i+2}P_i}(i = 1, 2, 3)$.

依题设三角形各边 $P_{i+1}P_{i+2}$ 所在直线与其外角平分线 $P_iQ'_{i+1}(i = 1, 2, 3)$ 相交, 因此三角形 $P_1P_2P_3$ 的各边互不相等, 否则三角形至少有一边与其对角外角的平分线平行.

不妨设 $d_{P_1P_2} < d_{P_2P_3} < d_{P_3P_1}$, 于是根据三角形两边之和大于第三边, 可得

$$0 < d_{P_3P_1} - d_{P_2P_3} < d_{P_1P_2}, \quad 0 < d_{P_3P_1} - d_{P_1P_2} < d_{P_2P_3}, \quad 0 < d_{P_2P_3} - d_{P_1P_2} < d_{P_3P_1},$$

从而

$$\begin{aligned}
\sigma'_1\sigma'_2\sigma'_3 &= (d_{P_2P_3} - d_{P_3P_1})(d_{P_3P_1} - d_{P_1P_2})(d_{P_1P_2} - d_{P_2P_3}) \\
&= (d_{P_3P_1} - d_{P_2P_3})(d_{P_3P_1} - d_{P_1P_2})(d_{P_2P_3} - d_{P_1P_2}) < d_{P_1P_2}d_{P_2P_3}d_{P_3P_1},
\end{aligned}$$

故由式 (8.2.2), 即得

$$a_{Q'_1Q'_2Q'_3} > \frac{2d_{P_1P_2}d_{P_2P_3}d_{P_3P_1}}{d_{P_1P_2}d_{P_2P_3}d_{P_3P_1}}a_{P_1P_2P_3} = 2a_{P_1P_2P_3},$$

因此, 式 (8.2.1) 成立.

定理 8.2.2 (1989 年第 30 届国际数学奥林匹克竞赛题)   设三角形 $P_1P_2P_3$ 的角平分线 $P_{i+2}Q_i$ 所在直线上的旁心为 $I_i(i = 1, 2, 3)$, 则旁心三角形 $I_1I_2I_3$ 的面积不小于三角形 $P_1P_2P_3$ 面积的四倍, 即

$$a_{I_1I_2I_3} \geqslant 4a_{P_1P_2P_3}. \tag{8.2.3}$$

证明   由本书上册定理 9.2.1, 可得

$$a_{I_1I_2I_3} = \frac{4d_{P_1P_2}d_{P_2P_3}d_{P_3P_1}}{\omega_1\omega_2\omega_3}a_{P_1P_2P_3}, \tag{8.2.4}$$

其中 $\omega_i = d_{P_{i+1}P_{i+2}} + d_{P_{i+2}P_i} - d_{P_iP_{i+1}}(i = 1, 2, 3)$. 令

$$f(x, y, z) = (x + y - z)(y + z - x)(z + x - y) - xyz,$$

其中 $x + y > z > 0, y + z > x > 0, z + x > y > 0$.

于是由

$$\begin{cases} f_x = (y + z - x)(z + x - y) - (x + y - z)(z + x - y) \\ \qquad + (x + y - z)(y + z - x) - yz = 0, \\ f_y = (x + y - z)(z + x - y) - (y + z - x)(x + y - z) \\ \qquad + (y + z - x)(z + x - y) - zx = 0, \\ f_z = (x + y - z)(z + x - y) - (y + z - x)(z + x - y) \\ \qquad + (x + y - z)(y + z - x) - xy = 0 \end{cases}$$

求得满足条件 $x + y > z > 0, y + z > x > 0, z + x > y > 0$ 的唯一驻点 $x = y = z$. 于是由问题的实际意义易知, 当 $x = y = z$ 时, 函数 $f(x, y, z)$ 取得最大值 $f_{\max} = 0$. 所以

$$(x + y - z)(y + z - x)(z + x - y) - xyz \leqslant 0,$$

$$(x + y - z)(y + z - x)(z + x - y) \leqslant xyz,$$

于是由式 (8.2.4), 可得

$$a_{I_1I_2I_3} \geqslant \frac{4d_{P_1P_2}d_{P_2P_3}d_{P_3P_1}}{d_{P_1P_2}d_{P_2P_3}d_{P_3P_1}}a_{P_1P_2P_3} = 4a_{P_1P_2P_3},$$

因此式 (8.2.3) 成立.

推论 8.2.1   设三角形 $P_1P_2P_3$ 的外心为 O, 角平分线 $P_{i+2}Q_i$ 所在直线上的旁心为 $I_i(i = 1, 2, 3)$, 则在三个内外心三角形 $OI_1I_2, OI_2I_3, OI_3I_1$ 中, 至少有一个三角形的面积不小于三角形面积的三分之四, 即

$$\max\{a_{OI_1I_2}, a_{OI_2I_3}, a_{OI_3I_1}\} \geqslant \frac{4}{3}a_{P_1P_2P_3} \tag{8.2.5}$$

证明　用反证法. 假设 $\max\{a_{OI_1I_2}, a_{OI_2I_3}, a_{OI_3I_1}\} < \frac{4}{3}a_{P_1P_2P_3}$, 则

$$a_{I_1I_2I_3} = a_{OI_1I_2} + a_{OI_2I_3} + a_{OI_3I_1} < \frac{4}{3}a_{P_1P_2P_3} + \frac{4}{3}a_{P_1P_2P_3} + \frac{4}{3}a_{P_1P_2P_3} = 4a_{P_1P_2P_3},$$

这与式 (8.2.3) 相矛盾. 因此, 式 (8.2.5) 成立.

推论 8.2.2　设三角形 $P_1P_2P_3$ 的内心为 I, 角平分线 $P_{i+2}Q_i$ 所在直线上的旁心为 $I_i(i = 1, 2, 3)$, 则在三个内外心三角形 $II_1I_2, II_2I_3, II_3I_1$ 中, 至少有一个三角形的面积不小于三角形面积的三分之四, 即

$$\max\{a_{II_1I_2}, a_{II_2I_3}, a_{II_3I_1}\} \geqslant \frac{4}{3}a_{P_1P_2P_3}.$$

证明　仿推论 8.2.1 可以证明.

8.2.2　椭圆内接、外切三角形有向面积之间的关系在证明不等式中的应用

定理 8.2.3　设 $Q_1Q_2Q_3$ 是椭圆 $x^2/a^2 + y^2/b^2 = 1$ 的外切三角形, 边 Q_iQ_{i+1} 与椭圆的切点为 $P_i(i = 1, 2, 3)$, 则外切三角形 $Q_1Q_2Q_3$ 的面积至少是切点三角形 $P_1P_2P_3$ 面积的四倍, 即

$$a_{Q_1Q_2Q_3} \geqslant 4a_{P_1P_2P_3}. \tag{8.2.6}$$

证明　不妨设 $Q_1Q_2Q_3$ 是椭圆 $x^2/a^2 + y^2/b^2 = 1$ 的外切三角形, Q_iQ_{i+1} 与椭圆的切点为 $P_i(a\cos\theta_i, b\sin\theta_i)(i = 1, 2, 3)$, 且 $0 \leqslant \theta_1 < \theta_2 < \theta_3 < 2\pi$, 于是三角形 $Q_1Q_2Q_3$ 和 $P_1P_2P_3$ 均为正向三角形, 故由式 (6.5.1) 可得

$$a_{P_1P_2P_3} = -2a_{Q_1Q_2Q_3}\prod_{i=1}^{3}\cos\frac{\theta_{i+1} - \theta_i}{2}.$$

令 $f(x, y, z) = \cos x \cos y \cos z$, 其中 $0 < x, y < \pi/2, x+y+z = 0$. 为求 $f(x, y, z)$ 在条件 $0 < x, y < \pi/2, x+y+z = 0$ 下的极值, 将其转化成函数

$$g(x, y) = \cos x \cos y \cos(x+y), \quad 0 < x, y < \pi/2$$

的无条件极值. 由

$$\begin{cases} g_x = -\sin x \cos y \cos(x+y) - \cos x \cos y \sin(x+y) = -\sin(2x+y)\cos y = 0, \\ g_y = -\cos x \sin y \cos(x+y) - \cos x \cos y \sin(x+y) = -\sin(x+2y)\cos x = 0 \end{cases}$$

求得唯一驻点 $x = y = \pi/3$. 故由问题的实际意义可知, 此时函数 $g(x, y)$ 取得最小值

$$g_{\max}(\pi/3, \pi/3) = f_{\max}(\pi/3, \pi/3, -2\pi/3) = -1/8,$$

因此, 式 (8.2.6) 成立.

8.2.3 三角形与其定比分点线三角形有向面积关系定理及其应用

定理 8.2.4 (喻德生, 2017)   在三角形 $P_1P_2P_3$ 中, Q_i 是 P_iP_{i+1} 的 $s_i/(1-s_i)$-分点, 则

$$\prod_{i=1}^{3} \mathrm{D}_{Q_iP_{i+1}Q_{i+1}} = \mathrm{D}_{P_1P_2P_3}^3 \prod_{i=1}^{3} s_i(1-s_i), \tag{8.2.7}$$

$$\mathrm{D}_{Q_1Q_2Q_3} = \left[1 - \sum_{i=1}^{3} s_i(1-s_{i+1}) \right] \mathrm{D}_{P_1P_2P_3}. \tag{8.2.8}$$

证明   如图 8.2.1 所示. 设三角形 $P_1P_2P_3$ 顶点的坐标为 $P_i(x_i, y_i)(i = 1, 2, 3)$, 各边上的分点的坐标为

$$Q_i(s_ix_i + (1-s_i)x_{i+1}, s_iy_i + (1-s_i)y_{i+1}) \quad (i = 1, 2, 3),$$

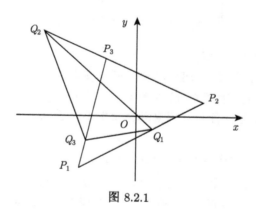

图 8.2.1

则由三角形有向面积公式, 可得

$$2\mathrm{D}_{Q_iP_{i+1}Q_{i+1}}$$
$$= [s_ix_i + (1-s_i)x_{i+1}]y_{i+1} - x_{i+1}[s_iy_i + (1-s_i)y_{i+1}]$$
$$\quad + x_{i+1}[s_{i+1}y_{i+1} + (1-s_{i+1})y_{i+2}] - [s_{i+1}x_{i+1} + (1-s_{i+1})x_{i+2}]y_{i+1}$$
$$\quad + [s_{i+1}x_{i+1} + (1-s_{i+1})x_{i+2}][s_iy_i + (1-s_i)y_{i+1}]$$
$$\quad - [s_ix_i + (1-s_i)x_{i+1}][s_{i+1}y_{i+1} + (1-s_{i+1})y_{i+2}]$$
$$= s_i(x_iy_{i+1} - x_{i+1}y_i) + (1-s_{i+1})(x_{i+1}y_{i+2} - x_{i+2}y_{i+1}) + s_is_{i+1}(x_{i+1}y_i - x_iy_{i+1})$$
$$\quad + s_i(1-s_{i+1})(x_{i+2}y_i - x_iy_{i+2}) + (1-s_i)(1-s_{i+1})(x_{i+2}y_{i+1} - x_{i+1}y_{i+2})$$
$$= s_i(1-s_{i+1})(x_iy_{i+1} - x_{i+1}y_i) + s_i(1-s_{i+1})(x_{i+1}y_{i+2} - x_{i+2}y_{i+1})$$
$$\quad + s_i(1-s_{i+1})(x_{i+2}y_i - x_iy_{i+2})$$

$$= s_i(1 - s_{i+1}) \left[(x_i y_{i+1} - x_{i+1} y_i) + (x_{i+1} y_{i+2} - x_{i+2} y_{i+1}) + (x_{i+2} y_i - x_i y_{i+2}) \right]$$
$$= 2s_i(1 - s_{i+1}) \mathrm{D}_{P_i P_{i+1} P_{i+2}} = 2s_i(1 - s_{i+1}) \mathrm{D}_{P_1 P_2 P_3},$$

于是

$$\mathrm{D}_{Q_i P_{i+1} Q_{i+1}} = s_i(1 - s_{i+1}) \mathrm{D}_{P_1 P_2 P_3},$$
$$\prod_{i=1}^{3} \mathrm{D}_{Q_i P_{i+1} Q_{i+1}} = \prod_{i=1}^{3} s_i(1 - s_{i+1}) \mathrm{D}_{P_1 P_2 P_3} = \mathrm{D}_{P_1 P_2 P_3}^3 \prod_{i=1}^{3} s_i(1 - s_{i+1})$$
$$= \mathrm{D}_{P_1 P_2 P_3}^3 \prod_{i=1}^{3} s_i(1 - s_i),$$
$$\mathrm{D}_{Q_1 Q_2 Q_3} = \mathrm{D}_{P_1 P_2 P_3} - \sum_{i=1}^{3} s_i(1 - s_{i+1}) \mathrm{D}_{P_1 P_2 P_3}$$
$$= \left[1 - \sum_{i=1}^{3} s_i(1 - s_{i+1}) \right] \mathrm{D}_{P_1 P_2 P_3},$$

因此, 式 (8.2.7) 和 (8.2.8) 成立.

推论 8.2.3 (1966 年第 8 届数学奥林匹克竞赛题)　在三角形 $P_1 P_2 P_3$ 的三边 $P_1 P_2, P_2 P_3, P_3 P_1$ 上 (端点除外) 分别取点 Q_1, Q_2, Q_3, 证明: 三角形 $Q_1 P_2 Q_2$, $Q_2 P_3 Q_3, Q_3 P_1 Q_1$ 中, 至少有一个三角形的面积不大于三角形 $P_1 P_2 P_3$ 面积的四分之一, 即

$$\min \left\{ \mathrm{a}_{Q_1 P_2 Q_2}, \mathrm{a}_{Q_2 P_3 Q_3}, \mathrm{a}_{Q_3 P_1 Q_1} \right\} \leqslant \frac{1}{4} \mathrm{a}_{P_1 P_2 P_3}. \tag{8.2.9}$$

证明　如图 8.2.2 所示. 不妨设 $P_1 P_2 P_3$ 为正向三角形, 则三角形 $Q_1 P_2 Q_2$, $Q_2 P_3 Q_3, Q_3 P_1 Q_1$ 都是正向的. 设三角形 $P_1 P_2 P_3$ 顶点的坐标为 $P_i(x_i, y_i)(i = 1, 2, 3)$, 各边上的分点的坐标为

$$Q_i(s_i x_i + (1 - s_i) x_{i+1}, s_i y_i + (1 - s_i) y_{i+1}) \quad (0 < s_i < 1; i = 1, 2, 3),$$

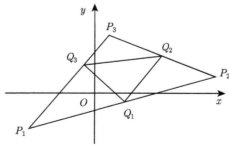

图 8.2.2

则由式 (8.2.7), 可得

$$\prod_{i=1}^{3} \mathrm{a}_{Q_i P_{i+1} Q_{i+1}} = \mathrm{a}_{P_1 P_2 P_3}^3 \prod_{i=1}^{3} s_i(1-s_i),$$

因为 $s_i + (1 - s_i) = 1$, 故当且仅当 $s_i = 1 - s_i$ $(i = 1, 2, 3)$, 即 $s_i = \dfrac{1}{2}$ $(i = 1, 2, 3)$ 时,

$$\max\left[\prod_{i=1}^{3} s_i(1-s_i)\right] = \frac{1}{64},$$

所以

$$\prod_{i=1}^{3} \mathrm{a}_{Q_i P_{i+1} Q_{i+1}} = \mathrm{a}_{P_1 P_2 P_3}^3 \prod_{i=1}^{3} s_i(1-s_i) \leqslant \frac{1}{64} \mathrm{a}_{P_1 P_2 P_3}^3 = \left(\frac{1}{4} \mathrm{a}_{P_1 P_2 P_3}\right)^3,$$

因此, 式 (8.2.9) 成立.

推论 8.2.4 (第 34 届美国普特南数学竞赛题) 设 $P_1 P_2 P_3$ 是任意三角形, Q_1, Q_2, Q_3 分别是边 $P_1 P_2, P_2 P_3, P_3 P_1$ 上任意的点, 则

$$\mathrm{a}_{Q_1 Q_2 Q_3} \geqslant \frac{1}{4} \mathrm{a}_{P_1 P_2 P_3}. \tag{8.2.10}$$

证明 如图 8.2.2 所示. 不妨设 $P_1 P_2 P_3$ 为正向三角形, 则三角形 $Q_1 P_2 Q_2$, $Q_2 P_3 Q_3, Q_3 P_1 Q_1$ 都是正向的. 设三角形 $P_1 P_2 P_3$ 顶点的坐标为 $P_i(x_i, y_i)(i = 1, 2, 3)$, 各边上的分点的坐标为

$$Q_i(s_i x_i + (1 - s_i)x_{i+1}, s_i y_i + (1 - s_i)y_{i+1}) \quad (0 \leqslant s_i \leqslant 1; i = 1, 2, 3),$$

则由式 (8.2.9), 可得

$$\mathrm{a}_{Q_1 Q_2 Q_3} = \left[1 - \sum_{i=1}^{3} s_i(1 - s_{i+1})\right] \mathrm{a}_{P_1 P_2 P_3}.$$

令

$$f(s_1, s_2, s_3) = 1 - s_1(1 - s_2) - s_2(1 - s_3) - s_3(1 - s_1) \quad (0 \leqslant s_1, s_2, s_3 \leqslant 1),$$

则由

$$\begin{cases} f_{s_1} = s_2 + s_3 - 1 = 0, \\ f_{s_2} = s_3 + s_1 - 1 = 0, \\ f_{s_3} = s_1 + s_2 - 1 = 0 \end{cases} \Rightarrow \begin{cases} s_1 = 1/2, \\ s_2 = 1/2, \\ s_3 = 1/2. \end{cases}$$

由于 $s_i = 1/2$ $(i = 1, 2, 3)$ 是函数 $f(s_1, s_2, s_3)$ 的唯一驻点, 故由问题的实际意义知, 函数在该点处取得最小值 $f_{\min}(1/2, 1/2, 1/2) = 1 - 3/4 = 1/4$, 从而式 (8.2.10) 成立.

推论 8.2.5　设 $P_1P_2P_3$ 是任意三角形, Q_1, Q_2, Q_3 分别是边 P_1P_2, P_2P_3, P_3P_1 上任意的点, 则在三个三角形 $P_1Q_1Q_3, P_2Q_2Q_1, P_3Q_3Q_2$ 中, 至少有一个三角形的面积小于等于三角形 $Q_1Q_2Q_3$ 的面积, 即

$$\min\{a_{Q_1P_2Q_2}, a_{Q_2P_3Q_3}, a_{Q_3P_1Q_1}\} \leqslant a_{Q_1Q_2Q_3}. \tag{8.2.11}$$

证明　由式 (8.2.9) 和 (8.2.10), 即得式 (8.2.11).

定理 8.2.5 (喻德生, 2017)　在三角形 $P_1P_2P_3$ 中, Q_i 是 P_iP_{i+1} 的 $s_i/(1 - s_i)$-分点, R_i 是 Q_iQ_{i+1} 的 $t_i/(1 - t_i)$-分点, 则

$$D_{P_iQ_iR_i} = (1 - s_i)(1 - s_{i+1})(1 - t_i)D_{P_1P_2P_3} \quad (i = 1, 2, 3); \tag{8.2.12}$$

$$D_{P_iR_{i+1}Q_{i+2}} = s_{i+1}s_{i+2}t_{i+1}D_{P_1P_2P_3} \quad (i = 1, 2, 3). \tag{8.2.13}$$

证明　如图 8.2.3 所示. 设三角形 $P_1P_2P_3$ 顶点的坐标为 $P_i(x_i, y_i)$ $(i = 1, 2, 3)$; 于是各边分点的坐标为

$$Q_i(s_ix_i + (1 - s_i)x_{i+1}, s_iy_i + (1 - s_i)y_{i+1}) \quad (i = 1, 2, 3);$$

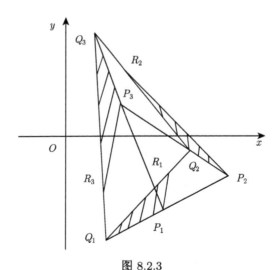

图 8.2.3

线段 Q_iQ_{i+1} 上的分点 R_i 的坐标为

$$x_{R_i} = t_i[s_ix_i + (1 - s_i)x_{i+1}] + (1 - t_i)[s_{i+1}x_{i+1} + (1 - s_{i+1})x_{i+2}]$$

$$= s_i t_i x_i + [t_i(1 - s_i) + s_{i+1}(1 - t_i)] x_{i+1} + (1 - t_i)(1 - s_{i+1}) x_{i+2},$$

$$y_{R_i} = t_i [s_i y_i + (1 - s_i) y_{i+1}] + (1 - t_i) [s_{i+1} y_{i+1} + (1 - s_{i+1}) y_{i+2}]$$

$$= s_i t_i y_i + [t_i(1 - s_i) + s_{i+1}(1 - t_i)] y_{i+1} + (1 - t_i)(1 - s_{i+1}) y_{i+2}.$$

于是由三角形有向面积公式, 得

$$2 \mathrm{D}_{P_i Q_i R_i}$$

$$= x_i [s_i y_i + (1 - s_i) y_{i+1}] - [s_i x_i + (1 - s_i) x_{i+1}] y_i$$

$$+ [s_i x_i + (1 - s_i) x_{i+1}] \{s_i t_i y_i + [t_i(1 - s_i) + s_{i+1}(1 - t_i)] y_{i+1}$$

$$+ (1 - t_i)(1 - s_{i+1}) y_{i+2}\}$$

$$- \{s_i t_i x_i + [t_i(1 - s_i) + s_{i+1}(1 - t_i)] x_{i+1}$$

$$+ (1 - t_i)(1 - s_{i+1}) x_{i+2} [s_i y_i + (1 - s_i) y_{i+1}]\}$$

$$+ \{s_i t_i x_i + [t_i(1 - s_i) + s_{i+1}(1 - t_i)] x_{i+1} + (1 - t_i)(1 - s_{i+1}) x_{i+2}\} y_i$$

$$- x_i \{s_i t_i y_i + [t_i(1 - s_i) + s_{i+1}(1 - t_i)] y_{i+1} + (1 - t_i)(1 - s_{i+1}) y_{i+2}\}$$

$$= (1 - s_i)(x_i y_{i+1} - x_{i+1} y_i) + s_i [t_i(1 - s_i) + s_{i+1}(1 - t_i)] (x_i y_{i+1} - x_{i+1} y_i)$$

$$+ s_i(1 - t_i)(1 - s_{i+1})(x_i y_{i+2} - x_{i+2} y_i) + s_i t_i(1 - s_i)(x_{i+1} y_i - x_i y_{i+1})$$

$$+ (1 - s_i)(1 - s_{i+1})(1 - t_i)(x_{i+1} y_{i+2} - x_{i+2} y_{i+1})$$

$$+ [t_i(1 - s_i) + s_{i+1}(1 - t_i)] (x_{i+1} y_i - x_i y_{i+1})$$

$$+ (1 - s_{i+1})(1 - t_i)(x_{i+2} y_i - x_i y_{i+2})$$

$$= \{(1 - s_i) + s_i [t_i(1 - s_i) + s_{i+1}(1 - t_i)]$$

$$- s_i t_i(1 - s_i) - t_i(1 - s_i) - s_{i+1}(1 - t_i)\} (x_i y_{i+1} - x_{i+1} y_i)$$

$$+ (1 - s_i)(1 - s_{i+1})(1 - t_i)(x_{i+1} y_{i+2} - x_{i+2} y_{i+1})$$

$$+ [(1 - s_{i+1})(1 - t_i) - s_i(1 - t_i)(1 - s_{i+1})] (x_{i+2} y_i - x_i y_{i+2})$$

$$= (1 - s_i)(1 - s_{i+1})(1 - t_i) [(x_i y_{i+1} - x_{i+1} y_i)$$

$$+ (x_{i+1} y_{i+2} - x_{i+2} y_{i+1}) + (x_{i+2} y_i - x_i y_{i+2})]$$

$$= 2(1 - s_i)(1 - s_{i+1})(1 - t_i) \mathrm{D}_{P_i P_{i+1} P_{i+2}},$$

因此, 式 (8.2.12) 成立.

类似地, 可以证明, 式 (8.2.13) 成立.

推论 8.2.6 在三角形 $P_1 P_2 P_3$ 中, Q_i 是 $P_i P_{i+1}$ 的 $s_i/(1 - s_i)$- 分点, R_i 是 $Q_i Q_{i+1}$ 的 $t_i/(1 - t_i)$-分点, 且 $0 \leqslant s_i, t_i \leqslant 1 (i = 1, 2, 3)$, 则

$$\mathrm{a}_{P_i Q_i R_i} = (1 - s_i)(1 - s_{i+1})(1 - t_i) \mathrm{a}_{P_1 P_2 P_3}; \tag{8.2.14}$$

$$\mathrm{a}_{P_iR_{i+1}Q_{i+2}} = s_{i+1}s_{i+2}t_{i+1}\mathrm{a}_{P_1P_2P_3};\tag{8.2.15}$$

$$\mathrm{a}_{P_iQ_iR_i}\mathrm{a}_{P_{i+2}R_iQ_{i+1}} = s_i(1-s_i)s_{i+1}(1-s_{i+1})t_i(1-t_i)\mathrm{a}_{P_1P_2P_3}^2,\tag{8.2.16}$$

其中 $i = 1, 2, 3$.

证明 如图 8.2.4 所示. 不妨设 $P_1P_2P_3$ 为正向三角形, 因为 $0 \leqslant s_i, t_i \leqslant 1$, 所以 $P_iQ_iR_i, P_iR_{i+1}Q_{i+2}$ 均为正向三角形. 于是由式 (8.2.12) 和 (8.2.13), 即得式 (8.2.14) 和 (8.2.15); 再由式 (8.2.14) 和 (8.2.15), 即得式 (8.2.16).

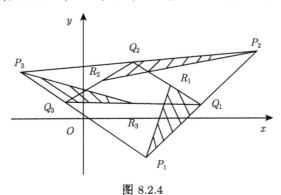

图 8.2.4

推论 8.2.7 在三角形 $P_1P_2P_3$ 中, $Q_i \in P_iP_{i+1}, R_i \in Q_iQ_{i+1}$ $(i = 1, 2, 3)$, 则

$$\mathrm{a}_{P_1P_2P_3} \geqslant 8\sqrt{\mathrm{a}_{P_iQ_iR_i}\mathrm{a}_{P_{i+2}R_iQ_{i+1}}};\tag{8.2.17}$$

$$\mathrm{a}_{P_1P_2P_3} \geqslant 8\sqrt[4]{\mathrm{a}_{P_iQ_iR_i}\mathrm{a}_{P_{i+2}R_iQ_{i+1}}\mathrm{a}_{P_jQ_jR_j}\mathrm{a}_{P_{j+2}R_jQ_{j+1}}}.\tag{8.2.18}$$

其中 $i, j = 1, 2, 3; i < j$.

证明 不妨设 Q_i 是 P_iP_{i+1} 的 $s_i/(1-s_i)-$ 分点, R_i 是 Q_iQ_{i+1} 的 $t_i/(1-t_i)$-分点, 且 $0 \leqslant s_i, t_i \leqslant 1$, 则由 $s_i + (1-s_i) = 1, s_{i+1} + (1-s_{i+1}) = 1, t_i + (1-t_i) = 1$, 可得 $s_i = s_{i+1} = t_i = 1/2$ 时, $s_i(1-s_i), s_{i+1}(1-s_{i+1})$ 和 $t_i(1-t_i)$ 均取得最大值 $1/4$, 故由式 (8.2.16) 得

$$\mathrm{a}_{P_iQ_iR_i}\mathrm{a}_{P_{i+2}R_iQ_{i+1}} \leqslant \mathrm{a}_{P_1P_2P_3}^2/64 \quad (i = 1, 2, 3),$$

从而式 (8.2.17) 成立; 而由式 (8.2.17), 可得

$$\mathrm{a}_{P_1P_2P_3}^2 \geqslant 8\sqrt{\mathrm{a}_{P_iQ_iR_i}\mathrm{a}_{P_{i+2}R_iQ_{i+1}}} \cdot 8\sqrt{\mathrm{a}_{P_jQ_jR_j}\mathrm{a}_{P_{j+2}R_jQ_{j+1}}} \quad (i, j = 1, 2, 3; i < j),$$

开方即得式 (8.2.18).

推论 8.2.8 (1988 年第 29 届国际数学奥林匹克候选题) 在三角形 $P_1P_2P_3$ 中, $Q_i \in P_iP_{i+1}, R_i \in Q_iQ_{i+1}$ $(i = 1, 2, 3)$, 则

$$\mathrm{a}_{P_1P_2P_3} \geqslant 8\sqrt[6]{\mathrm{a}_{P_1Q_1R_1}\mathrm{a}_{P_2Q_2R_2}\mathrm{a}_{P_3Q_3R_3}\mathrm{a}_{P_1R_2Q_3}\mathrm{a}_{P_2R_3Q_1}\mathrm{a}_{P_3R_1Q_2}}.\tag{8.2.19}$$

证明　由不等式 (8.2.17), 得

$$a_{P_1P_2P_3} \geqslant 8\sqrt{a_{P_1Q_1R_1}a_{P_3R_1Q_2}}, \quad a_{P_1P_2P_3} \geqslant 8\sqrt{a_{P_2Q_2R_2}a_{P_1R_2Q_3}},$$

$$a_{P_1P_2P_3} \geqslant 8\sqrt{a_{P_3Q_3R_3}a_{P_2R_3Q_1}},$$

三式相乘后开立方, 即得式 (8.2.19).

定理 8.2.6 (喻德生, 2017)　设 O 是三角形 $P_1P_2P_3$ 所在平面上一点, Q_1, Q_2, Q_3 分别是 P_3, P_1, P_2 与 O 的连线和对边所在直线的交点, 则

$$D_{Q_1Q_2Q_3}\prod_{i=1}^{3}\left(D_{OP_iP_{i+1}} + D_{OP_{i+1}P_{i+2}}\right) = 2D_{OP_1P_2}D_{OP_2P_3}D_{OP_3P_1}D_{P_1P_2P_3}. \quad (8.2.20)$$

证明　如图 8.2.5 所示. 以 O 为坐标原点, 建立平面直角坐标系. 设 $P_1P_2P_3$ 顶点的坐标为 $P_i(x_i, y_i)(i = 1, 2, 3)$, 则 $P_{i+2}O$ 和 P_iP_{i+1} 的直线方程分别为

$$y = y_{i+2}x/x_{i+2} \quad \text{和} \quad (y_i - y_{i+1})x + (x_{i+1} - x_i)y + (x_iy_{i+1} - x_{i+1}y_i) = 0.$$

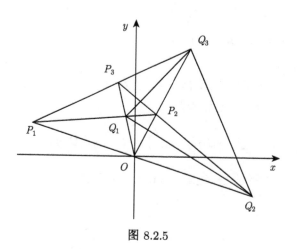

图 8.2.5

将 $P_{i+2}O$ 的方程代入 P_iP_{i+1} 的方程, 并化简可得

$$[(x_{i+1}y_{i+2} - x_{i+2}y_{i+1}) + (x_{i+2}y_i - x_iy_{i+2})]x = -x_{i+2}(x_iy_{i+1} - x_{i+1}y_i),$$

即

$$2\left(D_{OP_{i+1}P_{i+2}} + D_{OP_{i+2}P_i}\right)x = -2x_{i+2}D_{OP_iP_{i+1}},$$

求得 Q_i 的坐标

$$x_{Q_i} = -\frac{x_{i+2}D_{OP_iP_{i+1}}}{D_{OP_{i+1}P_{i+2}} + D_{OP_{i+2}P_i}}, \quad y_{Q_i} = -\frac{y_{i+2}D_{OP_iP_{i+1}}}{D_{OP_{i+1}P_{i+2}} + D_{OP_{i+2}P_i}}.$$

由三角形有向面积公式和三角形对边三角形有向面积的可加性, 得

$$2D_{Q_1Q_2Q_3} \prod_{i=1}^{3} \left(D_{OP_iP_{i+1}} + D_{OP_{i+1}P_{i+2}} \right)$$

$$= \sum_{i=1}^{3} \left(x_{i+2}D_{OP_iP_{i+1}} \cdot y_iD_{OP_{i+1}P_{i+2}} - x_iD_{OP_{i+1}P_{i+2}} \cdot y_{i+2}D_{OP_iP_{i+1}} \right)$$
$$\times \left(D_{OP_iP_{i+1}} + D_{OP_{i+1}P_{i+2}} \right)$$

$$= \sum_{i=1}^{3} D_{OP_iP_{i+1}}D_{OP_{i+1}P_{i+2}}(x_{i+2}y_i - x_iy_{i+2}) \left(D_{OP_iP_{i+1}} + D_{OP_{i+1}P_{i+2}} \right)$$

$$= 2\sum_{i=1}^{3} D_{OP_iP_{i+1}}D_{OP_{i+1}P_{i+2}}D_{OP_{i+2}P_i} \left(D_{OP_iP_{i+1}} + D_{OP_{i+1}P_{i+2}} \right)$$

$$= 2D_{OP_1P_2}D_{OP_2P_3}D_{OP_3P_1} \sum_{i=1}^{3} \left(D_{OP_iP_{i+1}} + D_{OP_{i+1}P_{i+2}} \right)$$

$$= 4D_{OP_1P_2}D_{OP_2P_3}D_{OP_3P_1} \sum_{i=1}^{3} D_{OP_iP_{i+1}}$$

$$= 4D_{OP_1P_2}D_{OP_2P_3}D_{OP_3P_1}D_{P_1P_2P_3},$$

因此, 式 (8.2.20) 成立.

推论 8.2.9   设 O 是三角形 $P_1P_2P_3$ 的外心, Q_1, Q_2, Q_3 分别是 P_3, P_1, P_2 与 O 的连线和对边所在直线的交点, 则

$$D_{Q_1Q_2Q_3} \prod_{i=1}^{3} \left(D_{OP_iP_{i+1}} + D_{OP_{i+1}P_{i+2}} \right) = 2D_{OP_1P_2}D_{OP_2P_3}D_{OP_3P_1}D_{P_1P_2P_3}.$$

证明   如图 8.2.6 所示. 在定理 8.2.6 中, 取 O 为三角形 $P_1P_2P_3$ 的外心即得.

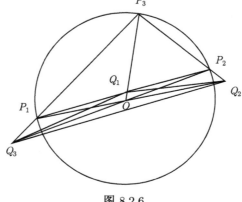

图 8.2.6

推论 8.2.10 设 $P_1P_2P_3$ 是三角形, P_1N_2, P_2N_3, P_3N_1 是三角形的高, H 是三角形垂心, 则

$$\mathrm{D}_{N_1N_2N_3}\prod_{i=1}^{3}\left(\mathrm{D}_{HP_iP_{i+1}}+\mathrm{D}_{HP_{i+1}P_{i+2}}\right)=2\mathrm{D}_{HP_1P_2}\mathrm{D}_{HP_2P_3}\mathrm{D}_{HP_3P_1}\mathrm{D}_{P_1P_2P_3}.$$

证明 如图 8.2.7 所示. 在定理 8.2.6 中, 取 O 为三角形 $P_1P_2P_3$ 的垂心 H 即得.

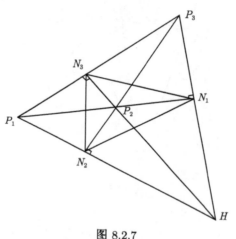

图 8.2.7

推论 8.2.11 设 $P_1P_2P_3$ 是三角形, $P_iQ_{i+1}(P_iQ'_{i+1})(i=1,2,3)$ 是三内角 (外角) 的平分线, $I_i(i=1,2,3)$ 是角平分线 $P_{i+2}Q_i$ 所在直线上的旁心, 则

$$\mathrm{D}_{Q_iQ'_{i+1}Q'_{i+2}}\prod_{i=1}^{3}\left(\mathrm{D}_{I_iP_iP_{i+1}}+\mathrm{D}_{I_iP_{i+2}P_i}\right)$$
$$=2\mathrm{D}_{I_iP_1P_2}\mathrm{D}_{I_iP_2P_3}\mathrm{D}_{I_iP_3P_1}\mathrm{D}_{P_1P_2P_3} \quad (i=1,2,3).$$

证明 图 8.2.8, 是 $i=1$ 的情形. 在定理 8.2.6 中, 取 O 为三角形 $P_1P_2P_3$ 的旁心 I_i 即得.

定理 8.2.7 (喻德生, 2017) 设 O 是三角形 $P_1P_2P_3$ 的一个内点, Q_1, Q_2, Q_3 分别是 P_3, P_1, P_2 与 O 的连线和对边所在直线的交点, 则

$$\mathrm{a}_{Q_1Q_2Q_3}\prod_{i=1}^{3}\left(\mathrm{a}_{OP_iP_{i+1}}+\mathrm{a}_{OP_{i+2}P_i}\right)=2\mathrm{a}_{OP_1P_2}\mathrm{a}_{OP_2P_3}\mathrm{a}_{OP_3P_1}\mathrm{a}_{P_1P_2P_3}. \quad (8.2.21)$$

证明 如图 8.2.9 所示. 不妨设 $P_1P_2P_3$ 为正向三角形, 则 $Q_1Q_2Q_3, OP_1P_2$, OP_2P_3, OP_3P_1 均为正向三角形, 故由式 (8.2.20), 即得式 (8.2.21).

注意到锐角三角形的外心、垂心以及三角形的内心、重心在三角形之内, 即得如下推论.

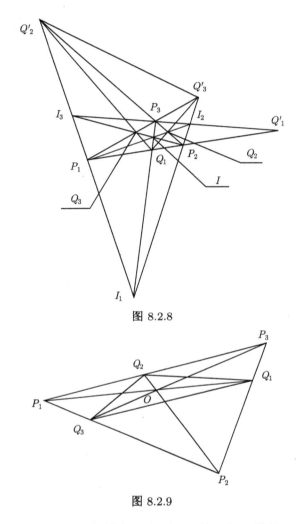

图 8.2.8

图 8.2.9

推论 8.2.12　设 $P_1P_2P_3$ 是锐角三角形, O 是三角形的外心, Q_1, Q_2, Q_3 分别是 P_3, P_1, P_2 与 O 的连线和对边所在直线的交点, 则

$$a_{Q_1Q_2Q_3} \prod_{i=1}^{3} \left(a_{OP_iP_{i+1}} + a_{OP_{i+1}P_{i+2}}\right) = 2a_{OP_1P_2} a_{OP_2P_3} a_{OP_3P_1} a_{P_1P_2P_3}.$$

推论 8.2.13　设 $P_1P_2P_3$ 是锐角三角形, P_1N_2, P_2N_3, P_3N_1 是三角形的高, H 是三角形垂心, 则

$$a_{N_1N_2N_3} \prod_{i=1}^{3} \left(a_{HP_iP_{i+1}} + a_{HP_{i+1}P_{i+2}}\right) = 2a_{HP_1P_2} a_{HP_2P_3} a_{HP_3P_1} a_{P_1P_2P_3}.$$

推论 8.2.14 设 $P_1P_2P_3$ 是三角形, P_1Q_2, P_2Q_3, P_3Q_1 是三角形内角的平分线, I 是三角形的内心, 则

$$a_{Q_1Q_2Q_3} \prod_{i=1}^{3} \left(a_{IP_iP_{i+1}} + a_{IP_{i+1}P_{i+2}} \right) = 2a_{IP_1P_2} a_{IP_2P_3} a_{IP_3P_1} a_{P_1P_2P_3}.$$

推论 8.2.15 设 $P_1P_2P_3$ 是三角形, P_1Q_2, P_2Q_3, P_3Q_1 是三角形的中线, G 是三角形的重心, 则

$$a_{Q_1Q_2Q_3} \prod_{i=1}^{3} \left(a_{GP_iP_{i+1}} + a_{GP_{i+1}P_{i+2}} \right) = 2a_{GP_1P_2} a_{GP_2P_3} a_{GP_3P_1} a_{P_1P_2P_3}.$$

定理 8.2.8 (1990 年第 31 届数学奥林匹克竞赛候选题) 设 O 是三角形 $P_1P_2P_3$ 的一个内点, Q_1, Q_2, Q_3 分别是 P_3, P_1, P_2 与 O 的连线和对边的交点, 则

$$a_{Q_1Q_2Q_3} \leqslant \frac{1}{4} a_{P_1P_2P_3}. \tag{8.2.22}$$

证明 由式 (8.2.21) 和几何不等式, 得

$$a_{Q_1Q_2Q_3} = \frac{2a_{OP_1P_2} a_{OP_2P_3} a_{OP_3P_1} a_{P_1P_2P_3}}{\prod_{i=1}^{3} \left(a_{OP_iP_{i+1}} + a_{OP_{i+2}P_i} \right)} \leqslant \frac{2a_{OP_1P_2} a_{OP_2P_3} a_{OP_3P_1} a_{P_1P_2P_3}}{8 \prod_{i=1}^{3} \sqrt{a_{OP_iP_{i+1}} a_{OP_{i+2}P_i}}}$$

$$= \frac{a_{OP_1P_2} a_{OP_2P_3} a_{OP_3P_1} a_{P_1P_2P_3}}{4 a_{OP_1P_2} a_{OP_2P_3} a_{OP_3P_1}} = \frac{1}{4} a_{P_1P_2P_3},$$

因此, 式 (8.2.22) 成立.

推论 8.2.16 设 O 是锐角三角形 $P_1P_2P_3$ 的外心, Q_1, Q_2, Q_3 分别是 P_3, P_1, P_2 与 O 的连线和对边的交点, 则 $a_{Q_1Q_2Q_3} \leqslant \frac{1}{4} a_{P_1P_2P_3}$.

证明 在定理 8.2.8 中, 取 O 是三角形 $P_1P_2P_3$ 的外心即得.

推论 8.2.17 (1981 年前民主德国数学奥林匹克竞赛题) 设 P_1Q_2, P_2Q_3, P_3Q_1 是三内角的平分线, 则 $a_{Q_1Q_2Q_3} \leqslant \frac{1}{4} a_{P_1P_2P_3}$.

证明 设 I 是三角形 $P_1P_2P_3$ 的内心, 则 Q_1, Q_2, Q_3 分别是 P_3, P_1, P_2 与 I 的连线和对边的交点, 由定理 8.2.8 即得.

推论 8.2.18 设 $P_1P_2P_3$ 是锐角三角形, P_1N_2, P_2N_3, P_3N_1 是三角形的高, 则 $a_{N_1N_2N_3} \leqslant \frac{1}{4} a_{P_1P_2P_3}$.

证明 设 H 是锐角三角形 $P_1P_2P_3$ 的垂心, 则 H 在三角形 $P_1P_2P_3$ 之内, N_1, N_2, N_3 分别是 P_3, P_1, P_2 与 H 的连线和对边的交点, 由定理 8.2.8 即得.

8.3　多边形 (有向) 面积公式在几何不等式证明中的应用

本节主要论述多边形有向面积公式在几何不等式证明中的思想与方法. 首先, 讨论凸多边形与其 λ- 定比分点多边形面积关系不等式与应用, 从而得出一道数学奥林匹克题等的结论; 其次, 给出三角形中一个有向面积关系定理及其应用, 并据此证明一道数学奥林匹克题的结论; 再次, 给出凸四边形与其分点四边形面积关系定理, 从而将一道数学奥林匹克题推广到更为广泛的情形; 最后, 给出正六边形与其内接平行四边形面积关系定理与应用.

8.3.1　凸多边形与其 λ- 定比分点多边形面积关系不等式与应用

定理 8.3.1 (喻德生, 2017)　设 $P_1P_2\cdots P_n$ 是凸 $n(n \geqslant 4)$ 边形, $Q_1Q_2\cdots Q_n$ 是 $P_1P_2\cdots P_n$ 的 λ- 定比分点 n 边形.

(1) 当 $\lambda > 0$, 即 $Q_1, Q_2, \cdots, Q_n$ 是各边 $P_1P_2, P_2P_3, \cdots, P_nP_1$ 的 λ- 内分点时, 则

$$a_{Q_1Q_2\cdots Q_n} \geqslant \frac{1+\lambda^2}{(1+\lambda)^2} a_{P_1P_2\cdots P_n};\qquad(8.3.1)$$

(2) 当 $\lambda < 0$, 即 $Q_1, Q_2, \cdots, Q_n$ 是各边 $P_1P_2, P_2P_3, \cdots, P_nP_1$ 的 λ- 外分点时, 则

$$a_{Q_1Q_2\cdots Q_n} \leqslant \frac{1+\lambda^2}{(1+\lambda)^2} a_{P_1P_2\cdots P_n}.\qquad(8.3.2)$$

证明　如图 8.3.1 所示. 依题设, $P_1P_2\cdots P_n$ 的对角线 $P_1P_3, P_2P_4, \cdots, P_nP_2$ 所围成的区域非空, 在此区域上取一点为坐标原点, 建立平面直角坐标系. 设 n 边形 $P_1P_2\cdots P_n$ 顶点的坐标分别为 $P_i(x_i, y_i)$ $(i = 1, 2, \cdots, n)$, 则 λ- 分点 n 边形 $Q_1Q_2\cdots Q_n$ 顶点的坐标为

$$Q_i\left(\frac{x_i + \lambda x_{i+1}}{1+\lambda}, \frac{y_i + \lambda y_{i+1}}{1+\lambda}\right) \quad (i = 1, 2, \cdots, n).$$

不妨设 $P_1P_2\cdots P_n$ 为正向 n 边形, 则 $Q_1Q_2\cdots Q_n$ 亦为正向 n 边形, 而 OP_1P_3, $OP_2P_4, \cdots, OP_nP_2$ 均为正向三角形 (线段可看成是正向三角形的特殊情形), 故由多边形有向面积公式, 可得

$$
\begin{aligned}
a_{Q_1Q_2\cdots Q_n} &= D_{Q_1Q_2\cdots Q_n} \\
&= \frac{1}{2(1+\lambda)^2} \sum_{i=1}^{n} [(x_i + \lambda x_{i+1})(y_{i+1} + \lambda y_{i+2}) - (x_{i+1} + \lambda x_{i+2})(y_i + \lambda y_{i+1})] \\
&= \frac{1}{2(1+\lambda)^2} \sum_{i=1}^{n} [(x_i y_{i+1} - x_{i+1} y_{i+1}) + \lambda(x_i y_{i+2} - x_{i+2} y_i)]
\end{aligned}
$$

$$+\lambda^2(x_{i+1}y_{i+2} - x_{i+2}y_{i+1})\big]$$

$$= \frac{1+\lambda^2}{2(1+\lambda)^2} \sum_{i=1}^{n} (x_iy_{i+1} - x_{i+1}y_i) + \frac{\lambda}{2(1+\lambda)^2} \sum_{i=1}^{n} (x_iy_{i+2} - x_{i+2}y_i)$$

$$= \frac{1+\lambda^2}{(1+\lambda)^2} D_{P_1P_2\cdots P_n} + \frac{\lambda}{(1+\lambda)^2} \sum_{i=1}^{n} D_{OP_iP_{i+2}}$$

$$= \frac{1+\lambda^2}{(1+\lambda)^2} a_{P_1P_2\cdots P_n} + \frac{\lambda}{(1+\lambda)^2} \sum_{i=1}^{n} a_{OP_iP_{i+2}}.$$

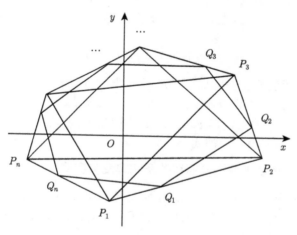

图 8.3.1

(1) 当 $\lambda > 0$ 时, 由于 $\dfrac{\lambda}{(1+\lambda)^2} > 0$, $\sum\limits_{i=1}^{n} a_{OP_iP_{i+2}} \geqslant 0$, 所以 $\dfrac{\lambda}{(1+\lambda)^2} \sum\limits_{i=1}^{n} a_{OP_iP_{i+2}}$ $\geqslant 0$, 从而不等式 (8.2.1) 成立;

(2) 当 $\lambda < 0$ 时, 因为 $\dfrac{\lambda}{(1+\lambda)^2} < 0$, $\sum\limits_{i=1}^{n} a_{OP_iP_{i+2}} \leqslant 0$, 所以 $\dfrac{\lambda}{(1+\lambda)^2} \sum\limits_{i=1}^{n} a_{OP_iP_{i+2}}$ $\leqslant 0$, 从而不等式 (8.3.2) 成立.

定理 8.3.2 设 $P_1P_2\cdots P_n$ 是凸 $n(n\geqslant 4)$ 边形, $Q_1, Q_2, \cdots, Q_n$ 是各边 P_1P_2, $P_2P_3, \cdots, P_nP_1$ 的 λ- 内定比分点, 则 n 边形 $Q_1Q_2\cdots Q_n$ 的面积不小于原 n 边形面积的一半, 即

$$a_{Q_1Q_2\cdots Q_n} \geqslant \frac{1}{2} a_{P_1P_2\cdots P_n}. \tag{8.3.3}$$

证明 令 $f(\lambda) = \dfrac{1+\lambda^2}{(1+\lambda)^2}(\lambda > 0)$, 则由 $f'(\lambda) = \dfrac{2(\lambda-1)}{(1+\lambda)^3} = 0$, 得唯一驻点 $\lambda = 1$, 且当 $0 < \lambda < 1$ 时, $f'(\lambda) < 0$; 当 $\lambda > 1$ 时, $f'(\lambda) > 0$. 于是 $\lambda = 1$ 时, 函数 $f_{\min}(1) = \dfrac{1}{2}$, 故由式 (8.3.1) 知, 对 $\lambda > 0$, 即 $Q_1, Q_2, \cdots, Q_n$ 是各边

$P_1P_2, P_2P_3, \cdots, P_nP_1$ 的 λ- 内分点时, 式 (8.3.3) 均成立.

推论 8.3.1 (1975 年前南斯拉夫数学奥林匹克竞赛题) 在凸 $n(n \geqslant 4)$ 边形 $P_1P_2 \cdots P_n$ 中依次连接各边的中点 $Q_1, Q_2, \cdots, Q_n$, 则所得到的 n 边形 $Q_1Q_2 \cdots Q_n$ 的面积不小于原 n 边形面积的一半, 即

$$\mathrm{a}_{Q_1Q_2\cdots Q_n} \geqslant \frac{1}{2}\mathrm{a}_{P_1P_2\cdots P_n}.$$

证明 定理 8.3.2 中, 令 $\lambda = 1$ 即得.

推论 8.3.2 在凸四边形 $P_1P_2P_3P_4$ 中依次连接各边的中点 Q_1, Q_2, Q_3, Q_4, 则所得到的四边形 $Q_1Q_2Q_3Q_4$ 的面积等于原四边形 $P_1P_2P_3P_4$ 面积的一半, 即

$$\mathrm{a}_{Q_1Q_2Q_3Q_4} = \frac{1}{2}\mathrm{a}_{P_1P_2P_3P_4}. \tag{8.3.4}$$

证明 因为四边形 $P_1P_2P_3P_4$ 的两条对角线 P_1P_3, P_2P_4 相交于一点, 故定理 8.3.1 证明中的坐标原点 O 就是 P_1P_3, P_2P_4 的交点, 于是 $\mathrm{a}_{OP_3P_1} = \mathrm{a}_{OP_2P_4} = \mathrm{a}_{OP_3P_1} = \mathrm{a}_{OP_4P_2} = 0$, 故由定理 8.3.1 的证明可知, 此时式 (8.3.1) 等号成立, 故将 $n = 4, \lambda = 1$ 代入式 (8.3.1), 即得式 (8.3.4).

8.3.2 三角形中一个多边形有向面积关系定理及其应用

定理 8.3.3 (喻德生, 2017) 过三角形 $P_1P_2P_3$ 所在平面上一点 O 引三边的平行线, $Q_1R_1//P_2P_3$, $Q_2R_2//P_3P_1$, $Q_3R_3//P_1P_2$, 点 $Q_1, R_2; Q_2, R_3; Q_3, R_1$ 分别在边 P_1P_2, P_2P_3, P_3P_1 所在直线上, 则

$$\mathrm{D}_{P_1P_2P_3}\sum_{i=1}^{3}\mathrm{D}_{Q_iP_{i+1}R_{i+2}} = \sum_{i=1}^{3}\mathrm{D}_{OP_iP_{i+1}}\mathrm{D}_{OP_{i+1}P_{i+2}}; \tag{8.3.5}$$

$$\mathrm{D}_{Q_1R_3Q_2R_1Q_3R_2}\mathrm{D}_{P_1P_2P_3} = \sum_{i=1}^{3}\mathrm{D}_{OP_{i+1}P_{i+2}}(\mathrm{D}_{OP_{i+1}P_{i+1}} + \mathrm{D}_{OP_{i+1}P_{i+2}}). \tag{8.3.6}$$

证明 如图 8.3.2 所示. 以 O 为坐标原点建立平面直角坐标系. 设三角形顶点的坐标分别为 $P_i(x_i, y_i)$ $(i = 1, 2, 3)$, 则 Q_iR_i, P_iP_{i+1} 的方程分别为

$$y = \frac{y_{i+2} - y_{i+1}}{x_{i+2} - x_{i+1}}x \quad \text{和} \quad (y_i - y_{i+1})x + (x_{i+1} - x_i)y = x_{i+1}y_i - x_iy_{i+1}.$$

将 Q_iR_i 的方程代入 P_iP_{i+1} 的方程并化简, 得

$$[(x_{i+2} - x_{i+1})(y_i - y_{i+1}) + (x_{i+1} - x_i)(y_{i+2} - y_{i+1})]x$$
$$= (x_{i+1}y_i - x_iy_{i+1})(x_{i+2} - x_{i+1}),$$
$$[(x_iy_{i+1} - x_{i+1}y_i) + (x_{i+1}y_{i+2} - x_{i+2}y_{i+1}) + (x_{i+2}y_i - x_iy_{i+2})]x$$

$$= (x_{i+1}y_i - x_iy_{i+1})(x_{i+2} - x_{i+1}),$$

即

$$2\mathrm{D}_{P_iP_{i+1}P_{i+2}}x = -2\mathrm{D}_{OP_iP_{i+1}}(x_{i+2} - x_{i+1}),$$

于是求得 Q_i 的坐标

$$x_{Q_i} = -\frac{\mathrm{D}_{OP_iP_{i+1}}}{\mathrm{D}_{P_1P_2P_3}}(x_{i+2} - x_{i+1}), \quad y_{Q_i} = -\frac{\mathrm{D}_{OP_iP_{i+1}}}{\mathrm{D}_{P_1P_2P_3}}(y_{i+2} - y_{i+1}).$$

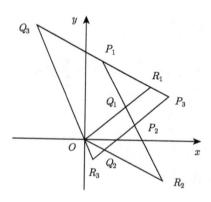

图 8.3.2

类似地, 由 $Q_iR_i, P_{i+2}P_i$ 的方程, 可以求得

$$x_{R_i} = \frac{\mathrm{D}_{OP_{i+2}P_i}}{\mathrm{D}_{P_1P_2P_3}}(x_{i+2} - x_{i+1}), \quad y_{R_i} = \frac{\mathrm{D}_{OP_{i+2}P_i}}{\mathrm{D}_{P_1P_2P_3}}(y_{i+2} - y_{i+1}).$$

于是由三角形有向面积公式, 得

$$2\mathrm{D}_{P_1P_2P_3}^2 \sum_{i=1}^{3} \mathrm{D}_{Q_iP_{i+1}R_{i+2}}$$

$$= -\mathrm{D}_{P_1P_2P_3} \sum_{i=1}^{3} \mathrm{D}_{OP_iP_{i+1}} \left[(x_{i+2} - x_{i+1})y_{i+1} - x_{i+1}(y_{i+2} - y_{i+1})\right]$$

$$+ \mathrm{D}_{P_1P_2P_3} \sum_{i=1}^{3} \mathrm{D}_{OP_{i+1}P_{i+2}} \left[x_{i+1}(y_{i+1} - y_i) - (x_{i+1} - x_i)y_{i+1}\right]$$

$$- \sum_{i=1}^{3} \mathrm{D}_{OP_iP_{i+1}} \mathrm{D}_{OP_{i+1}P_{i+2}} \left[(x_{i+1} - x_i)(y_{i+2} - y_{i+1}) - (x_{i+2} - x_{i+1})(y_{i+1} - y_i)\right]$$

$$= -\mathrm{D}_{P_1P_2P_3} \sum_{i=1}^{3} \mathrm{D}_{OP_iP_{i+1}}(x_{i+2}y_{i+1} - x_{i+1}y_{i+2})$$

$$+ D_{P_1P_2P_3} \sum_{i=1}^{3} D_{OP_{i+1}P_{i+2}}(x_iy_{i+1} - x_{i+1}y_i)$$

$$- \sum_{i=1}^{3} D_{OP_iP_{i+1}}D_{OP_{i+1}P_{i+2}}[(x_{i+1}y_{i+2} - x_{i+2}y_{i+1})$$

$$+ (x_{i+2}y_i - x_iy_{i+2}) + (x_iy_{i+1} - x_{i+1}y_i)]$$

$$= 2D_{P_1P_2P_3} \sum_{i=1}^{3} D_{OP_iP_{i+1}}D_{OP_{i+1}P_{i+2}} + 2D_{P_1P_2P_3} \sum_{i=1}^{3} D_{OP_{i+1}P_{i+2}}D_{OP_iP_{i+1}}$$

$$- 2 \sum_{i=1}^{3} D_{OP_iP_{i+1}}D_{OP_{i+1}P_{i+2}}D_{P_iP_{i+1}P_{i+2}}$$

$$= 4D_{P_1P_2P_3} \sum_{i=1}^{3} D_{OP_iP_{i+1}}D_{OP_{i+1}P_{i+2}} - 2D_{P_1P_2P_3} \sum_{i=1}^{3} D_{OP_iP_{i+1}}D_{OP_{i+1}P_{i+2}}$$

$$= 2D_{P_1P_2P_3} \sum_{i=1}^{3} D_{OP_iP_{i+1}}D_{OP_{i+1}P_{i+2}},$$

因此, 式 (8.3.5) 成立.

又由多边形有向面积公式, 得

$$2D_{P_1P_2P_3}^2 D_{Q_1R_3Q_2R_1Q_3R_2}$$

$$= D_{P_1P_2P_3}^2 \sum_{i=1}^{3} (x_{Q_i}y_{R_{i+2}} - x_{R_{i+2}}y_{Q_i}) + D_{P_1P_2P_3}^2 \sum_{i=1}^{3} (x_{R_{i+2}}y_{Q_{i+1}} - y_{Q_{i+1}}y_{R_{i+2}})$$

$$= - \sum_{i=1}^{3} D_{OP_iP_{i+1}}D_{OP_{i+1}P_{i+2}}[(x_{i+2} - x_{i+1})(y_{i+1} - y_i) - (x_{i+1} - x_i)(y_{i+2} - y_{i+1})]$$

$$- \sum_{i=1}^{3} D_{OP_{i+1}P_{i+2}}^2 [(x_{i+1} - x_i)(y_i - y_{i+2}) - (x_i - x_{i+1})(y_{i+1} - y_i)]$$

$$= - \sum_{i=1}^{3} D_{OP_iP_{i+1}}D_{OP_{i+1}P_{i+2}}[(x_{i+2}y_{i+1} - x_{i+1}y_{i+2}) + (x_{i+1}y_i - x_iy_{i+1})$$

$$+ (x_iy_{i+2} - x_{i+2}y_i)]$$

$$- \sum_{i=1}^{3} D_{OP_{i+1}P_{i+2}}^2 [(x_{i+2}y_{i+1} - x_{i+1}y_{i+2}) + (x_{i+1}y_i - x_iy_{i+1}) + (x_iy_{i+2} - x_{i+2}y_i)]$$

$$= - \sum_{i=1}^{3} D_{OP_iP_{i+1}}D_{OP_{i+1}P_{i+2}}D_{P_{i+2}P_{i+1}P_i} - \sum_{i=1}^{3} D_{OP_{i+1}P_{i+2}}^2 D_{P_{i+2}P_{i+1}P_i}$$

$$= D_{P_1P_2P_3} \sum_{i=1}^{3} D_{OP_{i+1}P_{i+2}}(D_{OP_iP_{i+1}} + D_{OP_{i+1}P_{i+2}}),$$

因此, 式 (8.3.6) 成立.

推论 8.3.3 过三角形 $P_1P_2P_3$ 内一点 O 引三边的平行线, $Q_1R_1//P_2P_3, Q_2R_2//P_3P_1, Q_3R_3//P_1P_2$, 点 $Q_1, R_2; Q_2, R_3; Q_3, R_1$ 分别在边 P_1P_2, P_2P_3, P_3P_1 上, 则

$$a_{P_1P_2P_3} \sum_{i=1}^{3} a_{Q_iP_{i+1}R_{i+2}} = \sum_{i=1}^{3} a_{OP_iP_{i+1}} a_{OP_{i+1}P_{i+2}}; \tag{8.3.7}$$

$$a_{P_1P_2P_3} a_{Q_1R_3Q_2R_1Q_3R_2} = \sum_{i=1}^{3} a_{OP_{i+1}P_{i+2}}(a_{OP_iP_{i+1}} + a_{OP_{i+1}P_{i+2}}). \tag{8.3.8}$$

证明 如图 8.3.3 所示. 不妨设 $P_1P_2P_3$ 为正向三角形, 则 $Q_1R_3Q_2R_1Q_3R_2$ 为正向六边形, $OP_1P_2, OP_2P_3, OP_3P_1; Q_1P_2R_3, Q_2P_3R_1, Q_3P_1R_2$ 均为正向三角形. 于是式 (8.3.5) 和 (8.3.6) 中的有向面积均等于面积, 故将两式中的有向面积改成面积, 即得式 (8.3.7) 和 (8.3.8).

推论 8.3.4 (1990 年第 31 届国际数学奥林匹克竞赛候选题) 过三角形 $P_1P_2P_3$ 内一点 O 引三边的平行线, $Q_1R_1//P_2P_3, Q_2R_2//P_3P_1, Q_3R_3//P_1P_2$, 点 $Q_1, R_2; Q_2, R_3; Q_3, R_1$ 分别在边 P_1P_2, P_2P_3, P_3P_1 上, 则

$$a_{Q_1R_3Q_2R_1Q_3R_2} \geqslant \frac{2}{3} a_{P_1P_2P_3}. \tag{8.3.9}$$

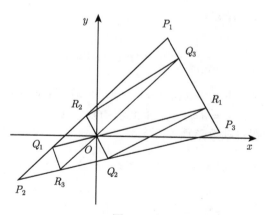

图 8.3.3

证明 **方法 1** 由式 (8.3.7) 得

$$\sum_{i=1}^{3} a_{Q_iP_{i+1}R_{i+2}} = \frac{1}{a_{P_1P_2P_3}} \sum_{i=1}^{3} a_{OP_iP_{i+1}} a_{OP_{i+1}P_{i+2}}.$$

令 $f(x, y, z) = xy + yz + zx$, 其中 $a_{OP_1P_2} = x, a_{OP_2P_3} = y, a_{OP_3P_1} = z$, 则 $x + y + z = a_{P_1P_2P_3}$. 下面求函数 $f(x, y, z)$ 在 $x + y + z = a_{P_1P_2P_3}$ 的条件极值, 作

拉格朗日乘数函数

$$F(x, y, z) = xy + yz + zx + \lambda(x + y + z - \mathrm{a}_{P_1 P_2 P_3}),$$

由

$$\begin{cases} F_x = y + z + \lambda = 0, \\ F_y = z + x + \lambda = 0, \quad \Rightarrow x = y = z, \\ F_z = x + y + \lambda = 0 \end{cases}$$

代入 $x + y + z = \mathrm{a}_{P_1 P_2 P_3}$, 求得唯一驻点 $x = y = z = \dfrac{1}{3} \mathrm{a}_{P_1 P_2 P_3}$, 故由问题的实际意义知, 此时函数 $f(x, y, z)$ 取得最大值

$$f_{\max}\left(\frac{1}{3}\mathrm{a}_{P_1 P_2 P_3}, \frac{1}{3}\mathrm{a}_{P_1 P_2 P_3}, \frac{1}{3}\mathrm{a}_{P_1 P_2 P_3}\right) = \frac{1}{3}\mathrm{a}_{P_1 P_2 P_3}^2,$$

所以

$$\begin{aligned} \mathrm{a}_{Q_1 R_3 Q_2 R_1 Q_3 R_2} &= \mathrm{a}_{P_1 P_2 P_3} - \frac{1}{\mathrm{a}_{P_1 P_2 P_3}} \sum_{i=1}^{3} \mathrm{a}_{OP_i P_{i+1}} \mathrm{a}_{OP_{i+1} P_{i+2}} \\ &\geqslant \mathrm{a}_{P_1 P_2 P_3} - \frac{1}{\mathrm{a}_{P_1 P_2 P_3}} \cdot \frac{1}{3}\mathrm{a}_{P_1 P_2 P_3}^2 = \frac{2}{3}\mathrm{a}_{P_1 P_2 P_3}, \end{aligned}$$

因此, 式 (8.3.9) 成立.

方法 2　由式 (8.3.8) 得

$$\mathrm{a}_{Q_1 R_3 Q_2 R_1 Q_3 R_2} = \frac{1}{\mathrm{a}_{P_1 P_2 P_3}} \sum_{i=1}^{3} \mathrm{a}_{OP_{i+1} P_{i+2}}(\mathrm{a}_{OP_i P_{i+1}} + \mathrm{a}_{OP_{i+1} P_{i+2}}).$$

令 $f(x, y, z) = x(x + y) + y(y + z) + z(z + x)$, 其中 $\mathrm{a}_{OP_1 P_2} = x, \mathrm{a}_{OP_2 P_3} = y, \mathrm{a}_{OP_3 P_1} = z$, 则 $x + y + z = \mathrm{a}_{P_1 P_2 P_3}$. 下面求函数 $f(x, y, z)$ 在 $x + y + z = \mathrm{a}_{P_1 P_2 P_3}$ 的条件极值, 作拉格朗日乘数函数

$$F(x, y, z) = x(x + y) + y(y + z) + z(z + x) + \lambda(x + y + z - \mathrm{a}_{P_1 P_2 P_3}),$$

由

$$\begin{cases} F_x = 2x + y + z + \lambda = 0, \\ F_y = 2y + z + x + \lambda = 0, \quad \Rightarrow x = y = z, \\ F_z = 2z + x + y + \lambda = 0 \end{cases}$$

代入 $x + y + z = \mathrm{a}_{P_1 P_2 P_3}$, 求得唯一驻点 $x = y = z = \dfrac{1}{3} \mathrm{a}_{P_1 P_2 P_3}$, 故由问题的实际意义知, 此时函数 $f(x, y, z)$ 取得最小值

$$f_{\min}\left(\frac{1}{3}\mathrm{a}_{P_1 P_2 P_3}, \frac{1}{3}\mathrm{a}_{P_1 P_2 P_3}, \frac{1}{3}\mathrm{a}_{P_1 P_2 P_3}\right) = \frac{2}{3}\mathrm{a}_{P_1 P_2 P_3}^2,$$

所以

$$a_{Q_1R_3Q_2R_1Q_3R_2} = \frac{1}{a_{P_1P_2P_3}} \sum_{i=1}^{3} a_{OP_{i+1}P_{i+2}}(a_{OP_iP_{i+1}} + a_{OP_{i+1}P_{i+2}})$$

$$\geqslant \frac{1}{a_{P_1P_2P_3}} \cdot \frac{2}{3}a_{P_1P_2P_3}^2 = \frac{2}{3}a_{P_1P_2P_3},$$

因此, 式 (8.3.9) 成立.

8.3.3　凸四边形与其分点四边形面积关系定理与应用

定理 8.3.4 (喻德生, 2017)　设 $P_1P_2P_3P_4$ 是四边形, Q_1, Q_3 分别是 P_1P_2, P_3P_4 的中点, 而 Q_2 是 P_2P_3 的 $\lambda/(1-\lambda)$- 内分点, Q_4 是 P_4P_1 的 $\mu/(1-\mu)$- 内分点, O 是对角线 P_1P_3, P_2P_4 所在直线的交点, 则

$$D_{Q_1Q_2Q_3Q_4} = \frac{1}{2}D_{P_1P_2P_3P_4} + \frac{1}{2}(\lambda - \mu)(D_{OP_1P_2} - D_{OP_3P_4}). \tag{8.3.10}$$

证明　如图 8.3.4 所示. 以 O 为坐标原点建立平面直角坐标系. 设四边形顶点的坐标为 $P(x_i, y_i)(i = 1, 2, 3, 4)$, 于是四边形 $Q_1Q_2Q_3Q_4$ 顶点的坐标为

$$Q_1\left(\frac{x_1+x_2}{2}, \frac{y_1+y_2}{2}\right), \quad Q_2(\lambda x_2 + (1-\lambda)x_3, \lambda y_2 + (1-\lambda)y_3),$$

$$Q_3\left(\frac{x_3+x_4}{2}, \frac{y_3+y_4}{2}\right), \quad Q_4(\mu x_4 + (1-\mu)x_1, \mu y_4 + (1-\mu)y_1).$$

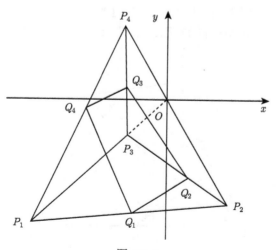

图 8.3.4

于是由四边形有向面积公式并注意到 $x_1y_3 - x_3y_1 = x_2y_4 - x_4y_2 = 0$, 得

$4D_{Q_1Q_2Q_3Q_4}$

$= (x_1 + x_2)[\lambda y_2 + (1-\lambda)y_3] - [\lambda x_2 + (1-\lambda)x_3](y_1 + y_2)$

$\quad + [\lambda x_2 + (1-\lambda)x_3](y_3 + y_4) - (x_3 + x_4)[\lambda y_2 + (1-\lambda)y_3]$

$\quad + (x_3 + x_4)[\mu y_4 + (1-\mu)y_1] - [\mu x_4 + (1-\mu)x_1](y_3 + y_4)$

$\quad + [\mu x_4 + (1-\mu)x_1](y_1 + y_2) - (x_1 + x_2)[\mu y_4 + (1-\mu)y_1]$

$= \lambda(x_1y_2 - x_2y_1) + (1-\lambda)(x_2y_3 - x_3y_2) + \lambda(x_2y_3 - x_3y_2) + (1-\lambda)(x_3y_4 - x_4y_3)$

$\quad + \mu(x_3y_4 - x_4y_3) + (1-\mu)(x_4y_1 - x_1y_4) + \mu(x_4y_1 - x_1y_4) + (1-\mu)(x_1y_2 - x_2y_1)$

$= (x_1y_2 - x_2y_1) + (x_2y_3 - x_3y_2) + (x_3y_4 - x_4y_3) + (x_4y_1 - x_1y_4)$

$\quad + (\lambda - \mu)(x_1y_2 - x_2y_1) + (\mu - \lambda)(x_3y_4 - x_4y_3)$

$= 2D_{P_1P_2P_3P_4} + 2(\lambda - \mu)(D_{OP_1P_2} - D_{OP_3P_4}),$

因此, 式 (8.3.10) 成立.

推论 8.3.5　设 $P_1P_2P_3P_4$ 是凸四边形, Q_1, Q_3 分别是 P_1P_2, P_3P_4 的中点, 而 Q_2 是 P_2P_3 的 $\lambda/(1-\lambda)$- 内分点, Q_4 是 P_4P_1 的 $\mu/(1-\mu)$- 内分点, O 是对角线 P_1P_3, P_2P_4 所在直线的交点, 则

$$a_{Q_1Q_2Q_3Q_4} = \frac{1}{2}a_{P_1P_2P_3P_4} + \frac{1}{2}(\lambda - \mu)(a_{OP_1P_2} - a_{OP_3P_4}). \tag{8.3.11}$$

证明　如图 8.3.5 所示. 依题设易知, 四边形 $P_1P_2P_3P_4$ 和 $Q_1Q_2Q_3Q_4$, 以及三角形 OP_1P_2 和 OP_3P_4 都是同向的, 因此由式 (4.2.10), 即得式 (4.2.11).

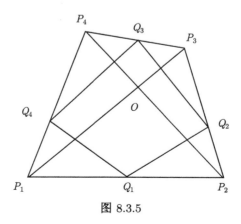

图 8.3.5

推论 8.3.6 设 $P_1P_2P_3P_4$ 是凸四边形, Q_1, Q_3 分别是 P_1P_2, P_3P_4 的中点, 而 Q_2 是 P_2P_3 的 $\lambda/(1-\lambda)$- 内分点, Q_4 是 P_4P_1 的 $\mu/(1-\mu)$- 内分点, O 是对角线 P_1P_3, P_2P_4 所在直线的交点, 则

(1) $\mathrm{a}_{Q_1Q_2Q_3Q_4} = \dfrac{1}{2}\mathrm{a}_{P_1P_2P_3P_4}$ 的充分必要条件是 $\lambda = \mu$ 或 $\mathrm{a}_{OP_1P_2} = \mathrm{a}_{OP_3P_4}$;

(2) $\mathrm{a}_{Q_1Q_2Q_3Q_4} < \dfrac{1}{2}\mathrm{a}_{P_1P_2P_3P_4}$ 的充分必要条件是 $(\lambda - \mu)(\mathrm{a}_{OP_1P_2} - \mathrm{a}_{OP_3P_4}) < 0$;

(3) $\mathrm{a}_{Q_1Q_2Q_3Q_4} > \dfrac{1}{2}\mathrm{a}_{P_1P_2P_3P_4}$ 的充分必要条件是 $(\lambda - \mu)(\mathrm{a}_{OP_1P_2} - \mathrm{a}_{OP_3P_4}) > 0$.

证明 由式 (8.3.11) 即得.

推论 8.3.7 (1988 年苏联教委数学奥林匹克竞赛推荐题) 设平行四边形 $Q_1Q_2Q_3Q_4$ 的两个顶点是凸四边形 $P_1P_2P_3P_4$ 的边 P_1P_2, P_3P_4 的中点, 而它的另两个顶点分别位于边 P_2P_3, P_4P_1 上, 则 $\mathrm{a}_{Q_1Q_2Q_3Q_4} = \dfrac{1}{2}\mathrm{a}_{P_1P_2P_3P_4}$.

证明 不妨设 $Q_1Q_2Q_3Q_4$ 的顶点 Q_2, Q_4 的坐标如推论 8.3.6 所设. 因为 $P_1P_2P_3P_4$ 是凸四边形, $Q_1Q_2Q_3Q_4$ 是平行四边形, 因此 $\lambda = \mu$, 故由推论 8.3.5(1) 的必要性, 即得推论 8.3.6 的结论.

8.3.4 正六边形与其内接平行四边形面积关系定理与应用

定理 8.3.5 在正六边形 $P_1P_2\cdots P_6$ 内作平行四边形 $Q_1Q_2Q_3Q_4$, 且 $\mathrm{D}_{P_1Q_1}/\mathrm{D}_{Q_1P_2} = \mathrm{D}_{P_4Q_3}/\mathrm{D}_{Q_3P_5} = (1-s)/s, \mathrm{D}_{P_3Q_2}/\mathrm{D}_{Q_2P_4} = \mathrm{D}_{P_6Q_4}/\mathrm{D}_{Q_4P_1} = (1-t)/t$, 则对任意的 $0 \leqslant s, t \leqslant 1$, 有

$$\mathrm{a}_{Q_1Q_2Q_3Q_4} = \frac{2}{3}(1 - s + st)\mathrm{a}_{P_1P_2\cdots P_6}. \tag{8.3.12}$$

证明 如图 8.3.6 所示. 以正六边形的中心为坐标原点建立平面直角坐标系. 不妨设正六边形 $P_1P_2\cdots P_6$ 顶点的坐标为 $P_1(a, 0), P_2\left(a\cos\dfrac{\pi}{3}, a\sin\dfrac{\pi}{3}\right), P_3\left(a\cos\dfrac{2\pi}{3}, a\sin\dfrac{2\pi}{3}\right), P_4(-a, 0), P_5\left(a\cos\dfrac{4\pi}{3}, a\sin\dfrac{4\pi}{3}\right), P_6\left(a\cos\dfrac{5\pi}{3}, a\sin\dfrac{5\pi}{3}\right)$, 即

$$P_1(a, 0), \quad P_2\left(\frac{a}{2}, \frac{\sqrt{3}}{2}a\right), \quad P_3\left(-\frac{a}{2}, \frac{\sqrt{3}}{2}a\right), \quad P_4(-a, 0),$$

$$P_5\left(-\frac{a}{2}, -\frac{\sqrt{3}}{2}a\right), \quad P_6\left(\frac{a}{2}, -\frac{\sqrt{3}}{2}a\right).$$

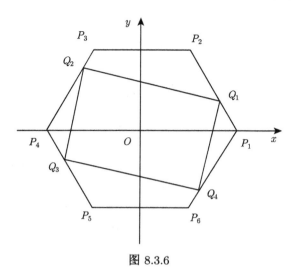

图 8.3.6

于是平行四边形 $Q_1Q_2Q_3Q_4$ 顶点的坐标为

$$Q_1\left(sa+(1-s)\frac{a}{2},(1-s)\frac{\sqrt{3}}{2}a\right)=Q_1\left(\frac{1}{2}(1+s)a,\frac{\sqrt{3}}{2}(1-s)a\right),$$

$$Q_2\left(-\frac{1}{2}ta-(1-t)a,\frac{\sqrt{3}}{2}ta\right)=Q_2\left(\frac{1}{2}(t-2)a,\frac{\sqrt{3}}{2}ta\right),$$

$$Q_3\left(-sa-(1-s)\frac{a}{2},-(1-s)\frac{\sqrt{3}}{2}a\right)=Q_3\left(-\frac{1}{2}(1+s)a,-\frac{\sqrt{3}}{2}(1-s)a\right),$$

$$Q_4\left(\frac{1}{2}ta+(1-t)a,-\frac{\sqrt{3}}{2}ta\right)=Q_4\left(\frac{1}{2}(2-t)a,-\frac{\sqrt{3}}{2}ta\right).$$

由四边形有向面积公式, 得

$$
\begin{aligned}
8a_{Q_1Q_2Q_3Q_4} &= 8D_{Q_1Q_2Q_3Q_4} \\
&= \sqrt{3}a^2\,[(1+s)t-(t-2)(1-s)-(t-2)(1-s)+(1+s)t \\
&\quad +(1+s)t+(2-t)(1-s)+(1-s)(2-t)+(1+s)t] \\
&= 8\sqrt{3}a^2(1-s+st),
\end{aligned}
$$

又

$$a_{P_1P_2\cdots P_6}=6\cdot\frac{1}{2}a\cdot\frac{\sqrt{3}}{2}a=\frac{3\sqrt{3}}{2}a^2,$$

所以式 (8.3.12) 成立.

推论 8.3.8 在正六边形 $P_1P_2\cdots P_6$ 内作平行四边形 $Q_1Q_2Q_3Q_4$, 且其对称中心与正六边形的中心重合, 证明: 平行四边形的面积不超过正六边形面积的三分之二.

证明 显然, 对称中心与正六边形 $P_1P_2\cdots P_6$ 的中心重合的平行四边形 $Q_1Q_2Q_3Q_4$ 满足条件 $D_{P_1Q_1}/D_{Q_1P_2} = D_{P_4Q_3}/D_{Q_3P_5} = s/(1-s), D_{P_3Q_2}/D_{Q_2P_4} = D_{P_6Q_4}/D_{Q_4P_1} = t/(1-t)$. 令

$$f(s,t) = 1 - s + st \ (0 \leqslant s, t \leqslant 1), \text{于是由}$$

$$\begin{cases} f_s = -1 + t = 0, \\ f_t = s = 0 \end{cases} \Rightarrow \begin{cases} t = 1, \\ s = 0 \end{cases}$$

求得函数的最大值 $f_{\max}(0,1) = 1$, 故由式 (8.3.12) 可得

$$a_{Q_1Q_2Q_3Q_4} \leqslant \frac{2}{3} a_{P_1P_2\cdots P_6},$$

即平行四边形 $Q_1Q_2Q_3Q_4$ 的面积不超过正六边形 $P_1P_2\cdots P_6$ 面积的三分之二.

第 9 章　有向距离与有向面积间的关系与应用

9.1　两点间有向距离与三角形有向面积的关联问题与应用

本节主要讨论与两点间的有向距离和三角形的有向面积都相关的问题. 首先, 讨论 n 角形中关系两点间有向距离和三角形有向面积的问题, 并据此得出一些经典的结论; 其次, 讨论正多边形中关系两点间有向距离和三角形有向面积的问题; 再次, 讨论平面五点组中关系两点间有向距离和三角形有向面积的问题.

9.1.1　n 角形中关系两点间有向距离和三角形有向面积的问题与应用

定理 9.1.1　设 $P_1P_2\cdots P_n$ 是平面 n 角形, P_0 是 $P_1P_2\cdots P_n$ 所在平面上异于各顶点且与各边 $P_iP_{i+1}(i=1,2,\cdots,n)$ 不共线的一个定点, 过 P_0 的一条直线 l 与 $P_1P_2\cdots P_n$ 各边 P_iP_{i+1} 的交点为 $Q_i(i=1,2,\cdots,n;P_{n+1}=P_1)$. 若 P_0 与各边 $P_iP_{i+1}(i=1,2,\cdots,n)$ 构成的三角形的有向面积之比为

$$\mathrm{D}_{P_0P_1P_2}:\mathrm{D}_{P_0P_2P_3}:\cdots:\mathrm{D}_{P_0P_{n-1}P_n}:\mathrm{D}_{P_0P_nP_1}=k_1:k_2:\cdots:k_n,$$

则

$$\frac{k_1}{\mathrm{D}_{P_0Q_1}}+\frac{k_2}{\mathrm{D}_{P_0Q_2}}+\cdots+\frac{k_n}{\mathrm{D}_{P_0Q_n}}=0. \tag{9.1.1}$$

证明　如图 9.1.1 所示. 以 P_0 为坐标原点, l 为横轴建立平面直角坐标系, 并设 $P_1P_2\cdots P_n$ 顶点的坐标为 $P_i(x_i,y_i)(i=1,2,\cdots,n)$. 于是直线 $P_iP_{i+1}(i=1,2,\cdots,n)$ 的方程为

$$(y_{i+1}-y_i)x+(x_i-x_{i+1})y=x_iy_{i+1}-x_{i+1}y_i,$$

令 $y=0$, 得 Q_i 在 l 轴上的坐标为

$$X_i=\frac{x_iy_{i+1}-x_{i+1}y_i}{y_{i+1}-y_i}\quad(i=1,2,\cdots,n).$$

又由三角形有向面积公式, 得

$$\mathrm{D}_{P_0P_iP_{i+1}}=\frac{1}{2}(x_iy_{i+1}-x_{i+1}y_i)\neq0\quad(i=1,2,\cdots,n).$$

令 $\dfrac{\mathrm{D}_{P_0P_1P_2}}{k_1} = \dfrac{\mathrm{D}_{P_0P_2P_3}}{k_2} = \cdots = \dfrac{\mathrm{D}_{P_0P_nP_1}}{k_n} = k$, 则 $\mathrm{D}_{P_0P_iP_{i+1}} = kk_i(i = 1, 2, \cdots, n)$, 于是

$$\sum_{i=1}^{n} \frac{k_i}{\mathrm{D}_{P_0Q_i}} = \sum_{i=1}^{n} \frac{k_i}{X_i} = \sum_{i=1}^{n} \frac{k_i(y_{i+1} - y_i)}{x_i y_{i+1} - x_{i+1} y_i} = \frac{1}{2} \sum_{i=1}^{n} \frac{k_i(y_{i+1} - y_i)}{\mathrm{D}_{P_0P_iP_{i+1}}}$$

$$= \frac{1}{2} \sum_{i=1}^{n} \frac{k_i(y_{i+1} - y_i)}{kk_i} = \frac{1}{2k} \sum_{i=1}^{n} (y_{i+1} - y_i) = 0,$$

因此, 式 (9.1.1) 成立.

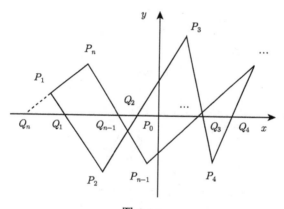

图 9.1.1

推论 9.1.1　设 $P_1P_2\cdots P_n$ 是平面凸 n 边形, P_0 是 $P_1P_2\cdots P_n$ 的重心, 过 P_0 的一条直线 l 与 $P_1P_2\cdots P_n$ 各边 P_iP_{i+1} 的交点为 $Q_i(i = 1, 2, \cdots, n; P_{n+1} = P_1)$, 则

$$\frac{1}{\mathrm{D}_{P_0Q_1}} + \frac{1}{\mathrm{D}_{P_0Q_2}} + \cdots + \frac{1}{\mathrm{D}_{P_0Q_n}} = 0.$$

证明　如图 9.1.2 所示. 不妨设 $P_1P_2\cdots P_n$ 为正向 n 边形. 注意到凸多边形的重心 P_0 与其各边构成的三角形的面积相等且各三角形的面积都等于它们的有向面积, 故在定理 9.1.1 中令 $k_1 = k_2 = \cdots = k_n$ 即得.

推论 9.1.2　设 l 是通过三角形 ABC 的中线交点 M 的直线, 且分别与三角形的边 AB, BC, CA 所在直线相交于 R, S, T 点且 R, S 在 M 的同一侧, 则

$$\frac{1}{\mathrm{d}_{MR}} + \frac{1}{\mathrm{d}_{MS}} = \frac{1}{\mathrm{d}_{MT}}.$$

证明　如图 9.1.3 所示. 以 M 为坐标原点, l 为 x 轴建立平面直角坐标系. 在推论 9.1.1 中, 注意到 $\mathrm{d}_{MR} = -X_1 = -\mathrm{D}_{MR}, \mathrm{d}_{MS} = -X_2 = \mathrm{D}_{MS}, \mathrm{d}_{MT} = X_3 = \mathrm{D}_{MT}$ 即得.

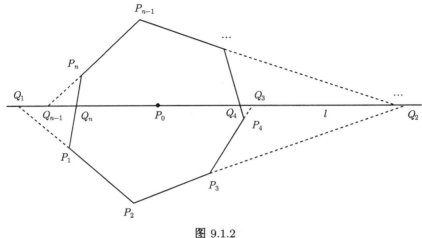

图 9.1.2

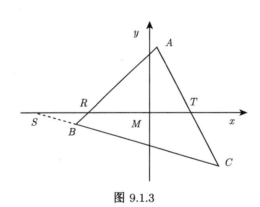

图 9.1.3

注 9.1.1　当 R, T 或 S, T 在 M 的同一侧时, 有类似的结论.

9.1.2　正多边形中关系两点间有向距离和三角形有向面积的问题

引理 9.1.1　证明三角恒等式:

(1) $\displaystyle\sum_{k=1}^{n} \cos \frac{2k}{n}\pi = \sum_{k=1}^{n} \cos \frac{2k+1}{n}\pi = 0 \,(n \geqslant 2)$;

(2) $\displaystyle\sum_{k=1}^{n} \cos \frac{4k}{2n+1}\pi = \sum_{k=1}^{n} \cos \frac{8k}{2n+1}\pi = -\frac{1}{2}\,(n \geqslant 1)$.

证明　仅证 (1) 的前半部分, 其余类似地可以证明.

$$\sum_{k=1}^{n} \cos \frac{2k}{n}\pi = \sum_{k=1}^{n} 2\cos \frac{2k}{n}\pi \sin \frac{\pi}{n} \bigg/ 2\sin \frac{\pi}{n}$$

$$= \sum_{k=1}^{n} \left(\sin \frac{2k+1}{n}\pi - \sin \frac{2k-1}{n}\pi \right) \bigg/ 2\sin\frac{\pi}{n}$$

$$= \left(\sin \frac{2n+1}{n}\pi - \sin\frac{\pi}{n} \right) \bigg/ 2\sin\frac{\pi}{n} = 0.$$

引理 9.1.2　证明三角恒等式:

(1) $\displaystyle\sum_{k=1}^{n} \cos \frac{4k+2}{n}\pi = 0\,(n \geqslant 3)$;

(2) $\displaystyle\sum_{k=1}^{2n+1} \cos \frac{8k+4}{2n+1}\pi = 0\,(n \geqslant 1)$.

证明　(1) 当 $n = 2m$ 时,

$$\sum_{k=1}^{n} \cos \frac{4k+2}{n}\pi = \sum_{k=1}^{m} \cos \frac{2k+1}{m}\pi + \sum_{k=m+1}^{2m} \cos \frac{2k+1}{m}\pi$$

$$= \sum_{k=1}^{m} \cos \frac{2k+1}{m}\pi + \sum_{k=1}^{m} \cos \left(2 + \frac{2k+1}{m} \right)\pi$$

$$= 2 \sum_{k=1}^{m} \cos \frac{2k+1}{m}\pi = 0;$$

当 $n = 2m+1$ 时,

$$\sum_{k=1}^{n} \cos \frac{4k+2}{n}\pi$$

$$= \sum_{k=1}^{m} \cos \frac{4k+2}{2m+1}\pi + \sum_{k=m+1}^{2m+1} \cos \frac{4k+2}{2m+1}\pi$$

$$= \sum_{k=1}^{m} \cos \frac{4k+2}{2m+1}\pi + \sum_{k=1}^{m+1} \cos \left(2 + \frac{4k}{2m+1} \right)\pi$$

$$= \sum_{k=1}^{m} \cos \frac{4k+2}{2m+1}\pi + \sum_{k=1}^{m+1} \cos \frac{4k}{2m+1}\pi$$

$$= 1 + \sum_{k=1}^{m-1} \cos \left(2 - \frac{4k+2}{2m+1} \right)\pi + \sum_{k=1}^{m} \cos \frac{4k}{2m+1}\pi + \cos \left(2 + \frac{2}{2m+1} \right)\pi$$

$$= 1 + \sum_{k=1}^{m-1} \cos \frac{4(m-k)}{2m+1}\pi + \sum_{k=1}^{m} \cos \frac{4k}{2m+1}\pi + \cos \frac{2}{2m+1}\pi$$

$$= 1 + \sum_{k=1}^{m-1} \cos \frac{4k}{2m+1}\pi + \sum_{k=1}^{m} \cos \frac{4k}{2m+1}\pi + \cos \left(2 - \frac{2}{2m+1} \right)\pi$$

$$= 1 + 2\sum_{k=1}^{m}\cos\frac{4k}{2m+1}\pi = 0,$$

所以, 对任意自然数 $n \geqslant 3$, 有 $\sum_{k=1}^{n}\cos\frac{4k+2}{n}\pi = 0.$

(2) 证明与 (1) 式中 $n = 2m+1$ 的情形类似.

定理 9.1.2　设 l 是经过正 n 边形 $P_1P_2\cdots P_n$ 中心 O 的任意一条直线, l 分别与直线 $P_iP_{i+1}(i = 1, 2, \cdots, n; P_{n+1} = P_1)$ 相交于 Q_i 点, 则

$$\frac{1}{\mathrm{D}_{OQ_1}} + \frac{1}{\mathrm{D}_{OQ_2}} + \cdots + \frac{1}{\mathrm{D}_{OQ_n}} = 0 \quad (\text{为定值}), \tag{9.1.2}$$

$$\frac{1}{\mathrm{D}_{OQ_1}^2} + \frac{1}{\mathrm{D}_{OQ_2}^2} + \cdots + \frac{1}{\mathrm{D}_{OQ_n}^2} = \frac{n}{2h^2} \quad (\text{为定值}), \tag{9.1.3}$$

其中 h 是正多边形 $P_1P_2\cdots P_n$ 的边心距.

证明　注意到 $\mathrm{D}_{OP_1P_2} = \mathrm{D}_{OP_2P_3} = \cdots = \mathrm{D}_{OP_nP_1}$, 由定理 9.1.1 即得式 (9.1.2), 下面证明式 (9.1.3). 以 l 为 x 轴, O 为坐标原点建立直角坐标系, 不妨设 $P_1P_2\cdots P_n$ 顶点的坐标为 $P_i\left(R\cos\frac{2i}{n}\pi, R\sin\frac{2i}{n}\pi\right)(i = 1, 2, \cdots, n)$, 令 $\mathrm{D}_{OP_1P_2} = \mathrm{D}_{OP_2P_3} = \cdots = \mathrm{D}_{OP_nP_1} = \mathrm{D}$, 则由定理 9.1.1 的证明可得 Q_i 点的横坐标

$$X_i = \frac{2\mathrm{D}}{R\left(\sin\frac{2i+2}{n}\pi - \sin\frac{2i}{n}\pi\right)} = \frac{\mathrm{D}}{R\sin\frac{1}{n}\pi\cos\frac{2i+1}{n}\pi} \quad (i = 1, 2, \cdots, n),$$

于是

$$\begin{aligned}
\sum_{i=1}^{n}\frac{1}{\mathrm{D}_{OQ_i}^2} &= \sum_{i=1}^{n}\frac{1}{X_i^2} = \frac{R^2}{\mathrm{D}^2}\sin^2\frac{1}{n}\pi\sum_{i=1}^{n}\cos^2\frac{2i+1}{n}\pi \\
&= \frac{R^2}{2\mathrm{D}^2}\sin^2\frac{1}{n}\pi\sum_{i=1}^{n}\left(1 + \cos\frac{4i+2}{n}\pi\right) \\
&= \frac{nR^2}{2\mathrm{D}^2}\sin^2\frac{1}{n}\pi + \frac{R^2}{2\mathrm{D}^2}\sin^2\frac{1}{n}\pi\sum_{i=1}^{n}\cos\frac{4i+2}{n}\pi = \frac{nR^2}{2\mathrm{D}^2}\sin^2\frac{1}{n}\pi,
\end{aligned}$$

注意到 $\mathrm{D} = Rh\sin\frac{\pi}{n}$ 即得式 (9.1.3).

定理 9.1.3　设 l 是经过正 $2n+1$ 边形 $P_1P_2\cdots P_{2n+1}$ 中心 O 的任意一条直线, l 分别与直线 $P_iP_{i+1}(i = 1, 2, \cdots, 2n+1; P_{2n+2} = P_1)$ 相交于 Q_i 点, 则

$$\frac{1}{\mathrm{D}_{OQ_1}^4} + \frac{1}{\mathrm{D}_{OQ_2}^4} + \cdots + \frac{1}{\mathrm{D}_{OQ_{2n+1}}^4} = \frac{3(2n+1)}{8h^4} \quad (\text{为定值}), \tag{9.1.4}$$

$$\frac{1}{\mathrm{D}_{OQ_1}^8} + \frac{1}{\mathrm{D}_{OQ_2}^8} + \cdots + \frac{1}{\mathrm{D}_{OQ_{2n+1}}^8} = \frac{35(2n+1)}{128h^8} \quad (\text{为定值}), \tag{9.1.5}$$

其中 h 是正 $2n+1$ 边形 $P_1 P_2 \cdots P_{2n+1}$ 的边心距.

证明 以 l 为 x 轴, O 为坐标原点建立直角坐标系, 不妨设 $P_1 P_2 \cdots P_{2n+1}$ 顶点的坐标为

$$P_k\left(R\cos\frac{2i}{2n+1}\pi, R\sin\frac{2i}{2n+1}\pi\right) \quad (k=1,2,\cdots,2n+1),$$

令 $\mathrm{D}_{OP_1P_2} = \mathrm{D}_{OP_2P_3} = \cdots = \mathrm{D}_{OP_{2n+1}P_1} = \mathrm{D}$, 则由定理 9.1.2 的证明可得 Q_i 点的横坐标

$$X_i = \frac{2\mathrm{D}}{R\left(\sin\dfrac{2i+2}{2n+1}\pi - \sin\dfrac{2i}{2n+1}\pi\right)}$$

$$= \frac{\mathrm{D}}{R\sin\dfrac{\pi}{2n+1}\cos\dfrac{2i+1}{2n+1}\pi} \quad (i=1,2,\cdots,2n+1),$$

于是

$$\sum_{i=1}^{2n+1}\frac{1}{\mathrm{D}_{OQ_i}^4} = \sum_{k=1}^{2n+1}\frac{1}{X_i^4} = \frac{R^4}{\mathrm{D}^4}\sin^4\frac{\pi}{2n+1}\sum_{i=1}^{2n+1}\cos^4\frac{2i+1}{2n+1}\pi$$

$$= \frac{R^4}{4\mathrm{D}^4}\sin^4\frac{\pi}{2n+1}\sum_{i=1}^{2n+1}\left(1 + 2\cos\frac{4i+2}{2n+1}\pi + \cos^2\frac{4i+2}{2n+1}\pi\right)$$

$$= \frac{R^4}{4\mathrm{D}^4}\sin^4\frac{4\mathrm{D}}{2n+1}\sum_{i=1}^{2n+1}\left(\frac{3}{2} + 2\cos^2\frac{4i+2}{2n+1}\pi + \frac{1}{2}2\cos\frac{8i+4}{2n+1}\pi\right)$$

$$= \frac{R^4}{4\mathrm{D}^4}\sin^4\frac{\pi}{2n+1}\left[\frac{3(2n+1)}{2} + 2\sum_{i=1}^{2n+1}\cos\frac{4i+2}{2n+1}\pi + \frac{1}{2}\sum_{i=1}^{2n+1}\cos\frac{8i+4}{2n+1}\pi\right]$$

$$= \frac{3(2n+1)R^4}{8\mathrm{D}^4}\sin^4\frac{\pi}{2n+1},$$

注意到 $\mathrm{D} = Rh\sin\dfrac{\pi}{2n+1}$ 即得式 (9.1.4).

$$\sum_{i=1}^{2n+1}\frac{1}{\mathrm{D}_{OQ_i}^8} = \sum_{i=1}^{2n+1}\frac{1}{X_i^8} = \frac{R^8}{\mathrm{D}^8}\sin^8\frac{1}{2n+1}\pi\sum_{i=1}^{2n+1}\cos^8\frac{2i+1}{2n+1}\pi$$

$$= \frac{R^8}{16\mathrm{D}^8}\sin^8\frac{\pi}{2n+1}\sum_{i=1}^{2n+1}\left(\frac{3}{2} + 2\cos\frac{4i+2}{2n+1}\pi + \frac{1}{2}\cos\frac{8i+4}{2n+1}\pi\right)^2$$

$$= \frac{R^8}{16\mathrm{D}^8}\sin^8\frac{\pi}{2n+1}\sum_{i=1}^{2n+1}\left(\frac{9}{4} + 4\cos^2\frac{4i+2}{2n+1}\pi + \frac{1}{2}\cos^2\frac{8i+4}{2n+1}\pi\right.$$

$$+ 6\cos\frac{4i+2}{2n+1}\pi + \frac{3}{2}\cos\frac{8i+4}{2n+1}\pi + 2\cos\frac{4i+2}{2n+1}\pi\cos\frac{8i+4}{2n+1}\pi\Big)$$

$$= \frac{R^8}{16D^8}\sin^8\frac{\pi}{2n+1}\sum_{i=1}^{2n+1}\left(\frac{9}{4} + 4\cos^2\frac{4i+2}{2n+1}\pi + \frac{1}{4}\cos^2\frac{8i+4}{2n+1}\pi\right)$$

$$= \frac{R^8}{16D^8}\sin^8\frac{\pi}{2n+1}\sum_{i=1}^{2n+1}\left(\frac{9}{4} + 2 + 2\cos\frac{8i+4}{2n+1}\pi + \frac{1}{8} + \frac{1}{8}\cos\frac{16i+8}{2n+1}\pi\right)$$

$$= \frac{35(2n+1)R^8}{128D^8}\sin^8\frac{1}{2n+1}\pi,$$

注意到 $D = Rh\sin\dfrac{\pi}{2n+1}$ 即得式 (9.1.5).

推论 9.1.3　设 l 是经过正 $2n+1$ 边形 $P_1P_2\cdots P_{2n+1}$ 中心 O 的任意一条直线, l 分别与直线 $P_iP_{i+1}(i = 1, 2, \cdots, 2n+1;\ P_{2n+2} = P_1)$ 相交于 Q_i 点, 则

$$\sum_{i=1}^{2n+1}\frac{1}{\mathrm{D}_{OQ_i}^2} - \frac{4}{3}h^2\sum_{i=1}^{2n+1}\frac{1}{\mathrm{D}_{OQ_i}^4} = 0 \quad (\text{为定值}), \tag{9.1.6}$$

$$\sum_{i=1}^{2n+1}\frac{1}{\mathrm{D}_{OQ_i}^4} - \frac{48}{35}h^4\sum_{i=1}^{2n+1}\frac{1}{\mathrm{D}_{OQ_i}^8} = 0 \quad (\text{为定值}), \tag{9.1.7}$$

其中 h 是正 $2n+1$ 边形 $P_1P_2\cdots P_{2n+1}$ 的边心距.

证明　由定理 9.1.2 可得

$$\frac{1}{\mathrm{D}_{OQ_1}^2} + \frac{1}{\mathrm{D}_{OQ_2}^2} + \cdots + \frac{1}{\mathrm{D}_{OQ_n}^2} = \frac{2n+1}{2h^2}, \tag{9.1.8}$$

式 $(9.1.8) - \dfrac{4}{3}h^2 \times (9.1.4)$ 即得式 (9.1.6); 式 $(9.1.4) - \dfrac{48}{35}h^4 \times (9.1.5)$ 即得式 (9.1.7).

9.1.3　平面五点组中关系两点间有向距离和三角形有向面积的问题

定理 9.1.4　设 P_1, P_2, P_3, P_4, P_5 为平面上五点, 其中 P_1, P_2, P_3 为共线点, 则

$$\mathrm{D}_{P_1P_4P_5}\mathrm{D}_{P_2P_3} + \mathrm{D}_{P_2P_4P_5}\mathrm{D}_{P_3P_1} + \mathrm{D}_{P_3P_4P_5}\mathrm{D}_{P_1P_2} = 0. \tag{9.1.9}$$

证明　如图 9.1.4 所示. 以 P_1, P_2, P_3 所在直线为 x 轴建立平面直角坐标系, 并设各点的坐标为 $P_1(x_1, 0), P_2(x_2, 0), P_3(x_3, 0), P_4(x_4, y_4), P_5(x_5, y_5)$, 则

$$2\mathrm{D}_{P_1P_4P_5} = (x_1y_4 - 0) + (x_4y_5 - x_5y_4) + (0 - x_1y_5) = x_1(y_4 - y_5) + (x_4y_5 - x_5y_4),$$

$$2\mathrm{D}_{P_2P_4P_5} = x_2(y_4 - y_5) + (x_4y_5 - x_5y_4), \quad \mathrm{D}_{P_3P_4P_5} = x_3(y_4 - y_5) + (x_4y_5 - x_5y_4);$$

$$\mathrm{D}_{P_2P_3} = x_3 - x_2, \quad \mathrm{D}_{P_3P_1} = x_1 - x_3, \quad \mathrm{D}_{P_1P_2} = x_2 - x_1.$$

所以

$$2\left(\mathrm{D}_{P_1P_4P_5}\mathrm{D}_{P_2P_3} + \mathrm{D}_{P_2P_4P_5}\mathrm{D}_{P_3P_1} + \mathrm{D}_{P_3P_4P_5}\mathrm{D}_{P_1P_2}\right)$$

$$= \left[x_1(y_4 - y_5) + (x_4y_5 - x_5y_4)\right](x_3 - x_2) + \left[x_2(y_4 - y_5) + (x_4y_5 - x_5y_4)\right](x_1 - x_3)$$

$$+ \left[x_3(y_4 - y_5) + (x_4y_5 - x_5y_4)\right](x_2 - x_1)$$

$$= (y_4 - y_5)\left[x_1(x_3 - x_2) + x_2(x_1 - x_3) + x_3(x_2 - x_1)\right]$$

$$+ (x_4y_5 - x_5y_4)\left[(x_3 - x_2) + (x_1 - x_3) + (x_2 - x_1)\right]$$

$$= 0,$$

因此, 式 (9.1.9) 成立.

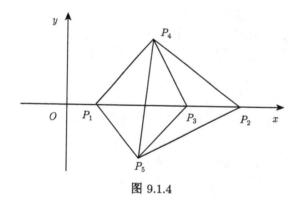

图 9.1.4

9.2 点到直线有向距离与有向面积间的关系与应用

本节主要论述点到直线的有向距离与三角形有向面积之间的关系, 并讨论一些与有向有向距离、有向面积有关的问题. 首先, 论述点到直线有向距离与有向面积之间的关系; 其次, 阐述有向距离与有向面积关系命题的等价性; 再次, 给出四边形 $(1, \mu)$ 侧四角形中一个有关有向距离和有向面积的定值定理.

9.2.1 点到直线有向距离与有向面积之间的关系

定义 9.2.1 各边相等的多边形称为等边多边形; $n - 1$ 条边相等的 n 边形称为等腰多边形, 这 $n - 1$ 条相等的边称为多边形的腰, 不等的边称为多边形的底边.

特别地, 当 $n = 3$ 时, 等边多边形和等腰多边形就是等边三角形和等腰三角形的情形.

定理 9.2.1 点 $P_0(x_0, y_0)$ 到直线 P_1P_2 的有向距离为

$$\mathrm{D}_{P_0-P_1P_2} = 2\mathrm{D}_{P_0P_1P_2}/\mathrm{d}_{P_1P_2} \quad (\text{或 } \mathrm{d}_{P_1P_2}\mathrm{D}_{P_0-P_1P_2} = 2\mathrm{D}_{P_0P_1P_2}), \tag{9.2.1}$$

其中 $D_{P_0P_1P_2}$ 表示三角形 $P_0P_1P_2$ 的有向面积.

证明　由直线 P_1P_2 的方程

$$(y_1 - y_2)x + (x_2 - x_1)y + (x_1y_2 - x_2y_1) = 0$$

和点到有向距离公式, 得

$$\begin{aligned}
\mathrm{d}_{P_1P_2}\mathrm{D}_{P_0-P_1P_2} &= (y_1 - y_2)x_0 + (x_2 - x_1)y_0 + (x_1y_2 - x_2y_1) \\
&= (x_0y_1 - x_1y_0) + (x_1y_2 - x_2y_1) + (x_2y_0 - x_0y_2) \\
&= 2\mathrm{D}_{P_0P_1P_2},
\end{aligned}$$

因此, 式 (9.2.1) 成立.

注 9.2.1　式 (9.2.1) 的几何意义是, 点 $P_0(x_0, y_0)$ 到直线 P_1P_2 的有向距离等于三角形 $P_0P_1P_2$ 有向面积的两倍与其边长 P_1P_2 之比.

推论 9.2.1　设 P 为 n 边形 $P_1P_2\cdots P_n$ 所在平面上任意一点, 则

$$\sum_{i=1}^n \mathrm{d}_{P_iP_{i+1}}\mathrm{D}_{P-P_iP_{i+1}} = 2\mathrm{D}_{P_1P_2\cdots P_n} \quad (\text{为定值}), \tag{9.2.2}$$

证明　由多边形有向面积对边三角形有向面积的可加性和定理 9.2.1 即得.

推论 9.2.2　设 $P_1P_2\cdots P_n$ 为等边多边形, 则平面上任意一点 P 到边 P_1P_2, $P_2P_3, \cdots, P_nP_1$ 的有向距离之和恒为定值.

证明　在式 (9.2.2) 中, 令 $\mathrm{d}_{P_1P_2} = \mathrm{d}_{P_2P_3} = \cdots = \mathrm{d}_{P_nP_1} = a$, 则

$$\sum_{i=1}^n \mathrm{D}_{P-P_iP_{i+1}} = \frac{2}{a}\mathrm{D}_{P_1P_2\cdots P_n},$$

上式右边的值与任意点 P 无关, 故为定值.

推论 9.2.3　证明等腰多边形 $P_1P_2\cdots P_n$ 底边所在直线上任意一点 P 到各腰的有向距离之和恒为定值.

证明　不妨设 $\mathrm{d}_{P_1P_2} = \mathrm{d}_{P_2P_3} = \cdots = \mathrm{d}_{P_{n-1}P_n} = a, P$ 是 P_nP_1 所在直线上任意一点, 由式 (9.2.2) 或推论 9.2.2 得

$$\sum_{i=1}^{n-1} \mathrm{D}_{P-P_iP_{i+1}} = \frac{2}{a}\mathrm{D}_{P_1P_2\cdots P_n} \quad (\text{为定值}).$$

推论 9.2.4　设 $P_1P_2P_3$ 为正向 (反向) 正三边形, 证明平面上任意一点 P 到各边的有向距离之和恒等于等边三角形的高 h(高的负值 $-h$).

证明　在推论 9.2.2 中注意到 $n = 3, \mathrm{D}_{P_1P_2P_3} = ah/2$ ($\mathrm{D}_{P_1P_2P_3} = -ah/2$) 即得.

推论 9.2.5　证明正向 (反向) 等腰三角形 $P_1P_2P_3$ 底边上任意一点 P 到两腰的有向距离之和恒等于等腰三角形腰上的高 h(高的负值 $-h$).

证明　在推论 9.2.3 中注意到 $n = 3, \mathrm{D}_{P_1P_2P_3} = ah/2$ ($\mathrm{D}_{P_1P_2P_3} = -ah/2$) 即得.

9.2.2 有向距离与有向面积关系命题的等价性

设 F 是平面多边形 $P_1P_2\cdots P_n$ 的一个关于点到直线有向距离的命题, 那么根据定理 9.2.1 可以将它转化成相应的关于三角形有向面积的命题 F', 反之亦然. 因此得到这两种命题等价的如下结论:

定理 9.2.2 在多边形 $P_1P_2\cdots P_n$ 中, 点到直线有向距离的命题 F 与相应的三角形有向面积的命题 F' 是等价的, 即 F 真的充要条件是 F' 真.

定理 9.2.3 (喻德生, 2014) 过三角形 $P_1P_2P_3$ 的各个顶点 P_i 向任一直线 l 作垂线, 垂足为 $Q_i(i=1,2,3)$, 则

$$\mathrm{d}_{P_2P_3}\mathrm{D}_{Q_1-P_2P_3} + \mathrm{d}_{P_1P_2}\mathrm{D}_{Q_2-P_1P_2} + \mathrm{d}_{P_1P_2}\mathrm{D}_{Q_3-P_1P_2} = 4\mathrm{D}_{P_1P_2P_3} \quad \text{(为定值)}, \quad (9.2.3)$$

即

$$\mathrm{D}_{Q_1P_2P_3} + \mathrm{D}_{Q_2P_3P_1} + \mathrm{D}_{Q_3P_1P_2} = 2\mathrm{D}_{P_1P_2P_3} \quad \text{(为定值)}. \quad (9.2.4)$$

证明 只需证明式 (9.2.3) 或 (9.2.4) 成立即可. 因此, 既可以用点到直线有向距离公式来证明, 也可以用有向面积公式证明. 如图 9.2.1 所示, 以 l 为 x 轴建立平面直角坐标系, 设三角形顶点的坐标为 $P_i(x_i, y_i)$, 则垂足的坐标为 $Q_i(x_i, 0)(i=1,2,3)$.

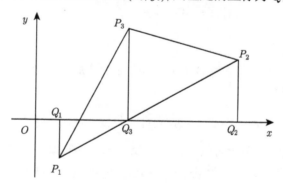

图 9.2.1

方法 1 有向直线 $P_{i+1}P_{i+2}$ 的方程为

$$(y_{i+1} - y_{i+2})x + (x_{i+2} - x_{i+1})y + (x_{i+1}y_{i+2} - x_{i+2}y_{i+1}) = 0,$$

于是由点到直线有向距离公式, 可得

$$\mathrm{d}_{P_{i+1}P_{i+2}}\mathrm{D}_{Q_i-P_{i+1}P_{i+2}} = (x_iy_{i+1} - x_iy_{i+2}) + (x_{i+1}y_{i+2} - x_{i+2}y_{i+1}).$$

故

$$\sum_{i=1}^{3}\mathrm{d}_{P_{i+1}P_{i+2}}\mathrm{D}_{Q_i-P_{i+1}P_{i+2}}$$

$$= \sum_{i=1}^{3} [(x_i y_{i+1} - x_i y_{i+2}) + (x_{i+1} y_{i+2} - x_{i+2} y_{i+1})]$$

$$= \sum_{i=1}^{3} [(x_i y_{i+1} - x_{i+1} y_i) + (x_i y_{i+1} - x_{i+1} y_i)]$$

$$= 4 \mathrm{D}_{P_1 P_2 P_3},$$

因此, 式 (9.2.3) 成立.

方法 2　根据三角形有向面积公式, 得

$$2 \sum_{i=1}^{3} \mathrm{D}_{Q_i P_{i+1} P_{i+2}}$$

$$= \sum_{i=1}^{3} [(x_i y_{i+1} - x_{i+1} \cdot 0) + (x_{i+1} y_{i+2} - x_{i+2} y_{i+1}) + (x_{i+2} \cdot 0 - x_i y_{i+2})]$$

$$= \sum_{i=1}^{3} x_i y_{i+1} + \sum_{i=1}^{3} (x_i y_{i+1} - x_{i+1} y_i) - \sum_{i=1}^{3} x_{i+1} y_i$$

$$= 2 \sum_{i=1}^{3} (x_i y_{i+1} - x_{i+1} y_i) = 4 \mathrm{D}_{P_1 P_2 P_3},$$

从而, 式 (9.2.4) 成立.

推论 9.2.6　过等边三角形 $P_1 P_2 P_3$ 的各个顶点 P_i 向任一直线作垂线, 垂足为 $Q_i (i = 1, 2, 3)$, 则

$$\mathrm{D}_{Q_1 - P_2 P_3} + \mathrm{D}_{Q_2 - P_3 P_1} + \mathrm{D}_{Q_3 - P_1 P_2} = \pm 2h,$$

其中 $P_1 P_2 P_3$ 为正向三角形时取 "+" 号, 反向三角形时取 "−" 号.

证明　在式 (9.2.3) 中, 令 $d_{P_3 P_1} = d_{P_2 P_3} = d_{P_1 P_2} = a, \mathrm{D}_{P_1 P_2 P_3} = \pm \frac{1}{2} ah$ 即得.

定理 9.2.4 (喻德生, 2014)　设 $P_1 P_2 P_3 P_4$ 是两对角线互相垂直的凸四边形, Q_i 是边 $P_i P_{i+1}$ 的中点, 则

$$d_{P_1 P_2} \mathrm{D}_{Q_3 - P_1 P_2} + d_{P_3 P_4} \mathrm{D}_{Q_1 - P_3 P_4} = d_{P_2 P_3} \mathrm{D}_{Q_4 - P_2 P_3} + d_{P_4 P_1} \mathrm{D}_{Q_2 - P_4 P_1} = 2 \mathrm{D}_{P_1 P_2 P_3 P_4},$$
$$(9.2.5)$$

即

$$\mathrm{D}_{Q_3 P_1 P_2} + \mathrm{D}_{Q_1 P_3 P_4} = \mathrm{D}_{Q_4 P_2 P_3} + \mathrm{D}_{Q_2 P_4 P_1} = \mathrm{D}_{P_1 P_2 P_3 P_4}. \quad (9.2.6)$$

证明　如图 9.2.2 所示. 不妨设 $P_1 P_2 P_3 P_4$ 顶点的坐标为 $P_1(a, 0), P_2(0, b),$ $P_3(-c, 0), P_4(0, -d)$ $(a, b, c, d > 0)$, 于是各边的中点依次为

$$Q_1 \left(\frac{a}{2}, \frac{b}{2} \right), \quad Q_2 \left(-\frac{c}{2}, \frac{b}{2} \right), \quad Q_3 \left(-\frac{c}{2}, -\frac{d}{2} \right), \quad Q_4 \left(\frac{a}{2}, -\frac{d}{2} \right).$$

方法 1 有向直线 P_1P_2 的方程为

$$-bx - ay + ab = 0,$$

故

$$d_{P_1P_2}D_{Q_3-P_1P_2} = (-b) \times \left(-\frac{c}{2}\right) - a \times \left(-\frac{d}{2}\right) + ab = \frac{1}{2}(2ab + bc + ad),$$

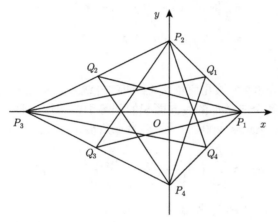

图 9.2.2

类似地可以求得

$$d_{P_2P_3}D_{Q_4-P_2P_3} = \frac{1}{2}(2bc + ab + cd),$$

$$d_{P_3P_4}D_{Q_1-P_3P_4} = \frac{1}{2}(2cd + bc + da),$$

$$d_{P_4P_1}D_{Q_4-P_4P_1} = \frac{1}{2}(2ad + cd + ab).$$

所以

$$d_{P_1P_2}D_{Q_3-P_1P_2} + d_{P_3P_4}D_{Q_1-P_3P_4} = d_{P_2P_3}D_{Q_4-P_2P_3} + d_{P_4P_1}D_{Q_2-P_4P_1}$$

$$= ab + bc + cd + ad = (a+c)(b+d) = 2a_{P_1P_2P_3P_4} = 2D_{P_1P_2P_3P_4},$$

所以式 (9.2.5) 成立.

方法 2 根据三角形有向面积公式得

$$D_{Q_3P_1P_2} = \frac{1}{2}\left[\left(0 + \frac{1}{2}ad\right) + (ab - 0) + \left(0 + \frac{1}{2}bc\right)\right] = \frac{1}{4}(2ab + ad + bc),$$

$$D_{Q_1P_3P_4} = \frac{1}{2}\left[\left(0 + \frac{1}{2}bc\right) + (cd - 0) + \left(0 + \frac{1}{2}ad\right)\right] = \frac{1}{4}(bc + ad + 2cd),$$

所以

$$D_{Q_3 P_1 P_2} + D_{Q_1 P_3 P_4} = \frac{1}{2}(ab + ad + bc + cd),$$

同理

$$D_{Q_4 P_2 P_3} + D_{Q_2 P_4 P_1} = \frac{1}{2}(ab + ad + bc + cd).$$

又由多边形面积公式得

$$D_{P_1 P_2 P_3 P_4} = \frac{1}{2}[(ab - 0) + (0 + bc) + (ad - 0) + (0 + ad)]$$
$$= \frac{1}{2}(ab + bc + ad + cd),$$

所以式 (9.2.6) 成立.

注 9.2.2　　定理 9.2.3 的几何意义是, 两对角线互相垂直的四边形的两对边中点与其对边构成的两个三角形的有向面积的和等于四边形的有向面积的两倍.

定理 9.2.5 (Dergiades, 2004)　　设 P 为三角形 $P_1 P_2 P_3$ 所在平面任意一点, 则

$$\sum_{i=1}^{3} d_{P P_i} \geqslant \sum_{i=1}^{3} \left(\frac{d_{P_{i+1} P_{i+2}}}{d_{P_{i+2} P_i}} + \frac{d_{P_{i+2} P_i}}{d_{P_{i+1} P_{i+2}}} \right) D_{P - P_i P_{i+1}}, \tag{9.2.7}$$

当且仅当 P 为三角形 $P_1 P_2 P_3$ 外心时等号成立.

证明　　如图 9.2.3 所示. 不妨设 $P_1 P_2 P_3$ 为正向三角形, 于是由推论 9.2.1 得

$$2a_{P_1 P_2 P_3} = 2D_{P_1 P_2 P_3} = d_{P_1 P_2} D_{P - P_1 P_2} + d_{P_2 P_3} D_{P - P_2 P_3} + d_{P_3 P_1} D_{P - P_3 P_1},$$

注意到

$$d_{P P_1} + D_{P - P_2 P_3} \geqslant d_{P_1 - P_2 P_3},$$

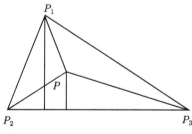

图 9.2.3

其中当且仅当 P 在 P_1 到 $P_2 P_3$ 上的高所在直线上时等号成立. 于是

$$d_{P_2 P_3}(d_{P P_1} + D_{P - P_2 P_3}) \geqslant d_{P_2 P_3} d_{P_1 - P_2 P_3}$$
$$= d_{P_1 P_2} D_{P - P_1 P_2} + d_{P_2 P_3} D_{P - P_2 P_3} + d_{P_3 P_1} D_{P - P_3 P_1},$$

即

$$\mathrm{d}_{P_2P_3}\mathrm{d}_{PP_1} \geqslant \mathrm{d}_{P_3P_1}\mathrm{D}_{P-P_3P_1} + \mathrm{d}_{P_1P_2}\mathrm{D}_{P-P_1P_2}. \tag{9.2.8}$$

将式 (9.2.8) 应用到三角形 $P_1P_2P_3$ 关于 $\angle P_1$ 平分线对称的三角形 $P_1P_2'P_3'$ (图 9.2.4), 得

$$\mathrm{d}_{P_2P_3}\mathrm{d}_{PP_1} \geqslant \mathrm{d}_{P_1P_2'}\mathrm{d}_{P-P_2'P_1} + \mathrm{d}_{P_3'P_1}\mathrm{d}_{P-P'3P} = \mathrm{d}_{P_1P_2}\mathrm{D}_{P-P_3P_1} + \mathrm{d}_{P_3P_1}\mathrm{D}_{P-P_1P_2},$$

即

$$\mathrm{d}_{PP_1} \geqslant \frac{\mathrm{d}_{P_1P_2}}{\mathrm{d}_{P_2P_3}}\mathrm{D}_{P-P_3P_1} + \frac{\mathrm{d}_{P_3P_1}}{\mathrm{d}_{P_2P_3}}\mathrm{D}_{P-P_1P_2}, \tag{9.2.9}$$

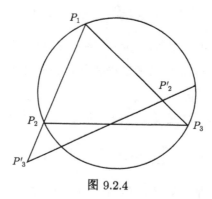

图 9.2.4

等号当且仅当 P 在 P_1 到 $P_2'P_3'$ 的高上, 即通过 P_1 和三角形 $P_1P_2P_3$ 外接圆心的直线上时成立.

同理可得

$$\mathrm{d}_{PP_2} \geqslant \frac{\mathrm{d}_{P_2P_3}}{\mathrm{d}_{P_3P_1}}\mathrm{D}_{P-P_1P_2} + \frac{\mathrm{d}_{P_1P_2}}{\mathrm{d}_{P_3P_1}}\mathrm{D}_{P-P_2P_3}, \tag{9.2.10}$$

$$\mathrm{d}_{PP_3} \geqslant \frac{\mathrm{d}_{P_3P_1}}{\mathrm{d}_{P_1P_2}}\mathrm{D}_{P-P_2P_3} + \frac{\mathrm{d}_{P_2P_3}}{\mathrm{d}_{P_1P_2}}\mathrm{D}_{P-P_3P_1}, \tag{9.2.11}$$

式 (9.2.9)+(9.2.10)+(9.2.11) 即得式 (9.2.8), 当且仅当 P 为三角形 $P_1P_2P_3$ 外心时等号成立.

推论 9.2.7 (Erdos-Mordell 不等式) 设 P 为三角形 $P_1P_2P_3$ 所在平面任意一点, 则

$$\sum_{i=1}^{3}\mathrm{d}_{PP_i} \geqslant 2\sum_{i=1}^{3}\mathrm{D}_{P-P_{i+1}P_{i+2}},$$

其中当且仅当 P 为正三角形 $P_1P_2P_3$ 外心时等号成立.

证明 因为

$$\frac{\mathrm{d}_{P_{i+1}P_{i+2}}}{\mathrm{d}_{P_{i+2}P_i}} + \frac{\mathrm{d}_{P_{i+2}P_i}}{\mathrm{d}_{P_{i+1}P_{i+2}}} \geqslant 2(i=1,2,3),$$

其中当且仅当 $P_1P_2P_3$ 为正三角形外心时各等号均成立, 所以推论 9.2.7 结论成立。

推论 9.2.8 (Erdos-Mordell 不等式)　设 P 为三角形 $P_1P_2P_3$ 所在平面任意一点, 则

$$\sum_{i=1}^{3} \mathrm{d}_{PP_i} \geqslant 2\sum_{i=1}^{3} \mathrm{d}_{P-P_iP_{i+1}},$$

其中当且仅当 P 为正三角形 $P_1P_2P_3$ 外心时等号成立.

证明　因为 P 为三角形 $P_1P_2P_3$ 内任意一点, 所以 $\mathrm{D}_{P-P_2P_3} > 0, \mathrm{D}_{P-P_3P_1} > 0, \mathrm{D}_{P-P_1P_2} > 0$, 于是 $\mathrm{D}_{P-P_2P_3} = \mathrm{d}_{P-P_2P_3}, \mathrm{D}_{P-P_3P_1} = \mathrm{d}_{P-P_3P_1}, \mathrm{D}_{P-P_1P_2} = \mathrm{d}_{P-P_1P_2}$.

又因为

$$\frac{\mathrm{d}_{P_{i+1}P_{i+2}}}{\mathrm{d}_{P_{i+2}P_i}} + \frac{\mathrm{d}_{P_{i+2}P_i}}{\mathrm{d}_{P_{i+1}P_{i+2}}} \geqslant 2 \quad (i = 1, 2, 3),$$

其中当且仅当 $P_1P_2P_3$ 为正三角形外心时各等号均成立, 所以推论 9.2.7 结论成立.

9.2.3　四边形 $(1, \mu)$ 外 (内) 侧四角形中有向距离和有向面积的定值定理

定理 9.2.6 (喻德生, 2017)　设 $M_1M_2M_3M_4$ $(N_1N_2N_3N_4)$ 为四边形 $P_1P_2P_3P_4$ 的 $(1, \mu)$ 外 (内) 侧四角形, P 是 $P_1P_2P_3P_4$ 所在平面上任意一点, 则

$$\sum_{i=1}^{4} \mathrm{d}_{P_iM_{i+1}} \mathrm{D}_{P-P_iM_{i+1}} + \sum_{i=1}^{4} \mathrm{d}_{P_iN_{i+1}} \mathrm{D}_{P-P_iN_{i+1}} = 2\mathrm{D}_{P_1P_2P_3P_4}. \tag{9.2.12}$$

证明　如图 9.2.5 所示. 设 $P_1P_2P_3P_4$ 和 $M_1M_2M_3M_4$ $(N_1N_2N_3N_4)$ 顶点的坐标分别为 $P_i(x_i, y_i)$ 和 $M_i(X_i, Y_i), N_i(X_i', Y_i')(i = 1, 2, 3, 4)$. 则由引理 1.1.1, 可得

$$X_i = \frac{x_i + x_{i+1}}{2} + \mu(y_{i+1} - y_i), \quad Y_i = \frac{y_i + y_{i+1}}{2} - \mu(x_{i+1} - x_i)), \quad (i = 1, 2, 3, 4),$$

$$X_i' = \frac{x_i + x_{i+1}}{2} - \mu(y_{i+1} - y_i), \quad Y_i' = \frac{y_i + y_{i+1}}{2} + \mu(x_{i+1} - x_i)), \quad (i = 1, 2, 3, 4).$$

设四边形所在平面上任意点的坐标为 $P(x, y)$, 因为 P_iM_{i+1} 和 P_iN_{i+1} 的直线方程分别为

$$(y_i - Y_{i+1})x + (X_{i+1} - x_i)y + (x_iY_{i+1} - X_{i+1}y_i) = 0$$

和

$$(y_i - Y_{i+1}')x + (X_{i+1}' - x_i)y + (x_iY_{i+1}' - X_{i+1}'y_i) = 0,$$

故由点到直线的距离公式, 可得

$$\mathrm{d}_{P_iM_{i+1}} \mathrm{D}_{P-P_iM_{i+1}} = (y_i - Y_{i+1})x + (X_{i+1} - x_i)y + (x_iY_{i+1} - X_{i+1}y_i),$$

$$\mathrm{d}_{P_iN_{i+1}} \mathrm{D}_{P-P_iN_{i+1}} = (y_i - Y_{i+1}')x + (X_{i+1}' - x_i)y + (x_iY_{i+1}' - X_{i+1}'y_i).$$

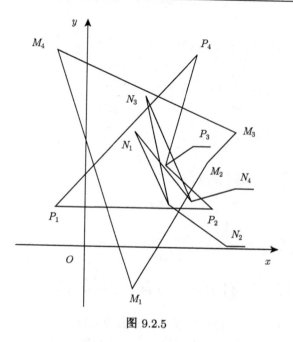

图 9.2.5

因为

$$\sum_{i=1}^{4}\left(y_i - Y_{i+1}\right) + \sum_{i=1}^{4}\left(y_i - Y'_{i+1}\right)$$

$$= \sum_{i=1}^{4}\left[y_i - \frac{y_{i+1} + y_{i+2}}{2} + \mu\left(x_{i+2} - x_{i+1}\right)\right]$$

$$+ \sum_{i=1}^{4}\left[y_i - \frac{y_{i+1} + y_{i+2}}{2} - \mu\left(x_{i+2} - x_{i+1}\right)\right]$$

$$= \sum_{i=1}^{4}\left(2y_i - y_{i+1} - y_{i+2}\right) = 0,$$

类似地

$$\sum_{i=1}^{4}\left(X_{i+1} - x_i\right) + \sum_{i=1}^{4}\left(X'_{i+1} - x_i\right) = 0,$$

又

$$\sum_{i=1}^{4}\left(x_i Y_{i+1} - X_{i+1} y_i\right) + \sum_{i=1}^{4}\left(x_i Y'_{i+1} - X'_{i+1} y_i\right)$$

$$= \sum_{i=1}^{4}\left\{x_i\left[\frac{y_{i+1} + y_{i+2}}{2} - \mu(x_{i+2} - x_{i+1})\right] - \left[\frac{x_{i+1} + x_{i+2}}{2} + \mu(y_{i+2} - y_{i+1})\right]y_i\right\}$$

$$+ \sum_{i=1}^{4} \left\{ x_i \left[\frac{y_{i+1} + y_{i+2}}{2} + \mu(x_{i+2} - x_{i+1}) \right] - \left[\frac{x_{i+1} + x_{i+2}}{2} - \mu(y_{i+2} - y_{i+1}) \right] y_i \right\}$$

$$= \sum_{i=1}^{4} (x_i y_{i+1} - x_{i+1} y_i) + \sum_{i=1}^{4} (x_i y_{i+2} - x_{i+2} y_i)$$

$$= 2\mathrm{D}_{P_1 P_2 P_3 P_4} + \sum_{i=1}^{4} (x_i y_{i+2} - x_{i+4} y_{i+2})$$

$$= 2\mathrm{D}_{P_1 P_2 P_3 P_4} + \sum_{i=1}^{4} (x_i y_{i+2} - x_i y_{i+2})$$

$$= 2\mathrm{D}_{P_1 P_2 P_3 P_4},$$

因此, 式 (9.2.12) 成立.

9.3　三角形中有向距离与有向面积的定值定理与应用

本节主要研究三角形中有向距离与有向面积的定值定理与应用. 第一, 给出三角形中有向距离与边三角形、中线三角形有向面积的定值定理, 并讨论定理的一些应用; 第二, 给出三角形中有向距离与高线三角形等有向面积的定值定理与应用, 从而推出几道数学奥林匹克竞赛题的结论; 第三, 给出三角形旁切圆中有向距离与有向面积的两个定值定理, 并据此推出两道数学奥林匹克竞赛题的结论; 第四, 给出三角形外、内侧正方形中有向距离与有向面积的定值定理与应用; 第五, 证明锐角三角形面积与高足线距离之间的关系.

9.3.1　三角形中有向距离与边三角形、中线三角形有向面积的定值定理与应用

定理 9.3.1 (喻德生, 2017)　设 Q_1, Q_2, Q_3 依次是三角形 $P_1 P_2 P_3$ 各边 $P_1 P_2$, $P_2 P_3, P_3 P_1$ 的中点, $R_1, R_2; S_1, S_2; T_1, T_2$ 依次是 $P_2 P_3, P_3 P_1; P_3 P_1, P_1 P_2; P_1 P_2, P_2 P_3$ 所在直线上的点且 $R_1 R_2 // P_1 P_2, S_1 S_2 // P_2 P_3, T_1 T_2 // P_3 P_1, P$ 是三角形所在平面上任意一点, 则

$$\mathrm{d}_{P_3 - P_1 P_2}(\mathrm{D}_{P P_1 R_1} + \mathrm{D}_{P P_2 R_2}) + 2\mathrm{D}_{R_1 - P_1 P_2} \mathrm{D}_{P P_3 Q_1} = 0, \tag{9.3.1}$$

$$\mathrm{d}_{P_1 - P_2 P_3}(\mathrm{D}_{P P_2 S_1} + \mathrm{D}_{P P_3 S_2}) + 2\mathrm{D}_{S_1 - P_2 P_3} \mathrm{D}_{P P_1 Q_2} = 0, \tag{9.3.2}$$

$$\mathrm{d}_{P_2 - T_1 T_2}(\mathrm{D}_{P P_3 T_1} + \mathrm{D}_{P P_1 T_2}) + 2\mathrm{D}_{T_1 - P_3 P_1} \mathrm{D}_{P P_2 Q_3} = 0. \tag{9.3.3}$$

证明　如图 9.3.1 所示. 以 Q_1 为坐标原点, $P_1 P_2$ 所在直线为 x 轴建立平面直角坐标系. 记 $\mathrm{d}_{P_3 - P_1 P_2} = h$, 则三角形顶点的坐标可设为 $P_1(-a, 0), P_2(a, 0), P_3(b, h)$,

P_1P_2 中点的坐标为 $Q_1(0,0)$. 又设两平行线 R_1R_2, P_1P_2 之间的距离为 l, 任意点的坐标为 $P(x,y)$. 下面分三种情形证明式 (9.3.1) 成立.

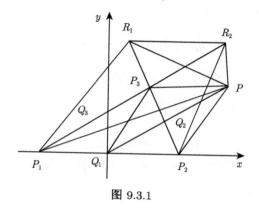

图 9.3.1

(1) 若 R_1R_2 与 P_2P_1 重合, 即 R_1 与 P_2, R_2 与 P_1 均重合且 $D_{R_1-P_1P_2} = l = 0$, 式 (9.5.1) 显然成立.

(2) 若 R_1R_2 与三角形 $P_1P_2P_3$ 均在直线 $P_1P_2 : y = 0$ 同侧, 则 $D_{R_1-P_1P_2} = d_{R_1-P_1P_2} = l > 0$. 故 R_1R_2 端点的坐标可设为 $R_1(c,l), R_2(d,l)$. 由三角形有向面积公式, 得

$$2D_{PP_1R_1} = (0 + ay) + (-al - 0) + (cy - lx) = -lx + (a+c)y - al, \qquad (9.3.4)$$

$$2D_{PP_2R_2} = (0 - ay) + (al - 0) + (dy - lx) = -lx + (d-a)y + al, \qquad (9.3.5)$$

$$2D_{PP_3Q_1} = hx - by. \qquad (9.3.6)$$

$h \times [(9.3.4) + (9.3.5)] + 2l \times (9.3.6)$, 得

$$2h(D_{PP_1R_1} + D_{PP_2R_2}) + 4lD_{PP_3Q_1}$$
$$= (-hl - hl + 2hl)x + [(a+c)h + (d-a)h - 2bl]y - ahl + ahl$$
$$= [(c+d)h - 2bl]y.$$

由 R_1, R_2 分别是 P_2P_3, P_3P_1 所在直线上的点且 $R_1R_2 // P_1P_2$, 可知 R_1R_2 的中点 $R\left(\dfrac{c+d}{2}, l\right)$ 在 P_3Q_1 所在直线上, 且 b 与 $\dfrac{c+d}{2}$ 同号. 故由三角形的相似性可得

$$\frac{(c+d)/2}{b} = \frac{l}{h} \Rightarrow (c+d)h - 2bl = 0,$$

故 $2h(D_{PP_1R_1} + D_{PP_2R_2}) + 4lD_{PP_3Q_1} = 0$, 于是式 (9.3.1) 此时成立.

(3) 若 R_1R_2 与三角形 $P_1P_2P_3$ 均在直线 $P_1P_2 : y = 0$ 异侧, 则 $D_{R_1-P_1P_2} = -d_{R_1-P_1P_2} = -l < 0$. 故 R_1R_2 端点的坐标可设为 $R_1(c, -l), R_2(d, -l)$. 在式 (9.3.4), (9.3.5) 中分别用 $-l$ 代 l, 可得

$$2D_{PP_1R_1} = lx + (a + c)y + al, \tag{9.3.7}$$

$$2D_{PP_2R_2} = lx + (d - a)y - al, \tag{9.3.8}$$

$h \times [(9.3.7) + (9.3.8)] - 2l \times (9.3.6)$, 得

$$2h(D_{PP_1R_1} + D_{PP_2R_2}) - 4lD_{PP_3Q_1}$$
$$= (hl + hl - 2hl)x + [(a + c)h + (d - a)h + 2bl]y + ahl - ahl$$
$$= [(c + d)h + 2bl]y.$$

由 R_1, R_2 分别是 P_2P_3, P_3P_1 所在直线上的点且 $R_1R_2 // P_1P_2$, 可知 R_1R_2 的中点 $R\left(\dfrac{c+d}{2}, -l\right)$ 在 P_3Q_1 所在直线上且 b 与 $\dfrac{c+d}{2}$ 异号. 故由三角形的相似性可得

$$-\frac{(c+d)/2}{b} = \frac{l}{h} \Rightarrow (c + d)h + 2bl = 0,$$

故 $2h(D_{PP_1R_1} + D_{PP_2R_2}) - 4lD_{PP_3Q_1} = 0$, 于是式 (9.3.1) 此时亦成立.

类似地, 可以证明式 (9.3.2) 和 (9.3.3) 成立.

推论 9.3.1　设 Q_1, Q_2, Q_3 依次是三角形 $P_1P_2P_3$ 各边 P_1P_2, P_2P_3, P_3P_1 的中点, $R_1, R_2; S_1, S_2; T_1, T_2$ 依次是 $P_2P_3, P_3P_1; P_3P_1, P_1P_2; P_1P_2, P_2P_3$ 所在直线上的点, $R_1R_2 // P_1P_2, S_1S_2 // P_2P_3, T_1T_2 // P_3P_1$, 且 R_1R_2 与 P_1P_2, S_1S_2 与 P_2P_3, T_1T_2 与 P_3P_1 间的距离分别等于边 P_1P_2, P_2P_3, P_3P_1 上高的一半, P 是三角形所在平面上任意一点, 则

$$D_{PP_1R_1} + D_{PP_2R_2} \pm D_{PP_3Q_1} = 0, \tag{9.3.9}$$

$$D_{PP_2S_1} + D_{PP_3S_2} \pm D_{PP_1Q_2} = 0, \tag{9.3.10}$$

$$D_{PP_3T_1} + D_{PP_1T_2} \pm D_{PP_2Q_3} = 0, \tag{9.3.11}$$

其中, 当 R_1R_2, S_1S_2, T_1T_2 与三角形 $P_1P_2P_3$ 分别位于 P_1P_2, P_2P_3, P_3P_1 所在直线同侧时取 "+" 号, 异侧时去 "−" 号.

证明　当 R_1R_2, S_1S_2, T_1T_2 与三角形 $P_1P_2P_3$ 分别位于 P_1P_2, P_2P_3, P_3P_1 所在直线同侧时, 在定理 9.3.1 中注意到

$$2D_{R_1-P_1P_2} = d_{P_3-P_1P_2}, 2D_{S_1-P_2P_3} = d_{P_1-P_2P_3}, 2D_{T_1-P_3P_1} = d_{P_2-T_1T_2},$$

异侧时

$$2D_{R_1-P_1P_2} = -d_{P_3-P_1P_2}, 2D_{S_1-P_2P_3} = -d_{P_1-P_2P_3}, 2D_{T_1-P_3P_1} = -d_{P_2-T_1T_2},$$

分别代入式 (9.3.1), (9.3.2) 和 (9.3.3), 并注意到 $d_{P_3-P_1P_2}d_{P_1-P_2P_3}d_{P_2-T_1T_2} \neq 0$, 化简即得式 (9.3.9), (9.3.10) 和 (9.3.11).

推论 9.3.2 设 Q_1, Q_2, Q_3 依次是三角形 $P_1P_2P_3$ 各边 P_1P_2, P_2P_3, P_3P_1 的中点, $R_1, R_2; S_1, S_2; T_1, T_2$ 依次是 $P_2P_3, P_3P_1; P_3P_1, P_1P_2; P_1P_2, P_2P_3$ 所在直线上的点, $R_1R_2//P_1P_2, S_1S_2//P_2P_3, T_1T_2//P_3P_1$, 则 $P_1R_1, P_2R_2, P_3Q_1; P_2S_1, P_3S_2, P_1Q_2;$ P_3T_1, P_1T_2, P_2Q_3 均三线共点.

证明 如图 9.3.2 所示. 当 $D_{R_1-P_1P_2} = 0$ 时, 结论显然成立. 若 $D_{R_1-P_1P_2} \neq 0$, 设 P_1R_1, P_2R_2 的交点为 G, 则 $D_{GP_1R_1} = D_{GP_2R_2} = 0$, 代入式 (9.3.1) 可得 $D_{GP_3Q_1} = 0$, 于是 G 在 P_3Q_1 所在直线上, 故 P_1R_1, P_2R_2, P_3Q_1 三线共点.

类似地, 可以证明 $P_2S_1, P_3S_2, P_1Q_2; P_3T_1, P_1T_2, P_2Q_3$ 均三线共点.

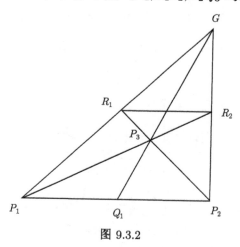

图 9.3.2

推论 9.3.3 设 Q_1, Q_2, Q_3 依次是三角形 $P_1P_2P_3$ 各边 P_1P_2, P_2P_3, P_3P_1 的中点, 则三角形的三条中线 P_1Q_2, P_2Q_3, P_3Q_1 共点.

证明 因为 $Q_2Q_3//P_1P_2, Q_1$ 是 P_1P_2 的中点, 故由推论 9.3.2 可得, 三角形的三条中线 P_1Q_2, P_2Q_3, P_3Q_1 共点.

9.3.2 三角形中有向距离与高线三角形等有向面积的定值定理与应用

定理 9.3.2 (喻德生, 2017) 以三角形 ABC 的底边 BC 为直径作圆, 分别交 AB, AC 所在直线于 D 和 E, 过 D 和 E 分别作 BC 的垂线, 垂足分别为 F, G, AH 是三角形 ABC 的高, P 是 ABC 所在平面上任意一点, 则

$$d_{AB}^2 d_{AC}^2 (D_{PDG} + D_{PEF}) - d_{BC}^2 (D_{BH}D_{HC} + d_{AH}^2) D_{PAH} = 0. \tag{9.3.12}$$

证明　如图 9.3.3 所示. 以 BC 的中点为坐标原点, BC 所在直线为 x 轴建立平面直角坐标系. 设三角形 ABC 顶点的坐标为 $A(b,c), B(-a,0), C(a,0)\ (a>0)$, 于是圆的方程为

$$x^2 + y^2 = a^2,$$

直线 AB, AC 的方程分别为

$$AB : y = c(x+a)/(b+a),\quad AC : y = c(x-a)/(b-a).$$

将 AB 的方程代入圆的方程, 得

$$x^2 + c^2(x+a)^2/(b+a)^2 = a^2,$$

化简得

$$\left[(a+b)^2 + c^2\right] x^2 + 2ac^2 x + a^2 \left[c^2 - (a+b)^2\right] = 0,$$

注意到 $\mathrm{d}_{AB}^2 = c^2 + (a+b)^2$, 解得 $x = \left[-ac^2 \pm a(a+b)^2\right]/\mathrm{d}_{AB}^2$. 于是 D 点的坐标为

$$x_D = a\left[(a+b)^2 - c^2\right]/\mathrm{d}_{AB}^2,\quad y_D = 2ac(a+b)/\mathrm{d}_{AB}^2.$$

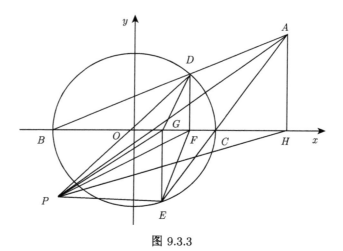

图 9.3.3

类似地, 将 AC 的方程代入圆的方程, 并注意到 $\mathrm{d}_{AC}^2 = c^2 + (b-a)^2$, 求得 E 点的坐标

$$x_E = a\left[c^2 - (b-a)^2\right]/\mathrm{d}_{AC}^2,\quad y_E = 2ac(a-b)/\mathrm{d}_{AC}^2.$$

设三角形所在平面上任意点的坐标为 $P(x,y)$, 于是由三角形有向面积公式, 得

$$2\mathrm{D}_{PAH} = cx - by - bc + by = c(x-b),$$

$$2\mathrm{d}_{AB}^2\mathrm{d}_{AC}^2\mathrm{D}_{PDG}$$
$$= \mathrm{d}_{AC}^2\left\{x\cdot 2ac(a+b) - a\left[(a+b)^2 - c^2\right]y\right\}$$
$$\quad - a\left[c^2 - (b-a)^2\right]\cdot 2ac(a+b) + \mathrm{d}_{AB}^2\cdot a\left[c^2 - (b-a)^2\right]y$$
$$= 2ac(a+b)\mathrm{d}_{AC}^2 x + a\left\{\mathrm{d}_{AB}^2\left[c^2 - (b-a)^2\right] + \mathrm{d}_{AC}^2\left[c^2 - (b+a)^2\right]\right\}y$$
$$\quad + 2a^2c(a+b)\left[(b-a)^2 - c^2\right];\tag{9.3.13}$$
$$2\mathrm{d}_{AB}^2\mathrm{d}_{AC}^2\mathrm{D}_{PEF}$$
$$= \mathrm{d}_{AB}^2\left\{x\cdot 2ac(a-b) - a\left[c^2 - (b-a)^2\right]y\right\}$$
$$\quad - a\left[(b+a)^2 - c^2\right]\cdot 2ac(a-b) + \mathrm{d}_{AC}^2\cdot a\left[(b+a)^2 - c^2\right]y$$
$$= 2ac(a-b)\mathrm{d}_{AB}^2 x + a\left\{\mathrm{d}_{AC}^2\left[(b+a)^2 - c^2\right] + \mathrm{d}_{AB}^2\left[(b-a)^2 - c^2\right]\right\}y$$
$$\quad - 2a^2c(a-b)\left[(b+a)^2 - c^2\right].\tag{9.3.14}$$

式 (9.3.13)+(9.3.14), 得

$$2\mathrm{d}_{AB}^2\mathrm{d}_{AC}^2(\mathrm{D}_{PDG} + \mathrm{D}_{PEF})$$
$$= 2ac\left[(a+b)\mathrm{d}_{AC}^2 + (a-b)\mathrm{d}_{AB}^2\right]x$$
$$\quad + 2a^2c\left\{(a+b)\left[(b-a)^2 - c^2\right] - (a-b)\left[(b+a)^2 - c^2\right]\right\}$$
$$= 4a^2c(a^2 + c^2 - b^2)x + 4a^2bc(b^2 - a^2 - c^2)$$
$$= 4a^2c(a^2 + c^2 - b^2)(x - b) = 8a^2(a^2 + c^2 - b^2)\mathrm{D}_{PAH}.$$

又因为 $\mathrm{d}_{BC}^2 = 4a^2, \mathrm{d}_{AH}^2 = c^2, a^2 - b^2 = (a+b)(a-b) = \mathrm{D}_{BH}\mathrm{D}_{HC}$, 所以

$$2\mathrm{d}_{AB}^2\mathrm{d}_{AC}^2(\mathrm{D}_{PDG} + \mathrm{D}_{PEF}) = 2\mathrm{d}_{BC}^2(\mathrm{D}_{BH}\mathrm{D}_{HC} + \mathrm{d}_{AH}^2)\mathrm{D}_{PAH},$$

因此, 式 (9.3.12) 成立.

推论 9.3.4 以三角形 ABC 的底边 BC 为直径作圆, 分别交 AB, AC 所在直线于 D 和 E, 过 D 和 E 分别作 BC 的垂线, 垂足分别为 F, G, AH 是三角形 ABC 的高, 则

(1) P 是 AH 所在直线上任意一点或 $\mathrm{D}_{BH}\mathrm{D}_{HC} + \mathrm{d}_{AH}^2 = 0$ 的充分必要条件是 $\mathrm{D}_{PDG} + \mathrm{D}_{PEF} = 0$;

(2) P 是 DG 所在直线上任意一点的充分必要条件是

$$\mathrm{d}_{AB}^2\mathrm{d}_{AC}^2\mathrm{D}_{PEF} - \mathrm{d}_{BC}^2\left(\mathrm{D}_{BH}\mathrm{D}_{HC} + \mathrm{d}_{AH}^2\right)\mathrm{D}_{PAH} = 0;$$

(3) P 是 EF 所在直线上任意一点的充分必要条件是

$$\mathrm{d}_{AB}^2\mathrm{d}_{AC}^2\mathrm{D}_{PDG} - \mathrm{d}_{BC}^2\left(\mathrm{D}_{BH}\mathrm{D}_{HC} + \mathrm{d}_{AH}^2\right)\mathrm{D}_{PAH} = 0.$$

证明　　(1) 由式 (9.3.12) 并注意到 $d_{AB}^2 d_{AC}^2 \neq 0$, 可得

P 是 AH 所在直线上任意一点或 $D_{BH}D_{HC} + d_{AH}^2 = 0 \Leftrightarrow (D_{BH}D_{HC} + d_{AH}^2)D_{PAH}$
$= 0 \Leftrightarrow d_{AB}^2 d_{AC}^2 (D_{PDG} + D_{PEF}) = 0 \Leftrightarrow D_{PDG} + D_{PEF} = 0.$

类似地, 可以证明 (2), (3) 结论成立.

推论 9.3.5　　以三角形 ABC 的底边 BC 为直径作圆, 分别交 AB, AC 所在直线于 D 和 E, 过 D 和 E 分别作 BC 的垂线, 垂足分别为 F, G, AH 是三角形 ABC 的高.

(1) 若 P 是 AH 所在直线上任意一点或 $D_{BH}D_{HC} + d_{AH}^2 = 0$, 则 $a_{PDG} = a_{PEF}$;

(2) 若 P 是 DG 所在直线上任意一点, 则

$$d_{AB}^2 d_{AC}^2 a_{PEF} = d_{BC}^2 \left| D_{BH}D_{HC} + d_{AH}^2 \right| a_{PAH};$$

(3) 若 P 是 EF 所在直线上任意一点, 则

$$d_{AB}^2 d_{AC}^2 a_{PDG} = d_{BC}^2 \left| D_{BH}D_{HC} + d_{AH}^2 \right| a_{PAH}.$$

证明　　(1) 由推论 9.3.4 的必要性, 得 $D_{PDG} + D_{PEF} = 0$, 移项后等式两边取绝对值, 即得.

类似地, 可以证明 (2), (3) 结论成立.

定理 9.3.3　　以三角形 ABC 的底边 BC 为直径作圆, 分别交 AB, AC 所在直线于 D 和 E, 过 D 和 E 分别作 BC 的垂线, 垂足分别为 F, G, AH 是三角形 ABC 的高, 且 $D_{BH}D_{HC} + d_{AH}^2 \neq 0$, 则 DG, EF, AH 所在的三条直线共点.

证明　　如图 9.3.4 所示. 若 DG, EF 相交于一点 J, 则 $D_{JDG} = D_{JEF} = 0$. 代入式 (9.3.12), 得 $d_{BC}^2 (D_{BH}D_{HC} + d_{AH}^2) D_{JAH} = 0$. 因为 $d_{BC}^2 (D_{BH}D_{HC} + d_{AH}^2) \neq 0$, 所以 $D_{JAH} = 0$, 即 J 在 AH 所在直线上. 从而 DG, EF, AH 所在的三条直线共点.

推论 9.3.6　　设在三角形 ABC 中, $\angle B$ 和 $\angle C$ 都是锐角. 以三角形 ABC 的底边 BC 为直径作半圆, 分别交 AB, AC 所在直线于 D 和 E, 过 D 和 E 分别作 BC 的垂线, 垂足分别为 F, G, 线段 DG 和 EF 交于点 J, 则 $AJ \perp BC$.

证明　　如图 9.3.5 所示. 因为 $\angle B$ 和 $\angle C$ 都是锐角, 所以 BC 边上的高足 H 介于 B, C 之间, 于是 $D_{BH}D_{HC} > 0$, $d_{BC}^2 (D_{BH}D_{HC} + d_{AH}^2) \neq 0$. 故由推论 9.3.5 可知 J 在三角形 BC 边上的高 AH 所在直线上, 因此 $AJ \perp BC$.

推论 9.3.7 (1996 年中国国家集训队选拔考试题)　　以三角形 ABC 的底边 BC 为直径作半圆, 分别交 AB, AC 于 D 和 E, 过 D 和 E 分别作 BC 的垂线, 垂足分别为 F, G, 线段 DG 和 EF 交于点 J, 则 $AJ \perp BC$.

证明　　如图 9.3.6 所示. 在推论 9.3.6 中, 将 D 和 E 分别限制在三角形的边 AB, AC 之上, 即得.

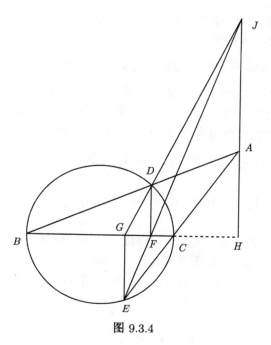

图 9.3.4

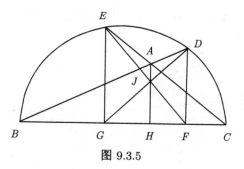

图 9.3.5

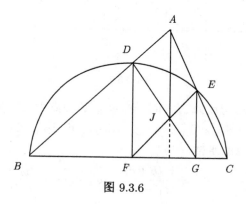

图 9.3.6

注 9.3.1　对三角形 ABC 的边 AB, AC, 也有与定理 9.3.2 和定理 9.3.3 及其推论类似的结论, 请读者列出.

9.3.3　三角形旁切圆中有向距离与有向面积的定值定理与应用

定理 9.3.4 (喻德生, 2017)　设 AD 是三角形 ABC 的高, $\odot O_1, \odot O_2$ 分别是 $\angle B$ 和 $\angle C$ 内的旁切圆, $\odot O_1$ 与 BC, CA 所在直线的切点分别为 E, G, $\odot O_2$ 与 BC, BA 所在直线的切点分别为 F, H, P 是三角形 ABC 所在平面上任意一点, 则

$$r_2(r_1 \mathrm{D}_{EB} + r_2 \mathrm{D}_{EC}) \mathrm{D}_{PEG} + r_1(r_2 \mathrm{D}_{EB} + r_1 \mathrm{D}_{EC}) \mathrm{D}_{PFH} + (r_1 + r_2)^2 \mathrm{D}_{EC} \mathrm{D}_{PAD} = 0,$$

$$(9.3.15)$$

其中 $r_1 = 2\mathrm{a}_{ABC}/(\mathrm{d}_{BC} + \mathrm{d}_{CA} - \mathrm{d}_{AB}), r_2 = 2\mathrm{a}_{ABC}/(\mathrm{d}_{AB} + \mathrm{d}_{BC} - \mathrm{d}_{CA})$ 分别是 $\odot O_1, \odot O_2$ 的半径.

证明　如图 9.3.7 所示. 以 E 为坐标原点, EF 所在直线为 x 轴建立平面直角坐标系. 记 $\mathrm{D}_{EB} = b, \mathrm{D}_{EC} = c$, 于是三角形在 x 轴上两顶点的坐标为 $B(b, 0), C(c, 0)$, 从而 $F(b+c, 0), O_1(0, r_1), O_2(b+c, r_2)$. 故 $\odot O_1$ 的方程为 $x^2 + (y - r_1)^2 = r_1^2$, 即

$$x^2 + y^2 - 2r_1 y = 0;$$

$\odot O_2$ 的方程为 $[x - (b+c)]^2 + (y - r_2)^2 = r_2^2$, 即

$$x^2 + y^2 - 2(b+c)x - 2r_2 y + (b+c)^2 = 0.$$

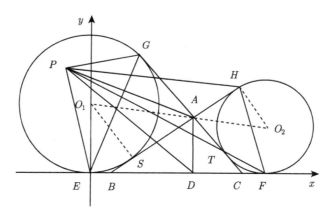

图 9.3.7

设 AB 与 $\odot O_1$ 的切点为 S, AC 与 $\odot O_2$ 的切点为 T, 连接 $O_1 S, O_2 T$, 则有 $\triangle AO_1 S \sim \triangle AO_2 T$. 故 $\mathrm{d}_{O_1 A}/\mathrm{d}_{AO_2} = \mathrm{d}_{O_1 S}/\mathrm{d}_{O_2 T}$, 即 $\mathrm{d}_{O_1 A}/\mathrm{d}_{AO_2} = r_1/r_2$, 于是由定比分点公式, 可得 A 点的坐标

$$x_A = \frac{0 + (r_1/r_2)(b+c)}{1 + r_1/r_2} = \frac{r_1(b+c)}{r_1 + r_2}, \quad y_A = \frac{r_1 + (r_1/r_2)r_2}{1 + r_1/r_2} = \frac{2r_1 r_2}{r_1 + r_2}.$$

AC 的直线方程为

$$\frac{2r_1r_2}{r_1+r_2}x + \left[c - \frac{r_1(b+c)}{r_1+r_2}\right]y - \frac{2cr_1r_2}{r_1+r_2} = 0,$$

即

$$2r_1r_2x + (cr_2 - br_1)y - 2cr_1r_2 = 0.$$

另外, 由切点 G 和 $\odot O_1$ 的方程, 可得 AC 的直线方程

$$x_Gx + y_Gy - r_1(y + y_G) = 0,$$

即

$$x_Gx + (y_G - r_1)y - r_1y_G = 0.$$

于是由两方程函数之比相等 $\dfrac{x_G}{2r_1r_2} = \dfrac{y_G - r_1}{cr_2 - br_1} = \dfrac{-r_1y_G}{-2cr_1r_2}$, 求得 G 点的坐标

$$x_G = \frac{2r_1^2r_2}{br_1 + cr_2}, \quad y_G = \frac{2cr_1r_2}{br_1 + cr_2}.$$

又 AB 的直线方程为

$$\frac{2r_1r_2}{r_1+r_2}x + \left[b - \frac{r_1(b+c)}{r_1+r_2}\right]y - \frac{2br_1r_2}{r_1+r_2} = 0,$$

即

$$2r_1r_2x + (br_2 - cr_1)y - 2br_1r_2 = 0.$$

另外, 由切点 H 和 $\odot O_2$ 的方程, 可得 AB 的直线方程

$$x_Gx + y_Gy - (b+c)(x + x_H) - r_2(y + y_H) + (b+c)^2 = 0,$$

即

$$[x_H - (b+c)]x + (y_H - r_2)y - [(b+c)x_H + r_2y_H - (b+c)^2] = 0.$$

于是由 $\dfrac{x_H - (b+c)}{2r_1r_2} = \dfrac{y_H - r_2}{br_2 - cr_1} = \dfrac{(b+c)x_H + r_2y_H - (b+c)^2}{2br_1r_2}$, 求得 H 点的坐标

$$x_H = (b+c) - \frac{2r_1r_2^2}{br_2 + cr_1}, \quad y_H = \frac{2cr_1r_2}{br_2 + cr_1}.$$

设三角形所在平面上任意点的坐标为 $P(x, y)$, 于是由三角形有向面积公式, 可得

$$(r_1 + r_2)^2\mathrm{D}_{PAD} = r_1r_2(r_1 + r_2)x - (b+c)r_1^2r_2,$$

$$(br_1 + cr_2)\mathrm{D}_{PEG} = -cr_1r_2x + r_1^2r_2y,$$

$$(br_2 + cr_1)\mathrm{D}_{PFH} = -cr_1r_2x - r_1r_2^2y + (b+c)cr_1r_2,$$

于是

$$r_2(br_1 + cr_2)\mathrm{D}_{PEG} + r_1(br_2 + cr_1)\mathrm{D}_{PFH}$$
$$= -cr_1r_2^2x + r_1^2r_2^2y - cr_1^2r_2x - r_1^2r_2^2y + (b+c)cr_1^2r_2$$
$$= -c\left[r_1r_2(r_1 + r_2)x - (b+c)r_1^2r_2\right] = -c(r_1 + r_2)^2\mathrm{D}_{PAD},$$

所以

$$r_2(br_1 + cr_2)\mathrm{D}_{PEG} + r_1(br_2 + cr_1)\mathrm{D}_{PFH} + c(r_1 + r_2)^2\mathrm{D}_{PAD} = 0,$$

即

$$r_2(r_1\mathrm{D}_{EB} + r_2\mathrm{D}_{EC})\mathrm{D}_{PEG} + r_1(r_2\mathrm{D}_{EB} + r_1\mathrm{D}_{EC})\mathrm{D}_{PFH} + (r_1 + r_2)^2\mathrm{D}_{EC}\mathrm{D}_{PAD} = 0.$$

又由本书上册三角形旁心坐标公式 (9.1.2), 可得

$$r_1 = y_{O_1} = (\mathrm{d}_{BC}y_A + \mathrm{d}_{CA}y_B - \mathrm{d}_{AB}y_C)/(\mathrm{d}_{BC} + \mathrm{d}_{CA} - \mathrm{d}_{AB})$$
$$= \mathrm{d}_{BC}y_A/(\mathrm{d}_{BC} + \mathrm{d}_{CA} - \mathrm{d}_{AB}) = 2\mathrm{a}_{ABC}/(\mathrm{d}_{BC} + \mathrm{d}_{CA} - \mathrm{d}_{AB}),$$
$$r_2 = y_{O_2} = (\mathrm{d}_{AB}y_C + \mathrm{d}_{BC}y_A - \mathrm{d}_{CA}y_B)/(\mathrm{d}_{AB} + \mathrm{d}_{BC} - \mathrm{d}_{CA})$$
$$= \mathrm{d}_{BC}y_A/(\mathrm{d}_{AB} + \mathrm{d}_{BC} - \mathrm{d}_{CA}) = 2\mathrm{a}_{ABC}/(\mathrm{d}_{AB} + \mathrm{d}_{BC} - \mathrm{d}_{CA}),$$

因此, 式 (9.3.15) 成立.

推论 9.3.8　设 AD 是三角形 ABC 的高, $\odot O_1, \odot O_2$ 分别是 $\angle B$ 和 $\angle C$ 内的旁切圆, $\odot O_1$ 与 BC, CA 所在直线的切点分别为 E, G, $\odot O_2$ 与 BC, BA 所在直线的切点分别为 F, H. 则

(1) P 是 AD 所在直线上任意一点的充分必要条件是

$$r_2(r_1\mathrm{D}_{EB} + r_2\mathrm{D}_{EC})\mathrm{D}_{PEG} + r_1(r_2\mathrm{D}_{EB} + r_1\mathrm{D}_{EC})\mathrm{D}_{PFH} = 0; \qquad (9.3.16)$$

(2) P 是 EG 所在直线上任意一点的充分必要条件是

$$r_1(r_2\mathrm{D}_{EB} + r_1\mathrm{D}_{EC})\mathrm{D}_{PFH} + (r_1 + r_2)^2\mathrm{D}_{EC}\mathrm{D}_{PAD} = 0;$$

(3) P 是 FH 所在直线上任意一点的充分必要条件是

$$r_2(r_1\mathrm{D}_{EB} + r_2\mathrm{D}_{EC})\mathrm{D}_{PEG} + (r_1 + r_2)^2\mathrm{D}_{EC}\mathrm{D}_{PAD} = 0,$$

其中 $r_1 = 2\mathrm{a}_{ABC}/(\mathrm{d}_{BC} + \mathrm{d}_{CA} - \mathrm{d}_{AB}), r_2 = 2\mathrm{a}_{ABC}/(\mathrm{d}_{AB} + \mathrm{d}_{BC} - \mathrm{d}_{CA})$ 分别是 $\odot O_1, \odot O_2$ 的半径.

证明　(1) 由式 (9.3.15), 可得

P 是 AD 所在直线上任意一点 $\Leftrightarrow \mathrm{D}_{PAD} = 0 \Leftrightarrow$ 式 (9.1.16) 成立.

类似地, 可以证明 (2) 和 (3) 中结论成立.

推论 9.3.9　设 AD 是三角形 ABC 的高, $\odot O_1, \odot O_2$ 分别是 $\angle B$ 和 $\angle C$ 内的旁切圆, $\odot O_1$ 与 BC, CA 所在直线的切点分别为 E, G, $\odot O_2$ 与 BC, BA 所在直线的切点分别为 F, H. 则

(1) 若 P 是 AD 所在直线上任意一点, 则

$$r_2 \left| r_1 \mathrm{D}_{EB} + r_2 \mathrm{D}_{EC} \right| \mathrm{a}_{PEG} = r_1 \left| r_2 \mathrm{D}_{EB} + r_1 \mathrm{D}_{EC} \right| \mathrm{a}_{PFH}; \tag{9.3.17}$$

(2) 若 P 是 EG 所在直线上任意一点, 则

$$r_1 \left| r_2 \mathrm{D}_{EB} + r_1 \mathrm{D}_{EC} \right| \mathrm{a}_{PFH} = (r_1 + r_2)^2 \mathrm{d}_{EC} \mathrm{a}_{PAD};$$

(3) 若 P 是 FH 所在直线上任意一点, 则

$$r_2 \left| r_1 \mathrm{D}_{EB} + r_2 \mathrm{D}_{EC} \right| \mathrm{a}_{PEG} = (r_1 + r_2)^2 \mathrm{d}_{EC} \mathrm{a}_{PAD},$$

其中 $r_1 = 2\mathrm{a}_{ABC}/(\mathrm{d}_{BC} + \mathrm{d}_{CA} - \mathrm{d}_{AB}), r_2 = 2\mathrm{a}_{ABC}/(\mathrm{d}_{AB} + \mathrm{d}_{BC} - \mathrm{d}_{CA})$ 分别是 $\odot O_1, \odot O_2$ 的半径.

证明　(1) 式 (9.3.16) 移项后, 等式两边取绝对值, 即得式 (9.1.17).

类似地, 可以证明 (2) 和 (3) 中结论成立.

定理 9.3.5　设 AD 是三角形 ABC 的高, $\odot O_1, \odot O_2$ 分别是 $\angle B$ 和 $\angle C$ 内的旁切圆, $\odot O_1$ 与 BC, CA 所在直线的切点分别为 E, G, $\odot O_2$ 与 BC, BA 所在直线的切点分别为 F, H, 则 AD, EG, FH 所在的三条直线相交于一点.

证明　如图 9.3.8 所示. 不妨设 EG, FH 所在直线的交点为 J, 则 $\mathrm{D}_{JEG} = \mathrm{D}_{JFH} = 0$. 代入式 (9.1.15) 并注意到 $(r_1 + r_2)^2 \mathrm{D}_{EC} \neq 0$, 得 $\mathrm{D}_{JAD} = 0$, 即 J 在 AD 所在直线上. 从而, AD, EG, FH 所在的三条直线相交于一点.

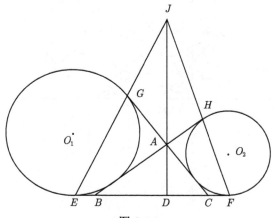

图 9.3.8

推论 9.3.10 (1996 年中国高中数学联赛试题)   如图 9.3.8 所示. $\odot O_1, \odot O_2$ 与三角形 ABC 的三边所在直线都相切, E, G, F, H 为切点, 且 EG, FH 的延长线相交于 J 点, 则 $AJ \perp BC$.

证明   由推论 9.3.9 可知, J 在三角形 ABC 的高 AD 所在直线上, 因此 $AJ \perp BC$.

注 9.3.2   对三角形 ABC 其余两对角, 即 $\angle A$ 和 $\angle C$, $\angle A$ 和 $\angle B$ 内的旁切圆, 也有与定理 9.3.4 和定理 9.3.5 及其推论类似的结论, 请读者列出.

9.3.4   三角形外、内侧正方形中有向距离与有向面积的定值定理与应用

定理 9.3.6 (喻德生, 2017)   以三角形 $P_1P_2P_3$ 的三边向外作正方形 $P_1Q_1R_2P_2$, $P_2Q_2R_3P_3$, $P_3Q_3R_1P_1$; $P_3N_1 \perp P_1P_2$, $P_1N_2 \perp P_2P_3$, $P_2N_3 \perp P_3P_1$, 垂足依次为 N_1, N_2, N_3, P 是三角形所在平面上任意一点, 则

$$\mathrm{d}_{P_3-P_1P_2}(\mathrm{D}_{PP_1Q_2} + \mathrm{D}_{PP_2R_1}) + \mathrm{d}_{P_1P_2}\mathrm{D}_{PP_3N_1} = 0, \tag{9.3.18}$$

$$\mathrm{d}_{P_1-P_2P_3}(\mathrm{D}_{PP_2Q_3} + \mathrm{D}_{PP_3R_2}) + \mathrm{d}_{P_2P_3}\mathrm{D}_{PP_1N_2} = 0, \tag{9.3.19}$$

$$\mathrm{d}_{P_2-P_3P_1}(\mathrm{D}_{PP_3Q_1} + \mathrm{D}_{PP_1R_3}) + \mathrm{d}_{P_3P_1}\mathrm{D}_{PP_2N_3} = 0. \tag{9.3.20}$$

证明   如图 9.3.9 所示. 以 P_1 为坐标原点, P_1P_2 所在直线为 x 轴建立平面直角坐标系. 记 $\mathrm{d}_{P_1P_2} = a$, $\mathrm{d}_{P_3-P_1P_2} = c$, 不妨设三角形顶点的坐标为 $P_1(0,0)$, $P_2(a,0)$, $P_3(b,c)$, 则式 (9.3.18) 中所涉及的正方形其余两顶点的坐标为 $R_1(, -c, b)$, $Q_2(a + c, a - b)$, 垂足的坐标为 $N_1(b, 0)$.

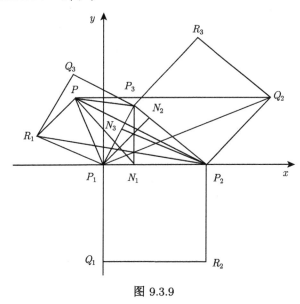

图 9.3.9

设三角形所在平面上任意点的坐标为 $P(x, y)$, 根据三角形有向面积公式, 得

$$2\mathrm{D}_{PP_1Q_2} = (0-0) + (0-0) + (a+c)y - (a-b)x = (b-a)x + (a+c)y, \quad (9.3.21)$$

$$2\mathrm{D}_{PP_2R_1} = (0-ay) + (ab-0) + (-cy-bx) = -bx - (a+c)y + ab, \quad (9.3.22)$$

$$2\mathrm{D}_{PP_3N_1} = (cx-by) + (0-bc) + (by-0) = cx - bc. \quad (9.3.23)$$

$c \times [(1.3.21) + (1.3.22)] + a \times (1.3.23)$, 得

$$2c(\mathrm{D}_{PP_1Q_2} + \mathrm{D}_{PP_2R_1}) + 2a\mathrm{D}_{PP_3N_1}$$
$$= (a+c)cy - (a-b)cx - bcx - (a+c)cy + abc + acx - abc = 0,$$

因此式 (9.3.18) 成立.

类似地, 可以证明式 (9.3.19) 和 (9.3.20) 成立.

推论 9.3.11 以三角形 $P_1P_2P_3$ 的三边向外作正方形 $P_1Q_1R_2P_2, P_2Q_2R_3P_3$, $P_3Q_3R_1P_1$, $P_3N_1 \perp P_1P_2, P_1N_2 \perp P_2P_3, P_2N_3 \perp P_3P_1$, 垂足依次为 N_1, N_2, N_3, 则

(1) P 是 $P_iQ_{i+1}(i = 1, 2, 3)$ 所在直线上任意一点的充分必要条件是

$$\mathrm{d}_{P_{i+2}-P_iP_{i+1}}\mathrm{D}_{PP_{i+1}R_i} + \mathrm{d}_{P_iP_{i+1}}\mathrm{D}_{PP_{i+2}N_i} = 0 (i = 1, 2, 3) \quad (9.3.24)$$

(2) P 是 $P_{i+1}R_i(i = 1, 2, 3)$ 所在直线上任意一点的充分必要条件是

$$\mathrm{d}_{P_{i+2}-P_iP_{i+1}}\mathrm{D}_{PP_iQ_{i+1}} + \mathrm{d}_{P_iP_{i+1}}\mathrm{D}_{PP_{i+2}N_i} = 0 (i = 1, 2, 3),$$

(3) P 是 $P_{i+2}N_i(i = 1, 2, 3)$ 所在直线上任意一点的充分必要条件是

$$\mathrm{D}_{PP_iQ_{i+1}} + \mathrm{D}_{PP_{i+1}R_i} = 0 (a_{PP_iQ_{i+1}} + a_{PP_{i+1}R_i} = 0)(i = 1, 2, 3).$$

证明 (1) 由式 (9.3.18), (9.3.19), (9.3.20), 得

P 是 $P_iQ_{i+1}(i = 1, 2, 3)$ 所在直线上任意一点 $\Leftrightarrow \mathrm{D}_{PP_iQ_{i+1}} = 0(i = 1, 2, 3) \Leftrightarrow$ 式 (9.3.24) 成立.

类似地, 可以证明式 (2)、(3) 中结论成立.

推论 9.3.12 以三角形 $P_1P_2P_3$ 的三边向外作正方形 $P_1Q_1R_2P_2, P_2Q_2R_3P_3$, $P_3Q_3R_1P_1$, $P_3N_1 \perp P_1P_2, P_1N_2 \perp P_2P_3, P_2N_3 \perp P_3P_1$, 垂足依次为 N_1, N_2, N_3.

(1) 若 P 是 $P_iQ_{i+1}(i = 1, 2, 3)$ 所在直线上任意一点, 则

$$\mathrm{d}_{P_{i+2}-P_iP_{i+1}}a_{PP_{i+1}R_i} = \mathrm{d}_{P_iP_{i+1}}a_{PP_{i+2}N_i}(i = 1, 2, 3), \quad (9.3.25)$$

(2) 若 P 是 $P_{i+1}R_i(i = 1, 2, 3)$ 所在直线上任意一点, 则

$$\mathrm{d}_{P_{i+2}-P_iP_{i+1}}a_{PP_iQ_{i+1}} = \mathrm{d}_{P_iP_{i+1}}a_{PP_{i+2}N_i}(i = 1, 2, 3),$$

(3) 若 P 是 $P_{i+2}N_i(i=1,2,3)$ 所在直线上任意一点, 则

$$a_{PP_iQ_{i+1}} = a_{PP_{i+1}R_i}(i=1,2,3).$$

证明　(1) 式 (9.3.24) 移项后等式两边取绝对值, 即得式 (3.2.25).

类似地, 可以证明式 (1)、(2) 中结论成立.

推论 9.3.13　以三角形 $P_1P_2P_3$ 的三边向外作正方形 $P_1Q_1R_2P_2, P_2Q_2R_3P_3,$
$P_3Q_3R_1P_1, P_3N_1\perp P_1P_2, P_1N_2\perp P_2P_3, P_2N_3\perp P_3P_1$,　垂足依次为 N_1, N_2, N_3,　则
$P_iQ_{i+1}, P_{i+1}R_i, P_{i+2}N_i(i=1,2,3)$ 所在直线相交于一点.

证明　如图 9.3.10 所示. 不妨设 $P_iQ_{i+1}, P_{i+1}R_i$ 所在直线相交于 $G_i(i=1,2,3)$, 则 $D_{PP_iQ_{i+1}} = D_{PP_{i+1}R_i} = 0$. 分别代入式 (9.3.18), (9.3.19) 和 (9.3.20), 并注意到 $d_{P_iP_{i+1}} \neq 0$, 可得 $D_{G_iP_{i+2}N_i} = 0(i=1,2,3)$. 从而 G_i 在 $P_{i+2}N_i$ 所在直线上, 故 $P_iQ_{i+1}, P_{i+1}R_i, P_{i+2}N_i(i=1,2,3)$ 所在直线相交于一点 $G_i(i=1,2,3)$.

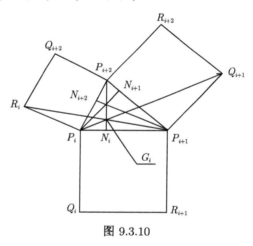

图 9.3.10

注 9.3.3　对三角形 ABC 的内侧正方形, 也有与定理 9.3.6 及其推论类似的结论, 请读者列出.

9.3.5　三角形面积与高足线距离之间的关系

例 9.3.1 (1986 年中国高中数学联赛题)　已知: 锐角三角形 $P_1P_2P_3$ 的外接圆的半径为 R, 点 Q_1, Q_2, Q_3 分别在边 P_1P_2, P_2P_3, P_3P_1 上. 求证: P_1Q_2, P_2Q_3, P_3Q_1 是三角形 ABC 的三条高的充分必要条件是

$$a_{P_1P_2P_3} = \frac{1}{2}R(d_{Q_1Q_2} + d_{Q_2Q_3} + d_{Q_3Q_1}). \tag{9.3.26}$$

证明　如图 9.3.11 所示. 以三角形 ABC 外接圆心为坐标原点建立平面直角

坐标系. 不妨设三角形顶点的坐标为

$$P_1(R\cos\alpha_1, R\sin\alpha_1), \quad P_2(R\cos\alpha_2, R\sin\alpha_2), \quad P_3(R\cos\alpha_3, R\sin\alpha_3),$$

且 $0 \leqslant \alpha_1 < \alpha_2 < \alpha_3 < 2\pi$, 则依题设有 $\alpha_2 - \alpha_1 < \pi, \alpha_3 - \alpha_2 < \pi, \pi < \alpha_3 - \alpha_1 < 2\pi$.
于是由三角形高足的坐标为

$$\begin{cases} x_{Q_i} = \dfrac{1}{2}R\left[\cos\alpha_1 + \cos\alpha_2 + \cos\alpha_3 - \cos(\alpha_i + \alpha_{i+1} - \alpha_{i+2})\right], \\ y_{Q_i} = \dfrac{1}{2}R\left[\sin\alpha_1 + \sin\alpha_2 + \sin\alpha_3 - \sin(\alpha_i + \alpha_{i+1} - \alpha_{i+2})\right] \end{cases} \quad (i = 1, 2, 3),$$

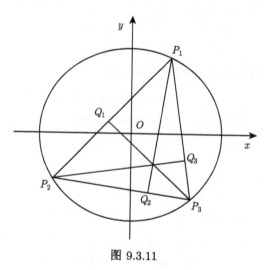

图 9.3.11

可得

$$2\mathrm{d}_{Q_1Q_2}$$
$$= R\sqrt{[\cos(\alpha_1 + \alpha_2 - \alpha_3) - \cos(\alpha_2 + \alpha_3 - \alpha_1)]^2 + [\sin(\alpha_1 + \alpha_2 - \alpha_3) - \sin(\alpha_2 + \alpha_3 - \alpha_1)]^2}$$
$$= R\sqrt{2 - 2[\cos(\alpha_1 + \alpha_2 - \alpha_3)\cos(\alpha_2 + \alpha_3 - \alpha_1) + \sin(\alpha_1 + \alpha_2 - \alpha_3)\sin(\alpha_2 + \alpha_3 - \alpha_1)]}$$
$$= R\sqrt{2 - 2\cos 2(\alpha_1 - \alpha_3)} = 2R\sin(\alpha_1 - \alpha_3);$$

类似地, 可得

$$2\mathrm{d}_{Q_2Q_3} = 2R\sin(\alpha_2 - \alpha_1), \quad 2\mathrm{d}_{Q_3Q_1} = 2R\sin(\alpha_3 - \alpha_2),$$

所以

$$\mathrm{d}_{Q_1Q_2} + \mathrm{d}_{Q_2Q_3} + \mathrm{d}_{Q_3Q_1} = R\left[\sin(\alpha_2 - \alpha_1) + \sin(\alpha_3 - \alpha_2) + \sin(\alpha_1 - \alpha_3)\right].$$

又由三角形有向面积公式, 可得

$$2a_{P_1P_2P_3} = 2D_{P_1P_2P_3} = R^2\left[\sin(\alpha_2 - \alpha_1) + \sin(\alpha_3 - \alpha_2) + \sin(\alpha_1 - \alpha_3)\right],$$

故 P_1Q_2, P_2Q_3, P_3Q_1 是三角形 ABC 的三条高的充分必要条件是式 (9.3.27) 成立.

9.4　梯形中有向距离与有向面积的定值定理与应用

本节主要研究梯形中有向距离与有向面积的定值定理与应用. 首先, 给出梯形中有向距离与有向面积的定值定理, 从而将三角形中有向距离与边三角形、中线三角形有向面积的定值定理推广到梯形的情形; 其次, 讨论梯形中有向距离与有向面积定值定理的应用.

9.4.1　梯形中有向距离与有向面积的定值定理

定理 9.4.1 (喻德生, 2017)　设 $P_1P_2P_3P_4$ 是梯形, $P_1P_2//P_3P_4, Q_1, Q_3$ 分别是两底 P_1P_2, P_3P_4 的中点, Q_2, Q_4 分别是两腰 P_2P_3, P_4P_1 所在直线上的点, 且 $Q_2Q_4//P_1P_2, P$ 是梯形所在平面上任意一点, 则

$$d_{P_3-P_1P_2}(D_{PP_1Q_2} + D_{PP_2Q_4}) - 2D_{Q_2-P_1P_2}D_{PQ_1Q_3} = 0, \tag{9.4.1}$$

$$d_{P_3-P_1P_2}(D_{PP_3Q_4} + D_{PP_4Q_2}) + 2D_{Q_2-P_3P_4}D_{PQ_1Q_3} = 0. \tag{9.4.2}$$

证明　如图 9.4.1 所示. 以 Q_1 为坐标原点, P_1P_2 所在直线为 x 轴建立平面直角坐标系. 记 $d_{P_3-P_1P_2} = h$, 不妨设梯形顶点的坐标为 $P_1(-a, 0), P_2(a, 0), P_3(b, h), P_4(c, h)$, 于是两底中点的坐标为 $Q_1(0, 0), Q_3\left(\dfrac{b+c}{2}, h\right)$. 又设 Q_2, Q_4 的坐标可设为 $Q_2(d, l), Q_4(e, l)$, 梯形所在平面上任意点的坐标为 $P(x, y)$. 故由三角形有向面积公式, 得

$$2D_{PP_1Q_2} = (0 + ay) + (-al - 0) + (dy - lx) = -lx + (a + d)y - al, \tag{9.4.3}$$

$$2D_{PP_2Q_4} = (0 - ay) + (al - 0) + (ey - lx) = -lx + (e - a)y + al, \tag{9.4.4}$$

$$2D_{PP_3Q_4} = (hx - by) + (bl - eh) + (ey - lx) = (h - l)x + (e - b)y + bl - eh, \tag{9.4.5}$$

$$2D_{PP_4Q_2} = (hx - cy) + (cl - dh) + (dy - lx) = (h - l)x + (d - c)y + cl - dh, \tag{9.4.6}$$

$$4D_{PQ_1Q_3} = -2hx + (b + c)y. \tag{9.4.7}$$

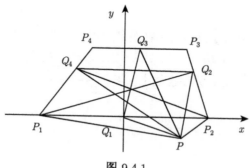

图 9.4.1

于是 $h \times [(9.4.3) + (9.4.4)] - l \times (9.4.7)$, 得

$$2h(\mathrm{D}_{PP_1Q_2} + \mathrm{D}_{PP_2Q_4}) - 4l\mathrm{D}_{PQ_1Q_3} = [(d+e)h - (b+c)l]y; \tag{9.4.8}$$

$h \times [(9.4.5) + (9.4.6)] + (h - l) \times (9.4.7)$, 得

$$2h(\mathrm{D}_{PP_3Q_4} + \mathrm{D}_{PP_4Q_2}) + 4(h-l)\mathrm{D}_{PQ_1Q_3} = [(d+e)h - (b+c)l](y-h). \tag{9.4.9}$$

又梯形两底的所在的有向直线的方程分别为 P_1P_2: $y = 0$, P_3P_4: $-y + h = 0$, 故由点到直线的有向距离公式得

$$\mathrm{D}_{Q_2-P_1P_2} = l, \quad \mathrm{D}_{Q_2-P_3P_4} = h - l.$$

于是式 (9.4.8), (9.4.9) 即

$$2\mathrm{d}_{P_3-P_1P_2}(\mathrm{D}_{PP_1Q_2} + \mathrm{D}_{PP_2Q_4}) - 4\mathrm{D}_{Q_2-P_1P_2}\mathrm{D}_{PQ_1Q_3} = [(d+e)h - (b+c)l]y; \tag{9.4.10}$$

$$2\mathrm{d}_{P_3-P_1P_2}(\mathrm{D}_{PP_3Q_4} + \mathrm{D}_{PP_4Q_2}) + 4\mathrm{D}_{Q_2-P_3P_4}\mathrm{D}_{PQ_1Q_3} = [(d+e)h - (b+c)l](y-h). \tag{9.4.11}$$

下面分三种情形证明式 (9.4.10), (9.4.11) 右端的系数为零. 即

$$(d+e)h - (b+c)l = 0 \tag{9.4.12}$$

(i) 若 Q_2Q_4 与 $P_2P_1(P_3P_4)$ 重合, 即 Q_2 与 $P_2(P_3)$, Q_4 与 $P_1(P_4)$ 均重合, 则 $\mathrm{D}_{Q_2-P_1P_2} = l = 0(\mathrm{D}_{Q_2-P_3P_4} = h - l = 0)$, 式 (9.4.12) 显然成立.

(ii) 若 Q_2Q_4 与梯形 $P_1P_2P_3P_4$ 在直线 P_1P_2 同侧, 则 $\mathrm{D}_{Q_2-P_1P_2} = \mathrm{d}_{Q_2-P_1P_2} = l > 0$. 故由 Q_2, Q_4 分别是 P_2P_3, P_4P_1 所在直线上的点且 $P_1P_2//P_3P_4//Q_2Q_4$, 可知 Q_2Q_4 的中点 $Q\left(\dfrac{d+e}{2}, l\right)$ 在 Q_1Q_3 所在直线上, 且 $\dfrac{d+e}{2}$ 与 $\dfrac{b+c}{2}$ 同号. 故由三角形的相似性可得

$$\frac{(d+e)/2}{(b+c)/2} = \frac{l}{h},$$

于是式 (9.4.12) 成立.

(iii) 若 Q_2Q_4 与梯形 $P_1P_2P_3P_4$ 在直线 P_2P_1 异侧, 则 $D_{Q_2-P_1P_2} = l < 0$. 由 Q_2, Q_4 分别是 P_2P_3, P_4P_1 所在直线上的点且 $P_1P_2//P_3P_4//Q_2Q_4$, 可知 Q_2Q_4 的中点 $Q\left(\dfrac{d+e}{2}, l\right)$ 在 Q_1Q_3 所在直线上, 且 $\dfrac{d+e}{2}$ 与 $\dfrac{b+c}{2}$ 异号. 故由三角形的相似性可得

$$-\frac{(d+e)/2}{(b+c)/2} = -\frac{l}{h},$$

于是式 (9.4.12) 亦成立.

总之, 不管 Q_2Q_4 与 P_1P_2 的位置关系如何, 式 (9.4.12) 成立. 类似地, 可以证明不管 Q_2Q_4 与 P_3P_4 的位置关系如何, 式 (9.4.12) 成立. 故

$$2d_{P_3-P_1P_2}(D_{PP_1Q_2} + D_{PP_2Q_4}) - 4D_{Q_2-P_1P_2}D_{PQ_1Q_3} = 0,$$

$$2d_{P_3-P_1P_2}(D_{PP_3Q_4} + D_{PP_4Q_2}) + 4D_{Q_2-P_3P_4}D_{PQ_1Q_3} = 0,$$

于是式 (9.4.1) 和 (9.4.2) 均成立.

9.4.2　梯形中有向距离与有向面积定值定理的应用

定理 9.4.1 是一个涵盖面很广的定值定理. 根据该定理, 可以得出如下一些结论, 这结论都是定理 9.4.1 的推论.

定理 9.4.2 (喻德生, 2017)　设 $P_1P_2P_3P_4$ 是梯形, $P_1P_2//P_3P_4, Q_1, Q_3$ 分别是两底 P_1P_2, P_3P_4 的中点, Q_2, Q_4 分别是其两腰 P_2P_3, P_4P_1 所在直线上的点, 且 $Q_2Q_4//P_1P_2$. 则

(1) P 是直线 Q_1Q_3 上任意一点的充分必要条件是

$$D_{PP_1Q_2} + D_{PP_2Q_4} = 0(D_{PP_3Q_4} + D_{PP_4Q_2} = 0); \qquad (9.4.13)$$

(2) 若 P 是直线 $P_1Q_2(P_3Q_4)$ 上任意一点的充分必要条件是

$$d_{P_3-P_1P_2}D_{PP_2Q_4} = 2D_{Q_2-P_1P_2}D_{PQ_1Q_3}(d_{P_3-P_1P_2}D_{PP_4Q_2} = 2D_{Q_2-P_3P_4}D_{PQ_1Q_3});$$

(3) 若 P 是直线 $P_2Q_4(P_4Q_2)$ 上任意一点, 则

$$d_{P_3-P_1P_2}D_{PP_1Q_2} = 2D_{Q_2-P_1P_2}D_{PQ_1Q_3}(d_{P_3-P_1P_2}D_{PP_3Q_4} = 2D_{Q_2-P_3P_4}D_{PQ_1Q_3}).$$

证明　(1) 由式 (9.4.1)、(9.4.2) 可知

P 是直线 Q_1Q_3 上任意一点 $\Leftrightarrow D_{PQ_1Q_3} = 0 \Leftrightarrow$ 式 (9.4.13) 成立.

类似地, 可以证明 (2)、(3) 中结论成立.

推论 9.4.1 设 $P_1P_2P_3P_4$ 是梯形, $P_1P_2//P_3P_4$, Q_1, Q_3 分别是两底 P_1P_2, P_3P_4 的中点, Q_2, Q_4 分别是其两腰 P_2P_3, P_4P_1 所在直线上的点, 且 $Q_2Q_4//P_1P_2$.

(1) 若 P 是直线 Q_1Q_3 上任意一点, 则 $a_{PP_1Q_2} = a_{PP_2Q_4}, a_{PP_3Q_4} = a_{PP_4Q_2}$;

(2) 若 P 是直线 $P_1Q_2(P_3Q_4)$ 上任意一点, 则

$$d_{P_3-P_1P_2}a_{PP_2Q_4} = 2a_{Q_2-P_1P_2}a_{PQ_1Q_3}(d_{P_3-P_1P_2}a_{PP_4Q_2} = 2d_{Q_2-P_3P_4}a_{PQ_1Q_3}).$$

(3) 若 P 是直线 $P_2Q_4(P_4Q_2)$ 上任意一点, 则

$$d_{P_3-P_1P_2}a_{PP_1Q_2} = 2d_{Q_2-P_1P_2}a_{PQ_1Q_3}(d_{P_3-P_1P_2}a_{PP_3Q_4} = 2d_{Q_2-P_3P_4}a_{PQ_1Q_3}).$$

证明 (1) 由定理 9.4.2(1) 的必要性, 式 (9.4.13) 移项后等式两边取绝对值, 即得 $a_{PP_1Q_2} = a_{PP_2Q_4}, a_{PP_3Q_4} = a_{PP_4Q_2}$.

类似地, 可以证明 (2)、(3) 中结论成立.

定理 9.4.3 (喻德生, 2017) 设 $P_1P_2P_3P_4$ 是梯形, $P_1P_2//P_3P_4$, Q_1, Q_3 分别是两底 P_1P_2, P_3P_4 的中点, Q_2, Q_4 分别是其两腰 P_2P_3, P_4P_1 所在直线上的点且 $Q_2Q_4//P_1P_2$, 则 P_1Q_2, P_2Q_4, Q_1Q_3 和 P_3Q_4, P_4Q_2, Q_1Q_3 所在三直线均三线共点.

证明 如图 9.4.2 所示. 当 $d_{P_3-P_1P_2} = 0$ 时, 结论显成立. 当 $d_{P_3-P_1P_2} \neq 0$ 时, 不妨设 P_1Q_2, P_2Q_4 所在直线的交点为 G, 则 $D_{GP_1Q_2} = D_{GP_2Q_4} = 0$, 代入式 (9.4.1) 并化简可得 $D_{GQ_1Q_3} = 0$, 因此 G 在直线 Q_1Q_3 上. 故 P_1Q_2, P_2Q_4, Q_1Q_3 所在三直线三线共点.

类似地, 可以证明 P_3Q_4, P_4Q_2, Q_1Q_3 所在三直线三线共点.

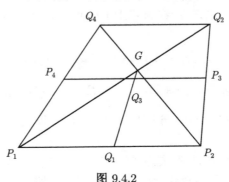

图 9.4.2

推论 9.4.2 设 $P_1P_2P_3P_4$ 是梯形, $P_1P_2//P_3P_4$, Q_2, Q_4 分别是其两腰 P_2P_3, P_4P_1 所在直线上的点且 $Q_2Q_4//P_1P_2$, 则梯形两底 P_1P_2, P_3P_4 的中点 Q_1, Q_3 与 P_1Q_2, P_2Q_4 和 P_3Q_4, P_4Q_2 的交点四点共线.

证明 设 P_1Q_2, P_2Q_4 和 P_3Q_4, P_4Q_2 的交点分别为 G, H, 则根据定理 9.4.3 知 Q_1, Q_3 与 G 和 H 均三点共线, 从而 Q_1, Q_3, G, H 四点共线.

定理 9.4.4 (喻德生, 2014)　　设 $P_1P_2P_3P_4$ 是梯形, $P_1P_2//P_3P_4$, Q_1, Q_3 分别是两底边 P_1P_2, P_3P_4 的中点, P 是梯形 $P_1P_2P_3P_4$ 所在平面上任意一点, 则

$$\mathrm{D}_{PP_1P_3} + \mathrm{D}_{PP_2P_4} - 2\mathrm{D}_{PQ_1Q_3} = 0. \tag{9.4.14}$$

证明　　在定理 9.4.1 中, 当 Q_2Q_4 与 P_3P_4(或 P_2P_1) 重合, 即 $P_3 = Q_2, P_4 = Q_4$(或 $P_1 = Q_4, P_2 = Q_2$) 时, 有 $\mathrm{D}_{Q_2-P_1P_2} = \mathrm{d}_{P_3-P_1P_2}$(或 $\mathrm{D}_{Q_2-P_3P_4} = -\mathrm{d}_{P_3-P_1P_2}$), 代入式 (9.4.1) 或 (9.4.2) 化简即得式 (9.4.14).

推论 9.4.3　　设 $P_1P_2P_3P_4$ 是梯形且 $P_1P_2//P_3P_4$, Q_1, Q_3 分别是两对边 P_1P_2, P_3P_4 的中点.

(1) 若 P 是直线 Q_1Q_3 上任意一点, 则 $\mathrm{a}_{PP_1P_3} = \mathrm{a}_{PP_2P_4}$;

(2) 若 P 是直线 $P_1P_3(P_2P_4)$ 上任意一点, 则 $\mathrm{a}_{PP_2P_4} = 2\mathrm{a}_{PQ_1Q_3}(\mathrm{a}_{PP_1P_3} = 2\mathrm{a}_{PQ_1Q_3})$.

证明　　(1) 因为 P 是直线 Q_1Q_3 上任意一点, 所以 $\mathrm{D}_{PQ_1Q_3} = 0$. 代入式 (9.4.14) 得 $\mathrm{D}_{PP_1P_3} = -\mathrm{D}_{PP_2P_4}$, 等式两边取绝对值即得 $\mathrm{a}_{PP_1P_3} = \mathrm{a}_{PP_2P_4}$.

类似地, 可以证明 (2) 中两式成立.

推论 9.4.4　　设 $P_1P_2P_3P_4$ 是梯形, $P_1P_2//P_3P_4$, 则两底边 P_1P_2, P_3P_4 的中点 Q_1, Q_3 和两对角线的交点 M 三点共线.

证明　　将 $P = M$ 代入式 (9.4.14) 得 $\mathrm{D}_{MQ_1Q_3} = 0$, 因此 Q_1, Q_3, M 三点共线; 亦或由推论 9.4.2 直接推出 Q_1, Q_3, M 三点共线.

定理 9.4.5　　设 $P_1P_2P_3P_4$ 是梯形, $P_1P_2//P_3P_4$, Q_1, Q_3 分别是两底 P_1P_2, P_3P_4 的中点, N 是两腰 P_2P_3, P_4P_1 所在直线上的交点, 且 P 是梯形所在平面上任意一点, 则

$$\mathrm{d}_{P_3-P_1P_2}(\mathrm{D}_{PP_1N} + \mathrm{D}_{PP_2N}) - 2\mathrm{D}_{N-P_1P_2}\mathrm{D}_{PQ_1Q_3} = 0, \tag{9.4.15}$$

$$\mathrm{d}_{P_3-P_1P_2}(\mathrm{D}_{PP_3N} + \mathrm{D}_{PP_4N}) + 2\mathrm{D}_{N-P_3P_4}\mathrm{D}_{PQ_1Q_3} = 0. \tag{9.4.16}$$

证明　　将 $Q_2 = Q_4 = N$ 分别代入式 (9.4.1) 和 (9.4.2) 即得式 (9.4.15) 和 (9.4.16).

推论 9.4.5　　设 $P_1P_2P_3P_4$ 是梯形, $P_1P_2//P_3P_4$, 则两底 P_1P_2, P_3P_4 的中点 Q_1, Q_3 两腰 P_2P_3, P_4P_1 所在直线上的交点 N 三点共线.

证明　　在式 (9.4.15)(或 (9.4.16)) 中令 $P = N$ 并注意到 $\mathrm{D}_{N-P_1P_2} \neq 0$(或 $\mathrm{D}_{N-P_3P_4} \neq 0$), 化简即得 $\mathrm{D}_{NQ_1Q_3} = 0$(或 $\mathrm{D}_{NQ_1Q_3} = 0$), 因此 Q_1, Q_3, N 三点共线.

推论 9.4.6 (梯形的施泰纳定理)　　梯形的两对角线的交点与两腰延长线的交点的连线必平分梯形的上、下底.

证明　　根据推论 9.4.4 和推论 9.4.5 即得.

定理 9.4.6 (喻德生, 2014) 设 $P_1P_2P_3P_4$ 是梯形, $P_1P_2//P_3P_4$, Q_1, Q_2, Q_3, Q_4 分别是梯形各边 $P_1P_2, P_2P_3, P_3P_4, P_4P_1$ 的中点, P 是梯形形所在平面上任意一点, 则

$$D_{PP_1Q_2} + D_{PP_2Q_4} - D_{PQ_1Q_3} = 0, \tag{9.4.17}$$

$$D_{PP_3Q_4} + D_{PP_4Q_2} - D_{PQ_1Q_3} = 0. \tag{9.4.18}$$

证明 依题设 $Q_2Q_4//P_1P_2$ 且 $D_{Q_2-P_1P_2} = \frac{1}{2}d_{P_3-P_1P_2} \neq 0$, $D_{Q_2-P_3P_4} = -\frac{1}{2}d_{P_3-P_1P_2} \neq 0$, 分别代入式 (9.4.1) 和 (9.4.2) 并化简即得式 (9.4.17) 和 (9.4.18).

推论 9.4.7 设 $P_1P_2P_3P_4$ 是梯形, $P_1P_2//P_3P_4$, Q_1, Q_2, Q_3, Q_4 分别是梯形各边 $P_1P_2, P_2P_3, P_3P_4, P_4P_1$ 的中点, P 是梯形形所在平面上任意一点, 则在两三角形组 $PP_1Q_2, PP_2Q_4, PQ_1Q_3$ 和 $PP_3Q_4, PP_4Q_2, PQ_1Q_3$ 中, 其中一个三角形的面积等于另一个三角形的面积.

证明 注意到在式 (9.4.17) 和 (9.4.18) 中, 其中两个三角形的有向面积与另一个三角形的面积符号相反即得.

推论 9.4.8 设 $P_1P_2P_3P_4$ 是梯形, $P_1P_2//P_3P_4$, Q_1, Q_2, Q_3, Q_4 分别是梯形各边 $P_1P_2, P_2P_3, P_3P_4, P_4P_1$ 的中点.

(1) 若 P 是直线 Q_1Q_3 上任意一点, 则 $a_{PP_1Q_2} = a_{PP_2Q_4}$, $a_{PP_3Q_4} = a_{PP_4Q_2}$;

(2) 若 P 是直线 $P_1Q_2(P_3Q_4)$ 上任意一点, 则 $a_{PP_2Q_4} = a_{PQ_1Q_3}(a_{PP_4Q_2} = a_{PQ_1Q_3})$;

(3) 若 P 是直线 $P_2Q_4(P_4Q_2)$ 上任意一点, 则 $a_{PP_1Q_2} = a_{PQ_1Q_3}(a_{PP_3Q_4} = a_{PQ_1Q_3})$.

证明 (1) 因为 P 是直线 Q_1Q_3 上任意一点, 所以 $D_{PQ_1Q_3} = 0$. 分别代入式 (9.4.17), (9.4.18) 得 $D_{PP_1Q_2} = -D_{PP_2Q_4}$, $D_{PP_3Q_4} = -D_{PP_4Q_2}$, 再在等式两边取绝对值, 即得 $a_{PP_1Q_2} = a_{PP_2Q_4}$, $a_{PP_3Q_4} = a_{PP_4Q_2}$.

类似地, 可以证明 (2), (3) 中结论成立.

定理 9.4.7 设 $P_1P_2P_3P_4$ 是梯形, $P_1P_2//P_3P_4$, Q_1, Q_3 分别是两底 P_1P_2, P_3P_4 的中点, Q_2, Q_4 分别是两腰 P_2P_3, P_4P_1 延长线上的点, $Q_2Q_4//P_1P_2$, P 是梯形形所在平面上任意一点.

(1) 若 Q_2Q_4 到底边 P_1P_2 的距离等于梯形底边上的高的一半, 则

$$D_{PP_1Q_2} + D_{PP_2Q_4} + D_{PQ_1Q_3} = 0; \tag{9.4.19}$$

(2) 若 Q_2Q_4 到底边 P_3P_4 的距离等于梯形底边上的高的一半, 则

$$D_{PP_3Q_4} + D_{PP_4Q_2} + D_{PQ_1Q_3} = 0. \tag{9.4.20}$$

证明　(1) 依题设 $D_{Q_2-P_1P_2} = -\frac{1}{2}d_{P_3-P_1P_2} \neq 0$, 代入式 (9.4.1) 并化简即得式 (9.4.19).

类似地, 可以证明式 (9.4.20) 成立.

推论 9.4.9　设 $P_1P_2P_3P_4$ 是梯形, $P_1P_2//P_3P_4$, Q_1, Q_3 分别是两底 P_1P_2, P_3P_4 的中点, Q_2, Q_4 分别是两腰 P_2P_3, P_4P_1 延长线上的点, $Q_2Q_4//P_1P_2$, P 是梯形所在平面上任意一点. 若 Q_2Q_4 到底边 $P_1P_2(P_3P_4)$ 的距离等于梯形底边上的高的一半, 则在三角形组 $PP_1Q_2, PP_2Q_4, PQ_1Q_3(PP_3Q_4, PP_4Q_2, PQ_1Q_3)$ 中, 其中一个的面积等于另两个面积的和.

证明　注意到式 (9.4.19) 和 (9.4.20) 中, 其中两个三角形的有向面积与另一个三角形的面积符号相反即得.

推论 9.4.10　设 $P_1P_2P_3P_4$ 是梯形, $P_1P_2//P_3P_4$, Q_1, Q_3 分别是两底 P_1P_2, P_3P_4 的中点, Q_2, Q_4 分别是两腰 P_2P_3, P_4P_1 延长线上的点, $Q_2Q_4//P_1P_2$ 且 Q_2Q_4 到底边 $P_1P_2(P_3P_4)$ 的距离等于梯形底边上的高的一半.

(1) 若 P 是直线 Q_1Q_3 上任意一点, 则 $a_{PP_1Q_2} = a_{PP_2Q_4}(a_{PP_3Q_4} = a_{PP_4Q_2})$;

(2) 若 P 是直线 $P_1Q_2(P_3Q_4)$ 上任意一点, 则 $a_{PP_2Q_4} = a_{PQ_1Q_3}(a_{PP_4Q_2} = a_{PQ_1Q_3})$;

(3) 若 P 是直线 $P_2Q_4(P_4Q_2)$ 上任意一点, 则 $a_{PP_1Q_2} = a_{PQ_1Q_3}(a_{PP_3Q_4} = a_{PQ_1Q_3})$.

证明　(1) 因为 P 是直线 Q_1Q_3 上任意一点, 所以 $D_{PQ_1Q_3} = 0$. 分别代入式 (9.4.19), (9.4.20) 得 $D_{PP_1Q_2} = -D_{PP_2Q_4}, D_{PP_3Q_4} = -D_{PP_4Q_2}$, 再在等式两边取绝对值, 即得 $a_{PP_1Q_2} = a_{PP_2Q_4}(a_{PP_3Q_4} = a_{PP_4Q_2})$.

类似地, 可以证明 (2), (3) 中结论成立.

注 9.4.1　将三角形 $P_1P_2P_3$ 看成是有一个顶点重合的梯形 $P_1P_2P_3P_3$, $P_1P_2//P_3P_3$, 则 P_3P_3 的中点为 P_3, 则由式 (9.4.1) 可得

$$d_{P_3-P_1P_2}(D_{PP_1R_1} + D_{PP_2R_2}) - 2D_{R_1-P_1P_2}D_{PQ_1P_3} = 0,$$

在上式中注意到 $D_{PQ_1P_3} = -D_{PP_3Q_1}$, 即得式 (9.3.1).

类似地, 可以证明式 (9.3.2) 和 (9.3.3) 成立.

因此, 定理 9.4.1 是定理 9.3.1 在梯形中的推广.

参 考 文 献

巴兹列夫 В Т. 1985. 几何学及拓扑学习题集 [M]. 李质朴, 译. 北京: 北京师范大学出版社.

嘎尔别林 Г А, 托尔贝戈 А К, 1990. 第 1—50 届莫斯科数学奥林匹克 [M]. 苏淳, 等译. 北京: 科学出版社.

胡敦复, 荣方舟, 2011. 世界著名平面几何经典著作钩沉 [M]. 哈尔滨: 哈尔滨工业大学出版社.

考克瑟特 Н S M, 格蕾策 S L, 1986. 几何学的新探索 [M]. 陈维恒, 译. 北京: 北京大学出版社.

梁延堂, 2002. 关于两个三角形成正交透视的几个定理及其应用 [J]. 兰州大学学报, 38(1): 18-21.

廖小勇, 2003. Menelaus 定理的矢量证明及其应用 [J]. 曲靖师范学院学报, 22(6): 29-31.

梅向明, 刘增贤, 林向岩, 1983. 高等几何 [M]. 北京: 高等教育出版社.

单蹲, 2002. 数学名题词典 [M]. 南京: 江苏教育出版社.

沈文选, 2009. 走进教育数学 [M]. 北京: 科学出版社.

吴文俊, 2003. 数学机械化 [M]. 北京: 科学出版社.

夏道行, 吴作人, 严绍宗, 舒五昌, 1985. 实变函数论与泛函分析 (下册)[M]. 2 版. 北京: 高等教育出版社.

徐道, 1999. 正多边形中的定值问题 [J]. 安顺师专学报, (2): 19-24.

徐利治, 2007. 数学方法论十二讲 [M]. 大连: 大连理工大学出版社.

亚格龙 U M, 1987. 几何变换 3[M]. 章学成, 译. 北京: 北京大学出版社.

喻德生, 1999. 关于平面多边形有向面积的一些定理 [J]. 赣南师范学院学报, (3): 11-14.

喻德生, 1999. 有向面积及其应用 [J]. 吉安师专学报, (6): 35-40.

喻德生, 2000. 平面四边形有向面积的两个定理及其应用 [J]. 赣南师范学院学报, (3): 18-21.

喻德生, 2000. 一类垂足多边形的有向面积公式及其应用 [J]. 南昌航空工业学院学报, 14(4): 72-76.

喻德生, 2001b. 圆外切五边形中有向面积的定值定理及其应用 [J]. 南昌航空工业学院学报, 15(4): 58-62.

喻德生, 2002. 关于切顶线三角形有向面积的定值定理及其应用 [J]. 南昌航空工业学院学报, 16(3): 1-3.

喻德生, 2003a. 高线三角形有向面积的定值定理及其应用 [J]. 南昌航空工业学院学报, 17(3): 43-45.

喻德生, 2003b. 椭圆类二次曲线外切多边形中有向面积的定值定理及其应用 [J]. 南昌大学学报, 25(3): 94-97.

喻德生, 2003c. 椭圆外切 $2n+1$ 边形中切定线三角形有向面积的定值定理及其应用 [J]. 南昌航空工业学院学报, 17(1): 10-12.

喻德生, 2004a. 关于外、内三角形有向面积的两个定理及其应用 [J]. 宜春学院学报, 26(6): 19-21.

喻德生, 2004b. 双曲类二次曲线外切多边形中有向面积的定值定理及其应用 [J]. 福州大学学报, 32(5): 522-525.

喻德生, 2006a. 抛物类二次曲线外切多边形中有向面积的定值定理及其应用 [J]. 大学数学, 22(1): 26-29.

喻德生, 2006b. 抛物类二次曲线外切 $2n+1$ 边形中有向面积的定值定理及其应用 [J]. 江西师范大学学报, 30(4): 319-421.

喻德生, 2006c. 双曲类二次曲线外切 $2n+1$ 边形中有向面积的定值定理及其应用 [J]. 福州大学学报, 34(2): 176-179.

喻德生, 2007. Brianchon 定理在二次曲线外切 $2n$ 边形中的推广 [J]. 数学的实践与认识, 37(13): 109-113.

喻德生, 2010. 线型三角形有向面积公式及其应用 [J]. 南昌航空大学学报, 24(3): 51-55.

喻德生, 2001a. 关于垂足三角形有向面积的一些定理 [J]. 江西师范大学学报, 25(3): 214-218.

喻德生, 2014. 平面有向几何学 [M]. 北京: 科学出版社.

喻德生, 2017. 关于两道数学奥林匹克题的推广与证明 [J]. 数学通报, 56(6): 61-63.

喻德生, 师晶, 2009. 二次曲线外切多边形中有向距离的定值定理及其应用 [J]. 南昌航空大学学报, 23(4): 42-46.

喻德生, 徐迎博, 刘朝霞, 2011. 四边形中有向面积的定值定理及其应用 [J]. 数学研究期刊, 1(1): 1-9.

喻德生, 徐迎博, 刘朝霞, 2011. 四边形中有向面积的定值定理及其应用 [J]. 数学研究期刊, 12(1): 1-9.

张景中, 1997. 几何定理机器证明二十年 [J]. 科学通报, 42(21): 2248-2256.

张景中, 2009. 几何新方法和新体系 [M]. 北京: 科学出版社.

张景中, 李永彬, 2009. 几何定理机器证明三十年 [J]. 系统科学与数学, 29(9): 1155-1168.

中国数学奥林匹克委员会等, 2012. 世界数学奥林匹克解题大辞典: 几何卷 [M]. 石家庄: 河北出版传媒集团, 河北少年儿童出版社.

朱华伟, 2009. 从数学竞赛到竞赛数学 [M]. 北京: 科学出版社.

Ayme J L, 2004. A purely synthetic proof of the droz-farny line theorem[J]. Forum Geometricorum, 4: 219-224.

Cerin Z, 2009. Rings of squares around orthologic triangles[J]. Forum Geometricorum, 9: 58-80.

Dergiades N, 2003, Salazar H C. Harcourt's theorem [J]. Forum Geometricorum, 3: 117-124.

Dergiades N. 2004. Signed distance and the Erdos-Mordell inequality [J]. Forum Geometricorum, 4: 67-68.

Ehrmann J P, 2004. Steiner's theorems on the complete quadrilateral [J]. Forum Geometricorum, 4: 35-52.

Gruenberg K W, Weir A J, 1977. Linear Geometry [M]. New York: Springer-Verlag.

Hoffmann M, Gorjanc S, 2008. On the generalized gergonne point and beyeond [J]. Forum Geometricorum, 8: 151-155.

Konecny V, Heuver J, Pfiefer R E. Problem 1320 and solutions [J]. Math. Mag., 621989(62): 137; 1990(63): 130-131.

Svrtan D, Veljan D, Volenec V, 2006. Geometry of Pentagons: from Gauss to Robbins [J]. http://218. 264.35.10.hdbsm/.

Yu D S, 2011. On two fixed value theorems for directed areas in conic circumscribed $2n+1$ polygon and applications [J]. The 2nd International Conference on Multimedia Technology, 3(2): 2781-2784.

Yu D S, 2009. On a fixed value theorem for directed areas in conic circumscribed polygons and applications [J], 数学季刊, 24(4): 485-490.

名 词 索 引